防灾减灾救灾
应急管理工作实务

FANGZAI JIANZAI JIUZAI YINGJI GUANLI GONGZUO SHIWU

甘肃省应急管理厅　组编

图书在版编目(CIP)数据

防灾减灾救灾应急管理工作实务/甘肃省应急管理厅组编. —武汉:中国地质大学出版社,2024.4
ISBN 978-7-5625-5837-8

Ⅰ.①防… Ⅱ.①甘… Ⅲ.①灾害管理-危机管理 Ⅳ.①X4

中国国家版本馆 CIP 数据核字(2024)第 080422 号

防灾减灾救灾应急管理工作实务　　　　　甘肃省应急管理厅　组编

责任编辑:周　豪	选题策划:张　琰	责任校对:张旻玥
出版发行:中国地质大学出版社(武汉市洪山区鲁磨路388号)		邮编:430074
电　　话:(027)67883511	传真:(027)67883580	E-mail:cbb@cug.edu.cn
经　　销:全国新华书店		http://cugp.cug.edu.cn
开本:787 毫米×1092 毫米　1/16	字数:451 千字	印张:23
版次:2024 年 4 月第 1 版	印次:2024 年 4 月第 1 次印刷	
印刷:武汉中远印务有限公司		
ISBN 978-7-5625-5837-8		定价:68.00 元

如有印装质量问题请与印刷厂联系调换

甘肃省应急管理培训教材编审委员会

主　　任：韩正明

副 主 任：尚科锋　杨汉杰　洪　涛　张晓博　巨鸿文
　　　　　苟小弟　刘锡良　韩树君

委　　员：颜汝刚　刘来群　卫传登　赵永超　李高平
　　　　　郭学锋　瞿开业　赵汉才　臧成岳　王宁德
　　　　　石　璞　樊　斌　杨小宁　金晓兵　刘宝锋
　　　　　李　扬　马中民　李晓斌　邢建成　敬向锋
　　　　　季普东　董　炜　杜志刚　陈晓东　王晓玲

专家委员：张梦茜　沙勇忠　李更生　冯永斌　高　磊
　　　　　张　民　史兆伟　赵利民　罗维斌　孙林花
　　　　　逯　娟　包春娟　张艳艳　赵继锋　贾丽炯
　　　　　石　磊　张兴旺　冯　丹　孔　冉　何海颦
　　　　　刘　淳　赵娜龙

出版说明

为广泛开展自然灾害识灾防灾、避险自救等知识的宣传普及，加强对广大人民群众自然灾害防治知识的通识教育和技能演练，提升各级干部应对自然灾害的治理能力和专业水平，提高全社会预防自然灾害的自觉意识和自我保护能力，我们组织编写了《防灾减灾救灾应急管理工作实务》一书，供广大党员干部、基层应急管理工作者学习参考，也可供各级教育培训机构在教学中使用。

甘肃省应急管理培训教材编审委员会
2023 年 12 月

目 录 CONTENTS

第一章　气象灾害防御与处置 ……………………………………………（1）

　　第一节　气象灾害基本概况 ………………………………………（1）
　　第二节　主要气象灾害 ……………………………………………（4）
　　第三节　气象灾害预报预警与防御 ………………………………（38）
　　第四节　气象防灾减灾与应急处置 ………………………………（61）

第二章　地震灾害预防与处置 ……………………………………………（69）

　　第一节　地震灾害基本概况 ………………………………………（70）
　　第二节　地震监测预报预警和抗震设防 …………………………（77）
　　第三节　地震应急及综合减灾 ……………………………………（84）
　　第四节　地震灾害应急案例 ………………………………………（97）

第三章　地质灾害预防与处置 ……………………………………………（117）

　　第一节　地质灾害基本概况 ………………………………………（117）
　　第二节　地质灾害防治与预防 ……………………………………（128）
　　第三节　地质灾害应急处置 ………………………………………（144）

第四章　洪水灾害预防与处置 ……………………………………………（168）

　　第一节　洪水灾害概述 ……………………………………………（168）
　　第二节　洪水灾害预报预警 ………………………………………（185）

第三节　山洪灾害防御与应对 …………………………………………（189）

第四节　防洪工程的抢护与处置 …………………………………………（206）

第五章　森林(草原)火灾预防与处置 …………………………………………（244）

第一节　森林(草原)火灾基础知识 ………………………………………（244）

第二节　森林(草原)火灾预防 ……………………………………………（269）

第三节　森林(草原)火灾扑救与处置 ……………………………………（278）

第四节　森林(草原)火灾典型案例分析 …………………………………（324）

第六章　城市(农村)火灾预防与处置 …………………………………………（326）

第一节　城市(农村)火灾基础知识 ………………………………………（326）

第二节　城市(农村)火灾预防 ……………………………………………（333）

第三节　消防安全重点部位确定与监管 …………………………………（337）

第四节　消防监督检查要点 ………………………………………………（340）

第五节　城市(农村)火灾的处置 …………………………………………（345）

第六节　城市(农村)火灾典型案例分析 …………………………………（356）

主要参考文献 ……………………………………………………………………（358）

后　记 ……………………………………………………………………………（359）

第一章 气象灾害防御与处置

我国是世界上气象灾害发生最频繁的国家之一。每年各种气象灾害都会给经济社会发展和人民生命财产带来巨大的损失，全国气象灾害平均每年造成的经济损失占全部自然灾害损失的70%以上。了解气象灾害及其发生规律，熟悉各种气象灾害预警及防御方法，可以为发挥气象防灾减灾第一道防线作用提供科学的防御措施和精准的应对之策。

第一节　气象灾害基本概况

一、灾害的基本概念

灾害是指危害人类生命财产和生存条件的各类事件的统称，按其起因分成自然灾害和人为灾害两大类。

自然灾害俗称"天灾"，是由于自然界自身状况的变化给人类及其生存环境带来危害的事件。根据发生环境和发生机理，自然灾害主要包括气象灾害、地质灾害、海洋灾害、生物灾害四大类。其中，气象灾害包括暴雨、台风、龙卷风、雪灾、霜冻、洪涝、旱灾、沙尘暴等；地质灾害包括火山喷发、地震、山体崩塌与山体滑坡、泥石流等；海洋灾害包括海啸、海水倒灌等；生物灾害主要有重大农作物和森林病虫害、有害物种入侵等。在上述诸多自然灾害中，气象灾害造成的经济损失占我国自然灾害损失的71%（图1-1）。

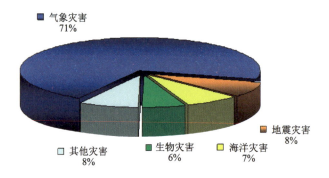

图1-1　主要自然灾害经济损失比例图

人为灾害也称"人祸"，是由于人类的行为而给人类及其生存环境带来危害的事件。人为灾害种类很多，主要包括自然资源衰竭灾害、环境污染灾害、火灾、交通灾害、人口过剩灾害及核灾害等。其中自然资源衰竭灾害包括森林资源衰竭灾害、物种资源衰竭灾害、土地资源衰竭灾害、水资源衰竭灾害等。环境污染灾害是指由大气污染、土壤污染、水体污染、海洋污染、城市环境污染、能源利用引起的环境污染等。人口过剩灾害是指由人口的过度增长对资源、环境、粮食、能源等过度消耗而造成的严重灾害。

根据国家科学技术委员会全国重大自然灾害综合研究组1994年统计的1949—1991年资料和中国气象局国家气候中心整理的1992—2006年资料，20世纪90年代后期至21世纪初，我国自然灾害带来的经济损失显著增多（图1-2）。

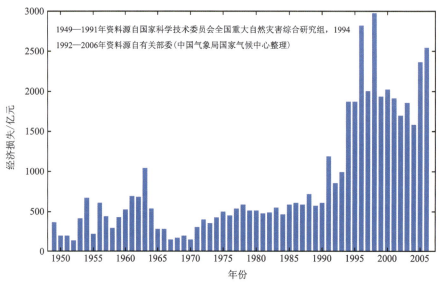

图1-2　1949—2006年主要自然灾害经济损失

据统计,1980—2011年,全球发生重大自然灾害(造成500人以上死亡,或经济损失6.5亿美元以上)约800起,总共导致了200万人丧生,2.88万亿美元的经济损失和7000亿美元的保险损失,其中86.1%的自然灾害、59%的死亡人数、83.5%的经济损失和91%的保险损失均由气象及其次生灾害引起(图1-3、图1-4)。

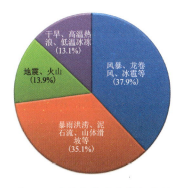
图1-3 自然灾害发生次数比例

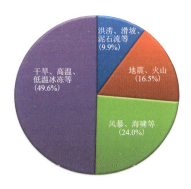
图1-4 自然灾害经济损失比例

二、气象灾害概述

(一)气象灾害含义

气象灾害是指大气在运动之中产生的对人类生存、社会和经济发展造成威胁和损害的天气或气候现象,或者由气象原因所引发的自然灾害。气象灾害是所有自然灾害中最常见的一种灾害现象。

根据国务院2010年1月颁布的《气象灾害防御条例》,气象灾害特指气象原因(天气、气候)直接造成的天气灾害、气候灾害。气象灾害主要包括由台风、暴雨(雪)、寒潮、大风(沙尘暴)、低温、高温、干旱、雷电、冰雹、霜冻和大雾等所造成的灾害,以及水旱灾害、地质灾害、海洋灾害、森林草原火灾等次生和衍生灾害。

(二)气象灾害种类

为规范突发气象灾害预警信号发布工作,增强全民防灾减灾意识,根据2007年6月中国气象局发布的《气象灾害预警信号发布与传播办法》中的规定,突发气象灾害共14类,包括台风、暴雨、暴雪、寒潮、大风、沙尘暴、高温、干旱、雷电、冰雹、霜冻、大雾、霾、道路结冰。

在上述灾害中,天气灾害是由局地性、短时间的恶劣天气带来的灾害,如台风、暴雨、暴雪、寒潮、沙尘暴、雷电、冰雹等;气候灾害是指由大范围、长时间、持续性的气候异常造成的灾害,如干旱、雨涝等;气象次生和衍生灾害是指由气象因素引起的山体滑坡、泥石流、风暴潮、森林火灾、酸雨、空气污染等灾害。

根据灾害形成的原因和影响,气象灾害大致可分为以下几种。

(1)热带气旋(台风)灾害:主要由热带气旋(台风)产生的狂风、暴雨暴潮引发的巨浪、山洪,掀翻船只、冲毁海堤、导致海水倒灌等。

(2)洪涝灾害:主要由暴雨或连续降雨等诱发,分为暴雨洪水和雨涝两种。洪涝常造成山洪暴发、江河泛滥,冲毁堤坝、房屋、道路、桥梁,淹没农田,造成城市渍涝等,严重危害国计民生。

(3)冷冻灾害:主要由冷空气侵入、气温骤降引起,危害农作物生长发育和影响人们正常生活、工作,甚至造成动植物伤亡和作业事故等。冷冻灾害包括寒潮、冷害、冻害、冻雨、冰害、雪害等种类。

(4)干旱灾害:由于久晴无雨或少雨、土壤缺水、空气干燥而造成农作物枯死、人畜饮水不足、生态环境恶化等灾害现象。从天气状况考虑,干旱还包括干热风、高温和热浪等种类。

(5)风雹类灾害:主要由强对流天气引起,灾害发生时常伴有雷雨、大风、冰雹、龙卷风、雷电等现象,造成房屋倒塌、农作物倒伏受损、人畜死伤等。

(6)连阴雨灾害:主要是由于连续出现阴雨天气,土壤、空气长期潮湿,日照不足,不利于农作物生长发育,造成粮食减产、已收粮食霉变等。

(7)浓雾灾害:指近地层悬浮的大量含有有害物质的小水滴或小冰晶遮挡人的视线,影响交通并引发交通事故,空气中污染物不易扩散,引起人体疾病和"污闪"停电事故等。

(8)沙尘类灾害:主要包括霾、浮尘、扬沙、沙尘暴。沙尘暴灾害出现时,水平有效能见度小于10.0千米,对民航、铁路、公路等交通影响较大,常会引发交通事故。沙尘类灾害使空气质量明显下降,常会引发鼻炎、支气管炎等疾病。在各种沙尘类灾害中,以特强沙尘暴危害最大,发生沙尘暴时狂风大作,昏天黑地,能见度降到50米以下。

第二节 主要气象灾害

中国历史上出现的比较严重的气象灾害中,以干旱、暴雨洪涝以及热带气旋导致的台风最为常见且危害程度最严重。其中,干旱是影响面最大、损失最严重的灾害;暴雨洪涝灾害是仅次于干旱灾害的气象灾害。此外,雷击、沙尘暴、霜冻、冰雹、雾灾等也是经常发生的危害较大的气象灾害。

我国位于亚洲大陆东部，太平洋西岸，地势西高东低，地形复杂多样，高原、山岭、平原、丘陵、盆地、山地交错纵横。其中，位于我国西南的青藏高原，对中纬度的西风带有明显的阻挡作用，形成了我国独特气候特征，即典型的亚洲季风气候，冬季干燥寒冷，夏季温暖潮湿。但由于我国南北跨度大，气候差异明显，各地的气象灾害也有所不同。

东北地区位于我国东北部，受东亚季风影响明显，同时受大兴安岭、小兴安岭、长白山等地形影响，夏半年主要的灾害性天气以暴雨洪涝为主；冬半年，东北地区由于受来自西伯利亚的冷空气影响，冷空气活动频繁，主要灾害以低温冻害为主。

西北地区地处内陆，远离海洋，水汽条件不足，冬春季节主要灾害为干旱、沙尘暴等；夏半年，受西路冷空气影响，当大气层结不稳定时，容易发生冰雹等灾害。

华北地区位于我国东部平原地区，冬春季节，寒冷的西伯利亚冷空气从西部高原和山脉倾泻而下，常带来大风、风沙、干旱等灾害；夏半年，由于东亚季风爆发，受西部和北部的山脉阻挡，常在迎风坡产生严重的暴雨洪涝灾害。

长江中下游地区的主要灾害有暴雨、洪涝、伏旱、台风等。

西南地区的主要灾害有暴雨、干旱、低温冻害、冰雹、台风等。

华南地区的主要灾害有暴雨、干旱、低温冻害、冰雹、台风等。

近几年来，自然灾害造成的人员伤亡和直接经济损失主要来自气象灾害。我国每年受干旱、暴雨洪涝和台风等气象灾害影响的人口约6亿人次，气象灾害造成的直接经济损失占我国GDP的3%～6%。2019年，应急管理部公布的全国十大自然灾害中，气象及其次生灾害占9个（表1-1）。2020年、2021年和2022年，应急管理部公布的全国十大自然灾害中，气象灾害均占8个（表1-2、表1-3），2023年气象灾害占9个。

表1-1　2019年全国十大自然灾害（数据来自应急管理部网站）

序号	灾害事件	灾害类型
1	1909号超强台风"利奇马"	气象灾害
2	6月上中旬广西、广东等6省（区）洪涝灾害	气象灾害
3	贵州水城"7·23"特大山体滑坡灾害	气象灾害
4	四川"8·20"强降雨特大山洪泥石流灾害	气象灾害
5	7月上中旬长江中下游洪水	气象灾害
6	南方地区夏秋冬连旱	气象灾害
7	四川长宁6.0级地震	地震灾害

续表 1-1

序号	灾害事件	灾害类型
8	四川木里"3·30"森林火灾	气象灾害
9	山西乡宁"3·15"滑坡灾害	气象灾害
10	青海玉树等地雪灾	气象灾害

表 1-2　2020 年全国十大自然灾害（数据来自应急管理部网站）

序号	灾害事件	灾害类型
1	7 月长江淮河流域特大暴雨洪涝灾害	气象灾害
2	8 月中旬川渝及陕甘滇严重暴雨洪涝灾害	气象灾害
3	6 月上中旬江南、华南等地暴雨洪涝灾害	气象灾害
4	6 月下旬西南等地暴雨洪涝灾害	气象灾害
5	2020 年第 4 号台风"黑格比"	气象灾害
6	云南巧家 5.0 级地震	地震灾害
7	新疆伽师 6.4 级地震	地震灾害
8	东北台风"三连击"	气象灾害
9	4 月下旬华北、西北低温冷冻灾害	气象灾害
10	云南春夏连旱	气象灾害

表 1-3　2021 年全国十大自然灾害（数据来自应急管理部网站）

序号	灾害事件	灾害类型
1	7 月中下旬河南特大暴雨灾害	气象灾害
2	黄河中下游严重秋汛	气象灾害
3	7 月中下旬山西暴雨洪涝灾害	气象灾害
4	8 月上中旬湖北暴雨洪涝灾害	气象灾害
5	4 月 30 日江苏南通等地风雹灾害	气象灾害
6	8 月中下旬陕西暴雨洪涝灾害	气象灾害
7	11 月上旬东北华北局地雪灾	气象灾害
8	云南漾濞 6.4 级地震	地震灾害
9	2021 年第 6 号台风"烟花"	气象灾害
10	青海玛多 7.4 级地震	地震灾害

2020 年主汛期,我国南方地区遭遇了自 1998 年以来最严重汛情,自然灾害以洪涝、地质灾害、风雹、台风灾害为主,干旱、低温冷冻、雪灾、森林草原火灾等灾害也

有不同程度的发生。经应急管理部会同工业和信息化部、自然资源部、住房和城乡建设部、交通运输部、水利部、农业农村部、国家卫生健康委员会、统计局、气象局、银保监会、粮食和物资储备局、中央军委联合参谋部和政治工作部、红十字会总会、国家铁路集团等国家减灾委员会成员单位会商核定,全年各种自然灾害共造成1.38亿人次受灾,591人死亡失踪,农作物受灾面积1 995.77万公顷,直接经济损失3 701.5亿元。

2021年7月17—23日,河南省遭遇历史罕见特大暴雨,全省平均过程降水量223毫米,有285个气象观测站超过500毫米;有20个国家级气象观测站日降水量突破建站以来历史极值,其中,郑州站、新密站、嵩山站均超其历史日极值1倍以上,郑州气象观测站最大小时降水量(20日16—17时,201.9毫米),突破我国大陆有记录以来小时降水量历史极值。多条河流发生超警戒以上洪水,郑州、新乡、鹤壁等多地遭受特大暴雨洪涝灾害,受灾范围广、灾害损失大、社会关注度高。灾害造成河南省16市150个县(市、区)1 478.6万人受灾,因灾死亡或失踪398人,紧急转移安置149万人;倒塌房屋3.9万间,严重损坏17.1万间,一般损坏61.6万间;农作物受灾面积87.35万公顷;直接经济损失1 200.6亿元。

2022年,人类遭受了严重的气象灾害。高温袭击了亚洲、欧美等地。我国高温创历史新高,大范围地区遭遇了极端高温,高温日数多、覆盖范围广,多地最高气温破历史极值,浙江、重庆等地气温出现了破多项纪录的情况(表1-4)。欧洲国家更是遭遇了"有气象记录以来最热的三个7月之一"和"约500年来最严重干旱"。

2023年,我国自然灾害"北重南轻"格局明显。初夏,河南等地出现连阴雨天气,造成较大范围农作物受灾。进入主汛期,超强台风"杜苏芮"、海河流域性特大洪水、松辽流域严重暴雨洪涝等重大灾害相继发生(表1-5)。12月中旬山西等地发生低温雨雪冰冻灾害对群众生产生活造成较大影响。全年洪涝灾害共造成5 278.9万人次不同程度受灾,因灾死亡失踪309人,直接经济损失2 445.7亿元。

表1-4 2022年全国十大自然灾害(数据来自应急管理部网站)

序号	灾害事件	灾害类型
1	1月8日青海门源6.9级地震	地震灾害
2	2月中下旬南方低温雨雪冰冻灾害	气象灾害
3	6月上中旬珠江流域暴雨洪涝灾害	气象灾害
4	6月闽赣湘三省暴雨洪涝灾害	气象灾害
5	2022年第3号台风"暹芭"	气象灾害
6	7月中旬四川暴雨洪涝灾害	气象灾害

续表1-4

序号	灾害事件	灾害类型
7	长江流域夏秋冬连旱	气象灾害
8	8月上旬辽宁暴雨洪涝灾害	气象灾害
9	8月17日青海大通山洪灾害	气象灾害
10	9月5日四川泸定6.8级地震	地震灾害

表1-5　2023年全国十大自然灾害（数据来自应急管理部网站）

序号	灾害事件	灾害类型
1	1月17日西藏林芝派墨公路雪崩	气象灾害
2	6月底7月初重庆暴雨洪涝和地质灾害	气象灾害
3	2023年第5号台风"杜苏芮"	气象灾害
4	7月底8月初京津冀地区暴雨洪涝灾害	气象灾害
5	8月初东北地区暴雨洪涝灾害	气象灾害
6	陕西西安长安区"8·11"山洪泥石流灾害	气象灾害
7	四川金阳"8·21"山洪灾害	气象灾害
8	2023年第11号台风"海葵"	气象灾害
9	9月中旬江苏盐城等地风雹灾害	气象灾害
10	甘肃积石山6.2级地震	地震灾害

本节主要介绍由干旱、暴雨、强对流天气、寒潮、雾霾以及沙尘暴引发的气象灾害。

一、干旱

（一）干旱的概念

干旱是指在足够长的时期内，降水量严重不足，致使土壤因蒸发而水分亏损，河川流量减少，破坏了正常的作物生长和人类活动的灾害性天气现象。在自然界，气象干旱一般有两种类型：一是气候干旱，是指由气候、海陆分布、地形等相对稳定的因素导致某地多年平均降水很少的一种气候现象。世界气象组织将干燥度（年可能蒸发量与年降水量之比）大于10的地区定义为常年干旱区。二是气象干旱，是指由降水、气温等气象因子的年际或季节变化形成的，某时间段内蒸发量与降水量的收支不平衡，水分支出大于水分收入而造成水分短缺的现象。本章中所分析的干旱属于气象干旱。

干旱灾害,是指由严重的持续性气象干旱导致土壤水分匮乏、河川流量减少,危害作物和自然植被生长以及影响人畜饮水和生产活动等现象。干旱灾害的发生和影响与许多因素有关,如降水、蒸发、气温、土壤底墒、灌溉条件、种植结构、作物生育期的抗旱能力以及工业和城市用水等。

干旱是影响我国农业最为严重的气象灾害,造成的损失相当大。据统计,我国农作物平均每年受旱面积达3亿多亩(1亩≈666.67平方米),成灾面积达1.2亿亩,每年因干旱减产平均达50亿～100亿千克,每年由缺水造成的经济损失达2000亿元。目前,我国有420多个城市存在干旱缺水问题,其中缺水比较严重的城市有110个。全国每年因城市缺水影响产值达2000亿～3000亿元。

(二)干旱的分类

根据不同学科对干旱的理解,干旱可分为四类,即气象干旱、农业干旱、水文干旱和社会经济干旱。

气象干旱:某时段内,由蒸发量和降水量的收支不平衡而造成的水分短缺现象。

农业干旱:在农作物生育期内,由土壤水分持续不足而造成的作物体内水分亏缺,影响作物正常生长发育的现象。

水文干旱:由降水的长期短缺造成某段时间内地表水或地下水收支不平衡,出现水分短缺,使江河流量、水库蓄水等减少和湖泊水位下降的现象。

社会经济干旱:由自然系统与人类社会经济系统中水资源供需不平衡造成的异常水分短缺现象。如果需大于供,就会发生社会经济干旱。

(三)干旱的危害

干旱对人类社会的影响主要表现在农业生产、工业生产、水资源、生态环境和城市发展等方面。

在我国,干旱是最常见、对农业生产影响最大的自然灾害,干旱受灾面积占农作物总受灾面积的一半以上。1950—2005年,我国平均每年受旱面积达2200多万公顷,约占各种气象灾害受灾面积的60%,因旱灾每年损失粮食100多亿千克。干旱灾害往往造成农作物减产甚至绝收,严重时威胁到粮食安全问题。对水资源的影响,主要表现在地表水减少,江河径流量减少,河流断流,地下水位降低,水库干涸,威胁城镇供水安全。对生态环境的影响,主要是因为地表水匮乏,造成土地沙化、树木枯死、草原湿化、冰川退缩、湖泊干涸、风蚀加剧等。另外,干旱还对城市生活用水及工业生产产生严重影响,限制高耗水工业的发展,导致河流干涸,降低水力发电能力,造成工厂或居民生活限电现象加剧。

(四)我国干旱时空分布

我国干旱灾害发生频繁。由于我国是世界上季风气候最为显著的国家之一,降水时空分布不均,年平均降水量由东南沿海向西北内陆递减,大部地区降水主要集中在5—9月。此外,我国南方水多、耕地少,北方水少、耕地多,水资源的不平衡也容易造成干旱灾害。我国各地干旱的发生时间、强度和频率存在很大差异。东北地区西部、西北地区东部、华北、黄淮、华南南部及云南、四川南部等地干旱发生频率较高,其中华北中南部、黄淮北部、云南北部等地年干旱发生频率高达60%~80%。其余大部分地区干旱发生频率不足40%;东北东部等地干旱发生频率较低,一般小于20%。

(五)典型案例

1. 2006年西南地区干旱

2006年夏季,重庆遭遇了百年一遇特大伏旱,四川出现1951年以来最严重伏旱。6月1日—8月21日,重庆、四川平均降水量为345.9毫米,是1951年以来历史同期最小值(图1-5)。2007年2月长江重庆段创历史最低水位限时禁航,2007年2月27日,长江重庆主城段水位已降至零水位以下0.74米,为1892年有水文记载以来的最低水位。降水量不足是长江水位持续下降的主要原因。1951—2006年四川年降水量如图1-5所示。

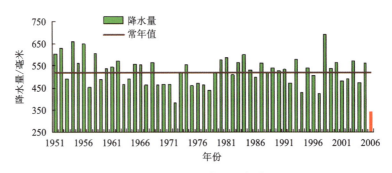

图1-5　1951—2006年四川年降水量

2. 2022年中国干旱

2022年北半球严重干旱,包括北美洲、欧洲、地中海地区、东北非地区以及我国南方地区都出现破纪录的极端酷热天气,许多地区经历了极端干旱。

2022年夏天,我国南方地区遭遇罕见的持续高温少雨天气,长江流域旱情迅速发展。截至9月19日,中央气象台连续33天发布气象干旱预警,十余个省(区、市)存在中度至重度气象干旱,湖南和江西大部以及浙江西南部、福建西部、重庆东南部、贵州东北部等地有特旱,其中江西甚至有95.7%的县(市、区)出现特旱(图1-6)。

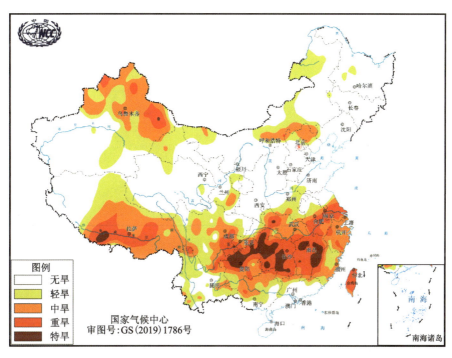

图1-6　2022年9月2日全国气象干旱综合监测图(图片来源:国家气候中心网站)

根据中国气象局的数据,2022年夏天,我国的高温天气持续了两个多月,是20世纪60年代有记录以来最长的一次。2022年夏季,长江流域发生严重夏伏旱,直到9月,长江中下游地区仍持续少雨,大部地区气象干旱持续,遭受夏秋连旱(图1-7)。9月28日气象干旱监测显示,长江流域中下游地区大部仍存在中度及以上等级气象干旱,其中江西大部、福建中部至北部、湖南中部至南部、湖北东部、安徽南部、浙江西南部等地有特旱。连续的酷热和降雨的严重缺乏使得中国最大的河流——长江的水量剧减。根据官方数据,8月期间,长江流域的降雨量比正常情况少60%。

3. 2023年甘肃中西部地区干旱

甘肃各地气候差别大,生态环境复杂多样,气候类型多样,从南向北包括了亚热带季风气候、温带季风气候、温带大陆性(干旱)气候和高原高寒气候等四大气候类型(图1-8)。

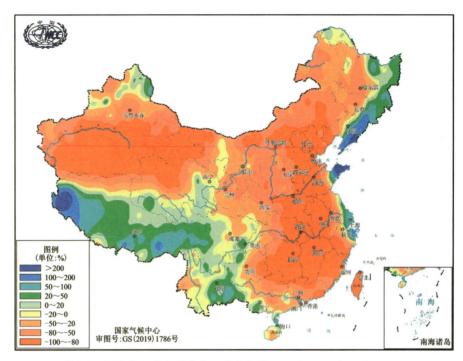

图 1-7 2022 年 9 月全国降水距平分布图(图片来源:国家气候中心网站)

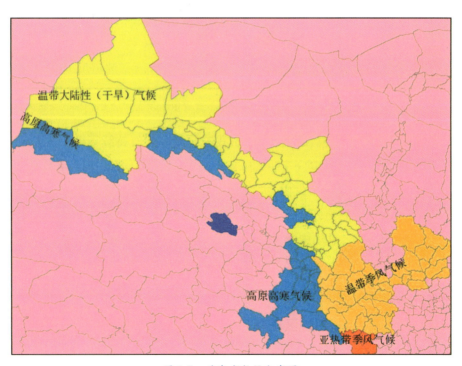

图 1-8 甘肃省气候分布图

根据监测数据,2023年7月甘肃省平均气温21.6摄氏度,较常年同期偏高0.8摄氏度;高温日数偏多、范围偏大,河西多地出现极端高温事件;全省干旱日数偏多,河东部分地方旱情阶段性发展。甘肃省金昌、武威、兰州、白银等市大部分地方及张掖市山丹县、民乐县等地气象干旱达重旱以上,河西大部和陇中北部等地均无有效降水过程。

例如:2023年山丹县气温总体偏高、降水量明显偏少,加之河流来水锐减、地下水限采等原因,导致生产、生活、生态用水紧张,干旱缺水态势严峻。其中:生活用水方面,造成霍城、大马营等5个乡镇多个村社人饮保障困难,城区14个居民小区91栋居民楼2950户居民用水无法正常供应;生产用水方面,造成7个乡镇共85个村2459户8305人受灾;工业用水方面,造成张掖国际物流园和城北工业园区的144户企业,缺水68.34万立方米,部分企业停工停产;生态用水方面,因无生态水补充,生态环境脆弱,苗木成活率和保存率降低,部分发芽草种陆续死亡。此次旱情,累计造成山丹县经济损失2.23亿元。

二、暴雨洪涝灾害

(一)暴雨概念

暴雨是一种常见的灾害性天气。我国是世界上暴雨洪涝灾害最为严重的国家之一。2021年7月18—21日,河南遭遇了历史罕见的特大暴雨,多地雨量创历史极值,73个气象观测站累计降水量超过500毫米,郑州3~5毫米的分钟雨量和201.9毫米的小时雨量均突破我国陆地暴雨极值。强降水导致交通瘫痪,电信、电力中断,城市内涝,大面积农田被淹,受灾人数达124万人,直接经济损失达54 228万元。

国家标准《降水量等级》(GB/T 28592—2012)(全国气象防灾减灾标准化技术委员会,2012)中规定:24小时降水量达50.0~99.9毫米为暴雨,100.0~249.9毫米为大暴雨,250.0毫米及以上为特大暴雨。12小时降雨量达30.0~69.9毫米为暴雨,70.0~139.9毫米为大暴雨,140.0毫米及以上为特大暴雨(表1-6)。考虑特殊气候和地形环境,个别地区会采用不同的标准。

表1-6 雨量等级划分标准 (单位:毫米)

雨量等级	1小时	3小时	6小时	12小时	24小时
零星小雨	<0.1	<0.1	<0.1	<0.1	<0.1
小雨	0.1~1.5	0.1~2.9	0.1~3.9	0.1~4.9	0.1~9.9

续表 1-6

雨量等级	1小时	3小时	6小时	12小时	24小时
中雨	1.6～6.9	3.0～9.9	4.0～12.9	5.0～14.9	10.0～24.9
大雨	7.0～14.9	10.0～19.9	13.0～24.9	15.0～29.9	25.0～49.9
暴雨	15.0～39.9	20.0～49.9	25.0～59.9	30.0～69.9	50.0～99.9
大暴雨	40.0～49.9	50.0～69.9	60.0～119.9	70.0～139.9	100.0～249.9
特大暴雨	≥50.0	≥70.0	≥120.0	≥140.0	≥250.0

(二)我国暴雨的时空分布

我国暴雨分布具有明显的季节性特征,主要集中在夏半年。暴雨日数的地域分布呈明显的南方多、北方少,沿海多、内陆少,迎风坡多、背风坡少的特征。我国台湾山地的年暴雨日达16天以上,华南沿海的东兴、阳江、汕尾及江淮流域一些地区在10天以上,而西北地区平均每年不到1天。冬季暴雨局限在华南沿海。4—6月间,华南地区暴雨频频发生。6—7月间,长江中下游常有持续性暴雨出现,历时长、面积广、雨量大。7—8月是北方各省的主要暴雨季节,暴雨强度很大。8—10月雨带又逐渐南移。

我国暴雨分布与地形关系密切。我国地处东亚大陆,地势西高东低,呈阶梯状分布。年降水量与地形呈反阶梯分布,从东南沿海向西北逐渐减少。从辽东半岛南部起,沿着燕山、阴山,经河套、关中至四川、云贵,在这条界线以南以东地区都容易出现大暴雨(图1-9)。

地形对降水的作用主要表现在两个方面:地形的强迫抬升和喇叭口地形的复合作用。暴雨主要出现在山脉的迎风面和山区。例如:燕山南麓、伏牛山东麓、太行山东麓和南麓、沂蒙山区都是暴雨最多的地方;而在太行山以西、燕山以北及河北东部地区,暴雨出现较少。暴雨主要出现在迎风坡,其中喇叭口地形尤为显著。

我国年暴雨日数从东南向西北逐渐减少,从辽东半岛沿着燕山、太行山、伏牛山、大巴山到巫山一线以东的海河、淮河和长江中下游及东南沿海等地是我国暴雨出现较多的地区。淮河流域及其以南地区和四川东部、重庆东北部、贵州南部、云南南部等地普遍在3天以上,华南大部及江西东北部、安徽南部等地达5～9天,华南沿海局部地区超过9天。其中广西东兴14.7天,广西防城港和广东海丰分别达14.3天和13.5天;黄河下游、海河流域、辽河流域以及西南地区东部等地一般有1～3天,西部地区偶有暴雨发生。年暴雨日数极大值为广东省上川岛26天(1973年),其次为广西东兴25天(1995年)。

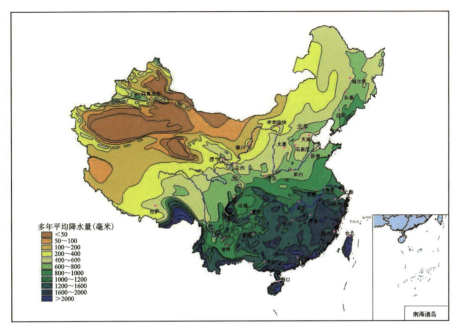

图 1-9　我国的年平均降水量分布图
（图片来源：中国水利水电科学研究院水资源研究所）

（三）暴雨及其衍生灾害成因

暴雨本身是一种自然现象。暴雨天气出现时，多伴随雷电和狂风，如果一场暴雨没有直接造成生命伤亡和社会财产损失，就不是暴雨灾害。暴雨是否造成灾害，有多方面的因素，其中降雨强度、暴雨持续时间以及发生暴雨的季节是引发暴雨灾害的自然因素，降雨区的地理环境、社会经济、人口、防灾抗灾能力等是引发暴雨灾害的社会和人为因素。

由强降水或持续降水引起的洪水灾害和雨涝灾害统称为暴雨洪涝灾害。洪水灾害是由强降雨（暴雨）、冰雪融化、冰凌、堤坝溃决、风暴潮等不同原因引起江河湖泊和沿海水量增加、水位上涨泛滥以及山洪暴发等所造成的自然灾害及泥石流、滑坡等次生灾害。雨涝灾害是由于降雨量过于集中产生径流，加之排水不及时形成大量积水，致使农田、房屋、城镇等渍水、受淹而产生的灾害。洪水灾害和雨涝灾害往往难以界定，统称为洪涝灾害。洪涝灾害的形成除与降水有关外，还与地理位置、地形、土壤结构、河道的宽窄和曲度、植被以及农作物的生长期、承灾体暴露度、防洪防涝设施等有密切关系。

暴雨强度、持续时间是最基本的致灾因子，地理环境是暴雨次生灾害发生的重要因素。另外，人为因素在一定程度上能够缓解或者加重灾害的程度。

1. 暴雨强度对洪涝灾害的影响

根据《降水量等级》(GB/T 28592—2012)的规定,凡日降水量达到50毫米以上,都称为暴雨。但50毫米的降雨,强度不同,致灾程度也不相同。如果50毫米的雨量是均匀分布在24小时内降落的,相当于每小时雨量2毫米,人们就会感觉是比较柔和的细雨,这种情况下,灾害程度相对较低。在实际降雨过程中,雨量并不是均匀降落的,往往会在很短时间内降下大量的雨,时间越短,灾害程度越严重。因此在暴雨灾害中,往往需要更关注暴雨强度。在国家标准中,对暴雨雨量是按照时间段和降雨量分别规定的(见表1-6)。

同时还可以用极值来描述降水强度。例如:2004年11月9日,浙江台州、温州等地出现深秋罕见的大暴雨天气,其中温岭24小时雨量达253毫米,打破浙江11月历史最大日雨量纪录;1975年8月4—5日,河南出现历史上极为罕见的特大暴雨,驻马店泌阳林庄24小时雨量达到1 060.3毫米,这也是我国日雨量的极值。

此外,单位时间内的降雨多少也可以描述降水强度,如小时雨量、分钟雨量等。我国曾记录到5分钟53.2毫米的雨量(出现在1971年7月1日,山西梅桐沟),1小时雨量极值为198.3毫米(1975年8月5日,河南林庄);2007年7月18日,山东出现强降水天气过程,其中济南市区1小时最大雨量达151毫米,为1958年以来历史最大值;2012年7月21—22日,北京出现特大暴雨天气过程,降雨集中在21日10时—22日06时的20小时内,房山区河北镇雨量达460毫米,有18个气象观测站的小时雨量超过80毫米,最大小时雨量达100.3毫米。

2. 持续时间对暴雨洪涝灾害的影响

大范围严重的暴雨灾害与降水持续时间长有极大关系,经常是一次暴雨过程持续数天,或者一段时间内接连多次出现暴雨过程。如1991年江淮地区出现的暴雨灾害不仅雨量大,而且持续时间长,5—7月间多次出现暴雨过程,造成直接经济损失高达275亿元。主要降雨时段有3个,5月18—26日江淮及附近地区降雨频繁;6月2—19日江淮及太湖流域一带接连出现几次暴雨过程,12—14日安徽寿县、颍上雨量分别达421毫米和414毫米;6月29日—7月13日雨区再次位于江淮及太湖流域一带,安徽黄山光明顶24小时雨量达328.4毫米。1998年6—8月长江全流域性特大暴雨洪涝灾害,降雨日数普遍超过40天,局部多达60天以上。与此同时,松花江、嫩江流域也出现持续性大暴雨过程,降雨日数普遍在35天以上,局部超过55天。当年全国因洪涝灾害造成的经济损失达2550亿元。

3. 地理环境对暴雨洪涝灾害的影响

当暴雨发生以后,地理环境成为影响灾害发生的重要因素。地理环境包括地形、地貌、地理位置和江河分布等。高原和山地在暴雨的作用下,最易诱发山洪及滑坡、泥石流等次生灾害。例如:2010 年 8 月 7 日 23 时—8 日凌晨,甘南藏族自治州舟曲县城东北部山区突降特大暴雨,雨量达 96.3 毫米,持续 40 多分钟,引发三眼峪、罗家峪等四条沟系特大山洪地质灾害,泥石流长约 5 千米,平均宽度 300 米,平均厚度 5 米,总体积 750 万立方米。泥石流冲进县城,从县城中间穿流而过,白龙江被泥石流拦截形成堰塞湖。此次泥石流除了受到短时强降水的影响外,地质条件也是致灾的主要因素。舟曲县是全国滑坡、泥石流、地震三大地质灾害多发区,"5·12"汶川地震使当地地质结构发生变化,山体松动,持续干旱加大了地质灾害发生的风险。突发强降雨一方面深入岩体,增加其移动性;另一方面陡峭的沟谷地形加速形成巨大的地表汇流,推动沟内松散物质快速移动,冲出沟口,形成强大的泥石流。舟曲特大山洪泥石流灾害是中华人民共和国成立以来最为严重的山洪泥石流灾害。受灾面积约 2.4 平方千米,受灾人口达 26 470 人,导致 1501 人遇难、264 人失踪,直接经济损失达 90 亿元。

盆地和山间平川地带一般来说地形有一定坡度,沿河多为阶梯台地,排水条件较好,洪水浸淹范围有限,不至于造成重大灾害。然而,如果遇到高强度、大范围的暴雨,尤其是持续性大暴雨,就容易发生大水淹城的严重灾害。平原地区由于地势平坦,面积辽阔,以漫溃性涝灾为主。我国平原集中分布在东部,也就是长江、黄河、海河、淮河、珠江、松花江等几大江河的中下游地区,江河洪水主要来自其上、中游,进入平原后峰高量大,如果河道的泄洪能力弱,很容易导致洪涝灾害。洪水泛滥后,因为平原地势平坦,行洪速度相对缓慢,一般不易造成重大人员伤亡。但平原地区经济发达,人口密集,城市集中,一旦发生严重洪涝灾害,造成的经济损失和对社会生活的破坏是巨大的。

4. 人为因素对暴雨洪涝灾害的影响

人为因素对暴雨洪涝灾害的影响主要表现在以下五个方面:

(1)破坏森林植被,引发水土流失。森林具有良好的蓄水作用,一方面,森林可以截流降水;另一方面,森林的土壤渗透率高,蓄水性好。过度砍伐森林,往往会破坏林区生态环境,引发水土流失,进而加大洪涝灾害的影响。

(2)围湖造田,影响蓄洪能力。筑堤围湖、围江河湖滩造田等,会导致湖泊的数量减少,河流不畅,蓄洪能力大大下降,一旦连续性暴雨出现,大量的降水就汇流入河,造成河水猛涨,泛滥成灾。填湖造田是湖泊萎缩的直接原因,近年来兴起的围湖建房,进一步加剧了湖泊面积的减少。

(3)侵占河道,流水不畅。人类活动一方面不断破坏生态环境,致使大量泥沙流入河道,抬高河床,流水不畅;另一方面大量侵占耕地,使能够吸纳水分的土地面积不断缩小。一旦发生大暴雨,河水猛涨,因阻水建筑影响,洪水下泄不畅,就很容易形成破堤、管涌,造成严重的经济损失。

(4)防洪设施标准偏低。除黄河防洪标准为60年一遇外,其他大江大河大湖的堤防标准一般只有10~20年一遇,大部分城市防洪标准只有20~30年一遇。一旦遭遇历史罕见洪水,则必然酿成严重的洪涝灾害。

(5)大中城市过量抽取地下水,引起地面沉降,加剧了城市洪涝险情。

三、对流性天气灾害

在气象学中,对流性天气灾害,是指暖的季节,当大气层结不稳定时,发生的伴随雷暴现象的对流性大风(≥17.2米/秒)、冰雹、龙卷风、短时强降水(≥20毫米/时)等剧烈天气现象的灾害性天气,是具有重大杀伤性的灾害性天气之一。对流性灾害发生突然、移动迅速、天气现象剧烈、破坏力极强,主要有雷电、大风、冰雹、龙卷风、局部强降雨等。强对流天气通常发生于中小尺度天气系统,空间尺度小,水平范围在十几千米至300千米,水平尺度一般小于200千米,有的水平范围只有几十米至十几千米。其生命期短暂并带有明显的突发性,为1小时至十几小时,较短的仅有几分钟至1小时。它常发生在对流云系或单体对流云块中。

强对流天气来临时,经常伴随着电闪雷鸣、风大雨急等恶劣天气,致使房屋倒毁,庄稼树木受到摧残,电信、交通设施受损,甚至造成人员伤亡等。世界上把对流性天气列为仅次于热带气旋、地震、洪涝之后第四位具有杀伤性的灾害性天气。

(一)对流性天气形成原因

强对流是因空气强烈的垂直运动而导致出现的天气现象。最典型的就是夏季午后的强对流天气。其形成的主要原因是大气层结不稳定。白天地面不断吸收太阳的短波辐射,温度上升,并且放出长波辐射加热大气。当近地面的空气从地球表面接收到足够的热量和水汽,就会膨胀,密度减小;当其上空有冷空气移来时,大气层处于"头重脚轻"的不稳定状态,上层密度大的空气下沉,底层密度小的空气产生强烈的上升运动。当上升到一定高度时,由于气温下降,空气中包含的水汽就会凝结成水滴;当水滴下降时,又被更强烈的上升气流携升。如此反复不断,小水滴开始积集成大水滴,直至高空无上升气流支持其重量时,大雨便倾盆而下。同时由于降水物的拖曳作用和下沉气流的强烈蒸发冷却,产生强盛的下沉气流,下沉气流冲到地面,向四面八方散开,形成强烈的地面大风。有时,在适当的大气环流背景下,当积雨云发展旺盛时,在积雨云中可能会产生冰雹、龙卷风等剧烈的天气现象。

(二)对流性天气系统

对流性天气产生于雷暴云中。我们将产生雷暴的积雨云称为雷暴云,也简称雷暴。根据天气现象的剧烈程度不同,又有弱雷暴和强雷暴之分。弱雷暴以阵雨、阵风等天气为主,水平尺度小,生命期短,不易成灾,一般成熟阶段开始产生降水,降水持续几分钟到1小时不等。

气象学中,将伴随有大风、冰雹、龙卷风以及短时强降水等严重灾害性天气之一的雷暴,称为强雷暴。其中以强烈阵风为主的强雷暴称为"飑暴",以严重降雹为主的强雷暴称为"雹暴"。由于强雷暴云中强盛的下沉气流经常产生地面大风,因此强雷暴又称风暴。常见的风暴有超级单体风暴、多单体风暴和飑线等。

超级单体风暴是所有对流风暴云中最壮观和最强烈的一类,具有高耸的云塔,圆弧形外顶。水平尺度20～40千米,垂直尺度18千米,生命期几小时(图1-10)。

图1-10 超级单体风暴

多单体风暴是指由许多较小的处于不同发展阶段雷暴单体组成,但有一个统一的垂直环流的风暴。多单体风暴中,对流单体横向排成一行。它们不断地在雷暴复合体的右侧发生,在左侧消亡,看起来风暴就像一个整体在运动。虽然每个单体的生命期不长,但通过单体的连续更替过程可使整体的生命期很长(图1-11)。

飑线是一条雷暴或积雨云带,沿着飑线风向和风力发生剧烈的变化,可能出现雷暴、暴雨、大风、冰雹和龙卷风等剧烈的天气现象。飑线一般长几十千米至几百千米,宽几十千米至200千米,生命期可持续几小时至十几小时。

图 1-11　多单体风暴

(左图为多单体风暴实景;右图为左图对应的示意图,图中 cell 1~5 分别表示处于不同发展阶段的风暴单体)

(三)对流性天气灾害分类

强对流天气的特点是突发性强、生命史短、局地性强、天气变化剧烈、破坏力大。强对流天气造成的灾害主要有雷暴大风、龙卷风、冰雹、短时强降水、雷电等。其中,雷暴大风可能造成棚舍倒塌、广告牌掉落等危险,对高空作业产生影响,若发生在水域,则可能对航行等产生影响;龙卷风可能毁坏庄稼、果树、房屋等,对农牧业产生影响;冰雹可能对农作物和农业设施造成影响;短时强降水可能引发山洪、泥石流及城市内涝等次生灾害;雷电可能造成人员伤亡、设备损失,对航空运输等行业产生影响。

1. 雷暴大风

雷暴大风,指在出现雷暴天气现象时,风力达到或超过 8 级(≥17.2 米/秒)的天气现象。有时也将雷暴大风称作飑线。当雷暴大风发生时,乌云滚滚,电闪雷鸣,狂风夹伴强降水,有时伴有冰雹,风速极大。它涉及的范围一般只有几千米至几十千米。

雷暴大风常出现在强烈冷锋前面的雷暴高压中。雷暴高压是存在于雷暴区附近地面气压场的一个很小的局部高压,雷暴高压中心温度比四周低,下沉气流极为明显。雷暴高压前部为暖区,暖区有上升气流,在这个下沉气流与上升气流之间,存在着一条狭窄的风向切变带,为雷雨大风发生处,它过境时带来极强烈的暴风雨(图 1-12、图 1-13)。如果雷暴大风发生在单一气团内部,那么它常常是由局地受热不均引起。雷暴大风的生命史极短。

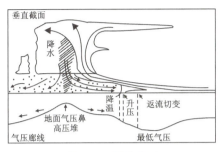
图 1-12　雷暴高压

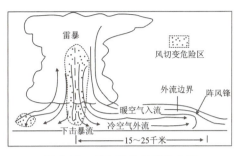
图 1-13　下击暴流及雷暴大风

2. 龙卷风

龙卷风是一种强烈的、小范围的空气涡旋,是由雷暴云底伸展至地面的漏斗状云(龙卷风)(图 1-14)产生的强烈的旋风,其风力可达 12 级以上,最大可达 100 米/秒以上,一般伴有雷雨,有时也伴有冰雹。它是大气中最强烈的涡旋现象,影响范围虽小,但破坏力极大。

龙卷风分为陆龙卷和海龙卷。出现在陆地上的龙卷风称为陆龙卷,出现在海面上的龙卷风称为海龙卷。它旋转力很强,常把地面上的水、尘土、泥沙等卷挟而上,从四面八方聚拢成管状,犹如"龙从天降",因而得名。陆龙卷外围多为泥沙;海龙卷外围多为海水,也有人称其为"龙吸水"。

龙卷风是在极不稳定天气下由空气强烈对流运动而产生的,其形成和发展同飑线系统等没有本质上的差别,只是龙卷风更严重一些。它的形成和发展必须有大量的能量供应,因而需要有强烈对流不稳定能量的存在。它与热带气旋性质相似,只不过尺度比热带气旋小很多。在形成和发展时,由于空气对流,龙卷风中心的气压变得很低,在气压梯度力的作用下,四周气压较高的空气向龙卷风中心流动,当它未流到中心时就围绕着中心旋转起来,从而形成空气的旋涡(图 1-15)。

图 1-14　龙卷风

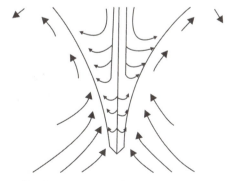
图 1-15　龙卷风中心的气流分布示意图

龙卷风的水平范围很小,直径从几米到几百米,平均为250米左右,最大为1千米左右。在空中直径可有几千米,最大达10千米。极大风速每小时可达150千米至450千米。龙卷风持续时间短,一般仅几分钟,最长不过几十分钟,但造成的灾害很严重。

3. 冰雹

冰雹是从积雨云中降落的坚硬的球状、锥状或形状不规则的固体降水。常见的冰雹大小如豆粒,直径在2厘米左右,大的有像鸡蛋那么大(直径约5厘米),特大的可达10厘米以上。

冰雹是由于冰晶或雨滴在对流的积雨云中几上几下翻滚凝聚而降落的固体降水。它通常产生在系统性的锋面活动或热带气旋登陆影响过程中,但也有局部性的。冰雹一般多出现在春夏之交。要产生10厘米的大雹,必须要有50米/秒以上的上升气流运动(一般产生雷雨的积雨云上升运动仅10米/秒左右)。这样强的上升运动,完全靠大气不稳定的能量释放而获得。所以降雹的一个必要条件是空气中存在极不稳定的大气层,不稳定层越厚,越有利于降雹。

在形成冰雹的积雨云内,0摄氏度层以下的云层由水滴组成,0摄氏度层以上的云层由过冷却水滴组成,再高一些的云层则由过冷却水滴与雪花和冰晶等混合组成。如果积雨云中上升气流时强时弱,当上升的过冷却水滴与上空的冰晶或雪花相碰,过冷却水滴就冻成冰雹的核心。冰雹形成后,或因上升气流减弱,或因其重量较大而下降;当它降到0摄氏度层以下后,又有一部分水滴粘于其上,这时若上升气流增强,它又被带到0摄氏度层以上的低温区,雹核表面的水又被冻成冰;当上升气流再也托不住时,它便落到地面,成为冰雹(图1-16)。

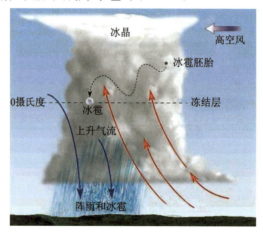

图1-16 冰雹的形成过程

4. 短时强降水

短时强降水是指短时间内降水强度较大,其降雨量达到或超过某一量值的天气现象。这一量值的规定,各地气象台站不尽相同。例如:甘肃一般指的是1小时内雨量超过20毫米的降水,内蒙古的部分地区则将1小时雨量达15毫米以上的降雨强度定义为短时强降水。短时强降水是一种强对流天气,有时伴有雷暴大风。夏季由于气温高、蒸发量大,大量水汽上升、遇冷凝结成云;同时在高层较冷的空气会下降,它们遇热后继续上升,由此循环,即可形成大片的积雨云。积雨云会产生短时强烈降水,即对流雨。

5. 雷电

雷电是指强对流云中雷电交加的激烈的放电现象,当大气中的层结不稳定时容易产生强烈的对流,云与云、云与地面之间电位差达到一定程度后就会发生放电,有时雷声隆隆、耀眼的闪电划破天空,常伴有大风、阵性降雨或冰雹等天气。雷电虽然放电作用时间短,但放电时产生数万伏至数十万伏冲击电压,放电电流可达几十安培到几十万安培,电弧温度也可达几千摄氏度以上,对建筑群中高耸的建筑物及尖形物、空旷区内孤立物体以及特别潮湿的建筑物、屋顶内金属结构的建筑物及露天放置的金属设备等有很大的威胁,可能引起倒塌、起火等事故。

(四)强对流天气的危害

强对流天气发生时,往往几种灾害同时出现,对国计民生和农业生产影响较大。

1. 风害

雷暴大风、龙卷风最突出的气象要素之一是强风。强大的风可导致树木折倒,房屋掀翻,瓦砾飞行,庄稼倒伏,人畜受伤受害,其中龙卷风的危害最严重。

(1)雷暴大风来临时会出现风向突变、风力急增、气压猛升、气温骤降等天气剧烈变化现象。雷暴大风两侧温差可达10摄氏度以上。雷暴、大风、冰雹、龙卷风、短时强降水等天气现象都可能在雷暴大风中产生。2015年,"6·1东方之星旅游客船倾覆事件"就是由罕见的突发的强对流天气(雷暴大风伴有下击暴流)带来的强风暴雨袭击导致的特别重大灾难性事件。

(2)龙卷风出现时天空往往乌天黑地、电闪雷鸣、风雨交加。风的范围很小,但破坏力极大。常会将大树拔起、车辆掀翻、建筑物摧毁,交通中断,人畜生命和经济遭受损失。

2. 洪涝灾害

短时强降水是强对流天气中发生频率最高、危害最大的极端天气事件。在生态环境相对脆弱的西北地区，短时强降水常诱发山洪、泥石流等地质灾害。例如：2023年9月，发生在甘南州夏河县局部地区的山洪灾害就是由短时强降雨引起的。夏河县达麦乡政府所在地24小时降水量达50毫米。灾害共造成夏河县达麦乡、麻当镇、王格尔塘镇、扎油乡4个乡镇26个自然村368户1731人受灾。因灾死亡5人，因灾失联2人。灾害还造成达麦乡、王格尔塘镇境内312省道5处道路受阻。

3. 雹灾

冰雹，在不少地区称为雹子、冷子和冷蛋子等，是重要的灾害性天气之一。我国是冰雹灾害发生频繁的国家，冰雹每年都给我国农业、建筑、通信、电力、交通等行业，以及人民生命财产带来巨大损失。据有关统计资料，我国每年因冰雹造成的经济损失达几亿元甚至几十亿元

雹灾主要危害农业生产，使农作物茎叶和果实遭受损伤，造成农作物减产或绝收。此外，雹灾有时还造成少量人畜伤亡，并破坏交通、通信、输电等工程设施，从而造成更严重损失。

冰雹的活动有明显的地区性、时间性和季节性等特征。冰雹主要发生在中纬度大陆地区，通常北方多于南方，山区多于平原，内陆多于沿海。这种分布特征和大规模冷空气活动与地形有关。我国雹灾严重的区域有甘肃南部、陇东地区、阴山山脉、太行山区和川滇两省的西部地区。一般而言，我国的降雹多发生在春、夏、秋3季，大多出现在4—10月。在这段时期，暖空气活跃，冷空气活动频繁，冰雹容易产生。

2018年4月26日晚8时30分许，临夏州永靖县境内遭受暴雨冰雹大风灾害，持续时间约20分钟，冰雹最大直径5厘米，12个乡镇、43个村不同程度受灾，经初步统计，共造成经济损失2.75亿元，16人因冰雹砸落受轻微伤。

四、寒潮及低温冷冻害

强冷空气和寒潮是我国重大灾害性天气之一，具有影响范围广、持续时间长、致灾严重等特点。冷空气的频繁发生不仅会造成国民经济特别是农牧业的巨大损失，还会对环境及人们的生活、健康造成严重的影响和危害。

(一)寒潮

寒潮是指来自极地或高纬度地区的强冷空气,在一定的环流形势下大规模地向中、低纬度侵袭,给所经过的地区造成大范围急剧降温和偏北大风的天气过程。在我国,寒潮带来的灾害性天气主要有大风、剧烈降温,有时还伴有雨、雪、雨凇、霜冻等。由寒潮引发的灾害性天气,对农业、交通、电力、航海以及人们健康都有很大的影响。

为了统一和规范我国冷空气分级标准,使冷空气的监测、预报、预警、评价研究及防范工作更规范化,2017年中国国家标准化管理委员会发布的《冷空气等级》(GB/T 20484—2017)与《寒潮等级》(GB/T 21987—2017)中对冷空气和寒潮的强度进行了等级划分。

1. 冷空气等级划分

冷空气等级采用受冷空气影响的某地在一定时段内日最低气温下降幅度和日最低气温值两个指标进行划分,将冷空气划分为弱冷空气、较强冷空气、强冷空气和寒潮四个等级。划分方法详见表1-7。

表1-7 冷空气等级划分表(GB/T 20484—2017)

等级	划分指标
弱冷空气	日最低气温48小时内降温幅度小于6摄氏度
较强冷空气	日最低气温48小时内降温幅度大于或等于6摄氏度但小于8摄氏度,或者日最低气温48小时内降温幅度大于或等于8摄氏度,但未能使该地日最低气温下降到8摄氏度或以下
强冷空气	日最低气温48小时内降温幅度大于或等于8摄氏度,且使该地日最低气温下降到8摄氏度或以下
寒潮	日最低气温24小时内降温幅度大于或等于8摄氏度,或48小时内降温幅度大于或等于10摄氏度,或72小时内降温幅度大于或等于12摄氏度,而且使该地日最低气温下降到4摄氏度或以下。48小时、72小时内降温的日最低气温应连续下降

2. 寒潮等级划分

寒潮等级采用受寒潮影响的某地在一定时段内日最低气温降温幅度和日最低气温值两个指标进行划分,将寒潮划分为寒潮、强寒潮、特强寒潮三个等级(表1-8)。

表 1-8　寒潮等级划分表(GB/T 21987—2017)

等级	划分指标
寒潮	使某地的日最低气温 24 小时内降温幅度大于或等于 8 摄氏度,或 48 小时内降温幅度大于或等于 10 摄氏度,或 72 小时内降温幅度大于或等于 12 摄氏度,而且使该地日最低气温小于或等于 4 摄氏度的冷空气活动
强寒潮	使某地的日最低气温 24 小时内降温幅度大于 10 摄氏度,或 48 小时内降温幅度大于或等于 12 摄氏度,或 72 小时内降温幅度大于 14 摄氏度,而且使该地日最低气温小于 2 摄氏度的冷空气活动
特强寒潮	使某地的日最低气温 24 小时内降温幅度大于 12 摄氏度,或 48 小时内降温幅度大于 14 摄氏度,或 72 小时内降温幅度大于 16 摄氏度,而且使该地日最低气温小于 0 摄氏度的冷空气活动

3. 寒潮灾害

寒潮是我国常见的一种灾害性天气,发生的次数较多,活动范围广大。寒潮爆发在不同的地域环境下造成的灾害有所不同：在西北沙漠和黄土高原,表现为大风风沙,极易引发沙尘暴天气;在内蒙古草原则为大风、吹雪和低温天气;在华北、黄淮地区,寒潮袭来常常风雪交加;在东北表现为更猛烈的大风、大雪,降雪量为全国之冠;在江南常伴随着寒风苦雨,甚至产生冻雨及雪灾。

寒潮大风是由寒潮天气引起的大风天气。寒潮大风涉及面较广,中国北方地区的内蒙古、甘肃、宁夏、陕西北部、山西北部、河北、河南北部以及黑龙江、吉林和辽宁等地均是寒潮大风频发的地区,淮河以南到中国南海中部海域也可能出现寒潮大风。寒潮大风主要是偏北大风,风力通常为 5～6 级,当冷空气强盛或地面低压强烈发展时,风力可达 7～8 级,瞬时风力会更大。

寒潮出现的时间,最早开始于 9 月下旬,结束最晚是第二年 5 月,春季的 3 月和秋季的 10—11 月是寒潮和强冷空气活动最频繁的时期,也是寒潮和强冷空气对生产活动可能造成危害最严重的时期。

4. 冷空气的源地和路径

影响我国的冷空气的源地有三个：第一个是在新地岛以西的洋面上,冷空气经巴伦支海、欧洲地区进入我国。它出现的次数最多,达到寒潮强度的也最多。第二个是在新地岛以东的洋面上,冷空气大多数经喀拉海、太梅尔半岛、俄罗斯进入我国。它的出现次数虽少,但是气温低,可达到寒潮强度。第三个是在冰岛以南的洋面上,冷空气经欧洲南部或地中海、黑海、里海进入我国。它出现的次数较多,但是温度不是很低,一般达不到寒潮强度,而如果与其他源地的冷空气汇合后也可达到寒潮强度(图1-17)。

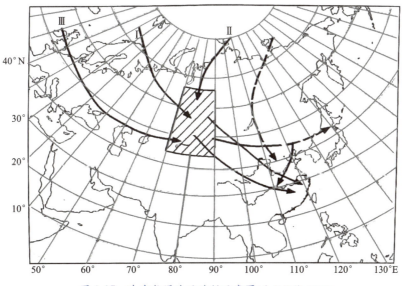

图1-17　冷空气源地及路径示意图(朱乾根等,2000)

Ⅰ.西北路径;Ⅱ.北方路径;Ⅲ.西方路径;阴影区为寒潮关键区

以上三个源地的冷空气,是中央气象台对1970—1973年1—4月和10—12月资料的统计结果。从中可以看出,95%的冷空气都要经过西伯利亚中部(70°—90°E,43°—65°N)地区并在那里积累加强。这个地区就称为寒潮关键区(图1-16中的阴影区)。冷空气从关键区侵入我国有以下四条路径。

(1)西北路(中路):冷空气从关键区经蒙古国到达我国河套附近南下,直达长江中下游及江南地区。循这条路径下来的冷空气,在长江以北地区所产生的寒潮天气以偏北大风和降温为主,到江南以后,则因南支锋区波动活跃可能发展伴有雨雪天气。

(2)东路:冷空气从关键区经蒙古国到达我国华北北部,在冷空气主力继续东移的同时,低空的冷空气折向西南,经渤海侵入华北,再从黄河下游向南可达两湖盆地。循这条路径下来的冷空气,常使渤海、黄海、黄河下游及长江下游出现东北大风,华北、华东出现回流,气温较低,并有阴雨天气。

(3)西路:冷空气从西伯利亚西部进入我国新疆,经河西走廊向东南推进,对我国西北、西南及江南各地区影响较大,但降温幅度不大。如果此路冷空气与其他路径冷空气叠加,亦可造成明显的降温。

(4)东路加西路:东路冷空气从河套下游南下,西路冷空气从青海南下,两股冷空气在黄土高原东侧,黄河、长江之间汇合,汇合时造成大范围的雨雪天气。接着两股冷空气合并南下,经过区域出现大风和明显降温。

(二)低温冷冻害

低温冷冻害又称为冷冻害,是指作物生长期内因温度偏低,热量不足,或是作物的某一生长阶段,遇有一定强度异常低温,影响作物的生长发育速度或是影响结实、灌浆成熟,使作物受害减产的灾害。冷冻害可分为冷害和冻害。

1. 冷害的种类

冷害指温度降到作物生长所能忍受的底线以下而造成作物生理障碍或结实器官受损,最终导致不能正常生长结实而减产。冷害发生时的日平均温度一般在0摄氏度以上,甚至可达20摄氏度,因作物所处的发育期而异。低温冷害按照发生时间和影响对象,可分为三种类型:

(1)春季冷害,也称"倒春寒",主要发生在长江中下游沿江及其以南地区的早稻播栽期。湖南、江西、福建、广西北部、广东北部等地区平均每年出现春季低温冷害过程1.0～1.5次。春季2—4月,华南至长江中下游地区先后进入早稻播种育秧季节。此时,冷空气活动频繁。据研究,当日平均气温连续3天以上降到12摄氏度以下时,就发生了对早稻安全育秧有影响的低温冷害天气过程,严重时,会造成早稻烂秧和死苗。例如,1970年长江中下游地区因低温烂种烂秧损失稻种达4亿千克。1976年长江中下游因"倒春寒"损失稻种达6.5亿千克。2020年4月20日,受北路冷空气影响,陕西、甘肃、宁夏3省(自治区)3市6县(市)3.5万人受灾直接经济损失达4600余万元,其中甘肃省庆阳市宁县2800余人受灾,农作物受灾面积近300公顷。2023年4月3—6日,甘肃省临夏、天水、武都等地遭遇较严重的"倒春寒"、霜冻自然灾害天气,造成当地花椒减产30%以上。

(2)夏季冷害,也称"东北低温冷害",主要发生在东北地区的作物生长期间,是东北地区主要农业气象灾害之一。东北地区纬度较高,冬季漫长,无霜期短,仅100～200天,≥10摄氏度的积温在1300～3700摄氏度之间,这种热量条件基本上能满足当地粮食作物的生长需求,作物熟制为一年一熟。东北地区的农作物主要在夏季生长,因此最怕夏季热量条件不足。每当夏季的平均气温明显偏低,就会使农作物的成熟期延迟,造成大幅度的减产。冷害分低温多雨型、低温干旱型、低温早霜型、低温寡照型四种,主要影响大豆、玉米、水稻、高粱等作物生长,引起大幅度减产。

(3)秋季冷害,也称"寒露风",是指秋季冷空气侵入后,引起显著降温使晚季水稻减产的低温冷害。"寒露风"是南方晚稻生育期的主要气象灾害之一。每年秋季寒露节气前后,是华南晚稻抽穗扬花的关键时期,这时一连3天或2天以上日平均气温降至22摄氏度以下,则会造成晚稻空壳、瘪粒,导致减产。因降温时一般都伴有偏北大风,当地俗称"寒露风"。

2. 冻害的种类

冻害指0摄氏度以下低温使作物体内结冰,从而对作物造成伤害,常发生的有越冬作物冻害、果树冻害和经济林木冻害等。冻害对农业威胁很大,在我国主要发生在西北、华北、华东、中南地区,主要的受害对象是冬小麦、油菜、蔬菜及葡萄、柑橘、油茶、茶树等经济果木。冻害一般包括雪灾、冻雨(雨凇)、雾凇、霜冻等。

1)雪灾

雪灾是大量的降雪与积雪对牧业生产及人们日常生活造成危害和损失的一种现象。降雪过多、积雪过厚、雪层持续时间长、初雪特早、终雪特晚等,都会形成雪灾。根据雪灾发生的区域及其造成的主要灾情,雪灾分为牧区雪灾和城市雪灾两种类型。

我国降雪具有高山高原多、低地平原少,北方多、南方少的特点。青藏高原东部、东北大部及内蒙古中部和东部、新疆北部山区为降雪多发区,年降雪日数为30天以上。西北中部等地为降雪次多发区,年降雪日数为20～30天。华南及四川盆地、云南南部等地为降雪少发区,年降雪日数不足1天。我国年降雪日数的平均值为26.3天。

我国的雪灾主要发生在青藏高原、新疆北部、内蒙古和东北一带三大区域。大兴安岭以西和阴山以北的广大地区、祁连山牧区、新疆北部部分牧区、西藏北部高原的高寒牧区及川西高原西部为雪灾多发区,阴山以南及巴彦淖尔市一带、六盘山区、陇中西北部、甘南高原、新疆南部的部分地区、川西高原部分牧区及滇西北部牧区的局部为雪灾偶发区。东北大部、内蒙古中东部、新疆北部、华北中北部、西藏北部高原至青海南部高原一带、西藏南部、川西高原北部、湖北西南部等地的局部为公路交通雪灾高发区。山坡上积雪在重力作用下向下滑动,沿途发生连锁反应,即形成雪崩。雪崩多发生在新疆、西藏、青海等省(区)的部分地区。

牧区雪灾实质是因积雪掩埋牧草或饲料饲草供应不足的一种牲畜的"饿灾",也称为"白灾"。白灾的危害程度主要取决于积雪深度,其次为牲畜的破雪采食能力及积雪持续时间、牧草长势等。我国牧区雪灾主要发生在10月至翌年5月,其中11月和3—4月发生的雪灾数量分别为全年总数的50%和40%左右。由于11月雪量大,表层积雪可日融夜冻,形成冰壳,牲畜不易破冰雪采食,造成"饿灾"。3—4月,牲畜膘情最差,部分牧区处于接羔保育期,此时冷空气活动最为频繁,一旦发生雪灾,牲畜损失严重。

城市雪灾可分为强降雪型和落雪成冰型两类:强降雪型是指在短时间内出现强降雪或者持续一段时间的强降雪,形成一定厚度的积雪;落雪成冰型是指在一定的气温和下垫面、附着物的温度条件下,降雪量虽然不大,但落下后能很快在下垫面以及附着物上冻结成冰。

雪灾对城市的影响主要表现在两个方面:一方面是对交通的影响,雪天路滑,减缓车辆行驶速度,汽车追尾等交通事故增多,出现交通拥堵,严重时甚至造成交通瘫痪,同时对航空运行影响也很大;另一方面是对人们生活的影响,雪灾发生时造成供电、供水、供暖系统不能正常运转,医院、学校及居民生活受到严重影响,通信线路中断等。

2)冻雨

冻雨是指温度低于 0 摄氏度的雨滴,在温度略低于 0 摄氏度的空气中能够保持过冷状态,其外观同一般雨滴相同,当它落到温度为 0 摄氏度以下的物体上时,立刻冻结成外表光滑而透明的冰层的降水现象。这种雨在气象学上叫"冻雨"(它的凝聚物叫"雨凇")。冻雨是初冬或冬末春初时节的一种灾害性天气。冻雨积聚到一定程度时,常常带来灾害。严重的雨凇会压断树木、电线杆,使通信、供电中断,妨碍公路和铁路交通,威胁飞机的飞行安全。

形成"冻雨"时,要使过冷却水滴顺利地降落到地面,往往离不开特定的天气条件:近地面 1500 米左右的空气层温度稍低于 0 摄氏度;1500 米至 3000 米的空气层温度高于 0 摄氏度,比较暖一点;再往上一层又低于 0 摄氏度。这样的大气层结构,使得上层云中的过冷水滴、冰晶和雪花,进入比较暖一点的气层,都变成液态水滴。再向下降,又进入不太厚的冻结层。当继续下降,正准备冻结的时候,已经以过冷却的形式接触到冰冷的物体,形成坚实的"冻雨"(图 1-18)。

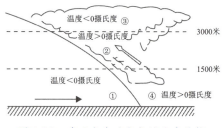

图 1-18 冻雨发生时大气的垂直结构

冻雨多发生在冬季和早春时期。我国出现冻雨较多的地区是贵州省,其次是湖南省、江西省、湖北省、河南省、安徽省、江苏省及山东省、河北省、陕西省、甘肃省、辽宁省南部等地,其中山区比平原多,高山最多。

贵州出现雨凇天气日数最多,但每一次雨凇持续时间并不很长;湖北、湖南、河南、江西、安徽等省出现天数稍少,但一次雨凇持续时间较长,最长的一次出现在湖南常德和湖北钟祥,分别持续 466 小时和 443 小时。

北方雨凇 11 月中旬可能开始出现,南方则要到 12 月才可能出现。但湖北的雨淞开始较早,11月中旬就可能出现。雨淞结束期一般都在3月中旬以后。辽东半岛最晚在4月初结束,而华东沿海和华南沿海在1月底至2月初较早结束。雨淞出现频率大部分地区以1—2月为最多,3月较少。但新疆乌鲁木齐、辽宁、河北、山东等地以11月与3月为最多,1月与2月反而较少。

北方雨淞发生的源地,即经常发生雨淞的地区,主要有三个:①河南的郑州、信阳、驻马店附近地区,占总次数的38%;②陕甘地区主要是西锋镇附近,占总次数的29%;③河北的石家庄、沧州、邢台及京津地区,占总次数的24%。

南方雨淞的源地主要是贵州,占总次数的84%,发生在湖南的仅占总次数的16%。消失于贵州的占总次数的94%,消失于湖南的占总次数的6%。

我国雨淞的几个源地的大地形背景为西高东低,或地形为西、北、南三面环山,向东开口的盆地。冷空气取东路从底层进入盆地,构成冷垫气垫,暖空气从西部上空移来,雨淞易发生在这些地区。

冻雨是一种灾害性天气,当冻雨下落碰到温度低于0摄氏度的地面时,在地面及其他物体上立即冻结成坚硬冰层,它往往造成公路路面结冰,交通受阻,交通事故也因此增多。当冻雨大量凝结在电线上,就会使电线覆冰。电线积冰可使电线受风面和振荡程度增大,当冰量累积到一定程度时,还会产生跳头、扭转以致折断电线和压倒电杆,导致停电和通信中断等事故。严重的冻雨会把房子压塌,飞机在有过冷水滴的云层中飞行时,机翼、螺旋桨会积水,影响飞机空气动力性能,造成失事。另外,冻雨还是一种农业气象灾害,冻雨能大面积地破坏幼林、冻伤果树,引起大田结冰,会冻断返青的冬麦,或冻死早春播种的作物幼苗。

冻雨典型案例:2008年1月,在我国南方发生了大范围低温、雨雪、冰冻等自然灾害。暴风雪造成多处铁路、公路、民航交通中断。由于正逢春运期间,大量旅客滞留站场港埠。另外,电力受损、煤炭运输受阻,不少地区用电中断,通信、供水、取暖均受到不同程度的影响,某些重灾区甚至面临断粮危险。而融雪流入海中,对海洋生态亦造成浩劫,台湾海峡即传出大量鱼群暴毙事件。受灾严重的地区有湖南、贵州、湖北、江西,以及广西北部、广东北部、浙江西部、安徽南部、河南南部等地。雪灾造成129人死亡,4人失踪,紧急转移安置166万人,受灾人口超过1亿;农作物受灾面积1.78亿亩,成灾8764万亩,绝收2536万亩;倒塌房屋48.5万间,损坏房屋168.6万间;因灾直接经济损失1 516.5亿元。森林受损面积近2.79亿亩,3万只国家重点保护野生动物在雪灾中冻死或冻伤。

3)霜冻

霜冻是指在作物生长季节内,降温导致夜间植株体温下降到0摄氏度或以下,使正在生长发育的植物受到冻伤,从而导致减产、绝收或品质下降。霜冻与霜是两个不同的概念,霜是指近地面水汽凝结现象,是一种天气现象,出现霜时霜冻不一定发生,霜冻是否发生是与植物是否遭受伤害联系在一起的。霜冻按照发生的时期可分为初霜冻和终霜冻两类。

初霜冻,指温暖季节向寒冷季节过渡期间,植物植株表面温度第一次低于或等于 0 摄氏度时,因植物柱体细胞水分凝结而遭受的冻害。由于植物体表温度不易获取,人工观测初霜冻天气现象业务自 2005 年已改为非必要业务,因此气象行业制定了替代初霜冻天气现象的定义(韩荣青等,2010),即地面观测站点地面 0 厘米逐日最低气温第一次低于或等于 0 摄氏度即视为初霜冻发生,发生当日被称为初霜冻日期。

终霜冻,指寒冷季节向温暖季节过渡期间,最后一次发生的霜冻。气象行业规定地面观测站点地面 0 厘米逐日最低温度最后一次低于或等于 0 摄氏度,即为终霜冻,终霜冻发生当日被称为终霜冻日期。

全国除了青海、西藏地区因为地处高原气温偏低而全年有霜冻,以及我国南方包括海南岛的部分地区因常年气温较高属于无霜冻区外,其余大部地区都有霜冻期。在秋季到次年的夏季一整年期内,霜冻天数的长短与本地气候因素密切相关,其中最为密切的是纬度,其他因素还包括海拔、地形和下垫面土质等。全国大部地区年霜冻天数的气候分布呈由南向北逐渐增多。其中,霜冻天数在华南中部和北部、江南大部以及西南地区东部大部地区最少,有 31～89 天;在江南北部、江淮、江汉,以及江南局部、西南局部和西北地区东南部有 89～145 天;在辽宁南部、华北、西北地区东部和新疆部分地区有 145～200 天;在其余北方大部地区在 200 天以上,尤其是在黑龙江、内蒙古大部、甘肃局部和新疆北部部分地区有 226～290 天。

五、雾霾

(一)雾霾的定义

雾是指在贴近地面的大气中悬浮有大量微小水滴或冰晶并使大气水平能见度小于 1000 米的天气现象。一般把 500 米以外的物体完全看不清的天气现象叫大雾。

霾又称大气棕色云,是指大量极细微的尘粒悬浮在大气中,使水平能见度小于 10 千米的天空灰蒙蒙的现象。大雾和霾表明空气不干净,对人体健康有害。

(二)雾霾分布区域

大雾是我国比较常见的灾害性天气之一。我国雾霾呈现东南部多、西北部少的特点(图 1-19)。黄淮、江淮、江汉中部、江南及河北南部、四川东部、重庆、云南南部、贵州、福建大部、海南等地,年雾日数一般有 20 天以上,局部地区可达 50~70 天;东北地区东南部和大兴安岭北部雾日数也比较多,有 20~30 天;西北地区因气候干燥,很少出现雾,但部分地区雾日数较多,如新疆北部、陕西南部和北部的部分地区年雾日数一般有 10~30 天。我国主要以辐射雾为主,雾易发高值区主要分布在高山、河谷、盆地以及沿海地区,这些地区易具备形成雾的气象条件,也使得雾的发生有明显的局地性特征。

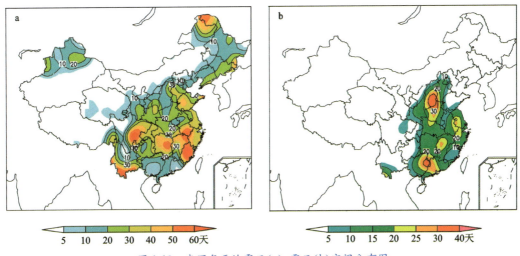

图 1-19　我国年平均雾日(a)、霾日(b)空间分布图

我国秋冬季为大雾多发季节,12 月和 1 月是大部分地区的多雾时期。大雾主要影响交通运输、交通安全和电力供应安全,而且造成环境恶化,严重威胁着人体健康。据统计,大雾引发的交通事故高出其他灾害性天气条件 2.5 倍,伤、亡人数分别占事故伤、亡总数的 29.5% 和 16%,说明大雾已成为影响交通的主要灾害性天气。

(三)雾霾的主要影响

随着经济的快速发展和城市化进程的加快,雾和霾已经成为我国工业化阶段频次增长最快的灾害性天气(图 1-20),严重威胁交通、电力安全和人体健康,并且越是经济发达、人口密集的地区,发生频次越高,持续时间越长。近年来,霾在广州、北京等大城市越来越严重,每到秋季,城市能见度急剧下降,交通阻塞严重,并导致呼吸道感染等疾病多发。

1. 对交通的影响

雾和霾使能见度降低,造成水、陆、空交通事故,也会对人们日常生活造成影响。

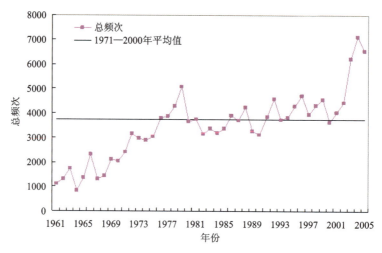

图1-20　1970—2000年全国霾总频次及平均频次图

随着交通运输业的快速发展,高速铁路、公路和机场逐年增多,机动车保有量增加,民航通行能力大幅提升,物流运输爆发式增长,对社会经济和人们日常生活影响也越来越显著。2013年2月27日,受大雾影响,河南京港澳高速公路漯河段发生6起连环交通事故,有27辆车追尾,造成3人死亡、70人受伤。2018年2月,琼州海峡出现了自1950年海南有气象记录以来前所未有的持续8天大雾天气,渡轮因能见度不足停航12次,累计时间长达68.5小时。由于正值春节假期结束游客返程高峰期,琼州海峡南岸大量旅客和车辆滞留,高峰滞留车辆达2万辆、车队最长有20千米,滞留旅客近10万人,海口市交通严重拥堵,马路变成停车场。

2. 对人体健康的影响

霾天气严重影响人们的身体健康,通过呼吸道被人体直接吸收,造成呼吸系统感染,也容易使哮喘、慢性支气管炎、肺气肿等慢性病转变成急性呼吸道疾病,甚至有诱发肺癌的危险。霾天气造成紫外线辐射减弱,直接导致小儿佝偻病高发,间接导致其他多种疾病发生和传染病扩散,易形成群体性公共卫生事件。霾不仅影响人们身体健康,还影响心理健康,在霾天气条件下,人们会感到窒闷、情绪低落或烦躁不安,人们活动的主动性大大降低,容易出现全身疲乏无力等症状,不仅使工作效率下降,甚至出现抑郁症状或者导致老年人出现认知障碍的风险增加。例如,2016年12月16—21日,华北、黄淮以及陕西关中、苏皖北部、辽宁中西部等地出现霾天气,有108个城市达到重度及以上污染级别,北京、天津、河北、河南、山西、陕西等地的部分城市出现"爆表",北京和石家庄局地$PM_{2.5}$峰值浓度分别超过600微克/立方米和1100微克/立方米。此次过程具有持续时间长、影响范围广、污染程度重的特点,北京、天津、石家庄等27个城市启动空气重污染红色预警,中小学和幼儿园停课。雾霾天气给人体健康带来不利影响,导致医院呼吸道疾病患者比平常明显增加。

3. 对电力的影响

雾霾天气条件下大气电导率下降,电力系统的雷击冲击耐压能力降低,进而造成供电系统的污闪事故。雾霾天气多发区也是我国输电走廊或用电高负荷密度地区,因此,雾霾天气对电力安全输送和供给也有较大影响。据不完全统计,因雾、霾、露、毛毛雨等天气,1971—1990年我国输电线路发生的污闪事故达3033次,变电所设备的事故有1456次。例如,1996年12月27—30日,华东地区出现罕见的大雾,华东电网23条500千伏线路中就有11条发生闪络,跳闸77次;220千伏线路中24条发生闪络,跳闸58次。2001年2月22日凌晨,辽宁大部分地区遭受几十年未见的浓雾天气,造成辽宁电网1949年以来最严重的一次大面积污闪停电事故,事故波及沈阳、鞍山、营口、辽阳、抚顺、铁岭和阜新等地区。此次事故造成220千伏线路跳闸151条次,跳闸线路44条,并造成12座220千伏变电所全停;66千伏线路跳闸171条次,120座66千伏变电所全停;电量损失达9.37兆瓦·时。

六、沙尘暴

(一)沙尘暴定义

气象国家标准《沙尘暴天气等级》(GB/T 20480—2006)(中国气象局政策法规司,2006)规定,沙尘天气是风将地面尘土、沙粒卷入空中,使空气浑浊,水平能见度减小到一定程度的天气现象。

沙尘天气的等级主要依据沙尘天气当时的地面水平能见度划分,依次分为浮尘、扬沙、沙尘暴、强沙尘暴和特强沙尘暴五个等级。

浮尘是指当天气条件为无风或平均风速≤3.0米/秒时,尘沙浮游在空中,使水平能见度小于10千米的天气现象。

扬沙是指风将地面尘沙吹起,使空气相当浑浊,水平能见度在1~10千米之间的天气现象。

沙尘暴是指强风将地面尘沙吹起,使空气很浑浊,水平能见度小于1千米的天气现象。

强沙尘暴是指大风将地面尘沙吹起,使空气非常浑浊,水平能见度小于500米的天气现象。

特强沙尘暴是指狂风将地面尘沙吹起,造成空气特别浑浊,水平能见度小于50米的天气现象。

沙暴和尘暴既有联系又有区别。沙暴风速多在7~8级以上,吹起近地面的细沙和粉沙,距地表的输移高程一般为15~30米,水平能见度多为1~10千米。沙暴通常就地形成,遇到障碍物即下沉造成沙埋和沙割之害。而尘暴风力强劲,风速多在20米/秒以上,可以脱离沙尘源地,在高空飘逸到数千千米之外甚至更远。尘暴与沙暴结合即形成沙尘暴,对工农业生产和人民生命财产危害巨大。

(二)沙尘暴形成原因

沙尘暴的形成必须具备四个条件:一是地面上的沙尘物质,它是形成沙尘暴的物质基础;二是大风,这是沙尘暴形成的动力基础,也是沙尘暴能够长距离输送的动力保证;三是不稳定的空气状态,这是局地热力条件,沙尘暴多发生于午后傍晚说明了局地热力条件的重要性;四是干旱的气候环境,沙尘暴多发生于北方的春季,而且降雨后一段时间内不会发生沙尘暴。春季沙漠的边缘地区,由于长期干旱,而且地表少有植被覆盖,当有大风来临的时候,地表的沙尘很容易被吹起且被输移,但由于沙子粒径较大,不易形成悬移(悬浮移动,是小颗粒物质保证长距离输移的必要条件),因此不能长距离输移,这也是距沙尘较远的地区只有降尘而少见扬沙的主要原因。如果风持续的时间很长,形成悬移的浮尘能够被输送到很远的地方,所经过的地区就会出现沙尘暴;当风速减弱到一定程度后,浮尘就会降落,该地就会出现降尘天气,如果此时降水,就会形成所谓的"泥雨"。

从沙尘暴形成过程所需的四个条件看,黄土高原、广袤的沙漠及由人为因素的破坏正处于荒漠化过程中的土地,北方春季未耕种的土地及处于施工过程中的基础设施(如高速公路等)为沙尘暴的发生提供了充分的物质源,而春季北方地区的干旱又使沙尘暴发生的可能性增强。大风的产生是一种复杂的大气现象,主要是冷锋活动或经纬向环流调整作用的结果。由此可见,沙尘暴的产生是多种复杂因素共同作用的结果,人类活动对自然界的破坏导致土地荒漠化的加剧,对沙尘暴发生产生了极其重要的作用;而在全球气候变暖的大背景下,极端高温和干旱等异常天气现象,也对沙尘暴的发生起了不可估量的作用。

(三)沙尘暴分布区域

世界有四大沙尘暴多发区,分别位于中亚、北美、中非和澳大利亚。我国的沙尘暴区属于中亚沙尘暴的一部分,主要发生在北方地区。总的特点是西北地区多于东北地区,平原或盆地多于山区,沙漠及边缘多于其他地区。且主要集中在两大区域:

一个是位于塔里木盆地的塔克拉玛干沙漠;另一个是从巴丹吉林沙漠东部,南至甘肃河西走廊,经腾格里沙漠乌兰布和至库布齐沙地和毛乌素沙地。另外新疆克拉玛依地区、和田地区和青海的西北部地区是三个局地性沙尘暴区。

我国沙尘暴分布具有以下特点:①出现范围广,全国有 17 个省(区、市)受沙尘天气的影响;②高频区集中,沙尘天气的多发区主要集中于塔里木盆地周围地区、阿拉善高原、河西走廊东北部及其邻近地区;③与沙漠和沙地密切相关,沙漠和沙地为沙尘天气的出现提供了极为丰富的物质源;④天气系统、地形走向、地表植被覆盖状况以及降水量分布等都对沙尘天气的地理分布产生显著影响。

我国沙尘暴的空间分布基本与中国北方荒漠化土地分布相一致,反映了下垫面特征和沙尘源分布状况对沙尘天气形成的重要作用。我国北方沙尘日数的区域性特征十分明显,春季沙尘日数分布显示出北多南少、西多东少的特点,主要发生在我国北方区域,长江以南的区域极少发生。河套及其以西的大部分区域沙尘日数在 10 天以上,其中新疆中部和南部区域大部超过 20 天,局部超过了 30 天;西北地区中北部、内蒙古西部地区为 15 天以上,部分地区在 20 天以上;河套以东的区域沙尘日数较西部地区明显偏少,大多为 5~10 天,淮河流域少于 5 天,其中内蒙古东北部、东北地区的北部和东部也较少,不超过 3 天。

从 1960—2015 年中国北方沙尘日数年际变化(图 1-21)来看,沙尘日数总体呈减少趋势,20 世纪 60—70 年代为多发时期,80 年代中期开始呈明显的下降趋势。

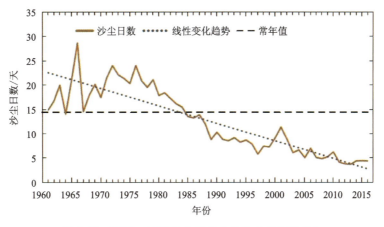

图 1-21　1960—2015 年中国北方沙尘日数年际变化

(四)沙尘暴的危害

沙尘暴,尤其是特强沙尘暴是一种危害极大的灾害性天气。沙尘暴形成之后,会以排山倒海之势滚滚向前移动,携带沙砾的强劲气流所经之处,通过沙埋、风蚀沙割、狂风袭击、降温霜冻和污染大气等方式,使大片农田受到沙埋或被刮走沃土,或使农作物受霜冻之害,致使有的农作物大幅度减产,甚至绝收;此外,沙尘暴还能加剧土地沙漠化,对大气环境造成严重污染,对生态环境造成巨大破坏,对交通和供电线路等基础设施产生重要影响,给人民生命财产造成严重损失。我国受沙尘暴的危害严重,特别是西北地区的工矿、交通、新兴城镇及其他水利、电力、煤田和油气井等设施,均受风沙危害或威胁,一旦出现沙尘暴或黑风暴,受害尤为严重。

1993年5月5日发生在甘肃金昌、武威地区的强沙尘暴,影响范围总面积约110万平方千米,涉及西北四省区的18个地市的72个县旗,1200多万人。据统计,此次浩劫致使87人死亡,31人失踪,死亡和丢失大小牲畜几十万只(头),受灾农田和果林与幼林面积等均达几十万公顷,数以百计的塑料大棚被毁,草场、牧场和盐场的基础设施,供电线路,公路和铁路等破坏都十分严重,直接经济损失约6亿元。

2006年春季,我国共出现了18次沙尘暴,其中强沙尘暴过程5次。2006年4月,我国北方地区出现强沙尘暴天气过程,北京16日一夜间总降尘量达33万吨,新疆吐鲁番地区遭遇22年来最强的沙尘暴,途经的T70次列车遇特大沙尘暴袭击,列车一侧窗户玻璃全部被毁。

第三节 气象灾害预报预警与防御

一、干旱预报预警及防御

(一)干旱的预报

干旱在气象灾害中属于气候灾害,无论是常年干旱区,还是由于降水、气温等气象因子的年际或季节变化形成的,某时间段内,蒸散量与降水量的收支不平衡,水分支出大于水分收入而造成的局地水分短缺的现象,均与当地的长期气候特征或短期气候变化有关。

甘肃省地处黄土、青藏和内蒙古三大高原交汇地带。这里由于地处亚欧大陆腹地,青藏高原的北部及东北部,地形条件十分复杂,山脉纵横交错,海拔相差悬殊,高山、盆地、平川、沙漠和戈壁等兼而有之,是山地型高原地貌。冬季这里盛行干冷的西北气流,降水很少。夏季,来自印度洋的西南暖湿气流,由于青藏高原的阻挡,很难到达西北地区;而来自西太平洋的东南暖湿气流,又由于西太平洋副高压的强度和位置的不同,到达西北地区在年度和季节上变化也十分明显。因此,甘肃省气候干燥,气温日较差大,光照充足,太阳辐射强。甘肃西部沙漠区、河西走廊中西段和祁连山区为干旱区、半干旱区。

在干旱的预报中主要涉及当地的降水量预报、高温预报,以及土壤墒情、水库、湖泊储水量监测等诸多因素。关于干旱的预报这里不再详述。

(二)干旱的预警及防御

干旱预警信号分二级,分别以橙色、红色表示。干旱指标等级划分,以国家标准《气象干旱等级》(GB/T 20481—2006)中的综合气象干旱指数为标准(表1-9)。

除了表1-9中列出的防御措施之外,干旱还容易引发森林火灾等次生灾害,森林防火部门应注意较长时间干旱可能引发的森林火灾隐患。例如,2019年1—3月,四川凉山地区气温较常年同期偏高2.0摄氏度、降水量较常年同期偏少64%,严重的干旱导致该地森林火险等级居高不下,引发了严重的森林火灾,31位年轻的救火英雄在这场大火中壮烈牺牲。

表1-9 干旱预警信号标准及防御措施

干旱预警信号	标准	防御措施
干旱橙色预警信号	预计未来一周综合气象干旱指数达到重旱(气象干旱为25~50年一遇),或者某一县(区)有40%以上的农作物受旱	1.有关部门和单位按照职责做好防御干旱的应急工作; 2.有关部门启用应急备用水源,调度辖区内一切可用水源,优先保障城乡居民生活用水和牲畜饮水; 3.压减城镇供水指标,优先经济作物灌溉用水,限制大量农业灌溉用水; 4.限制非生产性高耗水及服务业用水,限制排放工业污水; 5.气象部门适时进行人工增雨作业
干旱红色预警信号	预计未来一周综合气象干旱指数达到特旱(气象干旱为50年以上一遇),或者某一县(区)有60%以上的农作物受旱	1.有关部门和单位按照职责做好防御干旱的应急和救灾工作; 2.各级政府和有关部门启动远距离调水等应急供水方案,采取提外水、打深井、车载送水等多种手段,确保城乡居民生活和牲畜饮水; 3.限时或者限量供应城镇居民生活用水,缩小或者阶段性停止农业灌溉供水; 4.严禁非生产性高耗水及服务业用水,暂停排放工业污水; 5.气象部门适时加大人工增雨作业力度

二、暴雨监测、预报预警及防御

(一)暴雨监测

暴雨监测的对象是暴雨降水量的时间和空间分布,即某个观测站或某个区域内,分钟、小时、日等不同时段的累计降水量分布。降水量是一段时间内在水平面上积累的降水深度,以毫米(mm)为单位。暴雨监测主要依靠气象观测站和水文观测站,特别是自动雨量站观测,主要采用翻斗式雨量计或称重式雨量计对降水量、降水强度、降水时数等进行测量。近些年来,我国正逐渐推行自动化观测,全国布有将近6万个自动气象站,可获取分钟级的暴雨监测资料,具有资料采集精度高、时空分辨率高、数据量较小、可靠性较高等特点,可对暴雨的起止时间和强度等进行连续不间断监测。但由于站点空间分布极不均匀,站点稀少区域的暴雨监测受到限制。

通过雷达、卫星定量估测降水也可以对暴雨进行监测。原理是首先建立雷达和卫星遥感资料与降水量的历史统计关系,再根据实时遥感数据换算出估测的降水量。我国于20世纪初开始研发雷达定量估测降水产品,目前中国气象局气象探测中心的"天气雷达基数据拼图系统"可实时生成全国组网的、1千米/小时分辨率的雷达定量估测降水产品。基于我国最新的自主开发的风云四号A星获得的定量降水估测降水量资料空间分辨率为4千米,时间分辨率最高可达15分钟。对于气象观测站稀少、雷达观测无法覆盖的区域,包括海上,卫星可提供全天候、全球覆盖的定量降水估测产品,较好地反映降水空间分布特征,对暴雨灾害监测具有重要的意义。

在卫星云图中,暴雨云团初生时常呈现多个离散状的小亮点,到成熟时通常呈现圆形、多边形、涡旋状和不规则形状云团,尺度比雷暴云团大,常超过1个纬距,生命期长,常常可持续几小时到十几小时,顶部有向几个方向伸出的卷云羽(图1-22)。

2019年5月5日08时至6日08时,甘肃省大部地方出现持续性降雨天气,陇南、临夏、天水三市(州)部分地区及武威、兰州、白银、平凉、定西、甘南、庆阳等市(州)局部地区出现大雨,其中陇南、临夏、天水、兰州等市(州)局部地区出现暴雨(图1-23)。6日08时至7日08时,省内大部地区出现持续性降雨天气,酒泉、嘉峪关、兰州、白银、临夏、甘南、定西、平凉等市(州)局部地区出现大雨,陇南、天水两市局部地区出现暴雨。成县的沙坝降水从5日00时开始,7日08时后趋于减弱,过程累计雨量191.6毫米,其中最大小时雨强14.8毫米(图1-24)。

第一章 气象灾害防御与处置

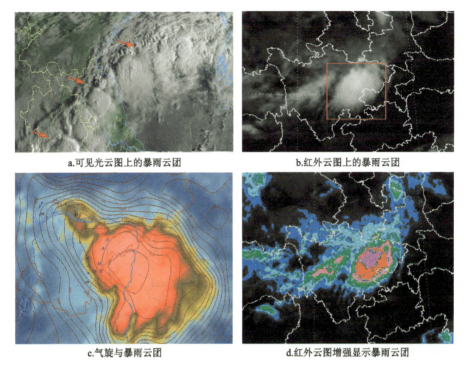

a.可见光云图上的暴雨云团　　　　　b.红外云图上的暴雨云团

c.气旋与暴雨云团　　　　　d.红外云图增强显示暴雨云团

图 1-22　各种卫星云图上的暴雨云团

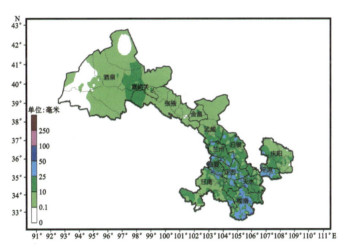

图 1-23　甘肃省 24 小时降水量实况图(2019 年 5 月 5 日 08 时—5 月 6 日 08 时)

(图片来源:兰州中心气象台)

由 2019 年 5 月 5—6 日卫星云图(图 1-25)可见,5 日 19:00 高原上弱对流云团产生(图 1-25a);5 日 22:00 东移发展分裂(图 1-25b);6 日 00:00,A 云图发展将影响沙坝,B 云图、C 云图合并为 D 云图(图 1-25c);6 日 00:40,沙坝位于云顶亮温最低中心,降水强度达到最大(图 1-25d)。

041

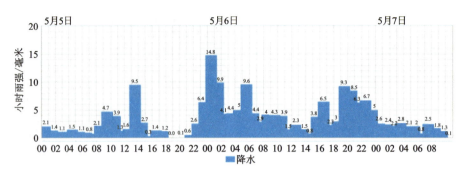

图 1-24 沙坝 5 月 5 日 00 时—5 月 7 日 08 时降水演变图

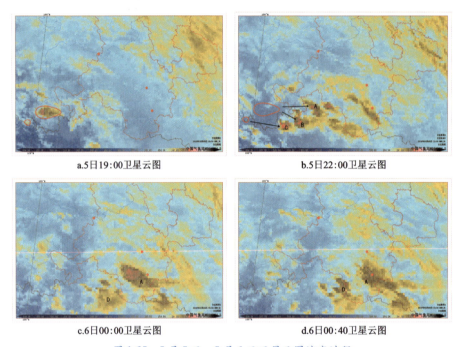

图 1-25 5 月 5 日—5 月 6 日卫星云图演变过程

在雷达回波中,暴雨主要由对流性降水回波产生。对流性降水回波的主要特点是回波强度大,一般大于 40dBZ[①],在 PPI 图(平面位置显示器)上块状结构明显,层次清晰(图 1-26a)。在 RHI 图(距离高度显示器)上,呈柱状,垂直发展旺盛,水平尺度与垂直尺度相当,回波顶高一般大于 10 千米,甚至高达 18 千米(图 1-26b)。这种回波个体分明,发展迅速,生命期一般为几十分钟至 3 小时。

---

① dBZ 指雷达反射率因子,表征降水目标物回波强度的单位。

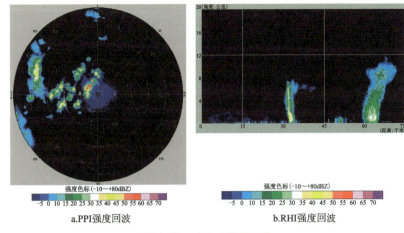

a.PPI强度回波　　　　　　　　　b.RHI强度回波

图 1-26　对流云降水回波

(二)暴雨预报预警

暴雨预报指预报未来一段时间内,暴雨影响的区域、时间段、总降水量。根据暴雨预报提前的时间长短可分为中期预报(4~10天)、短期预报(1~3天)和短时预报(1天以内)。中期预报重点关注的是暴雨过程变化趋势,包括雨带位置、影响时段和一般性的强度等方面;短期预报则对落区、强度和影响时段有更高的要求,对暴雨影响范围一般要求精确至省(区、市),影响时间精确至小时;而短时预报则对暴雨的时空分布特征要求更为精细。一般来说,预报时效越短,预报准确率越高。

目前,我国在暴雨预报中对于有无暴雨过程、影响范围和时间的把握相对较好,但是对强降水中心的具体落区和强度以及影响的准确时间点预报难度还很大。暴雨预报需要预报员具备天气学原理的相关知识,能够综合分析各种气象数据和数值预报产品,结合雷达和卫星资料进行判断。预报方法这里不再详述。

暴雨预警信号分四级,分别以蓝色、黄色、橙色、红色表示(表1-10)。

表 1-10　暴雨预警信号标准及防御指南

暴雨预警信号	标准	防御指南
暴雨蓝 RAIN STORM	12小时内降雨量将达50毫米以上,或者已达50毫米以上且降雨可能持续	1.政府及相关部门按照职责做好防暴雨准备工作; 2.学校、幼儿园采取适当措施,保证学生和幼儿安全; 3.驾驶人员应当注意道路积水和交通阻塞,确保安全; 4.检查城市、农田、鱼塘排水系统,做好排涝准备

续表 1-10

暴雨预警信号	标准	防御指南
暴雨黄	6 小时内降雨量将达 50 毫米以上,或者已达 50 毫米以上且降雨可能持续	1. 政府及相关部门按照职责做好防暴雨工作; 2. 交通管理部门应当根据路况在强降雨路段采取交通管制措施,在积水路段实行交通引导; 3. 切断低洼地带有危险的室外电源,暂停在空旷地方的户外作业,转移危险地带人员和危房居民到安全场所避雨; 4. 检查城市、农田、鱼塘排水系统,采取必要的排涝措施
暴雨橙	3 小时内降雨量将达 50 毫米以上,或者已达 50 毫米以上且降雨可能持续	1. 政府及相关部门按照职责做好防暴雨应急工作; 2. 切断有危险的室外电源,暂停户外作业; 3. 处于危险地带的单位应当停课、停业,采取专门措施保护已到校学生、幼儿和其他上班人员的安全; 4. 做好城市、农田的排涝,注意防范可能引发的山洪、滑坡、泥石流等灾害
暴雨红	3 小时内降雨量将达 100 毫米以上,或者已达 100 毫米以上且降雨可能持续	1. 政府及相关部门按照职责做好防暴雨应急和抢险工作; 2. 停止集会、停课、停业(除特殊行业外); 3. 做好山洪、滑坡、泥石流等灾害的防御和抢险工作

(三)暴雨灾害防御

暴雨造成的灾害一般有以下五个方面。

(1)容易造成积涝和洪涝等次生、衍生灾害,尤其是连续 2~3 天的暴雨到大暴雨甚至特大暴雨,累计雨量可达 400~500 毫米,往往造成严重的积涝和洪涝灾害,并造成人员伤亡和财产损失。积涝和洪涝主要由暴雨强度大、地势低洼、防洪排涝能力不足、河道淤积严重、过流能力不足、水土流失、城市建设和排水体系不配套等众多原因引起。因此,相关部门要注意河道整治、低洼易涝区排洪管道的合理规划和疏通、加强排洪设施的有效管理。在修筑防洪工事、水坝堤防江河工程和道路建设时应充分考虑可能出现的暴雨强度以及防洪排涝能力。

(2)可能引发山体滑坡、泥石流等地质灾害,地质灾害的发灾时间及成灾范围与降雨量(包括持续性降水和强降水)高度相关,特别是连续 2 天以上的暴雨过程造成地质灾害的可能性更大,易造成人员伤亡。在暴雨前期,相关部门应加强对危险边坡的治理,尤其是人工边坡,要定期或者不定期巡查,必要时设置警戒线。需要特别提醒的是,暴雨结束后,土壤含水量饱和,也极易引发山体滑坡,居民应尽量远离隐患边坡。

（3）引起房屋和围墙倒塌造成人员伤亡。年代久远的老屋,排水系统存在问题,在强降雨和内涝的双重作用下容易倒塌,需引起足够重视。孤立、单薄的围墙在风雨中极易倒塌,居民应远离,切勿靠近,更不能前往避雨。

（4）强降雨与连续性降雨会对农作物和养殖业造成损失。在暴雨来临前,农业部门以及乡镇（街道）、村（社区）等基层组织应及时将气象部门发布的预报预警信息通知辖区内的果农、菜农、养殖户,提前做好防范暴雨措施,以减少损失。

（5）暴雨造成航班延误和交通堵塞,导致交通事故多发。暴雨期间,居民应随时留意最新气象和航班信息,及时调整出行计划;在外驾车的居民应减速慢行,打开雾灯,保持好车距,以防发生交通意外事故。

暴雨来临之前,当接收到暴雨预警信号后,民众应提高避灾意识,密切关注防汛应急响应级别,配合政府部门做好防御准备工作,判断雨情汛情,不要将垃圾、杂物丢入河道或下水道,以防堵塞。暂停室外活动,学校可以暂时停课,户外人员应立即到地势高的地方。检查电路、炉火等设施是否安全,关闭电源总开关,检查房屋,如果是危旧房屋或处于地势低洼的地方,应及时转移,准备必要的应急物资。

暴雨来临之后,如果被洪水包围,应尽快向政府和相关部门寻求救援。来不及转移的人员,要就近迅速向山坡、高地、楼房、避洪台等地势较高的地方躲避。尽可能绕过积水严重地段,防止跌入阴井及坑、洞中。如洪水继续上涨,暂避的地方已难自保,则要充分利用准备好的门板、桌椅、大块的泡沫塑料等救生器材逃生。

三、强对流天气监测、预报预警及防御

（一）强对流天气监测

强对流天气的监测对象主要包括雷电、短时强降水、冰雹、雷暴大风和龙卷风等。由于强对流天气空间尺度小、持续时间短、强度强,监测难度较大,故强对流天气监测的对象不仅包括强对流天气本身,也包括间接造成强对流天气的中尺度对流系统。

强对流天气的直接监测手段主要包括常规地面观测、重要天气报告、灾情直报资料、自动气象站、闪电定位仪等。在这些监测手段中,常规地面观测虽然能够给出比较可靠的观测结果,但时空分辨率低;重要天气报告虽然能够弥补常规地面观测时间分辨率不足的问题,但空间分辨率依然有限,故对于强对流天气实况的监测目前更多使用自动气象站;而间接监测则主要是利用雷达和卫星等监测手段对对流风

暴、飑线、MCS（中尺度对流系统）的监测，并依据对对流风暴、飑线、MCS等的监测结论，运用多种技术手段和预报员经验，判断正在发生或即将发生强对流天气的种类、强度、移动发展情况等。

雷电监测：雷电的监测主要采用闪电定位仪，观测项目包括雷电回击发生的时间、经纬度、电流强度、电流陡度、定位误差、定位方式等。地闪定位系统能够提供连续的高时空分辨率的地闪监测，但对海洋区域的覆盖面积只有近海区域，范围有限。

短时强降水监测：在我国大部分地区，短时强降水的标准为1小时达到或超过20毫米。短时强降水是造成山洪泥石流和城市内涝等次生灾害的重要因子。短时强降水监测主要依靠常规的人工观测和自动气象站观测，我国已布设自动气象观测站数万个，空间分辨率高，且能够监测连续的温度、风向、风速、降水量等数据，对于短时强降水具有较好的监测能力。与此同时，使用雷达和卫星的监测数据也能对降水进行估测。

冰雹监测：冰雹的监测主要来源于常规地面观测、重要天气预报和灾情直报。但在实际工作中，由于大多数冰雹天气历时短、影响区域小，人工手段常常难以准确监测，目前冰雹的监测更多地依赖雷达等间接监测手段。

雷暴大风监测：雷暴大风是指伴随雷电天气而出现的强烈短时大风，即在电闪雷鸣时出现风速大于17.2米/秒的瞬时大风。绝大多数雷暴大风是由对流风暴内强烈下沉气流所导致。由于产生大冰雹的环境与雷暴大风大多类似，并且云中冰相粒子在下落过程中融化、升华吸收环境大气大量热量，非常有利于加强下沉气流，因而大冰雹天气常伴随大风天气。

在天气雷达上，产生冰雹和雷暴大风的风暴单体通常有以下特征。

（1）钩状回波：在低层出现强反射率因子梯度和入流缺口，出现一个弯曲的钩。它是一个超级单体风暴，常产生冰雹、龙卷风、下击暴流等强对流天气（图1-27）。

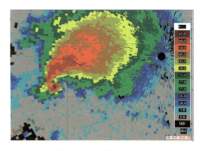

图1-27 钩状回波

（2）弓状回波：呈线状排列的对流单体族，前后边缘呈弧形，像一张弓，常称为飑线，其中心回波强度大于50dBZ，常产生大冰雹和下击暴流。

（3）V型缺口回波：多普勒雷达强度回波上，超级单体中由强烈的入流或出流造成V型无回波区或弱回波（图1-28）。前侧V型缺口回波表明强的

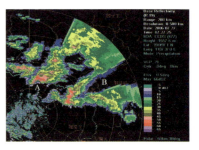

图1-28 V型缺口回波

（A处为入流缺口，B处为V型缺口）

入流气流进入上升气流;后侧V型缺口回波表明强的下沉气流,并可产生破坏性大风。

(4)三体散射回波:为S波段雷达强度图上径向方向一个长钉状回波,是一个当雷达波束遇到非常大的湿冰雹时发生的雷达微波散射假象。该虚假回波位于从强反射风暴核沿着雷达径向向外一定距离,通常具有较低的反射率因子值(一般小于20dBZ),是识别大冰雹的重要判据之一。如图1-29中,黄色方框中即为三体散射的虚假回波。

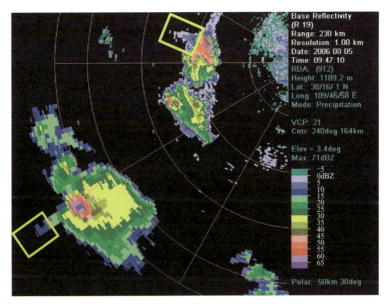

图1-29 三体散射回波

(5)有界弱回波(BWER):根据强回波的中心上下层位置的配置,强回波的面积、体积、伸展的高度,可大致推测弱回波区、回波的对流程度以及相应的天气现象。大量的观测和研究表明,当一个风暴加强到超级单体阶段,其上升气流变成基本竖直,回波顶移过低层反射率因子的高梯度区而位于一个持续有界弱回波区BWER(传统上称为穹隆)之上(图1-30)。BWER是被中层悬垂回波所包围的弱回波区,是一个强上升气流区,大冰雹落在与BWER相邻的反射率因子高梯度的回波墙区。

(二)强对流天气预报预警

强对流天气的短期预报(1~3天)主要关注有利于强对流天气产生的大尺度环流背景,从不稳定层结、水汽条件、触发条件以及水平风垂直几个方面考虑强对流天气发生的可能性。短时临近预报需要参考雷达、卫星、闪电定位的更加精确的资料来判断强对流的种类、落区、强度和影响时段等。

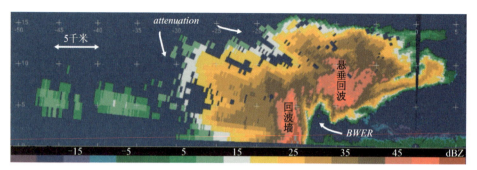

图 1-30　超级单体风暴的 RHI 回波中的回波穹隆(BWER)

当强对流性天气发生时,气象部门要及时发布灾害预警。我国强对流预警分为两级,国家级气象部门发布强对流预警,省级及以下气象部门发布雷电、冰雹预警信号。

根据《国家气象灾害应急预案》和《中央气象台气象灾害预警发布办法》的规定,中央气象台将强对流预警信号分为蓝色、黄色和橙色三级(表1-11)。

表 1-11　强对流预警等级与发布条件

预警等级	发布条件
蓝色预警	预计未来24小时3个及以上相邻省(区、市)部分地区将出现:8级以上雷暴大风;或者直径10毫米以上冰雹;或者20毫米/小时以上强度的短时强降水并伴随雷暴大风、冰雹或龙卷风;或者上述任一类情况已经出现并可能持续
黄色预警	预计未来24小时3个及以上相邻省(区、市)部分地区将出现:10级以上雷暴大风;或者直径15毫米以上冰雹;或者30毫米/小时以上强度的短时强降水并伴随雷暴大风、冰雹或龙卷风;或者上述任一类情况已经出现并可能持续
橙色预警	预计未来24小时3个及以上相邻省(区、市)部分地区将出现:12级以上雷暴大风;或者直径20毫米以上冰雹;或者50毫米/小时以上强度的短时强降水并伴随雷暴大风、冰雹或龙卷风;或者80毫米/小时以上强度的短时强降水;或者上述任一类情况已经出现并可能持续

根据《气象灾害预警信号发布与传播办法》(中国气象局第16号令),省级及以下的各级气象主管机构所属的气象台站向社会公众发布雷电、冰雹预警信号,分别是:雷电黄色预警信号、雷电橙色预警信号、雷电红色预警信号(表1-12),以及冰雹橙色预警信号、冰雹红色预警信号(表1-13)。

表 1-12　雷电预警信号与发布条件

雷电预警信号		发布条件
黄色	雷电黄 LIGHTNING	6小时内可能发生雷电活动,可能会造成雷电灾害事故
橙色	雷电橙 LIGHTNING	2小时内发生雷电活动的可能性很大,或者已经受雷电活动影响,且可能持续,出现雷电灾害事故的可能性比较大
红色	雷电红 LIGHTNING	2小时内发生雷电活动的可能性非常大,或者已经有强烈的雷电活动发生,且可能持续,出现雷电灾害事故的可能性非常大

表 1-13　冰雹预警信号、发布条件及防御指南

冰雹预警信号		发布条件	防御指南
橙色	冰雹橙 HAIL	6小时内可能出现冰雹天气,并可能造成雹灾	气象部门发布冰雹橙色预警,政府及相关部门要做好防冰雹的应急工作;气象部门要做好人工防雹作业准备工作,并择机进行人工防雹作业
红色	冰雹红 HAIL	2小时内出现冰雹可能性极大,并可能造成重雹灾	政府及相关部门应做好防冰雹的应急和抢险工作;气象部门则要适时开展人工防雹作业

（三）强对流天气防御措施

强对流天气突发性强,成灾种类多,破坏力大,常造成严重灾害,目前尚无有效办法人为削弱及防治,因此要采取预防为主、防救结合的策略。

气象部门主要通过雷达、卫星等监测手段,提高强对流天气的监测和预警能力。政府以及农业部门重点针对强对流天气灾害发生的地区,建立科学的农林牧生态结构,大量植树种草,封山育林,绿化荒山,以增加森林覆盖率。做好水土保持,减少水土流失。尽可能减少空气的对流作用,以减轻强对流天气灾害的发生。增加林牧业

比重,增加种植抗强对流天气灾害和复生力强的作物比例。在强对流天气灾害多发区,多种根茎类作物。农作物关键生育期应错开强对流天气灾害多发时段。成熟作物要及时抢收。通过植树造林,绿化环境,加固建筑物,以防雷暴大风、龙卷风等风害。改变生态环境,防止土壤沙化,保护水源,疏导沼泽。当作物受灾后应及时采取补救措施。强对流天气灾害发生后,作物除遭受机械损伤外,还可能遭受许多间接危害,因此,还应根据不同灾情、不同作物、不同生长期的抗灾能力等情况,及时采取补救措施。

对公众来说,当强对流天气发生时,瞬时大风容易造成树木折断和房屋倒塌,进而造成人员伤亡。所以在飑线系统或者有龙卷风以及其他大风出现时,要远离易折断的树木、易掉落的广告牌以及危房等。此外,也要有意识地加强对雷电的防范,不要待在空旷的环境中,应躲避到有避雷设施的建筑物里。如果在室外,有车的话要尽量在车内躲避。如果躲避不及,在室外遇到雷电天气时,可采取以下几种防护措施:不要靠近铁塔、烟囱、电线杆等高大物体,更不要躲在大树下或者到孤立的棚子和小屋里避雨。在郊外旷野里,不要站在高处,也不要在开阔地带骑车和骑马奔跑,更不要拨打电话或撑着雨伞,拿着铁锹和锄头等金属物体。要尽量找一块地势低的地方,最好是有绝缘功能的物体上,蹲下且两脚并拢,使两腿之间不会产生电位差。

(四)人工防雹技术

人工防雹是指用人工方法使雹云不能降雹,或者减弱降雹强度的措施。目前国内外人工防雹作业普遍采用的方法有两种:一是将碘化银等催化剂通过地面燃烧或飞机播撒方式投入成雹的积雨云中,增加积雨云中的雹胚,使其形成小雹,不易长成大雹;二是爆炸,即采用高射炮、火箭、炸药包等向成雹的积雨云轰击,引起空气的强烈振动,使上升气流受到干扰,从而抑制雹云的发展,同时也能增加云中云滴间碰撞的概率,使一些云滴迅速长成雨滴降落。

四、寒潮、低温冷冻灾害预警及防御

(一)寒潮、霜冻和冰冻预警

我国寒潮、霜冻预警分为两级,即国家级气象部门发布寒潮、霜冻和冰冻预警,省级及以下气象部门发布寒潮、霜冻、大风、道路结冰预警信号。

1. 寒潮预警

根据《国家气象灾害应急预案》和《中央气象台气象灾害预警发布办法》的规定,

考虑寒潮可能造成的危害和紧急程度,中央气象台将寒潮预警分为寒潮蓝色预警、寒潮黄色预警、寒潮橙色预警三级(表 1-14)。

表 1-14　寒潮预警等级与发布条件

预警等级	发布条件
蓝色预警	预计未来 48 小时,有 4 个及以上省(区、市)的大部分地区日平均气温或日最低气温将下降 8 摄氏度以上,冬季长江中下游地区(春、秋季江淮地区)最低气温降至 4 摄氏度以下
黄色预警	预计未来 48 小时,有 4 个及以上省(区、市)的大部分地区日平均气温或日最低气温将下降 10 摄氏度以上,其中 2 个及以上省(区、市)的部分地区日平均气温或日最低气温下降 14 摄氏度以上,冬季长江中下游地区(春、秋季江淮地区)最低气温降至 4 摄氏度以下
橙色预警	预计未来 48 小时,有 4 个及以上省(区、市)的大部分地区日平均气温或日最低气温将下降 12 摄氏度以上,其中 2 个及以上省(区、市)的部分地区日平均气温或日最低气温下降 16 摄氏度以上,冬季长江中下游地区(春、秋季江淮地区)最低气温降至 4 摄氏度以下

根据《气象灾害预警信号发布与传播办法》(中国气象局第 16 号令),省级及以下的各级气象主管机构所属的气象台站向社会公众发布寒潮预警信号,分别是寒潮蓝色预警信号、寒潮黄色预警信号、寒潮橙色预警信号和寒潮红色预警信号(表 1-15)。

表 1-15　寒潮预警信号与发布条件

寒潮预警信号		发布条件
蓝色		48 小时内最低气温将要下降 8 摄氏度以上,最低气温小于或等于 4 摄氏度,陆地平均风力可达 5 级以上;或者已经下降 8 摄氏度以上,最低气温小于或等于 4 摄氏度,平均风力达 5 级以上并可能持续
黄色		24 小时内最低气温将要下降 10 摄氏度以上,最低气温小于或等于 4 摄氏度,陆地平均风力可达 6 级以上;或者已经下降 10 摄氏度以上,最低气温小于或等于 4 摄氏度,平均风力达 6 级以上并可能持续
橙色		24 小时内最低气温将要下降 12 摄氏度以上,最低气温小于或等于 0 摄氏度,陆地平均风力可达 6 级以上;或者已经下降 12 摄氏度以上,最低气温小于或等于 0 摄氏度,平均风力达 6 级以上并可能持续

续表 1-15

寒潮预警信号		发布条件
红色	寒潮红COLD WAVE	24 小时内最低气温将要下降 16 摄氏度以上，最低气温小于或等于 0 摄氏度，陆地平均风力可达 6 级以上；或者已经下降 16 摄氏度以上，最低气温小于或等于 0 摄氏度，平均风力达 6 级以上并可能持续

2. 霜冻预警

根据《国家气象灾害应急预案》和《中央气象台气象灾害预警发布办法》的规定，考虑霜冻可能造成的危害和紧急程度，中央气象台发布霜冻蓝色预警（表 1-16）。

表 1-16　霜冻预警等级与发布条件

预警等级	发布条件
蓝色预警	秋季霜冻（8 月下旬—10 月上旬），在我国北方地区，预计未来 24 小时 2 个及以上相邻省（区、市）将出现霜冻天气； 春季霜冻（3 月中旬—6 月上旬），在我国华北、西北、黄淮及长江流域，预计未来 24 小时 2 个及以上相邻省（区、市）将出现霜冻天气； 冬季霜冻（11 月中旬—翌年 3 月上旬），在我国华南和西南热带、亚热带地区，预计未来 24 小时 2 个及以上相邻省（区、市）将出现霜冻天气

根据《气象灾害预警信号发布与传播办法》（中国气象局第 16 号令），省级及以下的各级气象主管机构所属的气象台站向社会公众发布霜冻预警信号，分别是霜冻蓝色预警信号、霜冻黄色预警信号和霜冻橙色预警信号（表 1-17）。

表 1-17　霜冻预警信号与发布条件

霜冻预警信号		发布条件
蓝色	霜冻蓝FROST	48 小时内地面最低温度将要下降到 0 摄氏度以下，对农业将产生影响；或者已经降到 0 摄氏度以下，对农业已经产生影响，并可能持续
黄色	霜冻黄FROST	24 小时内地面最低温度将要下降到零下 3 摄氏度以下，对农业将产生严重影响；或者已经降到零下 3 摄氏度以下，对农业已经产生严重影响，并可能持续
橙色	霜冻橙FROST	24 小时内地面最低温度将要下降到零下 5 摄氏度以下，对农业将产生严重影响；或者已经降到零下 5 摄氏度以下，对农业已经产生严重影响，并将持续

3. 大风预警

根据《气象灾害预警信号发布与传播办法》(中国气象局第 16 号令),省级及以下的各级气象主管机构所属的气象台站向社会公众发布大风预警信号,分别是大风蓝色预警信号、大风黄色预警信号、大风橙色预警信号和大风红色预警信号(表 1-18)。

表 1-18 大风预警信号与发布条件

大风预警信号		发布条件
蓝色	大风蓝 GALE	24 小时内可能受大风影响,平均风力可达 6 级以上,或者阵风 7 级以上;或者已经受大风影响,平均风力为 6~7 级,或者阵风 7~8 级并可能持续
黄色	大风黄 GALE	12 小时内可能受大风影响,平均风力可达 8 级以上,或者阵风 9 级以上;或者已经受大风影响,平均风力为 8~9 级,或者阵风 9~10 级并可能持续
橙色	大风橙 GALE	6 小时内可能受大风影响,平均风力可达 10 级以上,或者阵风 11 级以上;或者已经受大风影响,平均风力为 10~11 级,或者阵风 11~12 级并可能持续
红色	大风红 GALE	6 小时内可能受大风影响,平均风力可达 12 级以上,或者阵风 13 级以上;或者已经受大风影响,平均风力为 12 级以上,或者阵风 13 级以上并可能持续

4. 冰冻预警

根据《国家气象灾害应急预案》和《中央气象台气象灾害预警发布办法》的规定,考虑冰冻可能造成的危害和紧急程度,中央气象台将冰冻预警分为冰冻黄色预警、冰冻橙色预警和冰冻红色预警(表 1-19)。

表 1-19 冰冻预警等级与发布条件

预警等级	发布条件
黄色预警	预计未来 24 小时 3 个及以上省(区、市)大部地区将出现冰冻天气
橙色预警	过去 48 小时 3 个及以上省(区、市)大部地区已持续出现冰冻天气,预计未来 24 小时上述地区仍将出现冰冻天气
红色预警	过去 72 小时 3 个及以上省(区、市)大部地区已持续出现冰冻天气,预计未来 48 小时上述地区仍将持续出现冰冻天气

根据《气象灾害预警信号发布与传播办法》(中国气象局第 16 号令),省级及以下的各级气象主管机构所属的气象台站向社会公众发布道路结冰预警信号,分别是道路结冰黄色预警信号、道路结冰橙色预警信号和道路结冰红色预警信号(表 1-20)。

表 1-20　道路结冰预警信号与发布条件

道路结冰预警信号		发布条件
黄色		当路表温度低于 0 摄氏度,出现降水,12 小时内可能出现对交通有影响的道路结冰
橙色		当路表温度低于 0 摄氏度,出现降水,6 小时内可能出现对交通有较大影响的道路结冰
红色		当路表温度低于 0 摄氏度,出现降水,2 小时内可能出现或者已经出现对交通有很大影响的道路结冰

(二)寒潮、低温冷冻灾害防御

寒潮灾害主要包含寒潮大风、冻害、雪灾等。寒潮大风是由寒潮引起的大风天气。风力通常为 5~6 级,当冷空气强盛或地面低压强烈发展时,风力可达 7~8 级,瞬时风力会更大。冻害是指由寒潮天气的剧烈降温导致低温,从而引起作物冻害、河港封冻、交通中断,常会给工农业生产带来经济损失。雪灾是指在寒潮过程中,伴随降温的降雪与积雪,对牧业生产及人们日常生活造成危害和损失的一种现象。

当气象部门发布寒潮预警信号时,有关部门及居民要按照预警提示积极做好防范措施。江、河、湖、海水面上的船舶应及时回港停泊;大风期间,行人注意尽量少骑自行车,不要在广告牌、临时搭建物附近逗留;大风降温易引发呼吸道、心脑血管等的多种疾病,广大居民应加强防范,中小学生要及时添衣保暖和注意上学路上的安全;农村地区注意做好蔬菜的保暖防冻和大棚设施的加固。寒潮到来影响力大,影响范围广,受害可能性极高,只有提前做好应对措施,才能把寒潮所带来的影响降到最低,最大限度降低其可能造成的经济损失和给农业带来的损害,保护好塑料大棚及果树蔬菜等。

当发布道路结冰预警信号时,交通、公安部门应根据道路结冰的程度和路面状况,科学合理地采取限速、限量和封闭措施,指挥和疏导行驶车辆;按照行业规定适时采取交通安全管制措施,如机场暂停飞机起降,高速公路暂时封闭等。同时,及时撒盐抗冰,并组织人力清扫路面。如果发生事故,应当在事发现场设置明显标志。建议居民出行前,提前拨打122咨询高速路况,以便根据需要取消和调整出行计划。道路结冰时,人们应尽量减少外出。如果必须外出,少骑自行车,同时要采取防寒保暖和防滑措施。步行时尽量不要穿硬底或光滑的鞋。行人要注意远离或避让机动车和非机动车辆。老少体弱人员尽量减少外出,以免摔伤。非机动车应给轮胎少量放气,以增加轮胎与路面的摩擦力。在道路结冰情况下,驾驶员驾驶车辆,应注意:①降低车速,按照公路可变情报显示板上预告的车速行驶,防止车辆侧滑,缩短制动距离;②加大行车间距,冰雪路面的行车间距应为干燥路面行车间距的2~3倍;③沿着前车车辙行驶,一般情况下不要超车、加速、急转弯或者紧急制动,需要停车时提前采取措施,多用换挡,少用制动,防止各种原因造成的侧滑;④在有冰雪的弯道或者坡道上行驶时,应提前减速;⑤及时安装轮胎防滑链或换用雪地轮胎。

当气象部门发布道路结冰红色预警信号时,政府及相关部门要按照职责做好防雪灾和防冻害的应急与抢险工作;必要时停课、停业(除特殊行业外),公路交通暂停运行,高速公路暂时封闭;同时做好农林牧等行业的救灾救济工作,尤其要做好对设施的及时保护和抢救。

五、雾霾预警及防御

(一)雾的预警

我国大雾预警分为两级,即国家级气象部门发布大雾预警,省级及以下气象部门发布大雾预警信号。

根据《国家气象灾害应急预案》和《中央气象台气象灾害预警发布办法》的规定,考虑大雾可能造成的危害和紧急程度,中央气象台将大雾预警分为陆地雾预警和海雾预警。其中,陆地雾预警分为陆地雾黄色预警、陆地雾橙色预警和陆地雾红色预警(表1-21);海雾预警分为海雾黄色预警和海雾橙色预警(表1-22)。

表1-21 陆地雾预警等级与发布条件

预警等级	发布条件
黄色预警	预计未来24小时3个及以上省(区、市)的大部地区出现能见度不足1000米的大雾,且有成片(5站及以上)的能见度小于200米的强浓雾,或者已经出现并可能持续
橙色预警	预计未来24小时3个及以上省(区、市)的大部地区出现能见度不足500米的浓雾,且有成片(5站及以上)的能见度小于50米的特强浓雾,或者已经出现并可能持续

续表 1-21

预警等级	发布条件
红色预警	预计未来 24 小时 3 个及以上省(区、市)的部分地区出现能见度不足 200 米强浓雾,且有成片(5 站及以上)的能见度小于 50 米的特强浓雾,或者已经出现并可能持续

表 1-22　海雾预警等级与发布条件

预警等级	发布条件
黄色预警	预计未来 24 小时我国近海海区将出现能见度不足 1000 米的大雾,或者已经出现并可能持续
橙色预警	预计未来 24 小时我国近海海区将出现能见度不足 500 米的浓雾,或者已经出现并可能持续

根据《气象灾害预警信号发布与传播办法》(中国气象局第 16 号令),省级及以下的各级气象主管机构所属的气象台站向社会公众发布大雾预警信号,分别是大雾黄色预警信号、大雾橙色预警信号和大雾红色预警信号(表 1-23)。

表 1-23　大雾预警信号发布条件

大雾预警信号		发布条件
黄色预警信号		12 小时内可能出现能见度小于 500 米的雾,或者已经出现能见度小于 500 米、大于或等于 200 米的雾并可能持续
橙色预警信号		6 小时内可能出现能见度小于 200 米的雾,或者已经出现能见度小于 200 米、大于或等于 50 米的雾并可能持续
红色预警信号		2 小时内可能出现能见度小于 50 米的雾,或者已经出现能见度小于 50 米的雾并可能持续

(二)霾预警

我国霾预警分为两级,即国家级气象部门发布霾预警,省级及以下气象部门发布大雾预警信号。根据《国家气象灾害应急预案》和《中央气象台气象灾害预警发布办法》的规定,考虑霾可能造成的危害和紧急程度,中央气象台将霾预警分为霾黄色预警、霾橙色预警和霾红色预警(表1-24)。

表1-24 霾预警等级与发布条件

预警等级	发布条件
黄色预警	预计未来24小时3个及以上相邻或相近省(区、市)的部分地区霾天气达到持续6小时以上,能见度小于3000米且$PM_{2.5}$浓度值大于或等于每立方米150微克,或者实况已经达到并可能持续
橙色预警	预计未来24小时3个及以上相邻或相近省(区、市)的部分地区霾天气达到持续6小时以上,能见度小于3000米且$PM_{2.5}$浓度值大于或等于每立方米250微克,或者实况已经达到并可能持续
红色预警	预计未来24小时3个及以上相邻或相近省(区、市)的部分地区霾天气达到持续6小时以上,能见度小于1000米且$PM_{2.5}$浓度值大于或等于每立方米500微克,或者实况已经达到并可能持续

根据《气象灾害预警信号发布与传播办法》(中国气象局第16号令),省级及以下的各级气象主管机构所属的气象台站向社会公众发布霾预警信号,分别是霾黄色预警信号和霾橙色预警信号(表1-25)。

表1-25 霾预警信号发布条件

霾预警信号		发布条件
黄色预警信号	黄 HAZE	12小时内可能出现能见度小于3000米的霾,或者已经出现能见度小于3000米霾并可能持续
橙色预警信号	橙 HAZE	6小时内可能出现能见度小于2000米的霾,或者已经出现能见度小于2000米的霾并可能持续

(三)雾霾灾害及其防御

1. 雾霾灾害

雾和霾都是一种视程障碍天气现象,使能见度变差,但两者是有区别的,主要在于水分含量的大小:水分含量达到70%以上的叫雾,水分含量低于70%的叫霾。雾的颜色是乳白色、青白色,霾则是黄色、橙灰色。霾的形成有三个方面因素:一是水平方向静风现象的增多。近年来随着城市建设的迅速发展,大楼越建越高,增大了地面摩擦系数,使风流经城区时动力明显减弱。静风现象增多,不利于大气污染物向城区外围扩展稀释,并容易在城区内积累高浓度污染。二是垂直方向的逆温现象。逆温层好比一个锅盖覆盖在城市上空,使城市上空出现了高空比低空气温更高的逆温现象。污染物在正常气候条件下,从气温高的低空向气温低的高空扩散,逐渐循环排放到大气中。但是逆温现象下,低空的气温反而更低,导致污染物停留,不能及时排放出去。三是悬浮颗粒物的增加。近些年来随着工业的发展,机动车辆的增多,污染物排放和城市悬浮物大量增加,直接导致了能见度降低,使得整个城市看起来灰蒙蒙一片。

2. 防御措施

大雾天气,能见度低,交通部门应采取必要措施,提醒司机减速和按照交通规则行驶,保证交通安全。驾车的居民应掌握有关雾天行车知识,以策安全。当能见度小于500米大于200米时,时速不得超过80千米;能见度小于200米大于100米时,时速不得超过60千米;能见度小于100米大于50米时,时速不得超过40千米;能见度在30米以内时,时速应控制在20千米以下;一般视距10米左右时,时速控制在5千米以下。当遇大雾,能见度极低的时候,最好把车开到路边安全地带或停车场,待大雾散去或能见度改善时再继续前进。

在出现霾天气时,能见度变差,交通部门应启动相应预案,发布提示信息,进行疏导,保障交通安全。对停航、封闭高速公路、取消航班等措施,应及时向社会公告,以免车流、人流盲目集中,造成积压,并妥善安置滞留的旅客。居民要适当调整外出活动时段和场所,谨防呼吸系统疾病。

当霾严重时,有晨练习惯的居民最好暂停晨练,或选择在下午和黄昏时分开展户外锻炼;避免到人多拥挤、空气不流通的场所,减少吸入有害气体;确需外出的,最好戴上口罩。学校、幼儿园取消所有室外活动。卫生健康部门要根据霾天气常发病例,做好相关专科医护人员、药品、医疗器械的准备工作;做好呼吸道疾病大幅增加的应对救治工作。

六、沙尘暴预警及防御

(一)沙尘暴预警

我国沙尘暴预警分为两级,即国家级气象部门发布沙尘暴预警,省级及以下气象部门发布沙尘暴预警信号。

根据《国家气象灾害应急预案》和《中央气象台气象灾害预警发布办法》的规定，考虑沙尘暴可能造成的危害和紧急程度，中央气象台将沙尘暴预警分为沙尘暴蓝色预警、沙尘暴黄色预警和沙尘暴橙色预警（表1-26）。

表1-26　沙尘暴预警等级与发布条件

预警等级	发布条件
蓝色预警	预计未来24小时3个及以上省（区、市）部分地区将出现扬沙或浮尘天气，或者将有成片的沙尘暴，或者已经出现并可能持续
黄色预警	预计未来24小时3个及以上省（区、市）部分地区将出现沙尘暴，或者有成片的强沙尘暴，或者已经出现并可能持续
橙色预警	预计未来24小时3个及以上省（区、市）部分地区将出现强沙尘暴，或者有成片的特强沙尘暴，或者已经出现并可能持续

根据《气象灾害预警信号发布与传播办法》（中国气象局第16号令），省级及以下的各级气象主管机构所属的气象台站向社会公众发布沙尘暴预警信号，分别是沙尘暴黄色预警信号、沙尘暴橙色预警信号和沙尘暴红色预警信号（表1-27）。

表1-27　沙尘暴预警信号与发布条件

沙尘暴预警信号	发布条件
黄色预警信号	12小时内可能出现沙尘暴天气（能见度小于1000米），或者已经出现沙尘暴天气并可能持续
橙色预警信号	6小时内可能出现强沙尘暴天气（能见度小于500米），或者已经出现强沙尘暴天气并可能持续
红色预警信号	6小时内可能出现特强沙尘暴天气（能见度小于50米），或者已经出现特强沙尘暴天气并可能持续

（二）沙尘暴防御措施

1. 建立沙尘暴的预报体系

沙尘暴的治理任务艰巨而繁重，许多问题未彻底清晰（如每次沙尘暴物质源的准确地点),且人类驾驭自然的能力极其有限,所以沙尘暴的治理并非一朝一夕就能够完成。沙尘暴特别是黑风暴来临时势头凶猛,狂风呼啸,沙尘滚滚,遮天蔽日,给人以很大的恐怖感,极易造成人员伤亡和生命财产损失。因此,目前建立准确的沙尘暴预报系统对我们来说尤为重要。在沙尘暴来临前进行比较准确的预报,提前做好防灾工作,如加强对青少年和儿童的保护,避开危房以防墙壁倒塌致伤,保护牲畜,及时切断电源、防止火灾等,可将损失减小至最低限度。

2. 加强环境治理与环境保护

环境的破坏对沙尘暴的产生起了很大的作用,因此加强环境的治理对于减轻或减少沙尘暴显得尤为重要。与实施西部大开发战略相结合,从2000年起,国家在西部地区新建"十大工程",其中之一是中西部退耕还林(还草)和生态建设,这对遏制沙尘暴起到了非常重要的作用。此外,通过科学研究寻找比较准确的物质源,对沙尘暴的源头进行重点治理,显得尤为紧迫。

3. 加强自我防护意识

在大风干燥多尘的沙尘天气里,细菌病毒和支原体等微生物活动频繁并利于传播,容易诱发咽炎、鼻出血、眼干、角膜炎、气管炎、哮喘等,平时可口含润喉片,保持咽喉凉爽舒适;锻炼身体,增加机体抵抗力,是避免受凉感冒,特别是预防呼吸道疾病复发的主要方法。有风沙时应尽量避开室外锻炼,尤其是老人、体弱者,应该取消晨练,在室内锻炼。保持室内湿度,试验表明,50%~60%的相对湿度对人体最为舒适。在风沙天气里,空气十分干燥,相对湿度偏小,人们咽干口燥,容易上火,引发或者加重呼吸系统疾病,还会使皮肤干燥,失去水分。对此,室内可以使用加湿器,以及洒水、用湿墩布拖地等方法,以保持空气湿度适宜。外出注意挡沙尘,戴口罩可以有效地防止口鼻干燥、喉痒、痰多、干咳等。帽子和丝巾可以防止头发和身体的外露部位落上尘沙,解决皮肤瘙痒给人们带来的不适。风镜可减少风沙入眼的概率。风沙吹入眼内会造成角膜擦伤、结膜充血、眼干、流泪。一旦尘沙吹入眼内,不能用脏手揉搓,应尽快用流动的清水冲洗,或滴几滴眼药水,不但能保持眼睛湿润,易于尘沙流出,还可起到抗感染的作用。扬沙天气中要注意人身安全,应尽可能远离高大的建筑物,不要在广告牌下、树下行走或逗留。遇见强沙尘暴天气时,在路上的司机不要急忙赶路,应把车停在低洼处,等到狂风过后再行驶。

第四节　气象防灾减灾与应急处置

一、气象灾害防御的意义

自20世纪90年代初以来,每年气象灾害及其次生灾害影响的人口平均达4亿多人次,造成4000多人死亡,近5000万公顷农作物受灾,经济损失平均达2000多亿元。

全球气候变化导致的极端天气事件增多、水资源短缺、土地荒漠化、粮食产量波动、流行病传播等,都对我国人民生命财产安全、经济建设、粮食、水资源、生态环境和公共卫生安全等造成严重影响。我国的气象灾害及其防御面临严峻挑战。

我国经济快速发展,固定资产和社会财富大大增加,气象灾害造成的直接经济损失也不断增加。随着全球气候变暖,极端气象灾害发生规律有所变化,灾害频次显著提高,可持续发展对气象灾害的防御提出了新的更高要求。同时,国家突发公共事件应急响应体系建设迫切要求建立和完善各类气象子灾害应急响应预案。

近年来,随着气象灾害监测预报技术水平不断提高,气象灾害预警信息发布覆盖面与服务面不断拓宽,多部门联动的气象灾害防御机制初步建立,气象灾害防御的社会经济效益日益显著。但在社会经济高速发展的今天,气象灾害的防御与处置仍然存在诸多问题:一是气象灾害综合监测预警能力有待提高,特别是突发气象灾害的监测能力弱、预报时效短、预报准确率不高,不能满足气象灾害防御的需求;二是尚未建立气象灾害风险评估制度;三是缺乏比较完善的气象灾害防御方案和应急预案;四是全社会气象灾害防御资源亟需整合。

为此,要提高全民气象灾害防御意识和知识水平,建立和完善气象灾害监测预警与防御应急体系;建立健全气象灾害防御方案和法规标准体系;建立比较完善的气象灾害防御工作运行机制;建成一批对经济社会具有基础性、全局性、关键性作用的气象灾害防御工程,减轻各种气象灾害对经济社会发展的影响。

气象灾害防御工作是一项复杂的系统工程,涉及的领域广、部门多,必须建立"政府组织、预警先导、部门联动、社会响应"机制,形成政府统一领导、统一指挥,部门协同作战、各负其责,群众广泛参与、自救互救的防灾减灾工作格局,有效减轻气象灾害造成的损失。乡镇(街道)、村(社区)等基层组织和单位作为社会管理的基本单元,在气象防灾减灾联动联防中发挥着不可替代的重要作用。

二、气象防灾减灾原则

（1）以人为本、减少危害。把保障人民群众的生命财产安全作为首要任务和应急处置工作的出发点，全面加强应对气象灾害的体系建设，最大限度地减少灾害损失。

（2）预防为主、科学高效。实行工程性和非工程性措施相结合，提高气象灾害监测预警能力和防御标准。充分利用现代科技手段，做好各项应急准备，提高应急处置能力。

（3）依法规范、协调有序。依照法律法规和相关职责，做好气象灾害的防范应对工作。加强各地区、各部门的信息沟通，做到资源共享，建立协调配合机制，使气象灾害应对工作更加规范有序、运转协调。

（4）分级管理、属地为主。根据灾害造成或可能造成的危害和影响，对气象灾害实施分级管理。灾害发生地人民政府负责本地区气象灾害的应急处置工作。

三、气象防灾减灾目标

建成一批对经济社会具有基础性、全局性、关键性作用的气象灾害防御工程，提高全民气象灾害防御意识和知识水平，减轻各种气象灾害对经济社会发展的影响。气象灾害造成的经济损失占国内生产总值（GDP）的比例减少50%，气象灾害造成的人员死亡数量减少20%；农牧业开发控制在气象资源的承载力之内，气象灾害防御设施达到相关标准，城乡人居气象环境达到优良标准。

四、气象防灾减灾战略布局

"十三五"期间，我国气象防灾减灾取得了显著成效。成功应对超强台风、特大洪水、严重干旱等重大气象灾害，建成多部门共享共用的国家突发事件预警信息发布系统，充分发挥了气象防灾减灾第一道防线作用，气象灾害造成的死亡失踪人数由"十二五"年均约1300人下降到800人以下，经济损失占国内生产总值的比例由0.6%下降到0.3%。面向经济社会发展，主动融入国家重大战略和现代化经济体系建设，成功保障了中华人民共和国成立70周年等重大活动，为各行各业提供优质气象服务，气象投入产出比达到1:50。面向人民美好生活，围绕衣食住行游购娱学康等多元化需求，大力发展智慧气象服务，气象科学知识普及率达到80.2%，公众气象服务满意度达到90分以上。面向生态文明建设,构建了覆盖多领域的生态文明气象服务保障体系,应对气候变化、人工影响天气、气候资源保护利用、大气污染防治气象保障、生态保护修复气象保障等成效明显。

《全国气象发展"十四五"规划》明确提出,提高气象防灾减灾能力,继续加强气象灾害监测预警。提升气象灾害预报预警精准度,延长气象灾害预见期。做好防汛抗旱防台、低温雨雪冰冻、风雹雷电灾害,以及山洪灾害、地质灾害、森林草原火险等次生灾害气象服务。加强气象灾害监测预警信息共享,强化气象灾害风险防范,完善气象防灾减灾工作机制。建立健全快速响应、高效联动的气象灾害多部门防范应对机制,推动建立气象灾害防御标准制修订制度、重大气象灾害停工停课停业停运停航制度、气象灾害防御重点单位管理制度,修订完善气象灾害应急预案。建立健全气象防灾减灾社会参与机制,加强气象信息员、社区网格员、灾害信息员等共建共享共用。

我国是典型的季风气候国家,全国大部分地区的天气气候特征随着盛行风向的季节性转变而发生显著变化。季风区以防御暴雨、强对流天气产生的各种灾害和季节性干旱为重点。我国非季风区是干旱与半干旱地区,降水量少,自然生态系统相对脆弱,对灾害性天气以及气候变化的响应非常敏感,人类生活对其影响十分显著。非季风区以防止干旱、风蚀和生态保护为重点。

(一)城市气象灾害防御

城市是人口密集的区域,气象灾害容易出现城市特有的洪涝、干旱缺水、狭管风、高温、霾、冰雪等灾害,常常引发城市生命线系统瘫痪和损坏,凸显出城市气象灾害防御的新问题;同时由于城市排放的热量、废气等难以扩散,出现城市特有的浑浊岛、热岛和空气污染等问题;城市建设密度过大,使得城市人居气象环境恶化。

针对城市气象灾害的特点,城市气象灾害防御可以从以下三个方面展开:一是在城市规划和建设前,开展气象灾害风险评估,科学规划,合理布局,加强城市生命线工程的抗灾能力建设;二是加强城市气象灾害的监测预警系统建设,提前预警,提前防范;三是对城市建筑物的布局和密度进行气象环境评估,使之达到绿色建筑标准,保护城市居民的人居环境。

(二)农村气象灾害防御

农村是气象灾害防御的薄弱地区,主要原因有以下四个方面:一是农村接收气象灾害预警信息不畅,难以提前防御;二是干旱等农业气象灾害对粮食及经济作物生产造成严重影响,对新农村建设和国家粮食安全造成严重威胁;三是农村基础设施抗灾能力弱,还有部分村屯、民宅建造在气象灾害易发区和危险区;四是农村防灾意识淡薄,防灾避灾技能不高。

农村气象灾害防御可从以下几个方面展开:加强气象灾害监测预警发布能力建设,提高农村气象灾害预警信息的覆盖面,第一时间把灾害预警信息发送到农民手中;加强农村防灾科普宣传和农民防灾避灾技能培训;增强气象科技对新农村建设、农业生产的贡献率,保障粮食等农产品稳产高效;开展新农村建设气象灾害风险评估,开展农村基础设施防御气象灾害能力普查,提高建筑物防灾标准,科学规划建设新农村小区,加固和改造现有的农村防灾基础设施和民宅等建(构)筑物。

(三)沿海和海洋地区

沿海和海洋地区以防御台风、大风及其产生的风暴潮和海平面上升为重点。

(四)气象灾害高影响关键区

气象灾害高影响关键区包括重要大江河流域、国家铁路公路干线、输变电线路、主要战略经济区等。

五、气象防灾减灾措施

(一)掌握气象防灾减灾知识

要科学、有效地组织气象灾害防御,首先要对我们组织防御的对象有所了解,掌握它的特点和规律,所谓"知己知彼,百战不殆"。具体来说,就是了解气象灾害的变化规律,判断气象灾害的影响程度,科学正确利用天气预报预警信息,在减灾防灾中有效地利用气象信息趋利避害,减少或避免气象灾害所造成的损失。从事防灾减灾工作的基层工作人员,一般需要掌握以下几个方面的气象防灾减灾知识:

(1)气象基础知识。掌握一定的气象基础知识是必须的,这是做好气象防灾减灾工作的基础和前提,如气温、降水、风等基本气象术语,尤其是降水和风的等级划分及所表示的含义。掌握这些基础知识,才能准确理解和应用气象部门发布的各类气象信息。

(2)气象灾害预警知识。首先,要了解暴雨、台风、雷电等各种灾害性天气过程的危害,特别是要结合本区域实际,了解当地气象灾害发生规律和致灾特点,以及可能产生的影响。例如,一场暴雨降临,可能会给本辖区带来哪些方面的灾害,可能使城市内涝、农田渍水还是山体滑坡。其次,要掌握气象灾害预警信号,一旦台风、暴雨、冰雹等灾害性天气过程来临,气象部门就会及时发布相关预警信号,提请有关单位和人员做好防范准备。基层工作人员除了要及时、正确接收预警信号外,还要对预警信号的含义以及相应的防御措施有所了解。清楚各种预警信号可能带来的风险,以便能够迅速、科学地启动相关工作,取得防灾减灾的主动权。

(3)建立基层突发气象灾害应急响应认证制度,完善气象灾害应急预案,提高气象灾害应急处置的能力。

(二)果断采取针对性措施

(1)加强宣传,预防为主。社会公众既是气象灾害的主要受害者,同时又是防灾减灾的主体,防灾减灾需要广大社会公众广泛增强防灾意识,了解与掌握避灾知识,在气象灾害发生时,能够知道如何应对灾害,如何保护自己,帮助他人。虽然随着天气预报技术和相关装备性能的改进,在几天甚至数十天以前就可以了解未来的气象变化状况,但是气象灾害所造成的损失仍然较严重。其中,最重要的因素之一就是人们的气象灾害意识淡薄,不懂如何应对气象灾害进行自救和互救,因此造成了许多本来可以避免的损失。

近年来,气象部门加大气象防灾减灾科普宣传力度,通过广播、电视、报刊、网络、手机短信等渠道,采取通俗易懂、形式多样的方式宣传各种气象防灾知识,起到了明显效果。要坚持不懈通过开展"气象防灾减灾知识进村(社区)、进校园、进企业"行动,使居民、广大中小学生、企业员工,特别是偏远地区的居民,增强防灾减灾意识,了解各类预警信息含义,掌握基本的避灾、自救、互救技能,做到家喻户晓、妇孺皆知,达到防灾减灾目的。

(2)建立和完善相应的应急预案。应急预案是开展气象防灾减灾应急管理和应急救援工作的基础,制订预案的过程就是建立应急机制和准备应急资源的过程。在目前气象应急预案分层编制的基础上,要全面推进到村(社区)、企业、学校,通过在各级基层部门组织制订预案,形成预防和减轻气象灾害有条不紊、有备无患的局面。气象应急预案一般应包括气象灾害的应急组织体系及职责、预测预警、信息报告、应急响应、应急处置、应急保障、调查评估等机制,形成包含事前、事发、事中、事后等各个环节的一整套工作运行机制。但在基层,应更多用"明白纸"的方式,简单明了,易于操作。在建立应急预案的同时,结合本区域所发生气象灾害的实际情况,有计划、有重点地组织开展应急预案实战演练,通过预案演练使广大群众、灾害管理人员熟悉掌握预案,把应急预案落到实处,并在实践中不断修订与完善。

(3)建立顺畅的信息传输渠道。建立广泛、畅通的信息传输渠道,及时准确获取气象部门发布的各类气象信息,根据不同预警信息、不同预警级别,采取积极有效的应对措施。同时,在收到气象灾害预警信息时,还需将信息延伸面向全社会,特别是社会弱势群体,利用广播、电视、电话、手机短信、各类显示屏和互联网等多种形式转发预警信息,使公众在尽可能短的时间内接收到气象灾害预警信息,使他们有时间采取相应的防御措施,达到减少人员伤亡和财产损失的目的。

(三)认真组织好重点部位的防御和抢险救援工作

不同气象灾害可产生不同的影响,防灾减灾的重点部位和措施也不尽相同。如对暴雨洪涝灾害,容易造成水浸、边坡倒塌、山体滑坡,应根据雨情发展,及时转移滞洪区、泄洪区的人员及财产,及时转移低洼危险地带以及危房居民,切断低洼地带有危险的室外电源。另外,同一种灾害由于地域不同,所造成的影响及防御重点也不同,有的重点关注地质灾害和洪涝,有的重点关注工棚、学校、工厂等人口密集区域和弱势群体。总之,各级各方面需根据不同灾害特点以及本区域的实际情况,采取不同的分类应对措施,及时、科学组织防灾救灾和抢险救援,将有限的人力资源集中到关键部位,提高防灾减灾工作的有效性。

六、气象灾害应急处置

(一)统一组织,分级管理

根据《国家气象灾害应急预案》相关规定,当发生跨省级行政区域大范围的气象灾害,并造成较大危害时,由国务院决定启动相应的国家应急指挥机制,统一领导和指挥气象灾害及其次生、衍生灾害的应急处置工作。

台风、暴雨、干旱引发江河洪水、山洪灾害、渍涝灾害、台风暴潮、干旱灾害等水旱灾害,由国家防汛抗旱总指挥部负责指挥应对工作。暴雪、冰冻、低温、寒潮,严重影响交通、电力、能源等正常运行,由国家发展和改革委员会启动煤电油气运保障工作部际协调机制;严重影响通信、重要工业品保障、农牧业生产、城市运行等方面,由相关职能部门负责协调处置工作。海上大风灾害的防范和救助工作由交通运输部、农业农村部和国家海洋局按照职能分工负责。气象灾害受灾群众生活救助工作,由国家减灾委员会组织实施。

对上述各种灾害,地方各级人民政府要先期启动相应的应急指挥机制或建立应急指挥机制,启动相应级别的应急响应,组织做好应对工作。高温、沙尘暴、雷电、大风、霜冻、大雾、霾等灾害由地方人民政府启动相应的应急指挥机制或建立应急指挥机制负责处置工作,国务院有关部门进行指导。

(二)预警信息,快速传播

气象部门要及时发布气象灾害监测预报信息,并与公安、应急、交通运输等相关部门建立相应的气象灾害及其次生、衍生灾害监测预报预警联动机制,实现相关灾情、险情等信息的实时共享。

气象灾害预警信息由气象部门负责制作并按预警级别分级发布,其他任何组织、个人不得制作和向社会发布气象灾害预警信息。气象灾害预警信息内容包括气象灾害的类别、预警级别、起始时间、可能影响范围、警示事项、应采取的措施和发布机关等。地方各级人民政府要在学校、机场、港口、车站、旅游景点等人员密集公共场所,高速公路、国道、省道等重要道路和易受气象灾害影响的桥梁、涵洞、弯道、坡路等重点路段,以及农牧区、山区等建立起畅通、有效的预警信息发布与传播渠道,扩大预警信息覆盖面。对老、幼、病、残、孕等特殊人群以及学校等特殊场所和警报盲区应当采取有针对性的公告方式。

(三)依据灾情,启动响应

有关部门按职责收集和提供气象灾害发生、发展、损失以及防御等情况,及时向当地人民政府或相应的应急指挥机构报告。各地区、各部门要按照有关规定逐级向上报告,特别重大、重大突发事件信息,要向国务院报告。

按气象灾害程度和范围,及其引发的次生、衍生灾害类别,有关部门按照其职责和预案启动响应。当同时发生两种及两种以上气象灾害且分别发布不同预警级别时,按照最高预警级别灾种启动应急响应。当同时发生两种及两种以上气象灾害且均没有达到预警标准,但可能或已经造成损失和影响时,根据不同程度的损失和影响在综合评估基础上启动相应级别应急响应。

当气象灾害造成群体性人员伤亡或可能导致突发公共卫生事件时,卫生健康部门启动《突发公共事件医疗卫生救援应急预案》和《自然灾害卫生应急预案》;当气象灾害造成地质灾害时,自然资源部门启动《突发地质灾害应急预案》;当气象灾害造成重大环境事件时,生态环境部门启动《突发环境事件应急预案》;当气象灾害造成海上船舶险情及船舶溢油污染时,交通运输部门启动《海上搜救应急预案》和《中国海上船舶溢油应急计划》;当气象灾害引发水旱灾害时,防汛抗旱部门启动《防汛抗旱应急预案》;当气象灾害引发城市洪涝时,水利、住房和城乡建设部门启动相关应急预案;当气象灾害涉及农业生产事件时,农业农村部门启动《农业重大自然灾害突发事件应急预案》或《渔业船舶水上安全突发事件应急预案》;当气象灾害引发森林草原火灾时,森林草原防火部门启动《处置重、特大森林火灾应急预案》和《草原火灾应急预案》;当发生沙尘暴灾害时,林业部门启动《重大沙尘暴灾害应急预案》;当气象灾害引发海洋灾害时,海洋部门启动《风暴潮、海浪、海啸和海冰灾害应急预案》;当气象灾害引发生产安全事故时,应急管理部门启动相关生产安全事故应急预案;当气象灾害造成煤电油气运保障工作出现重大突发问题时,发展改革部门会启动煤电油气运保障工作协调机制;当气象灾害造成重要工业品保障出现重大突发问题时,工业和信息化部门启动相关应急预案;当气象灾害造成严重损失,需进行紧急生活救助时,应急管理部门启动《自然灾害救助应急预案》。

发展改革、公安、应急、交通运输、电力监管等有关部门按照相关预案,做好气象灾害应急防御和保障工作;新闻宣传、住建、广电、保险监管等部门做好相关行业领域协调、配合工作;国家综合性消防救援队伍、专业救援队伍、解放军、武警部队,要协助地方人民政府做好抢险救援工作。

气象部门进入应急响应状态,加强天气监测、组织专题会商,根据灾害性天气发生发展情况随时更新预报预警并及时通报相关部门和单位,依据各地区、各部门的需求,提供专门气象应急保障服务。各级防灾减灾救灾委员会办公室要认真履行职责,切实做好值守应急、信息汇总、分析研判、综合协调等各项工作,充分发挥运转枢纽作用。

第二章 地震灾害预防与处置

地震(earthquake)是地球表层的快速震动,在古代又称为地动,就像刮风、下雨、闪电、山崩和火山爆发一样,是经常发生的一种自然现象。地震发生时,最基本的现象是地面的连续震动,主要是明显的晃动。例如,1960年智利发生9.5级大地震时,横波引发的晃动持续了3分钟。在海底或滨海地区发生的强烈地震,能引起巨大的波浪,称为海啸。

地震的发生是极其频繁的,对全球经济社会发展产生很大影响。据统计,地球上每年发生500多万次地震,每天要发生上万次的地震。其中绝大多数震级太小或发生地太远,以至于人们感觉不到;真能对人类造成严重危害的地震有十几次至20次;能造成特别严重灾害的地震有一两次。人们感觉不到的地震,必须用地震仪才能记录下来。不同类型的地震仪能记录不同强度、不同远近的地震。世界上运转着数以千计的各种地震仪器日夜监测着地震的动向。

据统计,2023年我国共发生5级以上地震18次。其中,大陆发生5级以上地震14次,包括6级以上地震2次,分别为1月30日新疆沙雅6.1级地震和12月18日甘肃积石山6.2级地震;海域发生5级以上地震4次,分别为4月3日南海海域6.1级地震、6月24日北部湾5.0级地震、9月18日东海海域6.4级地震和10月23日广东汕头市南澳县海域5.0级地震。

强烈的地面震动,即强烈地震,会对人类社会和自然环境造成直接和间接的破坏,形成灾害。

地震灾害能够造成重大的人员伤亡和经济损失。根据应急管理部发布2020—2022年全国自然灾害基本情况,2020年共发生地震灾害事件5次,造成5人死亡,

30人受伤,直接经济损失约18.47亿元;2021年地震灾害共造成14省(区、市)58.5万人次受灾,9人死亡,6.4万间房屋倒塌和严重损坏,直接经济损失106.5亿元;2022年地震灾害损失较常年偏重,共造成94万人次受灾,因灾死亡或失踪122人,直接经济损失224.5亿元。

地震灾害可使城市建筑物和基础设施丧失使用功能。破坏性地震发生时,地面剧烈颠簸摇晃,直接破坏各种建筑物的结构或基础,造成建筑物倒塌或损坏,从而导致人员伤亡和财产损失。

地震灾害使社会管理面临巨大的压力和挑战。强烈的破坏性地震会使一座城市在短时间内处于混乱无序状态:交通和通信暂时中断,服务业暂时瘫痪,商品供应短缺,居民生活面临困难,社会处于不稳定状态。破坏性地震发生后,短时间内需要救治伤员、安置灾民、调配救灾物资、调集救灾力量。因此,各级政府面临着地震灾害应急和社会管理的巨大压力和挑战。

地震灾害对民众造成严重的心理创伤。地震灾害给民众造成的伤害不仅是物质的,还有精神的。破坏性地震使群众在短时间内改变了正常的生活状态,家庭破散、骨肉分离,对个体的心理伤害巨大。震后的家庭重组、财产处置、伤残者的抚恤和地震孤儿的抚养教育等形成了震后的特殊社会问题,对受灾地区经济社会发展产生重要的影响。

地震灾害对受灾地区的可持续发展影响巨大。地震灾害对受灾地区的影响表现在政治、经济、社会、环境和人文等多个方面。灾后恢复重建需要不断投入的人力、物力和财力,如果不能有效地抗御地震灾害带来的冲击和干扰,则会对城市的可持续发展带来致命的影响,地震毁灭城市的事例不胜枚举。

地震灾害能够形成灾害链,诱发各种次生灾害,对环境造成极大的破坏。地震灾害可引起突发性的洪灾、持续性的滑坡及土壤侵蚀;地震灾害会导致各种动植物栖息地的退化和丧失,生物多样性的丧失和野生物种的迁移;地震灾害还可能引发危险品的泄漏,造成环境污染;地震灾害还会导致农田被淹、被毁,使得农田面积急剧减少;等等。

第一节 地震灾害基本概况

一、地震基础知识

地震是人们通过感觉和仪器监测到的地面震动,是地壳快速释放能量过程中造成的震动,其间会产生地震波的一种自然现象。地震波主要分为两种,一种是面波,一种是体波。面波只在地表传递,体波能穿越地球内部。在地球内部传播的地震波称为地震体波,地震体波又分为纵波和横波。地震发生后,首先出现的是体波,其中纵波的传播速度比横波快,而面波因为是纵波与横波在地表相遇后激发产生的次生波,所以相对体波产生稍后,而在面波之后紧接着是一串地震尾波。

由于不同类型地震波产生的时间和速度不同,它们到达同一场地的时间也就有先后,从而形成一组地震波序列。它解释了地震时地面开始摇晃后我们所经历的不同感觉。首先,从震源到达某地的第一波是纵波。它们一般以高角度传播至地面,造成铅垂方向的地面运动。对于建筑物而言,垂直摇动一般比水平摇晃更容易经受住,因此通常认为它们不是最具破坏性的波。相对强的横波稍晚才到达,并且比纵波持续时间长些。地震主要通过纵波的作用使建筑物上下摇动,通过横波的作用侧向晃动。地震横波是造成建筑破坏的主要原因(图 2-1)。

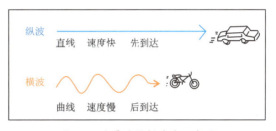

图 2-1 地震波传播速度示意图

地震发生的时间、地点和强度,称为地震三要素(图 2-2)。地点常用经度和纬度来表示,强度用震级 M 来表示,地球内部发生地震的地方叫作震源。震源在地面的投影叫作震中。实际上震中是一个区域,即震中区;震源到地面的垂直距离叫震源深度。地震可根据震源深度分为浅源地震(震源深度<60 千米)、中源地震(60 千米≤震源深度≤300 千米)和深源地震(震源深度>300 千米)。

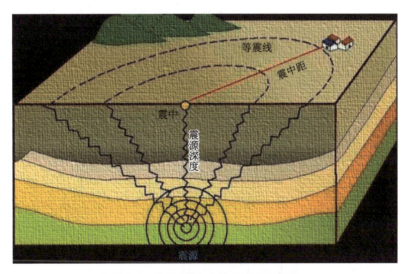

图 2-2 震源、震中和震源深度示意图

地震震级,简称震级,是划分震源放出的能量大小的等级,国际上通用的地震震级为"里氏震级",单位为"里氏",通常用 M 表示,范围在 1~10 之间(表 2-1)。地震释放的能量越大,地震震级也就越大(表 2-2)。

表 2-1 地震震级划分

震级(M)	名称	震中地震反应
$M<1$ 级	超微震	无察觉
1 级 $\leqslant M<3$ 级	弱/微震	难以察觉
3 级 $\leqslant M<4$ 级	有感地震	可察觉,不会造成破坏
4 级 $\leqslant M<6$ 级	中强震	可造成破坏
6 级 $\leqslant M<7$ 级	强震	可造成较大破坏
7 级 $\leqslant M<8$ 级	大地震	可造成明显破坏
$M\geqslant 8$ 级	巨大地震	可造成严重破坏

表 2-2 近代以来国内 $M\geqslant 8$ 大地震基本信息

年份	地名	震级	灾害情况简介
1879	甘肃武都	8.0	武都、文县城堡坍塌,山飞石走,压死 2 万余人
1902	新疆阿图什	8.3	倒塌房屋 3 万多间,死伤 1 万余人
1920	宁夏海原	8.5	山崩地裂,山河变易,村镇埋没,海原、固原等四城全毁,死亡 23 万余人
1927	甘肃古浪	8.4	死亡 4 万余人
1931	新疆富蕴	8.0	地裂、岩崩、滑坡,房屋被摇倒,死亡 1 万余人
1950	西藏察隅	8.6	山崩地裂,地形变异,江水堵流,房屋倒塌,死亡 2486 人
1951	西藏当雄	8.0	当雄、那曲地裂缝严重,建筑物倒塌或损坏
2008	四川汶川	8.0	汶川、北川等 10 多个县市破坏极为严重,倒塌房屋约 778.91 万间,近 7 万人死亡,超过 1.8 万人失踪,37 万人受伤

同样大小的地震,造成的破坏不一定相同;同一次地震,在不同的地方造成的破坏也不一样。为了衡量地震的破坏程度,科学家又"制作"了另一把"尺子"——地震烈度。中国地震烈度表对人的感觉和一般房屋震害程度及其他现象作了描述,可以作为确定烈度的基本依据。影响烈度的因素有震级、震源深度、距震源的远近、地面状况和地层构造等。

一般情况下仅就烈度和震源、震级间的关系来说,震级越大震源越浅、烈度也越大。一般来讲,一次地震发生后,震中区的破坏最重,烈度最高,这个烈度称为震中烈度。从震中向四周扩展,地震烈度逐渐减小。所以,一次地震只有一个震级,但它所造成的破坏在不同的地区是不同的。也就是说,一次地震,可以划分出好几个烈度不同的地区。这与一颗炸弹爆炸后,近处与远处破坏程度不同道理一样。炸弹的炸药量,好比是震级;炸弹对不同地点的破坏程度,好比是烈度。例如,1990年2月10日,常熟-太仓发生了5.1级地震,有人说在苏州是4级,在无锡是3级,这是错的。无论在何处,只能说常熟-太仓发生了5.1级地震,但这次地震,在太仓的沙溪镇地震烈度是6度,在苏州地震烈度是4度,在无锡地震烈度是3度。

我国把地震烈度划分为12个等级,用罗马数字(Ⅰ~Ⅻ)或阿拉伯数字(1~12)表示。不同烈度的地震,其影响和破坏大体如下:小于3度人无感觉,只有仪器才能记录到;3度,在夜深人静时人有感觉;4~5度,睡觉的人会惊醒,吊灯摇晃;6度,器皿倾倒,房屋轻微损坏;7~8度,房屋受到破坏,地面出现裂缝;9~10度,房屋倒塌,地面破坏严重;11~12度,毁灭性的破坏。例如,1976年唐山地震,震级为7.6级,震中烈度为11度。受唐山地震的影响,天津市地震烈度为8度,北京市的地震烈度为6度,再远到石家庄、太原等的地震烈度就只有4~5度。

二、地震灾害及分类

凡是由地震引起的灾害,统称为地震灾害,包括地震直接灾害和地震次生灾害。

(1)地震直接灾害是指由地震波直接造成的原生灾害,又称地震原生灾害。例如,由地震断层错动,大范围地面倾斜、升降和变形,以及地震波引起的地面震动等所造成的直接灾害,主要包括建筑物和构筑物的破坏或倒塌(如房屋倒塌、水坝变形等,图2-3)、生命线工程破坏(如桥梁断裂、铁路扭曲、电缆拉断、管道破裂等)、地面破坏(如地裂缝、地基沉陷、喷水冒砂等),还包括海啸和地光烧伤等对人畜造成的伤害和财产损失等。

图2-3 2008年汶川地震造成的房屋倒塌

(2)地震次生灾害是指地震直接灾害发生后破坏自然层面或社会层面原有的稳定或平衡状态,从而引发的各类灾害。可以分为两类:一类是社会层面的灾害,包括因工程结构、设施破坏而引发的火灾、爆炸、有毒有害物质泄漏、放射性污染等;另一类是自然层面的灾害,包括水灾、滑坡和泥石流等。在特定条件下,地震次生灾害的危害可能超越地震直接灾害,成为地震的主要灾害。如1923年日本关东8.1级地震中约90%的人员伤亡是由次生火灾造成的。

三、地震灾害的特点

(1)突发性强。地震灾害具有瞬时突发性特征,可以在几秒或者几十秒内摧毁一座城市,短时间内造成大量人员伤亡。

(2)破坏性大。地震波到达地面以后可以造成大面积的房屋和工程设施的破坏,若发生在人口密集或者经济发达地区,则可造成大量人员伤亡和巨大经济损失。

(3)社会影响深远。地震灾害往往会产生一系列连锁反应,对于一个地区甚至一个国家的国民经济的发展会造成巨大冲击,并且地震灾害对人们心理影响也比较大。因此,地震灾害造成的社会影响比其他自然灾害更为广泛和强烈。

(4)防御难度大。地震灾害预测的难度明显大于洪水、干旱和台风等气象灾害,建筑物抗震性能的提高需要大量资金的投入,减轻地震灾害需要全社会长期艰苦细致的工作,因此地震灾害的防御比起其他自然灾害难度大。

(5)诱发次生灾害。地震灾害不仅产生严重的直接灾害,而且会不可避免地产生诸多次生灾害,其中一些次生灾害的破坏程度远超直接灾害,例如地震灾害引起的大型滑坡、火灾等。

(6)持续时间长。一方面,主震之后的余震往往持续很长一段时间,也就是地震灾害发生以后,近期内还会发生一些强度较大的余震,延长了灾害的影响时间;另一方面,由于地震灾害破坏性大,灾区的恢复和重建周期比较长。

(7)周期性。通常,同一地区的地震灾害相隔几十年至百年或更长的时间便会重复发生,地震灾害对同一地区具有一定的周期性,因此曾发生过强烈地震的地方,在未来一定的周期内发生强震的概率较大。

四、地震灾害分级

一般将地震灾害按照伤亡人数和经济损失分为一般、较大、重大、特别重大共四级。

(1)一般地震灾害。造成10人以下死亡(含失踪)或者造成一定经济损失的地震灾害。当人口较密集地区发生4级以上、5级以下地震,初判为一般地震灾害。

(2)较大地震灾害。造成10人以上、50人以下死亡(含失踪)或者造成较重经济损失的地震灾害。当人口较密集地区发生5级以上、6级以下地震,人口密集地区发生4级以上、5级以下地震,初判为较大地震灾害。

(3)重大地震灾害。造成50人以上、300人以下死亡(含失踪)或者造成严重经济损失的地震灾害。当人口较密集地区发生 6 级以上、7 级以下地震,人口密集地区发生 5 级以上、6 级以下地震,初判为重大地震灾害,如"4·20"雅安地震(图 2-4)。

(4)特别重大地震灾害。造成 300 人以上死亡(含失踪),或者直接经济损失占地震发生地省(区、市)上年国内生产总值 1%以上的地震灾害。当人口较密集地区发生 7 级以上地震,人口密集地区发生 6 级以上地震,初判为特别重大地震灾害,如"4·14"玉树地震(图 2-5)、"5·12"汶川地震。

图 2-4　2013 年雅安地震灾害

图 2-5　2010 年玉树地震灾害

五、甘肃地震灾害现状

甘肃省位于强烈隆起的青藏高原东北部及其地壳厚度变异带上,横跨中国大陆东部地台与西部地槽区的交接带,境内地形和地质构造极其复杂,新构造活动强烈。中国几个大的主要构造体系,如祁吕贺兰山字型构造、新华夏构造、河西构造等,均在甘肃省境内展布或转弯、交汇。由西向东规模巨大的阿尔金活断层、昌马活断层、龙首山北缘活断层等,几乎遍布整个甘肃省,形成了甘肃省强震活动成带不均匀分布的特点。

(1)南北地震带。这是中国大陆著名的一个地震带。在甘肃省展布范围北起民勤,与宁夏、内蒙古接壤,南至文县,与四川、陕西、青海相连,基本包括了甘肃的中、东部地区。该带地震活动特点是频度高、强度大、周期短。自公元前 193 年有历史记载以来,带内共发生中强以上破坏性地震 65 次,其中 7 级以上地震 12 次,甘肃省历史上仅有的 4 次 8 级以上特大地震均发生在本区。由于该带展布区域是甘肃省工业集中、经济文化比较发达的地区,人口密度较高,因此,南北地震带既是甘肃省重要的地震活跃区带,也是受地震灾害影响破坏最严重的地区。

(2)河西走廊地震带。包括祁连山地震带和民勤地震带,走向呈北西西向展布。

根据有关资料记载,从公元180年高台7.5级地震起,至今1800多年的时间内共发生破坏性地震46次,其中8级特大地震1次,7级以上地震4次,6级以上地震6次。资料表明,进入20世纪90年代以来,本带地震活动具有明显增强的趋势。

(3)阿尔金地震带。这是甘肃省最西端的一个地震带,也是新疆、青海等省区地震带在甘肃境内的延伸。历史上该带中强地震比较活跃,现今地震活动强度呈现减弱趋势。

除了以上几条地震带外,毗邻地区发生的地震也往往波及甘肃,造成严重的灾害,如1556年陕西华县8.0级大地震、1976年四川松潘平武7.2级地震以及2008年四川汶川8.0级地震等。

由于甘肃省区域地质构造复杂、地震活动频繁,历史资料显示,省内曾发生过多次破坏性地震甚至大地震,均造成了巨大人员伤亡和严重经济损失。历史强震资料统计表明,20世纪以来甘肃省共发生4次8级以上特大地震,还有数十次7级以上大地震,如表2-3所示。

表2-3　甘肃省地震灾害次数统计($M \geqslant 4.75$)

年份	地震次数	最大震级
1917—1926	14	7.5
1927—1936	21	8.0
1937—1946	2	7.8
1947—1956	6	8.0
1957—1966	17	7.7
1967—1976	2	6.6
1977—1986	5	7.0
1987—1996	12	6.7
1997—2006	18	6.1
2007—2013	12	6.6

甘肃地处青藏高原东部,地势高耸,地质条件复杂,地震活动较为频繁。尤其是祁连山-河西走廊地震带,带内的地震活动对当地居民的生活和安全构成了较大威胁。在过去的一段时间里,甘肃境内的地震活动呈现出一定的规律性。例如,每年的冬季,由于气温下降,地壳内部的应力增加,地震活动的频率也会相应提高。因此,每当冬季来临,需要对甘肃的地震活动保持高度警惕。

第二节 地震监测预报预警和抗震设防

一、地震监测

地震监测是指通过布设测震站点、前兆观测网络及信息传输系统,在地震发生前后对地震前兆异常和地震活动的监视、测量。地震监测是地震预报、预警的基础。

我国地震监测工作由新中国成立初期的科学行为,逐步向科学化、规范化、现代化、数字化和自动化方向发展。国家地震局成立初期,我国的地震监测能力还很有限,到 1966 年邢台发生地震时,我国仅有 24 个测震台组成全国地震基本台网,8 个地磁台组成全国地磁基本台网。目前,我国建有由 1 个国家测震台网和 32 个省级测震台网组成的覆盖全国的地震监测台网。

当前,全球许多活动断层都处于严密的监测控制之下。监测方法主要有专业监测和群众监测。群众监测技术含量很低,主要是靠浅水井、水温、动植物群异常表现来观察地震前的宏观异常现象。如老鼠搬家往外逃、鸡飞上树猪拱圈、鸭不下水狗狂叫、冬眠麻蛇早出洞、鱼儿惊慌水面跳等。

专业监测主要是用水位仪、地震仪、电磁波测量仪等专业监测仪器监测地震微观前兆信息,并通过通信卫星把数据传递到地震监测中心。如 2014 年 11 月 22 日 16 时 55 分,四川省甘孜藏族自治州康定县境内发生 6.3 级地震,震源深度 18 千米。我国立即启动应急响应机制,紧急安排多颗陆地观测卫星对地震灾区进行连续多次监测,给中国地震局、民政部国家减灾中心、国土资源部(现自然资源部)以及四川省当地相关部门提供地震灾区震前影像 10 景、震后影像 6 景。

二、地震预报

地震预报是指在地震发生前,对未来地震发生的震级、时间和地点进行预测预报,并及时公布于众,便于周边群众做好预防工作,以减少人员伤亡和财产损失。地震预报的主要内容有地震参数预报、地震灾害预测、地震灾害损失预测。其中地震参数预报是以地震事件的发生时间、空间和强度 3 个参数(简称时、空、强三要素)为主,即狭义的地震预报。

地震预测是一个世界性的科学难题。陈运泰院士曾系统总结和解释过地震预报的主要困难所在：①地球内部的"不可入性"；②大地震的"非频发性"；③地震物理过程的复杂性。当前的科学技术虽然突飞猛进，但仍然是"上天容易入地难"，人们还不能对地震孕育发生的10~20千米深处进行直接观测，设在地表的间接观测也十分稀疏。大地震重复发生的时间跨度很大，对大陆内部的断裂而言往往是上千年到数千年，远远大于人类的寿命和仪器记录地震的时间，这限制了对地震发生规律的经验总结。地震是在极其复杂的地质结构中孕育发生的，它是高度非线性的、极为复杂的物理过程，迄今为止人类对这一过程的了解很少。上述的主要困难极大地影响到地震预测预报的准确性，在制定防震减灾政策时应给予充分的考虑。

地震预报需要回答三个问题：何时、何地、发生何种震级的地震？后两个问题目前研究较为深入，有较多的研究成果。因为地震的发生主要是由地质因素决定的，其强度可以根据地质因素并结合历史资料加以分析和推断。根据历史地震的资料和地震地质的实地调查，可以比较精确地确定暂时不活动的和正在明显活动的断裂地带（活断层带）。目前主要是依据活动断裂带，绘制地震区划图，划出地震危险区带，并指出危险程度，进而做好建筑和工程上的防护措施。

准确回答第一个问题是困难的。地震发生时间的预报分为中长期预报、短期预报和临震预报。其中，后两者的工作是相互关联、紧密衔接的。中长期预报是数年以上时间跨度的预报，主要通过地震和地质情况的调查研究来实施。根据历史地震资料，可以建立起对中长期地震活动趋势的认识。短期预报是指1~2年时间跨度的预报，难度很大，是个世界级难题，这既要靠地震和地质情况的调查研究，还要运用各种监测手段。

地震预报方法主要依靠以下两类地震异常活动：一类是地震微观异常，即采用先进的地震监测设备进行微观异常的探测（图2-6）；另一类是地震宏观异常，即用生活经验判断地层是否有异常活动。

1. 地震微观异常

人的感官无法觉察，只有用专门的仪器才能测量到的地震异常称为地震的微观异常，主要包括以下几类。

（1）测震：记录一个区域内大小地震的时空分布和特征，从而预报大地震。人们常说的"小震闹，大震到"，就是以震报震的一种特例。当然，需要注意的是"小震闹"并不一定导致"大震到"。

（2）地壳形变观测：许多地震在临震前，震区的地壳形变增大，可以是平时的几倍到几十倍。如测量断层两侧的相对垂直升降或水平位移的参数，是地震预报重要的依据。

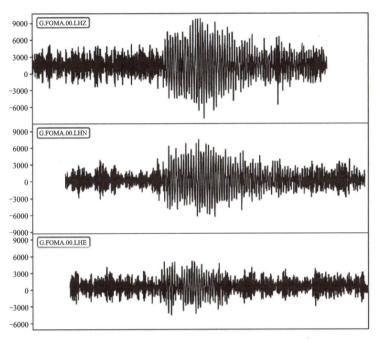

图 2-6　地震监测仪器记录到的地震波信号

(3)地磁测量:地球基本磁场可以直接反映地球各种深度乃至地核的物理过程,地磁场及其变化是地球深部物理过程信息的重要来源之一。震磁效益的研究有其理论依据和实验基础,更有震例的事实依据。

(4)重力观测:地球重力场是一种比较稳定的地球物理场之一,与观测点的位置和地球内部介质密度有关。因此,通过重力场变化可以了解到地壳的变形、岩石密度的变化,从而预测地震。

(5)地应力观测:地震孕育不论机制如何,其实质是一个力学过程,是在一定构造背景条件下,地壳体中应力作用的结果。观测地壳应力的变化,可以捕捉地震的前兆信息。

(6)地下水物理和化学的动态观测:地下水动态在震前会呈异常现象,宏观现象如水井水位上涨、水中翻花冒泡、井水变色变味等,微观现象如水化学成分改变(如水中溶解氡气量变化等)、固体潮(天体引潮力引起地球固体部分周期性起伏现象,就像海水潮涨落一样)的改变等。通过地下水动态的观测,可以直接地了解含水层受周围的影响情况和受力的情况,从而进行地震预报。

类似这样的经常性的监测手段和预报方法还有不少。地震学家们根据多种手段观测的结果,综合考虑环境因素、构造条件和地球动力因素等,提出慎之又慎的分析预测意见。

2. 地震宏观异常

人的感官能直接觉察到的地震异常现象称为地震的宏观异常。地震宏观异常的表现形式多样且复杂,大体可分为地下水异常、生物异常、地声异常、地光异常、电磁异常、气象异常等。

应当注意,上面所列举的多种宏观现象可能由多种原因造成,不一定都是地震的预兆。例如:井水和泉水的涨落可能与降雨的多少有关,也可能受附近抽水、排水和施工的影响,井水的变色变味可能由污染引起,动物的异常表现可能与天气变化、疾病、发情、外界刺激等有关。一旦发现异常的自然现象,不要轻易做出马上要发生地震的结论,更不要惊慌失措,而应当弄清异常现象出现的时间、地点和有关情况,保护好现场,向政府或地震部门报告,让地震部门的专业人员调查核实,弄清事情真相。

目前的地震预报水平大体可以这样概括:对地震孕育发生的原理、规律有所认识,但还没有完全认识;能够对某些类型的地震做出一定程度的预报,但还不能预报所有的地震;做出的较大时间尺度的中长期预报已有一定的可信度,但短临预报的成功率还相对较低。我国的地震预报由于国家的重视和其明确的任务性,经过几代人的努力,已居于世界先进行列。我国在第四个地震活跃期内,曾成功地对海城等几次大震做过短临预报,因此经联合国教科文组织评审,作为唯一对地震做出过成功短临预报的国家,被载入史册。海城地震发生于1975年2月4日19时36分,震中位于辽宁省海城县(今海城市)、营口县(今大石桥市)一带(东经122度,北纬40度),地震强度达里氏7.3级,震源深度为16~21千米。由于中国科学家对该次地震进行了准确预测并及时发布了短临预报,全区人员伤亡共18 308人,仅占总人口数的0.22%。海城地震一般被认为是人类历史上迄今为止,在正确预测地震的基础上,由官方组织撤离民众,明显降低损失的唯一成功案例(图2-7)。

图2-7 辽宁海城地震纪念碑

(图片来源:搜狐网)

但是从世界范围说,地震预报仍处于探索阶段,我们尚未完全掌握地震孕育发展的规律,主要是根据多年积累的观测资料和震例,进行经验性预报。因此,不可避免地带有很大的局限性。为此,《中华人民共和国防震减灾法》第十六条规定:国家对地震预报实行统一发布制度。地震短期预报和临震预报,由省、自治区、直辖市人民政府按照国务院规定的程序发布。任何单位或者从事地震工作的专业人员关于短期地震预测或者临震预测的意见,应当报国务院地震行政主管部门或者县级以上地方人民政府负责管理地震工作的部门或者机构按照前款规定处理,不得擅自向社会扩散。在我国,地震预报的发布权属于政府。地震系统的任何一级行政单位、研究单位、观测台站、科学家和任何个人,都无权发布有关地震预报的消息。

三、地震预警

"地震预警"并非"地震预报",两者不属同一概念。地震预警,不是地震预测或预报。地震预报是对尚未发生、但有可能发生的地震事先发出通告;地震预警则是指在地震发生以后,抢在地震波传播到设防区域前,提前几秒至数十秒发出警报,以告知当地人们采取应急措施,尽可能减少伤亡。

地震发生后,地震预警可以利用震源附近地震台站观测到的地震波初期信息,快速估计地震参数(震级、震源深度、震中位置等)并预测地震对周边地区的影响,利用电磁波比地震波传播速度快且纵波比横波传播速度快的原理,抢在破坏性地震波到达地震预警目标区域之前,向预警目标区域提供数秒至数十秒的预警时间,并发布地震强度及影响范围,使企业和公众能够提早采取地震应急处置措施,进而减少地震造成的人员伤亡和财产损失(图2-8)。

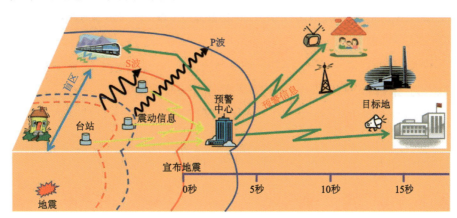

图2-8 地震预警原理示意图
(图片来源:四川经济网)

地震预警既利用了地震发生后,纵波与横波之间的时间差,也利用了地震波传播速度小于电波传播速度的特点,提前对地震波尚未到达的地方进行预警。地震发生后,房屋从开始晃动到倒塌的平均时间大约12秒。最新的预警科技提供逃生和避险的时间可以超过30秒。有了预警系统后,预警时间增加了,判断决策时间减少了,避险时间已大大增加。近年来,地震预警案例如下。

2013年1月5日13时6分14秒四川绵竹发生3.0级地震,发送本信息时地震横波还有15秒到达成都。

2014年8月3日云南鲁甸6.5级地震发生后,距震中50千米处的云南昭通民众在地震波到达前10秒接收到预警信号。

2019年6月17日22时55分,四川宜宾长宁县发生6.0级地震。对于此次地震,不少成都市高新区的市民表示,在震感来临前便听到了警报声。

2020年7月12日06时38分,河北唐山市古冶区发生5.1级地震。地震前5秒,电视跳出地震预警信号。

2023年12月18日23时59分,甘肃省临夏回族自治州积石山县发生6.2级地震,成都高新减灾研究所(简称减灾所)与中国地震局联合建设的中国地震预警网成功预警此次地震,给临夏回族自治州提前12秒预警、黄南藏族自治州提前22秒预警,给甘南藏族自治州提前25秒预警,给兰州市提前29秒预警(图2-9)。

图2-9 手机接收到的地震预警信息

目前,大部分品牌的智能手机已经预置了地震预警功能,不同品牌手机地震预警功能设置操作方式如下。

(1)小米:手机管家→家人关怀→地震预警。

(2)华为/荣耀:设置→安全→应急预警通知→地震预警。

(3)OPPO/一加/realme:设定→安全→SOS紧急联络→自然灾害警报→地震警报。

(4)vivo/iQOO:天气App→设置→地震预警→启用地震预警服务。

(5)苹果/三星:搜索"地震预警"关键词,自行下载相关App。

四、建筑抗震设防

地震造成人员伤亡的直接原因是地表的破坏和建筑物、构筑物的破坏与倒塌。对世界上130余次伤亡较大地震灾害进行的分类统计表明,其中95%以上的伤亡是由建筑物、构筑物破坏和倒塌造成的。因此,对各种建筑物、构筑物依法进行相应的抗震设防,使其在破坏性地震中不损坏、不倒塌,是避免人员伤亡的关键。

地震灾害防御是地震发生前应做的防御性工作。地震灾害防御主要有工程性防御措施和非工程性防御措施。工程性防御措施是减轻地震灾害最主要的途径。工程性防御措施是用工程的抗震设防和抗震加固来防御建筑物、构筑物遭受地震破坏,减轻地震灾害的措施。因此,建筑结构抗震加固设计及安全施工措施在建设工程中的意义非常重要。

抗震设防是指对建筑进行抗震设计,包括计算地震作用、抗震承载力和采取抗震措施,以达到抗震的效果。抗震设防的目标是指建筑结构遭遇不同水准的地震影响时,对结构、构件、使用功能、设备的损坏程度及人身安全的总要求。建筑设防目标要求建筑物在使用期间,对不同频率和强度的地震,应具有不同的抵抗能力。

1. 抗震目标的三个水准

我国对建设工程的抗震设防作了明确规定:新建、扩建、改建建设工程,必须进行抗震设防,达到抗震设防要求。现行的《建筑抗震设计规范》贯彻执行《中华人民共和国建筑法》和《中华人民共和国防震减灾法》,实行以防为主的方针,目的是使建筑经抗震设防后,减轻建筑的地震破坏,避免人员伤亡,减少经济损失。《建筑抗震设计规范》将抗震目标与地震烈度相对应,分为三个水准,通常将其概括为"小震不坏,中震可修,大震不倒",具体描述如下。

(1)第一水准:当遭受低于本地区抗震设防烈度的地震(小震)影响时,建筑物一般不受损坏或不需修理仍可继续使用。

(2)第二水准:当遭受本地区规定设防烈度的地震(中震)影响时,建筑物可能产生一定的损坏,经一般修理或不需修理仍可继续使用。

(3)第三水准:当遭受高于本地区规定设防烈度的预估的罕遇地震(大震)影响时,建筑可能产生重大破坏,但不致倒塌或发生危及生命的严重破坏。

2. 减轻地震灾害的两种技术

近年来,随着科学技术的发展,新思想、新材料、新技术得到了大量的应用,这大大丰富了提高建筑抗震性能的手段,提高了构件的极限承载能力,降低了结构的自重,更加有效地减轻了地震所带来的灾害(图2-10)。其中,隔震和消能减震是建筑结构减轻地震灾害的两种技术。

(1)隔震技术。目前,国际上较热门的工程抗震新技术是隔震技术。通过把如橡胶隔

图2-10 建筑抗震设计研究

(图片来源:科学网)

震垫等隔震消能装置安放在结构物底部和基础(或底部柱顶)之间,来隔开上部结构和基础,从而改变结构的动力作用和动力特性,减轻结构物的地震反应。实践证明,隔震技术具有很大的垂直承载力及垂直压缩刚度,具有足够大的初始刚度及较小的水平变形刚度,能够抵抗风荷载和轻微地震,且耐久性好、使用寿命长。因此,隔震技术主要适用于较重要的(如学校、医院、商场、科研机构及重要的指挥职能单位)低层和多层建筑。

(2)消能减震技术。消能减震技术主要用于高层或超高层建筑,其原理是在建筑结构的某些部位,如节点、剪力墙、支撑、连接件或连接缝等,设置消能元件,通过消能装置产生摩擦非线性滞回变形耗能来耗散或吸收地震能量以减小主体结构的水平和竖向地震反应,从而避免结构产生破坏或倒塌,以达到减震抗震的目的。

虽然隔震技术和消能减震技术能够大幅度提高建筑结构的抗震性能,但因为施工复杂,很难合理把握,因此,在实际运用中,还需要进行更加合理的设计及科学的施工,以保证房屋建筑具备优质的抗震性能。

第三节 地震应急及综合减灾

一、地震应急工作基本要求

1. 地震应急工作基本原则

(1)坚持信息及时原则。信息是突发事件应对顺利开展的关键因素。地震灾害发生后,政府及各有关部门通过各种途径收集信息并及时、准确、客观向上级党委、政府和有关部门报送事件信息,为地震突发事件的处置提供信息支持和保障。上报灾情时不得虚报、谎报、瞒报。

(2)坚持科学应对原则。突发事件因事关安危、破坏性强,在处理时间上具有不可怠慢的紧迫性,先期处置、响应程度和救援行动这三项是处置流程中的关键因素。地震发生后,先期处置是应对的首要环节,要迅速、准确研判态势,及时疏散安置周边受影响的居民,做好现场管控,第一时间控制现场事态。应急处置中政府的响应程度与救灾资源的配置利用密切相关,所谓适度响应是指地方政府要根据灾情的大小采取相应的应对措施,既不能响应不够,延误了救援;也不能响应过度,浪费资源,影响救援大局。科学救援是科学应对的重要内涵,是指通过专业人员充分利用专业装备、专业知识、专业技术实现专业救援,最大限度地降低灾害损失。

(3)坚持以人为本原则。从突发事件的应对来说,就是要以拯救生命、保证生命安全为根本,不能本末倒置。地方政府在应急响应中可能面临多重价值目标的选择,在地震灾害救援中,要坚持"先救人,后救物"的原则,并且一定要先救活人。

2. 基层单位地震应急工作重点任务

(1)做好隐患排查治理。基层组织和单位是隐患排查监控工作的责任主体,要结合实际,对各类危险源、危险区域和因素等进行全面排查。对排查出的隐患,要认真进行整改,并做到边查边改。对短期内可以完成整改的,要立即采取有效措施消除隐患;对情况复杂、短期内难以完成整改的,要制订切实可行的应急预案并限期整改,同时做好监控和应急准备工作;对自身难以完成整改的,应当及时向县级人民政府或有关部门报告。要建立隐患排查信息数据库,并根据应急预案规定的分级标准,实行分类分级管理和动态监控。基层单位是地震灾害信息报告的责任主体。地震发生后,基层单位要及时向有关单位和救援机构报告;县级人民政府及其有关部门要按照要求向上级人民政府和主管部门报告,紧急情况可同时越级上报。要畅通信息报送渠道,街道办事处和乡镇人民政府要建立和完善24小时值班制度,居(村)委会及社区物业管理企业要加强值班工作。要建立基层信息报告网络,重点区域、行业、部位及群体要设立安全员,并明确其信息报告任务,同时鼓励群众及时报告相关信息。要建立完善预警信息通报与发布制度,充分利用广播电视、手机短信、电话、宣传车等各种媒体和手段,及时发布预警信息;各地区应急平台中的预警功能,要通过公用通信网络向基层组织延伸;要着力解决边远山区预警信息发布问题,努力构建覆盖全面的预警信息网络。

(2)先期处置和协助处置。地震发生后,基层组织和单位要立即组织应急队伍,以营救遇险人员为重点,开展先期处置工作;要采取必要措施,防止发生次生、衍生事故,避免造成更大的人员伤亡、财产损失和环境污染;要及时组织受威胁群众疏散、转移,做好安置工作。受灾群众要积极自救、互救,服从统一指挥。当上级政府、部门和单位负责现场指挥救援工作时,基层组织和单位要积极配合,做好现场取证、道路引领、后勤保障、秩序维护等协助处置工作。

(3)协助做好恢复重建工作。基层组织和单位要在当地政府的统一领导下,协助有关方面做好善后处置、物资发放、抚恤补偿、医疗康复、心理引导、环境整治、保险理赔、事件调查评估和制订实施重建规划等各项工作。同时要加强思想政治工作,组织群众自力更生、重建家园。要特别注意帮助解决五保户、特困户和低保户等特殊群体的困难,确保灾后生产生活秩序尽快恢复正常。

(4)加强宣传教育和培训。社区和乡村要充分利用活动室、文化站、文化广场以及宣传栏等场所,通过多种形式广泛开展应急知识普及教育,提高群众公共安全意识和自救互救能力。生产经营企业要依法开展员工应急培训,使生产岗位上的员工能够严格执行安全生产规章制度和安全操作规程,熟练掌握有关防范和应对措施;高危行业企业要重点加强对外来务工人员的安全宣传和培训。有关部门要进一步采取有效措施,推进应急知识进学校、进教材、进课堂,把公共安全教育贯穿于学校教育的各个环节。

3. 地震灾害调查基本要求

(1)人员伤亡调查。调查因地震造成房屋倒塌、设施破坏和地质灾害、次生灾害等各种原因,进而导致的死亡人数情况,包括死亡原因、地点、时间、性别、年龄;统计不能准确确定是否已经因地震致死的失踪人员的数量;统计需住院治疗的重伤人数;统计无需住院治疗的轻伤人数。

(2)房屋震害调查。重点调查钢筋混凝土框架结构中梁、柱、节点的破坏情况,破坏处显露出的实际配筋情况;调查填充墙、楼梯、电梯间、楼板、玻璃幕墙、高层与低层毗连部分、屋顶附属结构的破坏情况。

(3)生命线工程震害调查。针对给(排)水系统,重点调查水处理厂、泵站、蓄水池和水处理池、给(排)水管网、水塔、各种阀门等的破坏状况和破坏等级;针对燃气系统,重点调查供气管网、压气站、储气罐、各种阀门等的破坏状况和破坏等级;针对输油系统,重点调查炼油厂、输油泵站、油库、输油管道、加油站、各种阀门等的破坏状况和破坏等级;针对交通系统,重点调查公路、铁路、桥梁、隧道、车站、机场、港口码头、轨道交通等的破坏状况和破坏等级;针对电力系统,重点调查发电厂房、各类设备、附属工程设施、调度通信以及变电站内的各类电气设备、输电线路、电杆(塔)等的破坏状况和破坏等级;针对广播通信系统,重点调查广播电视大楼、通信邮政枢纽楼、中继站、卫星地面站、无线电发射和接收台站以及无线塔架等设备的损毁情况;针对热力系统,重点调查热力系统的锅炉房设施、供热管道等的破坏状况和破坏等级。

(4)重大工程、构筑物、工业设备震害调查。重大工程应调查核电站、海洋采油平台、水坝、码头等的破坏情况,详细记录破坏状态及影响,编写专门调查报告。构筑物、工业设备应调查电视塔,冶金和采矿企业的高炉、井架、井塔、通廊、筒仓等的破坏情况,以及化工企业的各种罐、塔等。土工、水工及地下工程应调查土坝、堤防、挡土墙、闸门、水坝、扬水站、矿井、地下商场和人防工程等。同时,详细记录结构的裂缝走向、宽度、长度和深度,注意附近地面破坏和砂土液化。

(5)地震次生灾害调查。针对地震火灾,调查火灾具体起因、人员伤亡、起止时间、过火面积和经济损失;针对有害有毒物质泄漏,调查有害物质的种类、泄漏量及扩散情况、对生命及环境的影响;针对地震水灾,调查受淹面积、建(构)筑物和设备等的受淹情况、水灾所引起的经济损失;针对爆炸灾害,调查地震引起的爆炸起因,爆炸造成的人员伤亡、经济损失和影响范围;针对震后瘟疫,调查地震后发生瘟疫的种类、流行地区和面积、受感染人数、流行开始时间和持续时间、治愈人数和死亡人数;针对地质灾害调查,实地调查从极震区开始,放射状地向四周展开,调查过程中需区分本次地震造成的地震地质灾害和历史地震地质灾害以及历史地震造成的地面破坏的再破坏现象。

(6)社会影响调查。调查救灾工作情况,包括灾民生活安置工作、社会秩序恢复工作、医疗救护、物资供应分配等方面的经验和教训;调查公众防震减灾意识,包括公众对地震科学的认识、地震时避震措施和防震减灾知识的普及情况等;调查公众行为,包括震时和震后行为;调查机构和团体的灾时反应和行为,包括震前社会组织的防震状态,震时和震后社会组织在维护社会稳定和救灾工作中的作用等;调查震后群众自救,包括自救形式、自救方法等;调查地震信息传播,包括地震知识的传播、群众对地震信息的反应、震后地震信息的传播及传播渠道等;调查群众的地震心理反应,包括震后的情绪反应、地震的关注程度、震后心理创伤等;调查地震谣言,包括地震谣言的内容、演变、传播和社会影响等。

4. 灾害损失评估基本要求

《地震现场工作 第4部分:灾害直接损失评估》(GB/T 18208.4—2011)规定了地震灾害直接损失评估的内容、工作程序、方法和报告内容,适用于在地震现场统计人员伤亡,评估地震造成的直接经济损失和统计地震救灾投入。

房屋建筑是人类社会生活中最大量使用的工程结构,是预防生命财产损失的最重要的防线。震害经验表明,房屋倒塌是造成人员伤亡的主要因素,在大多数情况下房屋建筑的损失占总损失的绝大部分。对我国广大农村来说,房屋建筑破坏损失的比例还要大得多,新近建成的城市的生命线系统工程结构抗震能力普遍较强,可以预计我国城市的震害损失中,房屋建筑的损失仍占大部分。因此,房屋建筑损失估计是整个震害损失评估的重点,工作量最大,准确地评估房屋建筑的损失是整个评估工作的关键。评估工作程序如下。

(1)破坏性地震发生后,按有关规定,国家或省级防震减灾主管部门立即指派震灾评估组进入地震现场工作。

(2)评估组进入地震现场后,应立即了解灾情,确定地震灾害损失最严重的地区和评估灾区范围。评估灾区是指产生直接经济损失的破坏地区。评估组可会同地方有关部门，准备评估所需基础资料，收集、了解灾区城市规模、城镇分布、房屋建筑类型、生命线工程和其他工程设施规模与分布、灾区支柱产业等。

（3）根据房屋建筑的破坏情况，评估组在灾区选取破坏典型的街区或村庄，划定被调查房屋建筑的类型；针对每种结构类型的房屋建筑统一破坏等级的具体标准；房屋建筑的破坏等级以栋为单元评定。

（4）根据破坏分布情况和城市、农村特点，灾区分为农村评估区和城市评估区。灾区中的城市称为城市评估区，每座城市均为一个城市评估区，其余的地区统称为农村评估区。在破坏连续分布的灾区范围之外的破坏异常区、点单独评估。

（5）根据抽样调查结果，分别计算农村评估区和每个城市评估区各类建筑结构不同破坏等级的破坏比、单位面积室内财产损失，并选定相应的损失比。

（6）核实有关部门提供的基础资料，计算房屋建筑结构的直接经济损失和室内、室外财产损失。

（7）会同有关部门确定各类生命线工程结构、其他各类工程结构和设施、企业的直接经济损失。

（8）评定地震救灾直接投入费用。

（9）评定地震间接经济损失。

（10）汇总地震人员伤亡数目。

（11）填写各种表格，绘制图件，撰写并提交评估报告。

5. 避难场所建设基本要求

为了应对地震突发事件，防御和减轻地震灾害，科学合理地建设地震应急避难场所，为居民提供应急避险空间，快速有序地疏散安置居民，国家制定标准《地震应急避难场所 场址及配套设施》（GB 21734—2008）。该标准规定了地震应急避难场所的分类、场址选择及设施配置的要求。该标准适用于经城乡规划选定为地震应急避难场所的设计、建设或改造。

（1）地震应急避难场所。为应对地震等突发事件，经规划、建设，具有应急避难生活服务设施，可供居民紧急疏散、临时生活的安全场所。

（2）基本设施。为保障避难人员基本生活需求而应设置的配套设施。包括救灾帐篷、简易活动房屋，医疗救护和卫生防疫设施，应急供水设施，应急供电设施，应急排污设施，应急厕所，应急垃圾储运设施，应急通道，应急标识等。

（3）一般设施。为改善避难人员的生活条件，在基本设施的基础上应增设的配套设施。包括应急消防设施、应急物资储备设施、应急指挥管理设施等。

(4)综合设施。为改善避难人员的生活条件,在已有的基本设施、一般设施的基础上,应增设的配套设施。包括应急停车场、应急停机坪、应急洗浴设施、应急通风设施、应急功能介绍设施等。

《地震应急避难场所 场址及配套设施》主要内容如下。

地震应急避难场所分为以下三类。Ⅰ类地震应急避难场所:具备综合设施配置,可安置受助人员30天以上;Ⅱ类地震应急避难场所:具备一般设施配置,可安置受助人员10~30天;Ⅲ类地震应急避难场所:具备基本设施配置,可安置受助人员10天以内。

可选作地震应急避难场所的场址包括公园、绿地、广场、体育场、室内公共场所。地震应急避难场所应避开地震断裂带,洪涝、山体滑坡、泥石流等自然灾害易发生地段。应选择地势较为平坦空旷且地势略高,易于排水,适宜搭建帐篷的地形。应选择有毒气体储放地、易燃易爆物或核放射物储放地、高压输变电线路等设施对人身安全可能产生影响的范围之外。应选择在高层建筑物、高耸构筑物的垮塌范围距离之外。选择室内公共的场、馆、所作为地震应急避难场所或作为地震应急避难场所配套设施用房的,应达到当地抗震设防要求。

应急避难场所应有方向不同的两条以上与外界相通的疏散道路。应急避难场所的有效面积宜大于2000平方米。

二、防震减灾救灾面临的新形势

我国是世界上地震活动最强烈和地震灾害最严重的国家之一。我国大陆大部分地区位于地震烈度5度以上区域;50%的国土面积位于7度以上的高烈度区域,包括23个省会(首府)城市和2/3的百万人口以上的大城市。由于自然条件和资源分布的限制,伴随着新型城镇化和城市群的建设,人口和财富向大地震易发区域聚集。京津冀等大多数城市群处于强震高风险地区,"丝绸之路经济带"基本上沿着强震高发区域延伸。大量的超高、超大、超传统设计建筑和巨型生命线系统,以及以巨型大坝、核电、高速铁路为代表的一大批重大基础设施不可避免地受到地震的威胁。农村建筑基本不设防的状况尚未根本改变,城乡老旧建筑抗震能力低的状况尚未全面扭转。

党的十八大以来,党中央提出"两个一百年"奋斗目标,要求全面统筹推进"五位一体"总体布局和协调推进"四个全面"战略布局,明确提出了加强防灾减灾体系建设,提高气象、地质和地震灾害防御能力的具体任务要求。"十三五"期间,国家大力推进"一带一路"倡议、实施京津冀协同发展战略、长江经济带战略,为了保障这些国家战略的顺利实施和伟大复兴中国梦的如期实现,必须有效防御重大地震灾害风险以及减轻可能对经济社会带来的严重冲击。

"十三五"时期,中国地震监测能力大幅提升,全国大部分地区地震监测能力达到2.5级,其中首都圈1级,东部地区2级,国内地震实现2分钟自动速报。除此以外,地震系统积极开展地震灾害风险隐患调查和风险防治,完成55条主要活动断层和21个城市活断层探测,实施第五代地震动参数区划图,取消不设防地区,统筹推进农村民居地震安全工程,督促支持2827万户危房改造。不断完善防震减灾体制机制,主动构建"全灾种、大应急"框架体系,修订地震安评条例,制修订35部地方性法规规章,发布35项国家和行业标准,防震减灾法治化、规范化、现代化水平进一步提高。

我国防震减灾救灾能力与经济社会发展仍不相适应。主要表现在:全国地震监测预报基础依然薄弱,科技实力有待提升,地震观测所获得的信息量远未满足需求,绝大多数破坏性地震尚不能做出准确的预报;全社会防御地震灾害能力明显不足,农村基本不设防,多数城市和重大工程地震灾害潜在风险很高,防震减灾教育滞后,公众防震减灾素质不高,6级及以上地震往往造成较大人员伤亡和财产损失;各级政府应对突发地震事件的灾害预警、指挥部署、社会动员和信息收集发布等工作机制需进一步完善;防震减灾投入总体不足,缺乏对企业及个人等社会资金的引导,尚未从根本上解决投入渠道单一问题。"十四五"时期,我国震情形势仍然复杂严峻,特别是一些地方城市高风险、农村不设防的情况仍然存在,与人民群众对地震安全的需求相比还有很大差距。

2016年7月28日,习近平总书记在河北唐山视察时,对防灾减灾救灾工作做出重要指示。要进一步增强忧患意识、责任意识,坚持以防为主、防抗救相结合,坚持常态减灾和非常态救灾相统一,努力实现从注重灾后救助向注重灾前预防转变,从应对单一灾种向综合减灾转变,从减少灾害损失向减轻灾害风险转变,全面提升全社会抵御自然灾害的综合防范能力。要着力从加强组织领导、健全体制、完善法律法规、推进重大防灾减灾工程建设、加强灾害监测预警和风险防范能力建设、提高城市建筑和基础设施抗灾能力、提高农村住房设防水平和抗灾能力、加大灾害管理培训力度、建立防灾减灾救灾宣传教育长效机制、引导社会力量有序参与等方面进行努力(图2-11)。

图2-11 唐山地震遗址公园

(图片来源:网易)

2022年7月,应急管理部和中国地震局联合印发《"十四五"国家防震减灾规划》,对防震减灾工作做出新的部署。"十四五"时期的防震减灾工作,坚持以习近平新时代中国特色社会主义思想为指导,坚持人民至上、生命至上,坚持统筹发展和安全,进一步夯实监测基础、加强预报预警、摸清风险底数、强化抗震设防、保障应急响应、增强公共服务、创新地震科技、推进现代化建设。具体措施包括:

(1)加强地震监测预报预警能力建设。加快建设地震监测台网,1分钟左右实现大陆东部2级、西部和近海海域3级以上地震自动速报,重点地区灾害性地震发生后10秒内发布地震预警信息。力争做出有减灾实效的地震短临预报。

(2)加强地震灾害风险防治能力建设。加快开展地震探查区划评估,完成全国地震易发区地震灾害重点隐患调查,编制第六代地震区划图。加快推进地震易发区房屋加固改造,提高建筑抗震设防能力。

(3)加强地震应急救援能力建设。震后15分钟内提供地震灾害自动快速评估意见,40分钟内提供地震灾害快速评估结果,60分钟内提供地震趋势研判意见,为高效有序开展地震救援任务提供支撑。

三、防震减灾救灾工作体系建设

在对多次地震应急救援实践的复盘总结和不断完善中,我国逐步形成了由政府统一领导、各级应急管理部门和地震主管部门综合协调、各相关部门分工负责的防震减灾救灾工作体系。

(1)领导机构逐步健全。2018年机构改革以来,在党中央、国务院的领导下,国务院抗震救灾指挥部统一组织、指导、协调全国防震减灾救灾工作,其办公室设在应急管理部。省、市、县各级均设立抗震救灾指挥部和防震减灾工作领导小组,其办公室分别设在应急管理部门和地震工作主管部门,在党委、政府的领导下,分别组织、指导、协调本地区防震减灾和抗震救灾工作。

(2)管理模式更加规范。我国对地震等自然灾害的应急管理机制已从分灾种、分部门、分行业的分散型应急管理机制转变为"全灾种、大应急"框架下的综合应急管理机制。我国应急管理中的分级负责、条块结合的管理方针,即根据突发事件的规模程度和影响范围,分别由各级政府实施应急管理,特别重大的公共危机由国务院及有关部门直接管理,各级地方政府予以协助配合;一般性公共危机,由地方各级政府负责,上级政府或有关部门予以指导、支持和帮助。地震灾害作为综合性灾害,各级政府一般都默认为特别重大的公共危机,虽然分级管理,但是实际操作上大部分都是由国务院及有关部门或者省级人民政府直接管理。

（3）法律体系基本完善。目前，我国已形成以《中华人民共和国防震减灾法》《中华人民共和国突发事件应对法》为基础，以《国家突发公共事件总体应急预案》《国家地震应急预案》和各地防震减灾条例、各级各部门地震应急预案为保障的防震减灾救灾法律法规体系，防震减灾救灾工作正在逐步走向法制化轨道。

四、地震应急预案

地震应急预案是地震应急管理工作的重要基础。中国地震局发布的《地震应急预案管理暂行办法》第十五条规定："地震应急预案修订期限原则为三至五年"。在此背景下，2021年9月18日甘肃省人民政府印发实施了《甘肃省地震应急预案》，主要内容包括总则、组织指挥体系、响应机制、监测报告、应急响应、应急结束、恢复重建、其他地震事件应急、保障措施、预案管理、附则、附件12部分。

（1）总则。阐述本预案的总体内容。包括指导思想、编制依据、适用范围、工作原则。该部分明确了本预案的适用范围，更加突出了"人民至上、生命至上，以防为主、防救结合，统一指挥、军地联动，分级负责、属地为主，资源共享、快速反应"的地震救援工作原则。

（2）组织指挥体系。该部分内容对省抗震救灾指挥机构和市县抗震救灾指挥机构各工作组的组成人员、工作职责进行了明确。省抗震救灾指挥部在省委、省政府的领导下，负责指导协调和组织全省抗震救灾工作。省抗震救灾指挥部办公室设在省应急管理厅，承担省抗震救灾指挥部日常工作；省应急管理厅厅长兼任主任，省地震局局长、省应急管理厅分管副厅长兼任副主任。

重大及以上地震灾害发生后，根据应急处置工作需要，省抗震救灾指挥部设以下11个工作组：综合协调组，抢险救援组，地震灾情调查及灾害损失评估组，群众生活保障组，医疗救治和卫生防疫组，交通运输保障组，基础设施保障和生产恢复组，地震监测和次生灾害防范处置组，社会治安组，救灾捐赠与涉外、涉港澳台事务组，信息发布和宣传报道组。

（3）响应机制。该部分内容将甘肃省地震灾害分为特别重大地震灾害、重大地震灾害、较大地震灾害、一般地震灾害4个等级。根据地震强度及影响，地震应急响应由高到低分为Ⅰ级、Ⅱ级、Ⅲ级、Ⅳ级。地震灾害发生后，县级以上政府及其有关部门和单位等根据地震灾害初判级别、应急处置能力及预期影响后果，研判确定本级地震应急响应级别。

（4）监测报告。该部分内容要求各有关部门要加强地震监测预报，地震灾害发生后，要做好震情速报和灾情报告。省内城市发生3.5级以上地震、兰州市发生

3级以上地震、农村地区发生4级以上地震后,省地震局应快速完成地震发生时间、地点、震级、震源深度等速报参数的测定,及时报省委、省政府、应急管理部和国家地震局,同时通报省抗震救灾指挥部各成员单位。

(5)应急响应。该部分内容明确全省在应对地震灾害时的处置程序,在应对不同级别地震灾害时,启动不同级别应急响应,做好各项应对措施(表2-4)。

表2-4 甘肃省地震灾害应急响应措施

响应级别	启动机构	指挥与协调	主要响应措施
Ⅰ级应急响应	省委、省政府	在国务院抗震救灾指挥部的指导和省委、省政府领导下,由省抗震救灾指挥部组织开展抗震救灾工作	①灾情报告;②靠前指挥;③收集灾情;④综合研判;⑤派遣救援队伍;⑥实施交通管制;⑦开展医疗救治;⑧开展灾情损失评估;⑨加强监测和震情研判;⑩灾害风险排查;⑪抢修生命线工程;⑫安置受灾群众;⑬加强新闻报道;⑭涉外事务管理;⑮生产生活恢复;⑯加强应急值守
Ⅱ级应急响应	省政府	在国务院抗震救灾指挥部指导和省委、省政府领导下,由省抗震救灾指挥部组织开展抗震救灾工作	
Ⅲ级应急响应	省抗震救灾指挥部	在省抗震救灾指挥部的指导下,由受灾地区市(州)党委、政府组织开展抗震救灾工作	①收集上报灾情信息;②组织开展人员搜救;③医疗救护;④群众安置;⑤基础设施抢修;⑥实施交通管制;⑦开展灾情损失评估;⑧加强监测和震情研判;⑨灾害风险排查;⑩抢修生命线工程;⑪加强新闻报道;⑫生产生活恢复;⑬加强应急值守
Ⅳ级应急响应	省抗震救灾指挥部办公室	在省抗震救灾指挥部办公室、受灾地区市(州)抗震救灾指挥部的指导下,由受灾地区县(市、区)党委、政府组织开展抗震救灾工作	

①初判为特别重大地震灾害后,由省抗震救灾指挥部提出启动地震Ⅰ级应急响应建议,由省委、省政府决定启动地震Ⅰ级应急响应。

②初判为重大地震灾害后,由省抗震救灾指挥部提出启动地震Ⅱ级应急响应建议,由省政府决定启动地震Ⅱ级应急响应。

③初判为较大地震灾害后,由省抗震救灾指挥部办公室提出启动地震Ⅲ级应急响应建议,由省抗震救灾指挥部决定启动地震Ⅲ级应急响应。

④一般地震灾害发生后,省抗震救灾指挥部办公室及时了解震情、灾情和受灾地区应对情况并报告省抗震救灾指挥部,由省抗震救灾指挥部办公室视情决定启动

地震Ⅳ应急响应。

（6）应急结束。该部分内容明确在抗震救灾应急工作基本结束，地震次生灾害影响基本消除后，终止应急响应，由应急救援阶段转入恢复重建阶段。

（7）恢复重建。该部分内容对恢复重建规划和恢复重建实施进行了要求。

（8）其他地震事件应急。该部分内容明确了强有感地震事件、临震应急事件、地震传言事件、邻省地震事件和支援外省特大地震事件等应对措施。

（9）保障措施。明确省市县三级政府各有关部门和单位要按照职责分工和相关预案要求，切实做好应对地震灾害的人力、物力、财力及基础设施保障等工作，保证应急救援工作和后期处置的顺利进行，以及群众的基本生活需要。6类具体保障措施包括应急指挥系统保障、队伍保障、物资与资金保障、避难场所保障、基础设施保障和宣传培训。

（10）预案管理。该部分包括预案编制与修订、预案演练的相关内容。

（11）附则。该部分包括奖惩、监督检查、名词术语释义和预案实施时间等内容。

（12）附件。该部分为省级地震灾害应急响应措施。

五、甘肃省抗震救灾实战演习案例

2023年5月6日，甘肃省"陇原砺剑·2023"抗震救灾实战演习临夏回族自治州（简称临夏州）分演习活动在和政县买家集镇牙塘水库举行（图2-12）。

本次演习模拟2023年5月6日8时05分，在兰州市兰州新区发生6.8级地震，震源深度10千米，临夏州和政、永靖、康乐、东乡县震感明显，受地震影响，牙塘水库坝体出现裂缝，导致泄水闸变形无法提升，库区水位迅速上涨，有溃坝

图2-12 "陇原砺剑·2023"抗震救灾实战演习

（图片来源：临夏州融媒体中心）

危险，下游群众的生命财产安全受到严重威胁，地震造成水库电力、通信中断，需要及时抢修恢复。

（1）基层积极自救。地震发生后，镇村干部利用喊话器、手摇警报器、铜锣等预警工具逐户叫醒群众，帮助行动不便的老人、孕妇、儿童等向避难场所安全转移。与此同时，排查人员伤亡，全力搜救被困群众，注意防范次生灾害，远离危险区域，搭建避难场所，妥善安置群众。

(2)启动抗震救灾应急响应。"报告州抗震办,由于地震造成我县买家集镇出现大面积电力及通信中断、网络瘫痪。牙塘水库出现裂缝,泄水闸变形无法提升,水位快速上涨,有溃坝危险,严重威胁着下游3个村1010户4500多名群众的生命财产安全。地震造成十多户群众房屋倒塌,有人员被埋压和围困,部分道路、渠系、农田损毁严重。我们已派出人员前往各乡镇了解灾情,请求给予增援。"和政县应急指挥中心相关负责人向临夏州抗震办报告了初步"灾情"。

"灾情"发生后,经过灾情会商研判,临夏州委州政府决定启动州级抗震救灾Ⅰ级应急响应,同时启动运行临夏州抗震救灾现场指挥部,下设综合协调组、抢险救援组、地震监测和灾情调查评估组、综合保障组、医疗救治和卫生防疫组、交通运输保障组、基础设施保障和抢修组、社会治安组、信息发布及宣传报道组9个工作组,各组按照职责任务分赴灾区展开抗震救灾工作。

(3)救灾队伍快速出动。接到命令后,消防、医疗、电力、交通、通信、公安等部门的抢险救援队伍火速赶往灾区,投入紧张的"救援"任务中。消防救援队伍作为抢险救援的国家队和主力军,迅速出动赶赴救灾一线;公安民警队伍立即响应,第一时间就地就近展开治安维护和道路交通秩序管制,保障车辆和人员有序通行;抢险救灾民兵应急队积极投身疫情防控、防汛抗洪、维稳处突等急难险重任务;医疗救治和防疫队伍集结出发。

历时两个多小时,救灾队伍全面完成人员搜救,受灾群众得到妥善安置,伤员被及时救治和转运,电力、通信、水利、交通运输等设施基本抢修抢通。经过各工作组迅速反应,灾区群众生活秩序基本恢复,临夏州抗震救灾指挥部负责人宣布演习结束。

六、提升甘肃省抵御地震灾害的综合防范能力

地震安全是国家安全的重要组成部分,应清醒地认识到,地震灾害不仅会造成基础设施破坏和人民群众生命财产损失,也会影响到国家的政治安全、经济安全和生态安全。必须始终保持高度警惕,进一步增强风险意识,树牢底线思维,深入分析致灾因素、承灾要素、防灾要素,下好先手棋、打好主动仗,扎实做好灾害隐患排查、应急处置准备等工作,牢牢守住地震安全底线。

"十四五"期间,不断提升甘肃省抵御地震灾害的综合防范能力,需要从以下几个方面着手。

(1)聚焦主责主业,持续提高地震监测预报预警水平。要完整、准确、全面贯彻新发展理念,坚持防震减灾事业现代化建设与甘肃现代化建设同频共振。要坚持不

懈开展地震监测预报业务体系改革,围绕地震监测基础、地震预测预报业务、地震速报预警业务等方面提出具体工作措施。要进一步优化全省地震监测布局,不断加强震情监视跟踪分析工作,加快建成甘肃地震烈度速报与预警系统,强化防震减灾公共服务供给,不断提升地震监测预报预警服务能力。

(2)摸清风险底数,着力夯实震害防御工作基础。甘肃省是地震多发省份,要紧盯"一核三带"区域发展格局,加强地震构造环境精细探测,夯实地震活动断层探测、风险隐患调查、灾害隐患监测,以及灾害风险预警、评估、区划等地震灾害风险防治基础业务,努力减轻地震灾害风险。要深化地震安全性评价"放管服"改革,依法加强抗震设防要求管理,加强事中事后监管,构建建设单位、地方政府、行业部门和地震部门全链条监管体系,不断提升甘肃省抵御地震灾害的综合防范能力。

(3)加强统筹协调,大力提升地震应急响应能力。针对多震省情,不断强化震情意识,坚持常态化应急,切实提升应对大震巨灾的应急处置能力。持续强化服务理念,将加强公共服务作为有效提升防震减灾"软实力"的一项重要手段来抓实、抓细。在利用报纸、广播等传统媒体开展宣传的同时,充分发挥门户网站、微博微信、今日头条等新兴媒体平台的功能和作用,面向社会公众、专业群体普及防震减灾知识。

(4)加强科技创新,不断提升防震减灾科技支撑能力。要聚焦核心技术创新,开展基础性、关键性技术研究攻关,推进大数据和人工智能等技术应用,提高防震减灾信息化、智能化水平。要大力推进地震科技体制机制改革创新工作,认真贯彻落实中国地震局和甘肃省委、省政府关于激发创新活力、促进科技成果转化等政策措施,要坚持完善科技人才绩效考核、成果转化等方面制度。要持续不断建设一批现代化项目,着力提升基础设施支撑保障能力,构建人才成长良好发展氛围。

市县防震减灾工作是我国防震减灾工作体系建设的重要组成部分,也是发挥政府职能、强化社会管理和公共服务的重要基础。在破坏性地震发生后,地震部门的职责主要包括震情监测和趋势研判、地震现场调查与灾害影响范围确定、地震灾害科学考察三大部分。在地震应急工作实践中,市县地震工作部门处于应急处置工作的最前沿,要主动开展震情监测、趋势研判和现场调查以及舆情应对和科普宣传等工作。

在当前大应急体系下,市县地震工作部门提供的震情速报、震情趋势会商评估和趋势研判结果以及抗震救灾的应急响应、工作方案和措施建议,是政府及相关联动部门应急处置与抗震救灾的重要依据。市县地震工作部门作为直接面对地震灾害的基础执行层面,在国家级、省级救援力量到达前,必须做到迅速反应,"打好第一枪"。

(1)完善地震应急预案,编制应急处置手册。地震应急预案是地震应急工作的指导性文件,不断提高地震应急预案的可操作性是地震应急的重要工作之一。

(2)进一步加强地震应急技术支持能力建设,丰富公共服务产品。地震应急技术支撑能力是市县地震工作部门在地震应急中的核心工作。根据工作实践,运用多种分析方法,构建地震灾害预测指标体系,不断改进地震灾害快速评估模型,探索与公共监控平台的合作与数据信息共享,加强灾情信息的实时获取能力。

(3)加强基层防震减灾工作人才和队伍建设。防震减灾工作具有较强的科学性和专业性。因此,要加强基层防震减灾工作的人员培训,建立业务培训的长效机制;加强基层特别是区县防震减灾的组织建设,稳定基层防震减灾队伍。在基层防震减灾工作队伍中树立积极的灾情意识和异常上报意识。

(4)加强地震应急演练,强化防震减灾科普宣传。地震应急疏散演练可以有效避免避震恐慌导致的拥挤踩踏事件。实践表明,尽管公众对地震应急演练工作比较认可,但是参与度较低。因此,将防震减灾科普宣传与地震应急演练相结合,有助于提升公众应急避险能力,特别要加强对居民开展地震应急知识的宣教和应急疏散演练,扩大演练的覆盖面。同时,也应加强地震工作部门的地震应急演练。

第四节 地震灾害应急案例

地震灾害虽然不可避免,但可防、可控。在地震预警发布或破坏性地震发生后,快速、有序、高效地实施地震应急工作,能最大限度地降低地震灾害造成的损失。

一、日常生活中的地震灾害预防

1. 识别地震谣言

1)识别方法

地震谣言最主要的特征:非官方发布,没有科学依据。它的形式多种多样,但不难发现它们都有以下几个特征:没根没源,荒诞无稽;有源误传,越传越神;为博眼球,编造内容。俗话说"谣言止于智者",我们只需要记住七个字:一问、二想、三核实,就能做到不信谣不传谣。

(1)一问:消息来源。《中华人民共和国防震减灾法》规定,全国范围内的地震长期和中期预报意见,由国务院发布。省、自治区、直辖市行政区域内的地震预报意见,由省、自治区、直辖市人民政府按照国务院规定的程序发布。除发表本人或者本单位对长期、中期地震活动趋势的研究成果及进行相关学术交流外,任何单位和个人不得向社会散布地震预测意见。任何单位和个人不得向社会散布地震预报意见及其评审结果。

(2)二想:地震三要素。也就是震级、时间、地点是否非常精确。目前,精确的地震短临预报在国际上仍属于科学难题,凡是谈及准确时间、精确震级与地点的地震预报,就是地震谣言。

(3)三核实:对心存疑惑、难辨真假的消息,一定要及时向当地政府和地震部门核实,如查看中国地震台网(图2-13)。

图2-13　中国地震台网发布的地震信息

(图片来自:中国地震台网)

2)科学知识普及

当然,关于地震的一些科普知识,还有待普及。"动物行为能预测地震""'地震云'真的存在""地球自转变慢,地震会频发"等,这些真假难辨的地震传说,仍然在坊间流传。地震谣言的制造和传播是另外一种与地震有关的灾害,地震谣言如果蔓延开来,轻则会使一些人惶惶不安,影响正常的工作和生活;重则有可能出现大量搭建防震棚、抢购物品、人员外流、停工停产等事件,影响社会安定。

(1)动物行为能预测地震的发生?"某地出现大规模蟾蜍迁移,预示着将要发生大地震?"答案并非如此。除了蛤蟆迁移,很多人还将昆虫、鸟兽行为异常当成预测地震的判断标准。从历史上地震震例来看,地震前确有动物异常现象,但宏观上,动物异常与地震并非一一对应。一方面,引起动物异常现象的因素很多,如天气变化、环境污染、饲养不当以及动物自身不适,或者动物正处于繁衍生育期等。另一方面,强震发生以后,人们情绪过分紧张,也可能在观察动物行为时出现错觉,因而得出并不可靠的相关结论。以"蛤蟆迁移"为例,因为蛤蟆喜欢湿润的环境,当空气湿度比较大,尤其阴天的时候,它们可能会大量上岸。

(2)真的有"地震云"吗?"昼中或日落之后,天际晴朗,而有细云如一线,甚长,震兆也。"这是 17 世纪中国古籍中的记载。随着科学技术的发展,人们认知水平的提高,"地震云"的说法渐渐消失于学术圈,但在坊间还时不时流传。目前,并无证据证明地壳运动与短时气象变化存在关联(图 2-14)。从气象观测的角度来看,所谓形色各异的"地震云"多与高空气流活动有关,大多为高积云或层积云,因为这两种云易形成鱼鳞、肋条状等怪异样子,公众往往容易对不确定的信息产生联想,进而造成误传。

图 2-14　中国气象局官微对"地震云"的解释

(图片来源:新浪微博)

(3)地球自转变慢,导致地震频发?网上有传言称"地震次数增加与地球自转速度减慢有关"。事实究竟如何呢?目前研究显示,地球自转速度与地震活动之间的相关性并不显著。

关于地震的成因,被大家所公认的理论是由构造(地壳)运动而引发,所处的地震构造带在某些阶段会比较活跃,从而造成地震次数增多。至于地震构造带为何会在某个时间点活跃,还有待科学家的研究和发现,因此不要被网络上"捕风捉影"的传言带偏了。

(4)地震谣言案例。2022 年 9 月 5 日,一则"凉山州发生 6.6 级地震"的谣言在网上传播。6 日,凉山网警巡查执法就此发布通报:9 月 5 日,孙某某(男,25 岁,抖音号"陌黛先生 & 孙")为蹭热度,在网络公开平台编造发布不实言论,造成不良社会影响。目前,孙某某因虚构事实扰乱公共秩序,违反《中华人民共和国治安管理处罚法》相关规定,已被公安机关依法处以行政拘留 4 日的处罚(图 2-15)。

我国的地震预报事业目前已逐步形成了"长、中、短、临"渐进式的地震预报理论系统和"场源结合、以场求源"的分析方法,建立起较为系统的经验性地震预报方法、指标和判据体系。

虽然地震预报有长足的进步,但是传闻中地震发生的时间、地点非常具体,甚至

图 2-15 凉山州网警官微

(图片来源:新浪微博)

发震时间精确到几时几分,这种所谓十分"精确"的地震预报,一定是谣言。如果强震发生时,出现"某个地方将要陷""某个地方要遭水淹"等无根据的预报信息,也是不可信的。

此外,如果地震信息是由国外预报,也是不足为信的,因为这既不符合我国关于发布地震预报的规定,也不符合国际间的约定。因此,对于非经官方渠道发布的地震预报信息,切勿轻信,更不要以讹传讹。根据《中华人民共和国刑法》,编造虚假的险情、疫情、灾情、警情,在信息媒体上传播,或者明知是虚假信息,故意进行传播,最高可处3年以上7年以下有期徒刑。所以,地震信息发布与传播均事关重大,不要轻信网络不实传言,更不能编造、传播虚假的地震信息,否则有可能触犯相关法律而被追责。

2. 家庭及个人防震小技巧

(1)做好预防工作,减轻灾害后果。家中常备应急包,化险为夷派用场。处于地震多发区和地震重点监视防御区的家庭,应该准备一个防震应急包(图2-16),把它放在随手可以拿到的地方,以便地震发生时能够随身携带。

(2)遇到地震要冷静,逃生不可乘电梯。发生地震的时候,如果正好在室内,应保持镇定并选择较理想的地方就近躲藏。

图 2-16 地震应急包

(3)新屋设防旧房加固,防患未然有保护。通常房屋的抗震加固要从加强抗震强度、提高房屋结构的稳定性和变形能力三个方面入手(图2-17)。

(4)发生有感地震时的紧急措施。发生有感地震后,室内人员在发震瞬间不知道地震强弱的情况下,应迅速按预先选定的较安全的室内避震点分头躲避。震后快速撤到室外,注意收听、收看电视台、电台播放的有关新闻,做好防震准备。了解震情趋势,不听信、传播谣言,确保社会稳定。

(5)发生破坏性地震时的紧急措施。住平房的居民遇到级别较大地震时,如室外空旷,应迅速跑到屋外躲避,尽量避开高大建筑物、立交桥,远离高压线及化学、煤气等工厂或设施(图2-18);来不及跑时可躲在桌下、床下及坚固的家具旁,并用毛巾或衣物捂住口鼻防尘、防烟。住在楼房的居民,应选择厨房、卫生间等开间小的空间避震;也可以躲在内墙根、墙角、坚固的家具旁等容易形成三角空间的地方;要远离外墙、门窗和阳台;不要使用电梯,更不能跳楼。

图2-17 砖混结构抗震加固处理

图2-18 地震中人们正在撤离
(图片来源:腾讯新闻)

(6)正在教室上课、工作场所工作、公共场所活动时,应迅速抱头、闭眼,在讲台、课桌、工作台和办公家具下面等地方躲避(图2-19)。

(7)正在野外活动时,应尽量避开山脚、陡崖,以防滚石和滑坡;如遇山崩,要向远离滚石前进方向的两侧方向跑。

(8)正在海边游玩时,应迅速远离海边,以防地震引起的海啸对自身造成的伤害(图2-20)。

(9)驾车行驶时,应迅速躲开立交桥、陡崖、电线杆等,并尽快选择空旷处停车。

(10)身体遭到地震伤害时,应设法清除压在身上的物体,尽可能用湿毛巾等捂住口鼻防尘、防烟;用石块或铁器等敲击物体与外界联系,不要大声呼救,注意保存体力;设法用砖石等支撑上方不稳的重物,保护自己的生存空间。

图 2-19　学生参加地震演习场景
（图片来源：中新网）

图 2-20　日本"3·11"地震发生时引起了严重的海啸

3. 地震灾害成功自救案例

（1）天花板掉落，6 岁男孩一个动作保命。2018 年云南普洱市墨江县发生 5.9 级地震，在屋内天花板将掉落时，6 岁的男孩迅速从沙发跑到墙角，躲在冰箱和角柜之间的安全区域，等待安全后才逃出房间。男孩介绍说，学校每年开学时都会进行应急演练，这次就是根据演练的情况来避险的。

案例总结：当地震来临时，如果不能立刻撤离到安全空旷区域，可就近寻找牢固的掩体，如桌子、床铺、柜子等，躲在掩体与地面之间形成的三角区域内，能一定程度防止被楼板、墙体砸伤。

（2）1 分 36 秒，2200 人创造奇迹。"5·12"汶川特大地震中，与受灾最为惨烈的北川县毗邻的安县桑枣镇桑枣中学在地震发生时，按照以往应急演练的经验，仅用时 1 分 36 秒，有序疏散 2200 名师生，创造出全校师生无一伤亡的奇迹（图 2-21）。

案例总结：应急安全意识是日常培养出来的，要从娃娃抓起，学校等单位应定期开展灾害逃生演习。

图 2-21　震后的桑枣中学宿舍楼
（图片来源：荆楚网）

二、地震灾害处置案例分析

1. 2010 年青海玉树 7.1 级地震灾害处置案例

（1）基本情况：2010 年 4 月 14 日，青海省玉树藏族自治州玉树市发生 6 次地震，最高震级 7.1 级,发生在 7 时 49 分,地震震中位于玉树市区附近。玉树地震共造成 2698 人遇难,270 人失踪。

(2)预防与应急准备阶段。灾情上报系统比较完善,但是应急准备严重不足。青海省在技术上尚未建立起对危急信息进行及时收集、处理、反馈的系统,给危机预警工作造成技术障碍,增添了技术执行难度。

(3)监测与预警阶段。玉树地震发生在凌晨,大多数居民正在睡梦中,由于没有及时看到预警信息,相当一部分居民被压埋。

(4)应急处置与救援。获知消息后,党和国家领导人立即召开紧急会议,要求各部门全力做好抗震救灾工作,千方百计救援受灾群众,同时要加强地震监测预报,落实防范余震措施,切实安排好受灾群众生活,维护灾区社会稳定。国务院相关部门迅速启动应急响应机制,做出相关部署。玉树地震后半小时,民政部便启动Ⅳ级应急预案,并派遣救灾司工作组奔赴青海。根据灾情发展,地震当日中午 12 时,民政部、国家减灾委、国家地震局均将响应级别提升至Ⅰ级。

(5)案例分析。从玉树 7.1 级地震应急响应开展的各项措施及实施结果来看,可以得到以下几条结论。

①应该继续努力,推广普及地震预警工作。灾情和救援信息既是救灾行动成功的前提,又直接关系到舆情问题。要想准确把握灾情和救灾进展,并积极主动引导舆情,就必须在现场救灾指挥部中设置信息组,专门负责灾情和救援信息的收集和报送工作。主动利用官方媒体、积极配合其他媒体,在第一时间将灾情及应急救援的信息向公众发布,从源头上阻止谣言的发生,牢牢把握舆论导向的主动权。

②尽早实施交通管制是建立交通秩序的关键步骤。救援初期,人员和车辆过多而无序,很容易导致交通堵塞。应该尽早实施交通管制,只允许救援队伍以及运送伤员或者遇难者遗体、物资装备等参加抗震救灾的车辆通行,其他车辆一律禁止通行,以保证救灾物资和应急队伍顺利抵达灾区现场。

③救援时应充分考虑语言与民族差异。应该在救援时,制订详细的方案,从灾情信息的收集、发布,到应急救援过程,甚至到恢复重建,都应该充分考虑到灾区语言和民族的多样性,为应急队伍配备精通多种语言及民俗文化的专业人员,这样可以提高救援效率,减少阻力。

2. 2013 年甘肃岷县、漳县 6.6 级地震灾害处置案例

(1)基本情况:2013 年 7 月 22 日,甘肃省岷县、漳县交界发生 6.6 级地震(图 2-22),造成 95 人死亡,2412 人受伤,直接经济损失 175.88 亿元。

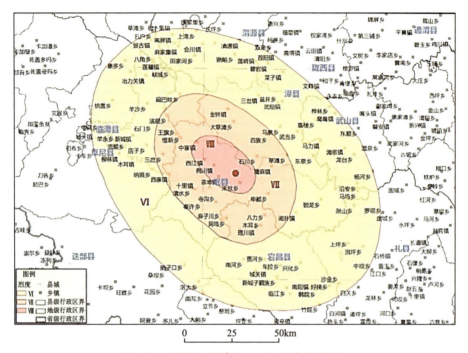

图 2-22 甘肃岷县、漳县 6.6 级地震烈度分布

(2)救援性措施。岷县、漳县地震发生后,在省抗震救灾指挥部统一部署下,共调集了6000多名救援人员,把抢救生命作为首要任务,争分夺秒科学施救。救援期间累计从废墟中救出群众52人,挖出44具遇难者遗体,拆除危房7000余间,挖出车辆、农具、家具家电等15 000余件、粮食和药材300余吨,搭建帐篷12 000余顶,转移安置群众20 000余人。省卫生厅累计派出医疗、防疫、卫生监督、心理干预人员5400余人,接诊4300多次,最大限度地减少了人员伤亡。主要参与部门及其响应行动如表2-5所示。

表2-5 主要救援措施

序号	部门	响应行动
1	兰州军区、甘肃省军区、武警甘肃总队、省公安厅	按照甘肃省抗震救灾指挥部的要求,省公安厅、武警甘肃总队、兰州军区、省军区在震后立即调动当地和邻近地区的公安干警、消防队伍、武警官兵和部队力量,与当地基层组织一起,迅速投入人员开展搜救工作
2	甘肃省地震局	派出救援专家指导省地震灾害紧急救援队在永光村滑坡体开展人员施救

续表 2-5

序号	部门	响应行动
3	甘肃省卫生厅、甘肃省红十字会、武警甘肃总队医院、第四军医大学	迅速安排医疗卫生救援队伍赶赴灾区,科学、有力、有序、有效地开展医疗卫生救援工作
4	民航甘肃监管局	组织协调保障救灾飞行计划 8 架次,负责完成空中勘察、航拍、空中桥梁通信搭桥、运送部队人员等任务
5	当地基层力量	震后 1 小时,岷县县级领导干部组织相关人员赶到灾区一线与"双联"乡镇干部共同组织救灾。共下派 4500 多名党员干部与 2000 多名村社干部带领灾民开展自救、互救

此次地震救援性措施之所以开展得如此迅速高效,原因如下。在抗震救灾指挥部的统一领导下,各级政府及其部门实现了很好的分工与协作,使得岷县漳县地震救援过程紧张而有序,参与救援部门众多而不乱。救援力量的派遣规模及救援地点的及时确定,与震后甘肃省地震局应急指挥技术系统准确的灾害损失预评估结果是分不开的。由于受到重灾区道路、地形等不利条件限制,大型机械救援设备无法进入灾区,因此在救援现场小型救援设备利用得当,也是此次救援行动可以顺利开展的重要条件之一。震后在当地基层组织领导下自救互救开展迅速,并在震后 32 小时内将 14 名失踪人员全部找到,归功于当地政府平时的联动机制。从县到乡到村的每一级政府部门及乡村干部都有联系方式,可以保证第一时间责任到人,统计各自管辖范围内的住户及人口数量,并根据实际情况迅速组织民众开展救援。

(3)控制性措施。为保障灾区道路通行,地震发生后,甘肃省公安厅启动了公安交管部门抢险救灾工作紧急预案,针对岷县、漳县山区道路狭窄崎岖、震后损毁严重情况,连续发布了三个灾区抢险救援道路交通管制的通告。在控制地质次生灾害方面,成立了由副厅长任总指挥的"次生地质灾害应急排查工作前方指挥部",对地震引发次生地质灾害排查工作做了全面安排部署,重点对居民密集区学校、医院、村庄、抢险救灾现场等重大地质灾害隐患点进行排查,分析地质灾害隐患的发展趋势和潜在危害,做好地质灾害预警监测工作。

开展的主要控制性措施如图 2-23 所示。

(4)保障性措施。岷县、漳县 6.6 级地震使重灾区道路、供电、通信、人饮工程等受到严重破坏,按照甘肃省抗震救灾指挥部人员组成及职责分工,由省发展和改革委员会牵头,省交通运输厅、电监办、电力公司、通信管理局、水利厅等组成多个应急分队,对电力、通信设施和受损的供水设施进行抢修。损坏严重的 21 条通村公路,

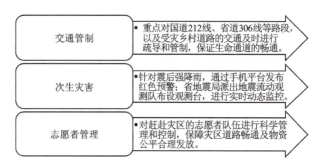

图 2-23 主要控制性措施

特别是重灾区的 6 条通村公路,在灾后 22 小时内全部打通,震后 34 小时,所有因灾损坏的电网台区和通信基站全部恢复。

在抢修基础设施的同时,妥善安排灾民生活。所有饮水工程损坏的村社都在灾后 25 小时内设立了临时供水点,灾民集中安置点依托村卫生室还设立了医疗点,免费向灾民发放防腹泻、防感冒等药剂,市县乡驻村干部还会同专业人员,及时对受灾群众及遇难人员家属开展心理疏导。主要参与部门及开展措施如图 2-24 所示。

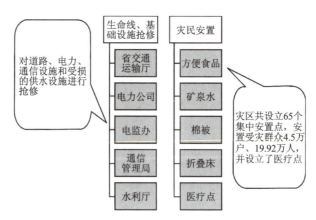

图 2-24 保障性主要措施

震后道路、水电、通信、供水等基础设施很快得到了恢复,取决于在《甘肃省地震应急预案》及当地各级地震应急预案支撑的基础上,各级抗震救灾指挥部充分发挥了作用。省发展和改革委员会建立了工作联络机制,多次召开会议协调、研究基础设施抢修工作。同时,市县乡村四级联动,积极配合,做好保障工作。在灾民安置方面,救灾物资也实现了快速调集、运送与合理发放。在交通管制等控制性措施高效开展的条件下,救灾物资车辆可以顺利地快速到达灾区,到达灾区以后由主管民政的副县长把关,很快确定各受灾点需要哪类救灾物资,救灾车辆不进城,按照分配地点,直接发送到乡里,再由乡村领导统一发放到灾民手里,确保了受灾群众有住处、有饭吃、有衣穿、有干净水喝,灾区群众基本生活得到了保障。

(5)预防性措施。为保证大灾之后无大疫,省抗震救灾指挥部全面部署,派出专业指导队伍,与岷县当地防疫卫生监督人员组成防疫队,对重点灾区开展灾情摸底排查、消毒灭源、无害化处理工作。省环保厅加大环境应急监测力度,对重灾县区和村庄饮用水质、重点流域地表水、重点企业环保设施、垃圾填埋场、医疗废物处置中心等重点区域进行拉网式排查,保证了灾区未发生传染病疫情和环境污染事件。为预防因地震谣言造成的社会恐慌,有关部门积极组织震情灾情和抗震救灾信息的发布,正确引导抗震救灾宣传舆论。同时,公安机关进一步加强对社会面的巡逻防控,做好救灾物资、药品储备点的守护看管工作,积极维护物资发放秩序。在灾情较为严重的梅川、禾驮、申都、中寨、蒲麻、维新等乡镇,设立7个帐篷派出所,在安置点和重点路段开展24小时治安巡逻管控、组织加强治安防范,及时接受群众报警、求助,共处置矛盾纠纷30起,查处治安案件7起,确保灾区社会治安秩序平稳。主要采取的预防性措施如图2-25所示。

图 2-25 预防性主要措施

实践证明,甘肃岷县、漳县地震开展的各类预防性措施成效显著。灾区无疫情发生,灾民安置点民众生活环境及社会环境稳定,同时在正面舆论引导下,社会各界也全面了解到此次地震的应急响应过程,地震灾情得到了更多的关注和支持。

(6)案例分析。甘肃岷县、漳县6.6级地震应急响应开展的各项措施做到了"有力、有序、有效",主要特点体现在如下几个方面。

①各级抗震救灾指挥中心权责明晰,现场指挥工作各司其职,秩序井然。根据不同性质、规模的自然灾害,分级启动应急预案,派遣相应的管理和协调人员开展应急指挥工作,做到有责、有位、有效。

②获取及时可靠的灾情信息是实现快速、准确地调集各类救援力量赶赴重灾区开展救援的基本保障。7月22日9时省抗震救灾指挥部在召开的第一次会议上向省委、省政府领导汇报了可能造成100人左右遇难,2000人受伤,震中烈度为8度及8～9度区分布范围的预评估结果,为省抗震救灾指挥部快速的判断灾情、调配救援力量及物资等指挥决策提供了强有力的技术支撑。

③当地政府组织开展的自救互救行动是非常及时有效的。甘肃省的"双联工作

机制"使各级干部可以很快地了解、掌握灾情,严格落实民情日记制度和亮牌公示制度,通过手机短信平台实现指挥部与一线干部的直接联系,减少了中间环节,在震后12小时已基本摸清了伤亡人员和失踪人员分布情况,并随之火速开展搜救被埋人员、转运伤员、组织避险转移等工作。

④震后科学高效的交通管制为物资转运和抢救生命赢得了宝贵的时间。吸取2013年四川雅安芦山7.0级地震的经验教训,省抗震救灾指挥部围绕重灾区制定了"远端分流、近端控制、中心管控"的方针,没有指挥部发放的车辆通行证,社会车辆不能够随意进入灾区。同时,当地交通部门迅速反应,震后1小时岷县交警支队就组织县内86名公安交警,及时疏导国道212线、省道306线等重点路段的交通。24小时蹲点监管重灾区道路,设置警示牌、拉警戒线,组织乡村干部、村联防队员建立农村道路交通协管队伍,疏导通往重灾区的乡村交通。

⑤对志愿者工作的科学管理。无论是从进入灾区的车辆,还是捐赠的款物,当地政府部门在耐心劝说的基础上,都给出了合理的解决方案。志愿者捐赠的物资统一送到集中发放点,由当地干部有序地发放到灾民手中,避免了因志愿者单独发放导致分配不均出现的哄抢、闹事等现象。同时规定志愿者车辆不允许私自进入重灾区,也进一步保障了灾区的道路通畅。

⑥积极主动正确引导抗震救灾宣传舆论。地震发生以后,利用网络微博、手机短信及时对外发布有关抗震救灾各类综合情况和最新消息,在加大网络宣传报道和推送的同时,开展了网络舆情监控。组织、服务各个新闻媒体机构及记者,在国内外各大媒体上全面、准确、及时报道灾情,全方位宣传抗震救灾事迹和成效,客观研判存在的困难和问题,几乎没有出现任何负面的报道。避免地震谣言,及时封堵删除虚假有害信息2100多条,为抗震救灾营造了良好环境。

3. 2023年甘肃积石山6.2级地震灾害处置案例

(1)基本情况:2023年12月18日甘肃省临夏州积石山县境内发生6.2级地震(北纬35.70度,东经102.79度),震源深度10千米,震中距离积石山县城约8千米,距离临夏市约39千米,距离兰州市约102千米(图2-26)。此次地震为当年大陆地区震级最大的地震。震中区位于青藏高原东北缘,发震断层为拉脊山北缘断裂。1900年以来,震中附近200千米内共发生6级以上地震3次,其中离2023年最近的地震为2013年7月22日甘肃岷县、漳县6.6级地震,距离本次积石山震中约185千米;其中震级最大、空间距离最近的地震为1936年2月7日甘肃康乐县6.8级地震,距离本次震中约65千米。

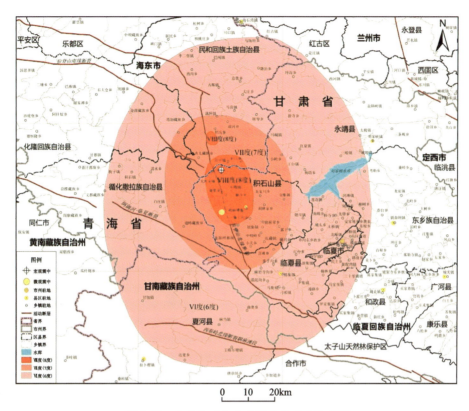

图 2-26　甘肃积石山 6.2 级地震烈度分布图

地震发生后,按照中国地震局部署,甘肃省地震局联合地震系统相关部门共派出 165 人组成的现场工作队赶赴灾区,在灾区完成了 668 个调查点,并综合应用仪器烈度、余震分布、震源机制、遥感影像等成果,确定了此次地震的烈度分布。此次地震的最大烈度为 8 度,6 度区及以上面积达 8364 平方千米,其中甘肃省境内约 5232 平方千米,青海省境内约 3132 平方千米,等震线长轴呈北北西走向,长轴约 124 千米,短轴约 85 千米。此次地震涉及甘肃省 3 个市(州)9 个县(市、区)88 个乡镇(街道)以及太子山天然林保护区和盖新坪林场,涉及青海省 2 个市(州)4 个县(市)30 个乡镇。

截至 2023 年 12 月 22 日,积石山 6.2 级地震已造成甘肃 117 人死亡,781 人受伤;青海省海东市 31 人遇难,198 人受伤,3 人失联。截至 2023 年 12 月 23 日,积石山 6.2 级地震灾害共造成甘肃 14 939 间房屋倒塌,207 204 间房屋受损,涉及群众达 37 162 户 145 736 人。此次地震造成甘肃农牧渔业直接经济损失 5.32 亿元,其中,种植业经济损失 1.02 亿元、畜牧业经济损失 3.45 亿元、渔业经济损失 0.05 亿元、农业系统办公用房 0.8 亿元。

(2)灾害特点。

①中等强度地震造成较重人员伤亡。本次积石山6.2级地震导致的伤亡人数比同等震级地震要多(如2003年甘肃民乐县与山丹县交界6.1级地震造成10人死亡)。现场调查显示地震造成人员伤亡的主要原因是建筑物或建筑构件倒塌压埋。一是因为本次地震震源浅,又发生在以逆冲断裂为主的构造体系上,属于典型的逆冲型破裂,会产生更为强烈的地表震动,破坏性更强。二是积石山坐落在黄土沉积地层上,处于黄土高原和青藏高原交界区域,而黄土高原地区发生地震,都会有比较显著的场地放大效应,造成更大的地表破坏力。三是震区农村建筑多为砖木结构和土木结构,且屋顶重,院墙高,地基软,抗震能力差,房屋破坏严重(图2-27)。四是震区人口相对密集,地震又发生在深夜,绝大多数人都已经入睡,震后很多人来不及逃生就被压埋。

图2-27 地震造成农村房屋破坏严重

②地震引发严重的地质灾害。中国地震应急搜救中心现场工作组无人机遥感解译显示,地震引发了青海海东市民和县中川乡金田村长约3千米,宽约1千米,面积约3.7平方千米,体量约190万立方米的液化泥流。导致65户民房被淤泥包围、掩埋或冲毁,共造成青海34人遇难、198人受伤。地震震区本身属于地震灾害多发区,在岩层构成上,主要为由砂粒、粉砂粒和黏土颗粒组成的黄土,且该地区黄土层里含水量比较高,这种饱和土层在地震的作用下造成黄土液化进而引起大面积的黄土土体的滑动,形成液化泥流(图2-28)。

图2-28 地震灾害引起的液化泥流

③震区地理气候条件差,人员搜救和受灾群众安置难度大。积石山县海拔1735米至4309米,县城海拔2300米左右。该地区12月下旬平均气温为零下7.6摄氏度,最低气温为零下17.9摄氏度。震后夜间低温对埋压受困人员的存活率、健康状况都会带来很大影响,同时低温下救援装备的电力和燃料消耗大,救援人员的个人防护要求高,会降低第一时间的救援效率(图2-29)。

图2-29 震后低温救援

(3)高度重视,快速救援。地震发生后,习近平总书记和李强总理高度重视并做出重要指示,要全力开展搜救,及时救治受伤人员,最大限度地减少人员伤亡。灾区地处高海拔区域,天气寒冷,救援过程中需密切监测震情和天气变化,防范发生次生灾害,并快速组织调拨抢险救援物资,抢修受损电力、通信、交通、供暖等基础设施,妥善安置受灾群众,保障群众基本生活,做好遇难者家属安抚等工作。

地震发生后,省委书记胡昌升、省长任振鹤第一时间赶赴现场开展指挥应急处置和救援工作,省委、省政府成立积石山县抗震救灾指挥部,通报地震情况、研判地震形势、研究部署抗震救灾有关工作。临夏州及时启动州级Ⅱ应急响应,党政主要负责同志也在现场组织开展救援工作。

抢险救援方面:西部战区、甘肃省军区、武警甘肃总队、省消防救援总队、省森林消防总队、省级应急救援队伍、社会应急救援力量出动救援力量4500多人、车辆820多辆赶到灾区,进行全覆盖、无盲区搜救。省州县共派出医疗救助队伍19支667人、救护车99辆开展检伤分类、转运救治工作。截至2023年12月20日,受伤人员已全部收治到临夏州、积石山县人民医院、中医院、妇幼保健院和乡镇卫生院等医院。

受灾群众转移安置方面:第一时间组织力量转移安置受灾群众,确保受灾群众不受冻。结合不同乡镇、不同村社和群众的不同需求,按照就近就地分散安置与集中安置相结合原则,采取就近帐篷安置、板房安置、投亲靠友安置、租赁住房安置、回迁安置、异地安置、公用设施安置等方式,妥善安置受灾群众。截至12月25日零时,累计安置受灾群众112 346人。

救灾物资接收、分配和发放方面:所有救灾物资均由现场指挥部物资保障组负责统一接收、分配、运送。物资到达灾区以后全部由物资储备库集中接收登记,并建立台账。现场指挥部物资保障组根据各乡镇、各行政村受灾实情和报送的物资需求,按实际到位物资数量,统筹调拨。种类上依据前线救灾工作进展情况,按照受灾群众不露宿、不受冻、不缺吃的基本需求予以配置;数量上优先向灾情较重区域和困难群体倾斜,确保应急救援物资调度的精准性。优化应急救援物资配送流程,提前制订配送计划,尽力减少物资装卸入库再分配环节,物资登记后尽量做到整车调配,安排专人带领运输车辆快速送达乡镇,由驻村州县乡三级干部和村两委班子、志愿者包社包户负责分送到位。

抢修抢通基础设施方面:截至2023年12月20日,交通部门组织出动大型机具22台投入道路抢通工作,高速公路、国省干线公路、农村公路全部恢复通行。国网甘肃省电力公司出动抢修人员507名、发电车11辆、发电机15台,对受损变电站、线路及电力设备设施进行应急抢修,受灾停运的2条35千伏线路、2座35千伏变电站和15条10千伏线路全部恢复供电,所有受灾群众全面恢复用电,全县电力供应平稳。截至19日17时,经信息通信行业应急抢修,因地震和电力中断影响退服的314座基站全部恢复,2条中断通信光缆全部抢通。

保障群众就医买药和心理疏导方面:开设绿色通道,对轻症伤员就近收治,重症伤员经处置后快速转运至省、州级医院。截至2023年12月21日,全县县乡村医疗机构应开尽开,之外又设立了19个医疗救治点和1个流动医院,解决灾区群众日常看病就医需求。紧急调派21辆救护车和63名医护人员,组建21个巡回诊疗队,深入到受灾最严重的乡镇,逐村逐户开展巡回诊疗及转运工作。除恢复药店正常营业外,紧急调配感冒类、创伤类、消化道类以及高血压、糖尿病等基础疾病类药品,发放到群众手中,以满足群众用药需求。省、州共调配血液7.4万毫升,用于临床用血,保障正常救治需要。

针对灾后很多人有心理上的恐慌、焦虑情绪,从国家和省级层面抽调心理卫生专家,采取进入州县医院、深入村户等方式,对所有的住院患者和遇难者家属进行了心理疏导。组建35支共70人的心理疏导团队,每村安排2名心理卫生专家逐户开展心理疏导服务;邀请全国50余名心理卫生专家,通过线上对有需求的群众进行心理危机干预和健康咨询。

严防次生灾害方面:统筹自然资源、水利、交通运输、生态环境等部门力量,开展"拉网式""地毯式"全覆盖震后地灾隐患排查。截至2023年12月20日,经全力排查,地震影响区域内10座非煤露天矿山、5座煤矿、2座非煤地下矿山、5座尾矿库全部紧急停产撤人,震中100千米内22家化工企业、205户规模以上工贸企业均无人员伤亡情况报告。89座水库水电站、重要河段堤防、水库大坝等水利工程运行正常,未发生因地震衍生的环境污染和突发环境事件。累计排查地质灾害隐患点1337处,排查出新增隐患点19处、加剧隐患点34处、灾害点8处,并实时开展监测预警,防范次生灾害发生,切实保障灾区群众生命财产安全。

灾后房屋建筑安全应急评估方面:抽调工程技术专家分赴灾区各乡镇,开展房屋建筑和市政设施受损情况摸排、房屋建筑应急评估、市政设施抢险抢修等工作。完成对积石山县城幼儿园、学校、医院的初步排查评估,完成受灾最严重的大河家镇、刘集乡两个乡镇19个村所有房屋的应急评估工作,县城供水、供气、供热恢复正常供应。

受灾群众固定性过渡安置方面:地震发生后,在省抗震救灾指挥部领导下,统筹各方力量,立即启动受灾群众安置工作。一方面迅速调集发放安装帐篷、火炉、被褥、棉衣等作为临时安置措施;另一方面同步启动固定性过渡安置,搭建活动板房。按照一户一间的标准,计划搭建15 000间活动板房进行安置。由于震区地形环境各异,大部分群众有养殖习惯,为方便群众养殖,结合地形、交通条件,采取集中和分散相结合的方式搭建活动板房。在集中安置点同步配建厕所,在板房内配备床铺、被褥、火炉、电暖器、一氧化碳报警器等物品。同时,在集中安置点还配备警务、医务等相关工作人员,服务受灾群众。

(4)案例分析:积石山6.2级地震发生后,甘肃省委省政府坚决贯彻习近平总书记重要指示精神,深入落实李强总理在地震灾区检查指导受灾群众过冬安置和灾后恢复重建等工作时的部署要求,迅速对抗震救灾工作作出全面部署,始终坚持"人民至上、问题导向、快速反应、突出重点、实事求是、尊重科学"的原则,团结带领广大干部群众争分夺秒、全力以赴、众志成城,汇聚起了抗震救灾的强大合力,尽全力保障人民群众生命财产安全。

此次地震灾害应急处置工作中,应急救援、应急安置、过渡安置、灾后恢复重建各阶段工作有力有序高效推进,主要体现在以下几个方面。

①应急救援迅疾有序。地震突发、灾情就是命令。迅速启动甘肃省地震Ⅱ级应急响应、自然灾害救助Ⅰ级应急响应,成立了由省委书记胡昌升、省长任振鹤担任总指挥的省抗震救灾现场指挥部。指挥部下设11个工作组按职责分头开展工作。地震发生2.5小时,省委书记胡昌升、省长任振鹤带领省抗震救灾指挥部成员单位主要负责同志抵达震中一线,连夜指挥部署救援队伍进行人员搜救、受灾群众安置、物资调配等工作,并始终坚守灾区一线指挥抗震救灾工作。

省抗震救灾现场指挥部统筹调度省消防救援总队、省森林消防总队、省级专业救援队伍、社会应急救援力量,以最快速度赶赴灾区开展全覆盖无盲区搜救。西部战区陆军第76集团军某旅官兵连夜出动,地震发生4小时内到达受灾严重的积石山地震灾区,展开人员搜救、道路清理等工作。西部战区空军出动多架次运输机和直升机,运输救援力量,勘察受灾情况。武警甘肃总队出动官兵、车辆和抢险救援器材,承担人员搜救、伤员转运、道路疏通和搭建帐篷等任务。甘肃省军区组织官兵和民兵,分组执行人员搜救、卡点执勤、道路清理和物资运输等任务。

公安机关派出警力全力投入救援搜救和维护治安等工作。来自北京协和医院、北京积水潭医院、四川大学华西医院和北京大学第六医院等的医疗专家,省级调派的专家与州、县医疗人员混合编组开展伤员救治,确保受伤人员第一时间得到有效治疗。电力、交通、通信等专业抢修人员紧急出动赶赴灾区,在地震发生后24小时内实现受损道路全部恢复通行、受损电力线路全部恢复供电、因灾退服的通信基站和中断的通信光缆全部抢通。截至2023年12月19日15时,经过现场反复排查,逐人逐户核对,确认灾区无失联人员,地震灾区搜救工作全面结束。

②应急安置及时高效。针对震区海拔高、气温低的实际,通过帐篷安置、异地安置、公用房屋安置等方式,做到危险区域群众应转尽转。省抗震救灾现场指挥部紧急调运帐篷、被褥、棉衣、火炉、食品、饮用水、药品等物资,并协调煤矿企业向灾区拉运煤炭,援助灾区解决燃"煤"之急。坚持因地因时制宜,就近就地分散安置与集中安置相结合,加快固定性过渡安置房屋调运、安装,及时发放救灾物资,在安置点就近开办集体食堂,及时足量配备预防治疗流感等疾病所需药物,确保受灾群众有热饭吃、有保暖衣被、有干净水喝、有安全御寒的临时住所、有医疗服务、有安全感。

迅速抽调医务人员赴灾区安置点开展传染病疫情防控、饮用水安全监测等应急处置工作,对生活区、垃圾点、牲畜掩埋点和临时厕所开展日常消杀。重点强化学校、医院、集中安置点、供餐点等巡查指导、驻点保障、抽检监测,确保受灾群众、救援人员饮食安全。强化抗震救灾药品、医疗器械质量安全监管,加大对供应灾区的药品、医疗器械监督检查及抽检力度,严厉打击违法违规行为,严防假劣药品、医疗器械进入灾区。全面落实社会救助政策,灾区救助资金及时足额发放,对因灾造成基本生活困难的家庭,及时纳入城乡低保、特困供养、临时救助范围。

③过渡安置落实到位。省抗震救灾现场指挥部统筹各方力量搭建活动板房,全力做好受灾群众固定性过渡安置。协调中央企业和省属大型重点企业带头捐助、运输、建设活动板房。交通运输部门调度700余台大型运输车辆,24小时不间断将板房运往灾区。省应急、卫健、住建、公安、水利等部门指导临夏州印发受灾群众基本生活救助、医疗救治、住所安全保障、饮水安全、社会稳定等工作方案,切实把受灾群众"六有"保障落到实处。

截至2023年12月23日,完成震区主要水利设施,震中百千米范围内所有水库的安全排查,未发现水库大坝安全问题。组织省内专家和技术机构,深入灾区开展房屋应急评估工作,截至27日应急评估已全部完成。积石山县绝大多数的商场、超市、商店、餐饮店、农贸市场、电商快递物流点等均已恢复营业,生活必需品供应充足,价格总体平稳,能够满足群众消费需求。除大河家镇外,各乡镇经营主体复工率已达九成以上。按照"一手抓重建,一手抓教学"的思路和"线上线下相结合、一校一策"的原则,迅速恢复灾区教育教学秩序,至12月25日,积石山县所有学校已全面复课。

截至29日15时,已搭建完成受灾群众过渡性安置活动板房15 812间,已搭建完成用于学校教学、住宿、办公的活动板房1165间。相关配套设施也全部到位,实现了通暖、通厕、通水、通电、通信等"五通"要求。

④恢复重建启动实施。2023年12月25日,甘肃省积石山县6.2级地震灾后恢

复重建协调指导小组正式成立,抗震救灾工作全面转入灾后重建阶段。下一步,我们将把做好灾后重建工作作为重要政治责任和重要民生工程,用心用情用力保障受灾群众生活,尽快恢复正常生产生活秩序。一是组织开展地震灾情调查、灾害核查、综合评估,科学确定灾害范围和灾害损失。二是组织开展地质、地震等次生灾害隐患排查,进行地质灾害危险性评估、重建选址及用地安全评价,提出重大地质灾害防治措施、村镇建设国土规划的意见。三是2024年1月15日前完成居民住房和村镇建设选址工作,确保居民住房于2024年10月底前建成入住。

⑤强化战斗堡垒作用。地震发生后,临夏州委充分发挥基层党组织战斗堡垒作用和党员干部先锋模范作用,在抗震救灾一线挑重担、打头阵、作贡献。一是选派党员干部投入抗震救灾第一线。迅速行动,2023年12月19日凌晨即抽调55名州直单位干部,组建17个工作组,下沉包抓17个乡镇,与乡村救援力量混合编组投入抗震救灾工作。选派州县8名县级干部兼任8个重点乡镇党委第一书记,145名到村的州直单位县级干部兼任145个村党支部第一书记,统筹负责抗震救灾工作。二是充分发挥基层党组织战斗堡垒作用。全面落实临夏州"党群零距离"网格化"1+N"工作机制,启动"平急结合"应急处置机制,3190名网格员就地转化为救灾队员,迅速摸排被困人员、房屋损毁情况,第一时间组织转移群众。三是压实下沉干部工作责任。建立下沉干部联村联户责任落实机制,明确转移安置、隐患排查、情绪疏导、物资调配、卫生整治等工作职责,形成州县乡村四级干部分工协作抓落实的工作局面。州县党委组织部门全员上阵参与救灾,现场了解掌握一线干部具体表现,作为评价考核和发现识别干部的重要依据,激励干部担当作为。四是组织群众开展自救互助。在全县145个村成立了由村民组成的志愿服务队,参与物资搬运、垃圾清理、邻里帮扶等工作。注重把重建家园与巩固拓展脱贫攻坚成果有机结合起来,有序推进党员干部结对帮扶活动,及时协调解决困难问题,尽快恢复正常生产生活秩序。

此次地震是近年来人员伤亡最严重的一次地震,虽然应急救援各项工作高效完成,但是在基层应急救援能力建设、地质灾害人员搜救等方面有待进一步提高。

一是强化基层应急物资储备。地震发生在高原高寒地区,地震当晚民众在室外避险缺乏御寒帐篷和棉被,后期住进安置房后对火炉、电热取暖器的需求较大,说明当地没有储备相当的应急物资。建议加强地震重点防御区基层应急物资仓库建设及基于地区地理气候特点分析的应急物资储备。

二是加强乡村应急避难场所建设。地震发生后,由于灾区缺乏足够的应急避难场所,大量灾区群众选择在室外避险。建议充分利用乡村的学校、村民活动室、文体场馆(设施)、公园、广场等公共设施和场地空间,规划建设乡村应急避难场所。

三是大力提升农村房屋建筑抗震能力。本次地震灾害造成人员伤亡的主要原因是房屋坍塌,倒塌的房屋以土木和砖混结构的农村自建房为主。建议开展地震重点防御区的农村民居情况调查与抗震能力评价;推广适合地区地域结构类型特点的农村民居抗震实用化技术方法;结合灾区恢复重建,开展地震安全农居改造和建设;组织群众进行农村民居防震减灾知识宣传和技术培训,强化农村防震减灾知识的宣传普及力度和技术培训,逐步提高农民建设安全家园的自觉性和主动性。

第三章 地质灾害预防与处置

我国地质灾害种类繁多、分布广泛、危害严重。近年来,导致群死群伤的滑坡、崩塌、泥石流等地质灾害频繁发生,造成大量人员伤亡。据统计,1996年至今,平均每年因滑坡、崩塌、泥石流等地质灾害死亡和失踪近千人,年均直接经济损失几十亿元。

甘肃省地处青藏高原、内蒙古高原和黄土高原三大高原的交会地带,地域辽阔,呈"哑铃形"展布于青藏高原和鄂尔多斯两大地块之间,受区域地质构造、第四纪青藏高原隆起和大范围巨厚黄土堆积影响,地理、地质、气候条件复杂。这样的自然条件,决定了甘肃省是我国地质灾害多发且地质灾害种类繁多的省份之一。

2011年国务院发布的《关于加强地质灾害防治工作的决定》(国发〔2011〕20号)明确提出,要广泛开展地质灾害识灾防灾、避险自救等知识的应用及宣传普及,加强对广大人民群众地质灾害防治知识的教育和技能演练,增强全社会预防地质灾害的意识和自我保护能力。

第一节 地质灾害基本概况

一、基本概念

1. 地质灾害

地质灾害通常指由地质作用引起的人民生命财产损失的灾害。地质灾害可划分为30多种类型。由降雨、融雪、地震等因素诱发的称为自然地质灾害,由工程开挖、堆载、爆破、弃土等引发的称为人为地质灾害。2004年国务院颁发的《地质灾害防治条例》规定,常见的地质灾害主要指危害人民生命和财产安全的崩塌、滑坡、泥石流、地面塌陷、地裂缝、地面沉降六种与地质作用有关的灾害。

2. 地质灾害隐患点

地质灾害隐患点包括可能危害人民生命和财产安全的不稳定斜坡、潜在滑坡、潜在崩塌、潜在泥石流和潜在地面塌陷,以及已经发生但目前仍不稳定的滑坡、崩塌、泥石流、地面塌陷等。

3. 地质灾害隐患区

地质灾害隐患区是指在强降雨和人类工程活动的作用下,发生地质灾害可能性较大且可能造成人员伤亡或者财产损失的区域或地段。

4. 地质灾害规模分级

地质灾害依据发生体积的大小,划分为巨型、大型、中型和小型四个规模等级。不同类型地质灾害,规模分级的体积大小界限不一,具体参见滑坡、崩塌、泥石流的规模分级。

5. 地质灾害灾情分级

地质灾害灾情依据造成人员伤亡、经济损失的大小分为四个等级。

(1)特大型:因灾死亡和失踪30人(含)以上,或因灾造成直接经济损失1000万元(含)以上的。

(2)大型:因灾死亡和失踪10人(含)以上、30人以下,或因灾造成直接经济损失500万元(含)以上、1000万元以下的。

(3)中型:因灾死亡和失踪3人(含)以上、10人以下,或因灾造成直接经济损失100万元(含)以上、500万元以下的。

(4)小型:因灾死亡和失踪3人以下,或因灾造成直接经济损失100万元以下的。

6. 地质灾害险情分级

地质灾害险情依据受威胁人数、财产的大小分为四个等级。

(1)特大型:受地质灾害威胁,需搬迁转移人数在1000人(含)以上或可能造成的经济损失 1 亿元(含)以上的。

(2)大型:受地质灾害威胁,需搬迁转移人数在 500 人(含)以上、1000 人以下,或潜在可能造成的经济损失 5000 万元(含)以上、1 亿元以下的。

(3)中型:受地质灾害威胁,需搬迁转移人数在 100 人(含)以上、500 人以下,或潜在可能造成的经济损失 500 万元(含)以上、5000 万元以下的。

(4)小型:受地质灾害威胁,需搬迁转移人数在 100 人以下或潜在可能造成的经济损失 500 万元以下的。

二、滑坡灾害

1. 滑坡概念

滑坡是指斜坡上的土体或岩体,受河流冲刷、地下水活动、地震及人工切坡等因素的影响,在重力的作用下,沿着一定的软弱面或软弱带,整体地或分散地顺坡向下滑动的地质现象。滑坡俗称"地滑""走山""垮山""山剥皮""土溜"等,如图 3-1 所示。

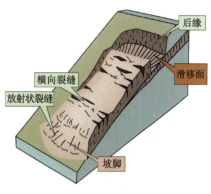

图 3-1 滑坡示意图

2. 滑坡主要类型

滑坡根据其滑坡体的物质组成,可分为堆积层滑坡、黄土滑坡、黏性土滑坡、岩层(岩体)滑坡和填土滑坡。

按照滑坡体体积大小,可分为巨型滑坡(>1000 万立方米)、大型滑坡(100 万～1000 万立方米)、中型滑坡(10 万～100 万立方米)、小型滑坡(<10 万立方米)。

3. 滑坡对人类的危害

滑坡作为山区的主要自然灾害之一,常常给工农业生产以及人民生命财产造成巨大损失,有的甚至是毁灭性的灾难。

滑坡对乡村最主要的危害是摧毁农田、房舍,伤害人畜,毁坏森林、道路以及农业机械设施和水利水电设施等,有时甚至给乡村造成毁灭性灾害。位于城镇附近的滑坡常常砸埋房屋,伤亡人畜,毁坏田地,摧毁工厂、学校、机关单位等,并毁坏各种生活设施,造成停电、停水、停工,有时甚至毁灭整个城镇;发生在工矿区的滑坡,可摧毁矿山设施,伤亡职工,毁坏厂房,使矿山停工停产,常常造成重大损失。

4. 形成滑坡的内在条件

形成滑坡的内在条件主要有:

(1)岩土类型。岩土体是产生滑坡的物质基础。由结构松散、抗风化能力较低,在水的作用下其性质能发生变化的岩、土(如松散覆盖层、黄土、红黏土、页岩、泥岩、煤系地层、凝灰岩、片岩、板岩、千枚岩等),以及软硬相间的岩层所构成的斜坡易发生滑坡(图3-2)。

(2)地质构造条件。组成斜坡的岩体只有被各种构造面切割分离成不连续状态时,才有可能向下滑动。同时,构造面又为降雨等水流进入斜坡提供了通道。当平行和垂直斜坡的陡倾角构造面及顺坡缓倾的构造面发育时,各种节理、裂隙、层面、断层发育的斜坡最易发生滑坡(图3-3)。

图3-2 松散土石条件引发滑坡
(万州铁峰乡,2004年9月5)

图3-3 构造条件引发滑坡

(3)地形地貌条件。只有处于一定的地貌部位,具备一定坡度的斜坡,才可能发生滑坡。一般江、河、湖(水库)、海、沟的斜坡,前缘开阔的山坡,铁路、公路和工程建筑物的边坡等都是易发生滑坡的地貌部位。坡度大于10度,小于45度,下陡中缓上陡、上部呈环状坡形是产生滑坡的有利地形。

(4)水文地质条件。地下水活动在滑坡形成中起着主要作用。它的作用主要表现在:软化岩土体,降低岩、土体的强度,产生动水压力和孔隙水压力,潜蚀岩土体,增大岩土体容重,对透水岩层产生浮托力等。尤其是对滑面(带)的软化作用和降低强度的作用最突出。

5. 诱发滑坡的外界因素

诱发滑坡的外界因素主要有:地震,降雨和融雪,河流等地表水体对斜坡坡脚的不断冲刷;不合理的人类工程活动,如开挖坡脚、坡体上部堆载、爆破、水库蓄(泄)水、矿山开采等;海啸、风暴潮、冻融等作用。

6. 人类活动与滑坡

违反自然规律、破坏斜坡稳定条件的人类活动都会诱发滑坡。

(1)开挖坡脚。修建铁路、公路,依山建房、建厂等工程,常常因使坡体下部失去支撑而发生下滑。例如我国西南、西北的一些铁路、公路因修建时大力爆破、强行开挖,事后陆陆续续地在边坡上发生了滑坡,给道路施工、运营带来危害。

(2)蓄水、排水。水渠和水池的漫溢和渗漏、工业生产用水和废水的排放、农业灌溉等均易使水流渗入坡体,加大孔隙水压力,软化岩土体,增大坡体容重,从而诱发滑坡。水库的水位上下急剧变动,加大了坡体的动水压力,也可使斜坡和岸坡诱发滑坡(图3-4)。

图3-4 半山腰的引水渠渗漏引发滑坡

此外,由于厂矿废渣的不合理堆弃,斜坡支撑不了过大的重量,失去平衡而沿软弱面下滑产生滑坡;劈山开矿的爆破作用,可使斜坡的岩土体受振动而破碎并产生滑坡;在山坡上乱砍滥伐,使坡体失去保护,导致雨水等水体的入渗,从而诱发滑坡;等等。如果上述的人类作用与不利的自然作用相互结合,就更容易诱发滑坡。

7. 滑坡的次生灾害

滑坡除直接成灾外,还常常造成次生灾害。最常见的次生灾害是:为泥石流累积固体物质源,促使泥石流灾害的发生;滑动过程中在雨水或流水的参与下直接转化成泥石流。

另一常见的滑坡次生灾害是堵河断流形成天然坝,引起上游回水,使江河溢流,造成水灾,或堵河成库,一旦库水溃决,便形成泥石流或洪水灾害。

滑坡体落入江河之中,可形成巨大涌浪,击毁对岸建筑设施和农田、道路,推翻或击沉水中船只,造成人员伤亡和财产损失;落入水中的土石有时形成激流险滩,威胁过往船只,影响或中断航运;落入水库的滑坡体可产生巨大涌浪,有时涌浪翻越大坝冲向下游形成水害。

8. 滑坡发生的时间规律

滑坡的发生时间主要与诱发滑坡的各种外界因素有关,如地震、降雨、冻融、海啸、风暴潮及人类活动等。大致有如下规律:

(1)同时性。有些滑坡受诱发因素的作用后,立即活动。如强烈地震、暴雨、海啸、风暴潮等,不合理的人类活动如开挖、爆破等发生时,都会有大量的滑坡出现。

(2)滞后性。有些滑坡发生时间稍晚于诱发作用因素的时间,如发生在降雨、融雪、海啸、风暴潮及人类活动之后。这种滞后性规律在降雨诱发型滑坡中表现最为明显。该类滑坡多发生在暴雨、大雨和长时间的连续降雨之后,滞后时间的长短与滑坡体的岩性、结构及降雨量的大小有关。一般情况,滑坡体越松散、裂隙越发育、降雨量越大,则滞后时间越短。此外,人工开挖坡脚之后,堆载及水库蓄水、泄水之后发生的滑坡也属于这种类型。由人为活动因素诱发滑坡的滞后时间的长短与人类活动的强度大小及滑坡的原先稳定程度有关。人类活动强度越大、滑坡体的稳定程度越低,则滞后时间越短。

三、崩塌灾害

1. 崩塌

崩塌是指陡坡上的岩体或者土体在重力作用下突然脱离山体发生崩落、滚动,堆积在坡脚或沟谷的地质现象(图3-5)。崩塌又称崩落、垮塌或塌方。大小不等、凌乱无序的岩块(土块)呈锥状堆积在坡脚的堆积物称为崩积物,也称为岩堆或倒石堆。

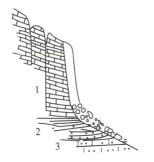
(a)坚硬岩石组成的斜坡前缘卸荷裂隙导致崩塌
1-灰岩;2-砂页岩互层;3-砂岩。

(b)软硬岩石互层的陡坡局部崩塌
1-砂岩;2-页岩。

图3-5 崩塌示意图

按崩塌体的物质组成可以分为两大类:一是产生在土体中的称为土崩;二是产生在岩体中的称为岩崩。

崩塌的规模巨大,涉及山体者,又俗称山崩;产生在河流、湖泊或海岸上的崩塌,称为岸崩。

根据运动类型,崩塌包括倾倒、坠落(图3-6)、垮塌等类型。

2. 危岩体

危岩体是指位于陡峭山坡上、被裂缝分开的块石,这些块石有的规模很大,有的只是陡坡上的一块孤石。危岩体受到振动或暴雨影响,可能从陡峭的山坡上坠落,有时刮大风也可能把不稳定的孤石吹落下来(图3-7)。

图 3-6 坠落型崩塌

图 3-7 被裂缝分割的危岩体(危险块石)

3. 形成崩塌的内在条件

(1)岩土类型。岩土是产生崩塌的物质条件,通常坚硬的岩石和结构密实的黄土容易形成规模较大的岩崩,软弱的岩石及松散土层,往往以坠落和剥落为主。

(2)地质构造。坡体中的裂隙越发育,越易产生崩塌,与坡体延伸方向近乎平行的陡倾角构造面,最有利于崩塌的形成。

(3)地形地貌。坡度大于45度的高陡边坡、孤立山嘴或凹形陡坡均为崩塌形成的有利地形。如江、河、湖(岸)、沟的岸坡,山坡、铁路、公路的边坡,工程建筑物的边坡等。

岩土类型、地质构造、地形地貌三个条件,又统称为地质条件,是形成崩塌的基本条件。

4. 诱发崩塌的外界因素

诱发崩塌的外界因素很多,主要有:

(1)地震。地震引起坡体晃动,破坏坡体平衡,从而诱发坡体崩塌。

(2)融雪、降雨。大雨、暴雨和长时间的连续降雨使地表水渗入坡体,软化岩土及其软弱面,从而诱发崩塌。

(3)地表冲刷、浸泡。河流等地表水体不断地冲刷坡脚,削弱坡体支撑或软化岩土,降低坡体强度,从而诱发崩塌。

(4)不合理的人类活动。如开挖坡脚,地下采空,水库蓄水、泄水,堆(弃)渣填土等改变坡体原始平衡状态的人类活动,都会诱发崩塌活动。

还有一些其他因素,如冻胀、昼夜温度变化等也会诱发崩塌。

5. 崩塌发生的时间规律

崩塌发生的时间大致有以下规律:①降雨过程之中或稍滞后,这是出现崩塌最常见的时间;②强烈地震或余震过程之中;③开挖坡脚过程之中或滞后一段时间;④水库蓄水初期及河流洪峰期;⑤强烈的机械振动及大爆破之后。

6. 识别可能发生崩塌的坡体

通常可能发生崩塌的坡体在宏观上有如下特征:

(1)坡体大于45度且高差较大,或坡体呈孤立山嘴,或凹形陡坡。

(2)坡体内部裂隙发育,尤其垂直和平行斜坡延伸方向的陡裂隙发育或顺坡裂隙、软弱带发育。坡体上部已有拉张裂隙发育,并且切割坡体的裂隙、裂缝可能贯通,使之与母体(山体)形成分离之势。

(3)坡体前部存在临空空间,或有崩塌物发育,这说明曾发生过的崩塌今后可能再次发生。

具备了上述特征的坡体,即是可能发生的崩塌体,尤其当上部拉张裂隙不断扩展、加宽,速度突增,小型坠落不断发生时,预示着崩塌很快就会发生,处于一触即发的状态之中。

7. 滑坡与崩塌的区别

滑坡与崩塌区别主要表现在以下方面:

(1)崩塌发生之后,崩塌物常堆积在山坡脚,呈锥形体,结构凌乱,毫无层序;而滑坡堆积物常具有一定的外部形状,滑坡体的整体性较好,反映出层序和结构特征。也就是说,在滑坡堆积物中,岩体(土体)的上下层位和新老关系没有多大的变化,仍然呈有规律的分布。

(2)崩塌体完全脱离母体(山体),而滑坡体则很少是完全脱离母体的,多是部分滑坡体残留在滑床之上。

(3)崩塌发生之后,崩塌物的垂直位移远大于水平位移,其重心降低了很多;而滑坡则不然,通常是滑坡体的水平位移大于垂直位移。多数滑坡体的重心降低不多,滑动距离却很大。同时,滑坡下滑速度一般比崩塌缓慢。

(4)崩塌堆积物表面基本上不见裂缝分布。而滑坡体表面,尤其是新发生的滑坡体,其表面有很多具有一定规律性的纵横裂缝。例如:分布在滑坡体上部(也就是后部)的弧形拉张裂缝;分布在滑坡体中部两侧的剪切裂缝(呈羽毛状);分布在滑坡体前部的鼓张裂缝,其方向垂直于滑坡方向,即受压力的方向;分布在滑坡体中前部,尤其是在滑坡舌部分布较多的扇形张裂缝,或者称为滑坡前缘的放射状裂缝。

四、泥石流灾害

1. 泥石流

暴雨、冰雪融水或库塘溃坝等水源激发山坡或沟谷中的固体堆积物混杂在水中沿山坡或沟谷向下游快速流动,并在山坡坡脚或出山口的地方堆积下来,就形成了泥石流。泥石流经常突然爆发,来势凶猛,沿着陡峻的山沟奔腾而下,山谷犹如雷鸣,可携带巨大的石块,在很短时间内将大量泥沙石块冲出沟外,破坏性极大,常常给人类生命财产造成很大危害(图 3-8)。

图 3-8 典型泥石流示意图

2. 泥石流主要类型

按流域的沟谷地貌形态可分为沟谷型泥石流和山坡型泥石流。
沟谷型泥石流:沿沟谷形成,流域呈现狭长状,规模大(图 3-9)。
山坡型泥石流:为坡面地形,沟短坡陡,规模小(图 3-10)。

3. 泥石流对人类的危害

泥石流常常具有暴发突然、来势凶猛、迅速的特点,并兼有崩塌、滑坡和洪水破

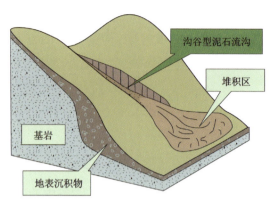

图3-9 沟谷型泥石流示意图

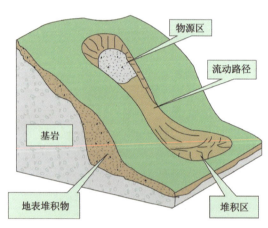

图3-10 坡面型泥石流示意图

坏的多重特征,其危害程度往往比单一的滑坡、崩塌和洪水的危害更为广泛和严重。它对人类的危害具体表现在四个方面:

(1)对居民点的危害。泥石流最常见的危害之一是冲进乡村、城镇,摧毁房屋、工厂、企事业单位及其他场所、设施,淹没人畜,毁坏土地,甚至造成村毁人亡的灾难(图3-11、图3-12)。

图3-11 威力巨大的泥石流摧毁建筑物　　图3-12 2009年8月台湾小林村泥石流

(2)对公路、铁路及桥梁的危害。泥石流可直接埋没车站、铁路、公路,摧毁路基、桥涵等设施,致使交通中断,还可引起正在运行的火车、汽车颠覆,造成重大的人身伤亡事故。有时泥石流汇入河流,引起河道大幅度变迁,间接毁坏公路、铁路及其他构筑物,甚至迫使道路改线,造成巨大的经济损失(图3-13)。

图3-13 陷于泥石流中的客车

(3)对水利、水电工程的危害。主要是冲毁水电站、引水渠道及过沟建筑物,淤埋水电站水渠,淤积水库,磨蚀坝面等。

(4)对矿山的危害。主要是摧毁矿山及其设施,淤埋矿山坑道,伤害矿山人员,造成停工停产,甚至使矿山报废。

4. 形成泥石流的基本条件

泥石流的形成必须同时具备以下三个条件:陡峻的地形地貌、丰富的松散物质和短时间内有大量的水源。

(1)地形地貌条件。地形上,山高沟深、地势陡峻,沟床纵向坡降大,沟谷形状便于水流汇集。沟谷上游地形多为三面环山,一面出口呈瓢状或漏斗状,周围山高坡陡,植被生长不良,有利于水和松散土石的集中;沟谷中游地形多为峡谷,沟底纵向坡降大,使泥石流能够向下游快速流动;沟谷下游出山口的地方地形开阔平坦,泥石流物质出山口后能够堆积下来。

(2)松散物质来源条件。沟谷斜坡表层岩层结构疏松软弱、易于风化、节理发育,有厚度较大的松散土石堆积物,可为泥石流形成提供丰富的固体物质来源;人类工程活动,如滥伐森林造成水土流失,采矿后堆弃在沟谷的弃渣堆土等,往往也为泥石流提供大量的物质来源。

(3)水源条件。水既是泥石流的重要组成部分,又是泥石流的重要激发条件和动力来源。泥石流的水源有暴雨、冰雪融水和水库(池)溃决下泄水体等。

5. 泥石流发生的时间规律

泥石流的发生时间具有如下三个规律:

(1)季节性。泥石流的暴发主要受连续降雨、暴雨尤其是特大暴雨等集中降雨的激发。因此,泥石流发生的时间规律与集中降雨时间规律相一致,具有明显的季节性。一般发生于多雨的夏、秋季节,空间分布因集中降雨时间差异而有所不同,四川、云南等西南地区的降雨多集中在6—9月,因此西南地区的泥石流也多发生在

6—9月；而西北地区降雨多集中在6月、7月、8月三个月，尤其是7月、8月两个月降雨集中，暴雨强度大，因此西北地区的泥石流也多发生在7月、8月两个月。

(2) 周期性。泥石流的发生受雨水、洪水、地震的影响，而雨水、洪水、地震总是周期性地出现。因此，泥石流的发生和发展也具有一定的周期性，且其活动周期与雨水、洪水、地震的活动周期大体一致。当雨水、洪水、地震三者的活动周期相叠加时，常常形成一个泥石流活动周期的高潮。

(3) 泥石流一般是在一次降雨的高峰期，或是在连续降雨后发生。

第二节　地质灾害防治与预防

一、建立地质灾害群测群防体系

1. 地质灾害群测群防体系

地质灾害群测群防体系，是指地质灾害易发区的县（市）、乡两级人民政府和村（居）民委员会组织辖区内企事业单位和广大人民群众，在自然资源主管部门和相关专业技术单位的指导下，通过开展宣传培训、建立防灾制度等手段，对崩塌、滑坡、泥石流等突发地质灾害前兆和动态进行调查、巡查和简易监测，实现对灾害的及时发现、快速预警和有效避让的一种主动减灾措施。

2. 地质灾害群测群防体系的主要任务

(1) 查明地质灾害发育状况、分布规律及危害程度，确定纳入监测巡查范围的地质灾害隐患点（区），编制监测巡查方案。

(2) 明确地质灾害防灾责任，建立防灾责任制。

(3) 确定群众监测员，开展监测知识及相关防灾知识培训。

(4) 编制年度地质灾害防治方案和隐患点（区）防灾预案，发放地质灾害防灾工作明白卡和避险明白卡，建立各项防灾制度。

(5) 通过实时监测和宏观巡查，掌握地质灾害隐患点（区）的变形情况，在出现灾害前兆时，进行临灾预报和预警。

(6) 建立辖区内地质灾害隐患点排查档案、隐患点监测原始资料档案及隐患区宏观巡查档案并及时更新。

(7) 组织实施县级突发地质灾害应急预案。

3. 群测群防网络体系的构成

地质灾害群测群防体系由县、乡、村三级监测网络和群测群防点,以及相关的信息传输渠道和必要的管理制度所组成(图3-14)。

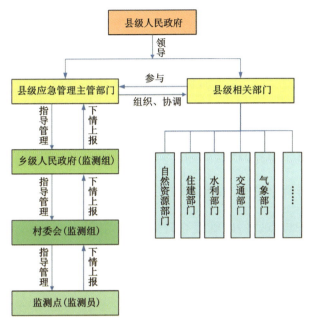

图 3-14　地质灾害群测群防体系构成图

(1)县级。县级人民政府成立地质灾害防治领导小组,分管县长任总指挥长,自然资源局局长任常务副总指挥长,自然资源局指派业务干部任办公室主任负责日常工作。领导小组成员应包括自然资源、住建、水利、交通、气象等相关部门的有关负责人。

(2)乡级。乡级人民政府成立地质灾害监测组,由分管乡长任组长,负责应急管理工作的站(所)长任常务副组长并负责日常工作。

(3)村级。位于地质灾害隐患区的村或有隐患点的村成立监测组,由支部书记或村委会主任任监测责任人,并选定灾害点附近的居民作为监测人。

4. 地质灾害群测群防体系的职责

(1)县级。县级人民政府负责本辖区内群测群防体系的统一领导,组织开展防灾演习、应急处置和抢险救灾等工作,负责统筹安排辖区内群测群防体系运行经费。县级应急管理部门具体负责全县群测群防体系的业务指导和日常管理工作,组织辖区内地质灾害汛前排查、汛中检查、汛后核查,宣传培训,指导乡、村开展日常监测巡查及简易应急处置工程,负责组织专业人员对下级上报的险情进行核实,负责组织指导辖区内群测群防年度工作总结等。

（2）乡级。在县级人民政府及其相关部门的统一组织领导下，乡级人民政府具体承担本辖区内隐患区的宏观巡查，督促村级监测组开展隐患点的日常监测。协助上级主管部门开展汛前排查、汛中检查、汛后核查，开展应急处置、抢险救灾、宣传培训、防灾演练等。做好本辖区内群测群防有关资料汇总、上报工作，完成辖区内群测群防年度工作总结。

（3）村级。参与本村区域内隐患区的宏观巡查，负责地质灾害隐患点的日常监测，并做好记录、上报工作。落实临时避灾场地和撤离路线，规定预警信号，准备预警器具；在上级群测群防管理机构指导下，填写避灾明白卡，向受威胁村民发放。一旦发现危险情况，及时报告，按照上级命令，及时组织群众疏散避灾；经上级主管部门授权，在危急情况下可以直接组织群众避灾自救。

5. 地质灾害群测群防体系建设的主要工作

(1) 地质灾害隐患点（区）的确定与撤销。
(2) 地质灾害群测群防责任制建立。
(3) 监测员的选定和培训。
(4) 制度建设。
(5) 信息系统建设。

6. 地质灾害群测群防体系制度建设的内容

1）防灾预案及"两卡"发放制度建设

(1) 隐患点（区）防灾预案。由隐患点（区）所在地乡（镇）应急管理站会同隐患点所在村编制，报乡（镇）人民政府批准并公布实施。

(2) "两卡"指地质灾害防灾工作明白卡和地质灾害避险明白卡。

2）监测和"三查"制度建设

监测制度的主要内容是规定监测方法、监测频次、监测数据记录和报送等。

"三查"制度的主要内容是规定在辖区内组织汛前排查、汛中检查、汛后核查的范围、方法和发现隐患后的处理方法等。

3）值班制度建设

值班制度建设的主要内容是在地质灾害高发期、多发期和紧急状态下，规定各级防灾责任人值班的地点、时间、联系方式和任务等。

4）地质灾害预报制度建设

主要内容是规定预报的时间、地点、范围、等级，以及预警产品的制作、会商、审批、发布等。地质灾害预报一般情况下由县级自然资源部门会同气象部门发布,紧急状态下可授权监测人发布。

5)灾(险)情报告制度建设和地质灾害应急调查

主要内容是规定发生不同规模地质灾害灾(险)情的报告程序、时间和责任。县级应急管理部门应在积极争取上级部门帮助与支持的情况下,会同同级自然资源、住建、水利、交通等部门尽快查明地质灾害发生原因、影响范围等情况,提出应急治理措施,减轻和控制地质灾害灾情。

6)宣传培训制度建设

主要内容是规定县(市)级以上人民政府每年组织有关部门开展地质灾害防治知识宣传培训的期次、内容、对象,使培训人员实现"四应知"[①]和"四应会"[②]。

7)档案管理制度建设

县、乡、村级组织应当建立档案管理制度。主要内容是对年度防灾方案、隐患点防灾预案、突发性应急预案、"两卡"、各项制度及相关文件进行汇编,对各项基础监测资料和值班记录实施分类、分年度建档入库管理。

8)总结制度建设

县、乡、村级组织应当建立群测群防年度工作总结制度,定期对体系运行情况、防灾效果、存在问题进行总结和分析,提出下一步工作建议,并对做出突出贡献的单位和个人要及时进行表彰。

7. 群测群防工作的总结

各级群测群防机构在每年汛期结束后,应对本辖区的地质灾害群测群防工作进行总结,主要内容包括:总结本年度监测点概况、主要变形特征、变形趋势分析、日常监测工作等的体系运行情况;对本年度防灾减灾效果、成功和失败的典型案例分析、存在的问题、下一步工作建议等进行汇总;对在本年度群测群防工作中做出突出贡献的单位和个人要及时进行表彰。

二、编制防灾方案及应急预案

1. 地质灾害防治规划

地质灾害防治规划是预防和治理地质灾害的长远计划,分为国家、省(自治区、

---

① 应知隐患点情况和威胁范围、应知群众避险场所和转移路线、应知险情报告程序和办法、应知灾点监测时间和次数。
② 应会识别地灾发生前兆、应会使用简易监测办法、应会对监测数据记录分析和初步判断、应会指导防灾和应急处置。

直辖市)、市(州)、县(市、区)四级规划和部门规划。国务院自然资源行政主管部门组织编制全国地质灾害防治规划。县级以上地方人民政府自然资源行政主管部门根据上一级地质灾害防治规划,组织编制本行政区域内的地质灾害防治规划。跨行政区域的规划,由其共同的上一级人民政府自然资源行政主管部门编制。

编制地质灾害防治规划的主要任务是明确地质灾害防治的目标,各时期的工作重点,各地、各部门的职责,应该采取的主要措施和方法,一定时期内需重点发展的防灾技术手段等。

地质灾害防治规划应包括下列内容:地质灾害现状和发展趋势预测,防治原则和目标,易发区、重点防治区、危险区的划定,总体部署和主要任务,防治措施,预期效果等。地质灾害防治规划经发展改革部门初审后,报同级人民政府批准实施。

2. 年度地质灾害防治方案

县级以上地方人民政府自然资源主管部门会同本级地质灾害应急防治指挥部成员单位,依据地质灾害防治规划,拟订本年度的地质灾害防治方案,报县级人民政府批准并公布实施。年度地质灾害防治方案要标明辖区内主要灾害点的分布,说明主要灾害点的威胁对象和范围,明确重点防范期,制订具体有效的地质灾害防治措施,确定地质灾害的监测、预防责任人。

年度地质灾害防治方案主要包括编制依据、主要地质灾害点情况、地质灾害威胁的主要对象和威胁范围、地质灾害发展趋势、地质灾害的重点防范期、地质灾害调查与监测、地质灾害防治措施等内容。编制方法如下:

(1)编制依据。说明年度地质灾害防治方案编制的法律依据,简要概括本行政区内的地理特征、地质构造特征和气象水文特征。本部分可单独立章,也可作为前言。

(2)主要地质灾害点情况。说明上年度本行政区内地质灾害发生的基本情况、采取的主要防灾措施和取得的防灾效果,以及本年度地质灾害的发展趋势预测。

(3)地质灾害威胁的主要对象和威胁范围。结合本行政区地质灾害调查(普查)的结果、地质灾害发生的基本规律以及本年度地质灾害发生发展趋势预测结果等情况,确定本年度的重要地质灾害隐患点及其威胁对象和范围,并按照不同层级隐患点(预案点)的防灾要求,编制隐患点防灾预案。

(4)地质灾害发展趋势与重点防范期。地质条件改变、气候变化、人为活动强度和方式的变化等因素影响地质灾害发展变化趋势。结合本年度行政区内的引发地质灾害的主要自然因素和人为因素的特征,明确不同区段的重点防范期。

(5)地质灾害调查与监测。具体确定进入本年度地质灾害防治方案的每个地质灾害隐患点的监测责任人和防灾责任人,列出其姓名、职务及联系方式。如本级方案不能确定,应注明由下一级防治方案确定。

(6)地质灾害防治措施。按照《地质灾害防治条例》的要求,明确地质灾害防治的行政首长负责制和部门责任制,分别叙述地方政府、自然资源部门以及交通、住建、水利、铁路、旅游、气象、广播电视、通信等相关部门的责任范围。另外,应明确本行政区的主要地质灾害防治措施及组织实施单位。

3. 编制地质灾害隐患点防灾预案

地质灾害隐患点防灾预案包括灾害隐患点基本情况、监测预报及应急避险撤离措施等。

(1)灾害隐患点基本情况。介绍地质灾害隐患点位置、规模及变形特征、危险区范围、诱发因素及潜在威胁对象等。

(2)监测预报。明确防灾责任单位、防灾责任人、监测员、监测的主要迹象并做好监测记录。发生临灾前兆时,必须尽快查看,做出综合判定,迅速疏散人员,并报告当地政府部门。

(3)应急避险撤离措施。指定预定避灾地点、预定疏散路线、预定报警信号、报警人。由县级地质灾害应急指挥部具体指挥协调,组织自然资源、住建、交通、水利、应急、气象等有关部门的专家和人员,及时赶赴现场,加强监测,采取应急措施。

4. 启动地质灾害防灾预案

(1)落实各级突发性地质灾害应急预案。县、乡(镇)以及村(社区)成立应急抢险小分队,准备好应急救助装备、资金和物资,明确预警信号,做到应急通信有保障。

(2)及时监控和控制险情及灾情的发生、发展。及时采取有效防范措施,对灾害实施监测,视险情发展程度实施临时防护工程,尽力延缓或排除险情继续发展,争取抢险救灾的主动。

(3)根据险情实施人员和财产撤离方案。当灾害即将发生或已发生时,应迅速果断启动应急预案,组织抢险救灾队伍,将危险区内的居民和财产撤离到安全地带,同时将险情和灾情逐级上报当地人民政府和主管部门。

(4)以人为本,果断处置。在实施撤离方案时,要妥善做好老、弱、病、残、孕等特殊群体人员的撤离工作,必要时应果断采取紧急撤离和搬迁避让强制措施,最大限度地避免人员伤亡。

5. 突发性地质灾害应急预案

编制突发性地质灾害应急预案是及时发现临灾迹象,及时撤离、减少人员财产损失的有效措施。由县级应急管理部门负责编制本县地质灾害应急预案,报县级人民政府批准后生效。

应急预案主要内容应包括:

(1)总则。说明编制预案的目的、工作原则、编制依据、适用范围等。

(2)组织指挥体系及职责。明确应急处置各级机构、负责人及各自的职责、权利和义务,以突发事故应急响应全过程为主线,明确事故发生、报警、响应、结束、善后处理处置等环节的主管部门与协作部门;以应急准备及保障机构为支线,明确各参与部门的职责(图3-15)。

图3-15 应急机构构成图

突发性地质灾害应急预案的内容:①应急机构和有关部门的职责分工;②抢险救援人员的组织和应急、救助装备、资金、物资的准备;③地质灾害的等级与影响分析准备;④地质灾害调查、报告和处理程序;⑤发生地质灾害时的预警信号、应急通信保障;⑥人员财产撤离、转移路线、医疗救治、疾病控制等应急行动方案。

(3)预警和预防机制。明确所有地质灾害隐患点的信息监测体系及监测负责人、信息报告制度、预警预防行动负责单位、预警支持系统、预警级别及发布等。明确灾情险情报告应明确报告程序、内容、接收报告的部门及应当做出的反应。

(4)应急响应。发生突发性地质灾害或险情后,由所在地乡(镇)人民政府负责做出应急响应,组织人员赶赴现场抢险救援。县政府启动并组织实施相应的突发性地质灾害应急预案。同时,县指挥部率各相关成员单位立即赶赴现场,统一指挥抢险救援。县指挥部在核实地质灾害或险情的初步情况后,向县政府提出预警级别建议,由县政府发布预警。发生大型、特大型突发性地质灾害,或县政府对事态难以完全控制,由县政府决定向省、市人民政府请求紧急援助。

(5)后期处置。包括善后处置、社会救助、保险、事故调查报告和经验教训总结及改进建议。

(6)保障措施。包括通信与信息保障(建立各级别地质灾害信息采集、处理制度),应急支援力量与装备保障,技术储备与保障,宣传、培训和演习,监督检查等。

(7)责任追究。对于在应急抢险中不按规定执行方案和引发地质灾害的相关责任人进行责任追究。

6. 地质灾害危险区的划定及应采取的防灾措施

由专业人员在调查的基础上划定地质灾害危险区,组织区内人员撤离。在危险区周边设置警示牌,拉好警戒线,组织专人监测。

地质灾害危险区的划定是确定地质灾害灾情和危害程度的基本依据。地质灾害危险区的大小主要取决于地质灾害的规模和危害方式。对不同种类地质灾害危险区的划定,应依据发育不同地质灾害类型的地质环境条件、地质灾害灾种和规模以及危害作用方式来综合分析判定。

崩塌危险区主要根据危岩崩落的距离和危岩带宽度确定,具体范围可根据危岩体积和临空高度进行估算,应通过调查崩塌堆积体分布和影响的范围进行验证(图3-16)。其范围一般不超过斜坡坡脚分布的范围。对位能高的崩塌体,应充分估计跨过沟谷危害对岸的可能性。

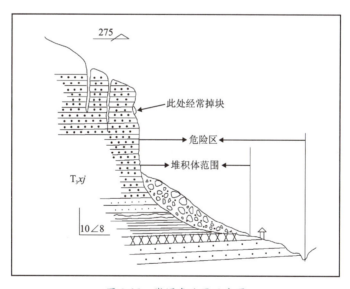

图 3-16 崩塌危险区示意图

滑坡危险区的确定主要取决于滑坡体大小以及滑坡体滑动后可能影响的范围(图3-17)。其范围包括滑坡体分布范围、滑坡体运动区、滑坡体边缘影响地带。个别情况下,危害范围还包括滑坡活动造成的溃坝、堵江等引起的灾害链的危害区。

泥石流活动区分为形成区、流通区、堆积区。形成区和流通区地形高差大,山高坡陡,一般人烟稀少,耕地贫瘠。泥石流在这些地区虽然也造成一定破坏,但通常损

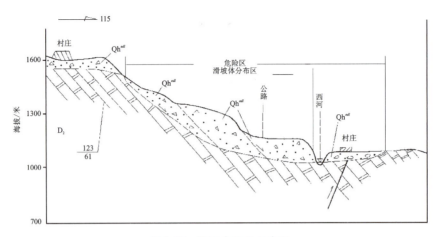

图 3-17 滑坡危险区示意图

失较小,而且这些地区的范围一般通过地面调查就可以比较容易地划定。泥石流主要危害区在堆积区,这里一般地势开阔低平,常常是山区人口聚集的城镇、企业以及交通设施所在地,泥石流发生时常造成比较严重的损失。其危险区范围可依据堆积扇长度、宽度、最大幅角进行估算。对多次暴发过泥石流的活动区,应开展对堆积扇分布、空间叠置组合关系的调查,了解历史上泥石流发生和演化过程、发展趋势,这对确定泥石流的危险区十分有帮助。对堆积扇危险区的调查与判定,还应注意调查堆积扇沟道的宽度、深度、平面弯曲形态以判定沟道的自然排导能力和爬(壅)高的位置。在堆积扇建有住房的区域,更应作深入的调查,以确定是否处在危险区的范围内(图 3-18)。

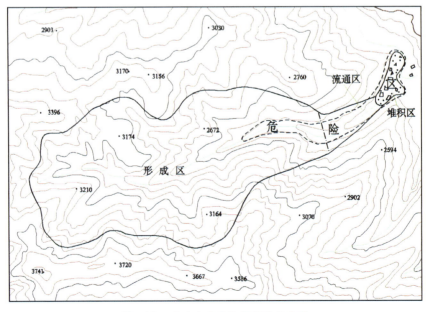

图 3-18 泥石流沟危险区范围示意图

地面塌陷主要分为岩溶塌陷和采空塌陷。岩溶发育并且赋存有丰富岩溶地下水的碳酸盐岩地区,划分为岩溶塌陷危险区;采空塌陷危险区主要与地下矿山采空区分布面积及采空区深度、所处构造、上覆地层岩性组合等相关,已形成地下采空区并发生采空区塌陷而尚未稳定的地区划分为采空塌陷危险区。

7. 临灾应做好的准备工作

若遇到突降暴雨或连续多日降雨时,地质灾害应急指挥部应当做好启动应急预案的准备,24小时值班,并通知各部门做好启动应急预案准备(检查物资储备、设备、人员到位情况)。

三、制定防灾减灾制度

1. 地质灾害报告制度

地质灾害报告制度的主要内容包括规定发生不同规模地质灾害灾(险)情的报告时限和程序、报告内容等。

(1)报告时限和程序。县级人民政府自然资源主管部门接到当地出现特大型、大型地质灾害报告后,应在1小时内速报县级人民政府和市级人民政府自然资源主管部门,同时可直接速报省级人民政府自然资源主管部门和国务院自然资源主管部门。

县级人民政府自然资源主管部门接到当地出现中型、小型地质灾害报告后,应在1小时内速报县级人民政府和市级人民政府自然资源主管部门,同时可直接速报省级人民政府自然资源主管部门。

(2)报告内容。灾害的报告内容主要包括地质灾害险情或灾情出现的地点、时间、地质灾害类型、灾害体的规模、可能引发的因素和发展趋势等。对已发生的地质灾害,速报内容还要包括伤亡和失踪的人数以及造成的直接经济损失。

2. "三查"制度

"三查"制度主要内容包括在辖区内组织汛前排查、汛中检查、汛后核查。

汛前排查主要内容:一是对登记在册的所有地质灾害点受威胁的人口(户籍人口和实际居住人口)、监测预警、防灾和监测人员等的变化情况进行调查,有变化的要重新核定调整;二是对稳定性差、危险程度高、威胁人员较多的重要地质灾害点组织专业技术调查;三是对登记在册的稳定性和危险性加重的隐患点,以及发动群众自查发现的新的隐患点(包括临时居住工棚),要组织专业人员实地调查,并逐一落实监测等防治措施。汛中巡查主要内容:检查值班、监测、巡查、速报、"两卡"发放等的记录和台账;监测、报警和通信等设备运行情况;应急处置程序的有效性、应急转移路线和临时安置场所的安全性、避险标识和警示标牌的齐全性,以及防灾责任人和监测人对辖区隐患点、监测报警、应急处置程序等的熟悉掌握程度。汛后复查是指经历一个汛期以来对地质灾害的动态变化情况(包括地质灾害点数量、威胁范围和对象等)进行核对排查,为下一年度地质灾害防治工作提供基础数据。

3. 地质灾害预报制度

县级人民政府应急管理部门和气象主管机构加强合作,联合开展地质灾害气象预报预警工作,并将预报预警结果及时报告本级人民政府,同时通过媒体向社会发布。当发出某个区域有可能发生地质灾害的预警预报后,当地人民政府要依照群测群防责任制的规定,立即将有关信息通知到地质灾害危险点的防灾责任人、监测人和该区域内的群众;各单位和当地群众要对照防灾明白卡的要求,做好防灾的各项准备工作。

4. 地质灾害预警的方法类型

区域地质灾害气象预警可利用报刊、电视、广播、网络等新闻媒体及电话、传真、手机短信等方式发布。地质灾害隐患点预警可使用口哨、铜锣、高音喇叭等工具传播。发生地质灾害后,依据严重程度、人员伤亡等,各级政府将由低到高启动小型(Ⅳ级)、中型(Ⅲ级)、大型(Ⅱ级)、特大型(Ⅰ级)预警,依次用蓝色、黄色、橙色和红色表示。

5. 县级行政区开展地质灾害气象预警

县级地质灾害气象预警一般情况下由县级自然资源部门会同气象部门发布,紧急状态下可授权监测人发布。主要内容是规定预报的时间、地点、范围、等级,以及预警产品的制作、会商、审批、发布等。

6. "两卡"发放制度

"两卡"指地质灾害防灾工作明白卡和地质灾害避险明白卡。具体措施前文已述及,此处不再赘述。

由县级人民政府自然资源部门会同乡(镇)人民政府组织填制地质灾害防灾明

白卡和地质灾害避险明白卡。地质灾害防灾明白卡由乡(镇)人民政府发放至防灾责任人,地质灾害避险明白卡由隐患点所在村负责具体发放,向所有持卡人说明其内容及使用方法,并对持卡人进行登记造册,建立"两卡"档案。

四、开展巡查及日常监测

1. 做好汛前地质灾害隐患排查

(1)在本年度地质灾害防治方案编制前完成辖区地质灾害排查,确定地质灾害隐患点(区),落实汛期各项地质灾害防灾责任和制度,为编制年度地质灾害防治方案提供基础依据。

(2)排查灾种主要包括自然因素或者人为活动引发的已对人民生命和财产安全造成威胁的山体滑坡、崩塌、泥石流、地面塌陷等。

(3)对出现地质灾害前兆,可能造成人员伤亡或财产损失的区域和地段,县级人民政府应当及时划定地质灾害危险区,在地质灾害危险区的边界设置明显警示标志。

(4)排查结束后,及时编制地质灾害排查报告,并将报告主要内容报送当地人民政府以及相关部门,报告主要内容包括:①地质灾害隐患点(区)位置;②危害对象及范围;③地质灾害类型、规模及基本特征;④地质灾害引发因素及发展趋势;⑤已采取防治措施;⑥防治工作建议。

2. 做好地质灾害险情巡查

针对降雨天气,尤其是持续降雨或大到暴雨,县级应急管理部门应组织专人分组分片对所辖地质灾害易发区,尤其是交通干线、人口聚集区、工矿企业、山区沟谷等进行巡查,观察斜坡、沟谷状况,及时发现地质灾害险情;乡(镇)人民政府应组织村社干部,依靠并发动群众,对房前屋后斜坡、沟谷等地进行巡回观察,遇有险情及时报告。

3. 做好汛中检查

(1)县、乡两级群测群防组织在汛中重点检查责任制落实、宣传培训、各项防灾措施部署、监测人员上岗等情况。

(2)检查结束后,及时编制地质灾害汛中检查报告,并将报告主要内容报送当地人民政府以及相关部门。报告主要内容应包括:①群测群防体系运行情况;②存在的问题及整改建议。

4. 做好汛后核查

(1)县、乡两级群测群防组织在汛期结束后,对年度地质灾害防治方案、地质灾害隐患点(区)防灾预案执行情况进行全面核查。

(2)核查结束后,及时编制地质灾害核查报告,并将报告主要内容通报当地人民政府以及相关部门。报告主要内容应包括:①年度地质灾害防治方案执行情况;②地质灾害隐患点(区)防灾预案执行情况;③存在的问题及工作建议。

5. 滑坡前缘宏观调查

当滑坡前缘出现地面鼓胀、地面反翘或者建筑物地基出现错裂时,应注意详细查看滑坡整体的变形拉裂情况,并及时向当地主管部门报告异常情况,请具有滑坡知识的专业人员到现场进一步察看。

6. 滑坡中部宏观调查

当滑坡稳定性较差时,可能在滑坡中部出现地面拉裂缝、次级台阶,并使建筑物出现有规则的拉裂变形。但是,应注意对由于局部地形起伏或由于人工陡坎和挡墙未坐落在稳定的地基体上而出现地面裂缝,或由于建筑质量差而开裂的,不要误判为是滑坡的变形滑动。

7. 滑坡后部宏观调查

当滑坡后缘出现贯通性的弧形拉裂,并出现向后倾斜的下座拉裂台阶时,必须尽快采取避让措施,将滑坡区的居民迅速转移,并及时向当地主管部门报告。

8. 崩塌宏观调查

当高陡斜坡危岩体后缘裂缝有明显拉张或闭合,出现新生的裂缝时,应进一步进行地面调查,横跨裂缝布置若干简易监测点,了解变形拉裂情况,并向当地主管部门报告。

当危岩体下部出现明显的压碎现象,并形成与上部贯通的裂缝时,表明发生崩塌的危险极高,应及时采取避让措施,并向当地主管部门报告,请具有地质灾害知识的专业人员到现场进一步察看。

9. 泥石流宏观调查

泥石流沟口通常是发生灾害的重要地段。在调查时,应仔细了解沟口堆积区和两侧建筑物的分布位置,特别是新建在沟边的建筑物。

调查了解沟上游物源区和行洪区的变化情况。应注意采矿排渣、修路弃土、生活垃圾等的分布,在暴雨期间可能会形成新的泥石流物源。

10. 地质灾害高发区房屋的调查

要按照"以人为本"的原则,针对地质灾害高发区点多面广的难题,集中力量对有灾害隐患的居民点或村庄的房屋和房前屋后开展调查。

11. 崩塌危险性识别

崩塌发生在危岩体或危险土体区,通常具有如下特征:

(1)坡度大于45度,且高差较大,或坡体呈孤立山嘴,或为凹形陡坡。

(2)坡体内部裂隙发育,尤其产生垂直或平行斜坡方向的裂隙,并且切割坡体的裂隙、裂缝即将贯通,使之与母体(山体)形成了分离之势(图3-19)。

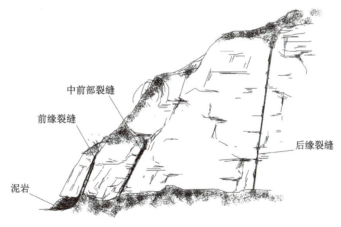

图 3-19 危岩变形体示意图

(3)坡体前部存在临空空间,或有崩塌物发育,这说明此处曾经发生过崩塌,今后可能再次发生。

12. 滑坡危险性判定

(1)滑坡体上有明显的裂缝,裂缝在近期不断加长、加宽、增多,特别是当滑坡后缘出现贯通性弧形张裂缝,并且明显下座时,说明即将发生整体滑坡。

(2)滑坡体上出现不均匀沉陷,局部台阶下座,参差不齐,说明滑坡后缘正在与原岩土体分离。

(3)滑坡体上多处房屋、房前院坝、道路、田坝、水渠出现变形拉裂现象,说明滑坡体正在蠕滑。

(4)滑坡体上电杆、烟囱、树木、高塔出现歪斜,说明滑坡体正在蠕滑。

(5)滑坡前缘出现鼓胀变形或挤压脊背,说明滑坡变形加剧。

13. 泥石流沟谷易发性判定

当一条沟谷在松散固体物质来源、地形地貌条件和水源水动力条件三个方面都有利于泥石流形成时,可能成为泥石流易发沟谷。

(1)松散土石丰富。沟道两侧山体破碎、滑坡和崩塌频繁、水土流失和坡面侵蚀作用强烈、沟道内松散固体物质积存量大的沟谷,是特别容易发生泥石流的沟谷。进入沟道的松散固体物质越丰富,泥石流发生的频率通常也越高。

(2)地形地貌便于集水、集物。易发生泥石流的沟谷大多具有以下地形特征:沟谷上游三面环山,山坡陡峭,平面形态呈漏斗状、勺状、树叶状;沟谷中游山谷狭窄,沟道纵向坡降较大,束流特征明显;下游沟口地势开阔,有利于固体物质停积。

(3)沟内能迅速汇集大量水源。流水是形成泥石流的动力条件。局地暴雨多发区的沟谷、有溃坝危险的水库或塘坝的下游沟谷、季节性冰雪大量消融区的沟谷,可以在短时间内产生大量流水,在沟道中汇集成湍急水流,易诱发泥石流。

14. 隐患点(区)的日常监测内容

(1)变形斜坡坡体表面裂缝,建筑物的墙、地面裂缝,房前屋后人工边坡裂缝等的宽度和深度变化。

(2)房前屋后人工边坡挡墙平整度(凹凸、开裂、渗水或渗砂(泥)、错落)变化。

(3)坡脚和坡面地下水水量、浑浊度(泥沙含量)、颜色、流动(渗出)形态(管状、面流状)变化,坡面地表水渠(明渠或引水管)、蓄水池渗漏程度。

(4)山坡树木(主要是乔木)生长形态(倾斜度和方向)变化。

(5)斜坡上水田、果园、菜地、水渠(明渠或引水管)等的平整性(倾斜、错落)变化。

(6)山坡或沟谷松散物变化情况,堆弃物(泥沙、矿渣、人工垃圾)流失、冲刷、淘蚀程度。

(7)岩质山坡危岩(滚石)基座松动、岩石开裂变化、块石脱落。

(8)沟谷河(溪)水流量、浑浊度(泥沙含量)、颜色变化。

15. 隐患区的定期巡查内容

(1)地质灾害隐患点、房前屋后高陡边坡是否变形开裂、掉土块或砂土剥落。
(2)村庄、民房后山斜坡上的引水渠、蓄水池、水塘等水利设施是否渗漏。
(3)房屋等建筑物墙、地面是否开裂、下挫或变形加剧。
(4)沟谷河(溪)水浑浊度(泥沙含量)、颜色变化。
(5)降雨雨量是否大于常年同期水平。
(6)民房后山斜坡上泉水浑浊度(泥沙含量)、颜色、水量变化。

16. 滑坡简易监测方法

滑坡简易监测方法有斜(边)坡拉线法、木桩法、建筑物裂缝刷漆、贴纸法、旧裂缝填土陷落目测法(图3-20)。

图3-20 滑坡简易监测

17. 崩塌简易监测方法

崩塌简易监测方法有斜(边)坡裂缝木桩法、斜(边)坡掉土块或砂土剥落目测法。

18. 野外监测仪器保护

野外监测仪器保护措施有设立标志牌,注明仪器的作用、监测人、设立单位、联系电话;设立仪器围栏或仪器保护箱。

19. 监测资料分析整理与汇交

(1)设立监测资料管理制度:监测人在汛期或规定时间内做好记录,正常情况每年监测期结束后统一交由所在地的乡(镇)自然资源所保管。自然资源所造册登记,并编制观测记录汇总表上报当地自然资源局备案。

(2)汇总表内容至少应包括地灾点编号(最好有全国统一使用的灾调统一编号和当地使用的编号或野外编号),灾害类型,位置,监测时间(×年×月×日至×月×日)、监测人姓名,责任人姓名,出现异常的时间、迹象,是否造成损失或人员伤亡(损失金额、伤亡人员数),是否有报告和报告情况,应急处置措施。

第三节 地质灾害应急处置

一、临灾避险

（一）临灾前兆

1. 滑坡发生前兆

不同类型、不同性质、不同特点的滑坡，在滑动之前，一般都会显示出一些前兆。归纳起来，常见的有如下几种：①滑坡滑动之前，在滑坡前缘坡脚处，堵塞多年的泉水有复活现象，或者出现泉水（井水）突然干枯，井、泉水位突变或混浊等类似的异常现象；②在滑坡体中部、前部出现横向及纵向放射状裂缝，反映了滑坡体向前推挤并受到阻碍，已进入临滑状态；③滑坡滑动之前，滑坡体前缘坡脚处，土体出现隆起（上凸）现象，这是滑坡体明显向前推挤的现象；④滑坡滑动之前，有岩石开裂或被剪切挤压的声响，这种现象反映了深部变形与破裂；⑤滑坡在临滑之前，滑坡体周围的岩土体会出现小型崩塌和松弛现象；⑥在滑坡滑动之前，无论是水平位移还是垂直位移，均会出现加速变化的趋势，这是临滑的明显迹象；⑦滑坡后缘的裂缝急剧扩展，并从裂缝中冒出热气或冷风。

滑坡是否发生，不能靠单一的、个别的前兆现象来判定，这样做可能会造成误判。因此，发现某一种前兆时，应尽快对滑坡体进行仔细查看，迅速做出综合的判定（图3-21、图3-22）。

图 3-21　滑坡出现裂缝导致池塘水位明显下降

图 3-22　斜坡地表出现裂缝，斜坡上的建筑物墙壁也发生开裂

2. 崩塌发生前兆

崩塌发生前可能会出现以下征兆：①崩塌处的裂缝逐渐扩大，危岩体的前缘有掉块、坠落现象，小崩小塌不断发生；②坡顶出现新的破裂形迹，嗅到异常气味；③偶闻岩石的撕裂摩擦错碎声；④出现热、氡气、地下水质、水量等的异常。

3. 泥石流发生前兆

泥石流发生前将有以下征兆：①河流突然断流或水势突然加大，并夹有较多柴草、树枝；②深谷内传来似火车轰鸣或闷雷般的声音；③沟谷深处突然变得昏暗，并有轻微震动感等。

（二）避险自救

1. 地质灾害高发区居民点的避险准备

为紧急避险，地质灾害高发区的居民要在专业技术人员的指导下，在县、乡、村有关部门的配合下，事先选定地质灾害临时避灾场地，提前确定安全的撤离路线、临灾撤离信号等，有时还要做好必要的防灾物资储备。

2. 临时避灾场地的选定

在地质灾害危险区外，事先选择一处或几处安全场地，作为避灾的临时场所（图 3-23）。避灾场所一定要选取绝对安全的地方，决不能选在滑坡的主滑方向、陡坡有危岩体的坡脚下或泥石流沟沟口。在确保安全的前提下，避灾场地距原居住地越近越好，地势越开阔越好，交通和用电、用水越方便越好。

图 3-23　避灾场地选择

3. 撤离路线的选定

撤离危险区应通过实地踏勘选择好转移路线，尽可能避开滑坡的滑移方向、崩塌的倾崩方向或泥石流可能经过地段（图 3-24）。尽量少穿越危险区，沿山脊展布的道路比沿山谷展布的道路更安全。

图 3-24　事先明确撤离路线并标在显著位置

4. 预警信号的规定

撤离地质灾害危险区，应事先约定好撤离信号（如广播、敲锣、击鼓、吹笛等）（图 3-25）。约定的信号必须是唯一的，不能乱用，以免误发信号造成混乱。

图 3-25　提前约定灾害发生时的撤离报警信号，指挥群众按避灾路线撤离

5. 崩塌避险自救

崩塌发生时,如果身处崩塌影响范围外,一定要绕行;如果处于崩塌体下方,只能迅速向两边逃生,越快越好;如果感觉地面有震动,也应立即向两侧稳定地区逃离。

6. 滑坡避险自救

滑坡发生时,应向滑坡边界两侧之外撤离,绝不能沿滑移方向逃生。如果滑坡滑动速度很快,最好原地不动或抱紧一棵大树不松手(图3-26)。

7. 泥石流避险自救

当处于泥石流区时,不能沿沟向下或向上跑,而应向两侧山坡上跑,远离沟道、河谷地带(图3-27)。但应注意,不要在土质松软、土体不稳定的斜坡停留,以防斜坡失稳下滑,而应在基底稳固又较为平缓的地方暂停观察,选择远离泥石流经过地段停留避险。另外,不应上树躲避,因泥石流不同于一般洪水,流动时可能剪断树木卷入泥石流中,所以上树逃生不可取。应避开河(沟)道弯曲的凹岸或地方狭小、高度不高的凸岸,因泥石流有很强的淘刷能力及直进性,这些地方可能被泥石流体冲毁。

图3-26 滑坡发生时要向滑坡滑动方向的垂直方向逃离

图3-27 泥石流发生时不要沿着泥石流流动的方向跑

二、应急处置

1. 地质灾害应急处置中的主要任务

(1)第一时间建立地质灾害应急救灾现场指挥机构,启动防灾预案,根据防灾责任制明确各部门工作内容。

(2)根据险情和灾情具体情况提出应急对策,转移安置人群到临时避灾点,在保障安全的前提下,有组织地救援受伤和被围困的人员。

(3)对灾情和险情进行初步评估并上报,调查地质灾害成因和发展趋势(图3-28)。

(4)划定地质灾害危险区并建立警示标志。

(5)加强地质灾害发展变化监测,并对周边可能出现的隐患进行排查。

(6)排危及实施应急抢险工程。

图3-28 及时报告灾情及险情

(7)信息、通信、交通、医疗、救灾物资、治安、技术等应急保障措施到位。

(8)根据权限做好灾害信息发布工作,信息发布要及时、准确、客观、全面。

2. 地质灾害应急处置中的应急处置权限

根据灾害等级、处置要求和指挥权限,统一组织、指挥、协调、调度专业救援队伍及相关应急力量和资源,采取相应响应措施实施应急处置。

(1)Ⅰ级响应。出现特大型地质灾害险情和特大型地质灾害灾情的县(市)、市(地、州)、省(区、市)人民政府立即启动相关的应急防治预案和应急指挥系统,部署本行政区域内的地质灾害应急防治与救灾工作。

(2)Ⅱ级响应。出现大型地质灾害险情和大型地质灾害灾情的县(市)、市(地、州)、省(区、市)人民政府立即启动相关的应急预案和应急指挥系统。

(3)Ⅲ级响应。出现中型地质灾害险情和中型地质灾害灾情的县(市)、市(地、州)人民政府立即启动相关的应急预案和应急指挥系统。

(4)Ⅳ级响应。出现小型地质灾害险情和小型地质灾害灾情的县(市)人民政府立即启动相关的应急预案和应急指挥系统。

3. 应急避让场地的选择

在对辖区内地质环境调查的基础上,依托技术单位选定临时应急避让场地。

(1)场地尽量选在地形平坦开阔,水、电、路易通入的区域。

(2)历史上未发生过滑坡、崩塌、泥石流、地面塌陷、地面沉降及地裂缝等地质灾害的地区。

(3)场地不应选在冲沟沟口,弃渣场、废石场、尾矿库(矿区)的下方。

(4)避开不稳定斜坡和高陡边坡。

(5)不宜紧邻河(海、库)岸边。

(6)避开地下采空区诱发的地表移动范围。

(7)存在工程地质条件制约因素时,应实施相应的处置措施。

4. 灾后抢险救灾

(1)监测人、防灾责任人及时发出预警信号,组织群众按预定撤离路线转移避让。

(2)在确保安全的前提下开展灾后自救,包括被困人员自救、家庭自救、村民互救。

(3)不要立即进入灾害区去挖掘和搜寻财物,避免灾害体进一步活动导致的人员伤亡(图3-29)。

(4)及时向上级部门报告灾情。

图 3-29　不可贪恋财物

(5)灾害发生后,在专业队伍未到达之前,应该迅速组织力量巡查滑坡、崩塌斜坡区和周围是否还存在较大的危岩体和滑坡隐患,并应迅速划定危险区,禁止人员进入。

(6)有组织地救援受伤和被围困的人员。

(7)注意收听广播、收看电视,了解近期是否还会有发生暴雨的可能。如果将有暴雨发生,应该尽快对临时居住的地区进行巡查,避开灾害隐患。

5. 转移避让后何时撤回居住地

经专家鉴定地质灾害险情或灾情已消除,或者得到有效控制后,当地县级人民政府撤消划定的地质灾害危险区,转移后的灾民才可撤回居住地。

6. 崩塌应急抢险措施

(1)加强监测,做好预报,提早组织人员疏散和财产转移。

(2)针对规模较小的危岩,在撤出人员后可采用爆破清除,消除隐患。

(3)在山体坡脚或半坡上,设置拦截落石平台和落石槽沟、修筑拦坠石的挡石墙、用钢质材料编制栅拦挡截落石等防止小型崩塌(图3-30)。

(4)采用支柱、支挡墙或钢质材料支撑在危岩下面,并辅以钢索拉固。

(5)采用锚索、锚杆将不稳定岩体与稳定岩体联固。

(6)因差异风化诱发的崩塌,采用护坡工程提高易风化岩石的抗风化能力。

(7)疏排地下水。

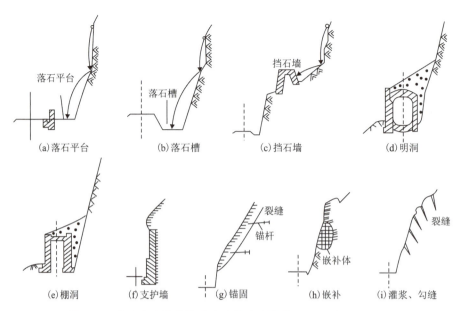

图 3-30 防止危岩体崩落的治理措施示意图(据潘懋、李铁锋,2001)

7. 滑坡应急治理措施

(1)避:加强监测,做好预报,提早组织人员疏散和财产转移。

(2)排:截、排、引导地表水和地下水,开挖排水和截水沟将地表水引出滑坡区;对滑坡中后部裂缝及时做回填或封堵处理,防止雨水沿裂隙渗入滑坡中,可以利用塑料布直接铺盖,或者利用泥土回填封闭;利用盲沟、排水孔疏排地下水。

(3)挡:采用抗滑桩、挡土墙、锚索、锚杆等对滑坡进行支挡,是滑坡治理中采用最多、见效最快的手段。

(4)减:当滑坡仍在变形滑动时,可以在滑坡后缘拆除危房,清除部分土石,以减轻滑坡的下滑力,提高整体稳定性。

(5)压:当山坡前缘出现地面鼓起和推挤时,表明滑坡即将滑动。这时应该尽快在前缘堆积砂石压脚,抑制滑坡的继续发展,为财产转移和滑坡的综合治理赢得时间。

(6)固:结合微型桩群对滑带土灌浆,以便提高滑带土的强度,增加滑坡自抗滑力。

8. 泥石流应急治理措施

(1)避:居民点、安置点应避开泥石流可能影响的沟道范围和沟口。

(2)排:截、排、引导地表水形成水土分离,以达到降低泥石流爆发频率及减小其规模的目的。

（3）拦：修建拦沙坝和谷坊群，起到拦挡泥石流松散物并稳定谷坡的作用，工程措施可改变沟床纵坡、降低可移动松散物质量、减小沟道水流的流量和流速，从而达到控制泥石流的作用。

（4）导：修建排导槽，引导泥石流通过保护对象而不对保护对象造成危害。

（5）停：在泥石流沟道出口有条件的地方采用停淤坝群构建停淤场，以减小泥石流规模，使其转为携砂洪流，降低对下游的危害。

（6）禁：禁止在泥石流沟中随意弃土、弃渣、堆放垃圾。

（7）植：封山育林，植树造林。

三、重点区域防灾减灾注意问题

（一）村镇房屋建设

1. 山区农村房屋选址前需开展地质灾害危险性评估

国务院颁布的《地质灾害防治条例》和自然资源部发布的《建设用地审查报批管理办法》都明确规定，建设用地审批之前必须进行地质灾害危险性评估。

如果将居民点选在崩塌、滑坡、泥石流、地面塌陷等的隐患区或易发区，工程活动会诱发崩塌、滑坡、泥石流、地面塌陷等，从而对人民生命财产造成危害。

如果在工程建设前进行地质灾害危险性评估，避免因选址不当或不恰当的工程活动诱发地质灾害，能在很大程度上减少损失，这是做好地质灾害预防工作最有效的手段。因此，在城镇选址建设前必须进行地质灾害危险性评估，对规范、约束人类工程经济活动，减少人为地质灾害的发生具有十分重要的意义。

（1）山区农村建房受地形条件限制，往往难以选择到平缓地，普遍需要开挖山坡坡脚，形成不稳定人工边坡；同时开挖产生的弃土多数直接排放到山坡下方，存在堆填土滑坡、崩塌的隐患。因此，山区丘陵区房屋附近的滑坡、崩塌对居民的生命财产造成损失是比较常见的，亟需在建房之前进行地质灾害危险性评估。

（2）由于山区农村建房零星分散，目前还难以聘请有资质的专业单位逐一进行地质灾害危险性评估。可根据当地条件，由自然资源管理专业人员在申请宅基地时到现场对其进行察看，指导居民正确选择宅基地，留出房前屋后的安全距离空地，做好简易边坡支护和截排水措施。

（3）山区农村集中成片建房时，应当在规划期聘请有资质的专业单位对拟建设用地进行地质灾害危险性评估。业主应根据评估结果确定是否在该场地建房，并对建设过程及建成后可能引发或加剧的地质灾害采取有效的防范措施。

(4)省级自然资源厅应在政府网站上定期公布具有地质灾害危险性评估资质的单位名单,并对地质灾害危险性评估做出详细的规定。

(5)地质灾害危险性评估结果必须经自然资源行政主管部门认定。申请办理建设用地审查批准手续时,必须持自然资源行政主管部门认定的地质灾害危险性评估结果。凡自然资源行政主管部门认定不符合条件的,不予办理建设用地审批手续。

2. 滑坡体作为建设用地必须注意的问题

(1)不可在滑坡前缘随意开挖坡脚。在滑坡体上开展修房、筑路、场地整平、挖砂采石和取土等活动中,不能随意开挖滑坡体坡脚。当必须开挖且挖方规模较大时,应事先由相关专业部门制定开挖施工方案,并经过专业技术论证和主管部门批准,方能开挖。坡脚开挖后,应根据施工方案和开挖后的实际情况对边坡进行及时支挡。

(2)不得随意在滑坡后缘堆弃土石。对岩土工程活动中形成的废石、废土,不能随意顺坡堆放,特别是不能堆砌在乡镇上方的斜坡地段。在滑坡后部随意排放渣石弃土,会使滑坡稳定性明显降低,危及下方居民安全。当废弃土石量较大时,必须设置专门的弃土场,并在整地、造田、修路等需要填土的工程中加以充分利用。

(3)管理好引排水沟渠和蓄水池塘、蓄水塔。在滑坡上部尽量不布置引水系统,避免渠道、管道水渗漏引发山坡失稳。生产、生活废水排放系统要保证安全、有效,避免堵塞沟渠、污水渗漏和冲蚀或渗入滑坡体。若设置渠道、管道引水系统,必须做好防渗措施,并加强监测。

山坡低凹处降雨形成的积水应及时排干,否则,当坡体变形时极易引发池塘拉裂,导致地表水入渗滑坡体内,加剧变形破坏。

(4)注意控制滑坡体上的建筑密度。古老滑坡体在自然状态下具有一定的地质安全容量,随意扩大建筑规模,有可能超过古滑坡有限的载重量,导致稳定性的降低,引发局部甚至整体的滑动,造成严重的损失。在滑坡体上规划新村镇时,必须按照国家规定的建设用地(工程)地质灾害危险性评估程序和工程建设勘察设计程序,请有相应资质的专业队伍开展专门的地质工作,并报请政府部门审批。

3. 房屋靠近山坡坡脚下应该注意的问题

(1)汛期前和降雨时应当察看后山是否出现裂缝和原有裂缝的变化情况,后山树木是否出现歪斜,山坡和坡脚的泉水水量、颜色的变化情况;后山水渠、水池等引蓄水设施是否有堵塞、渗漏,房屋和屋后挡土墙的墙面、地面是否有变形。如果出现异常,应及时采取防范措施。

(2)应了解修路、采矿中随意堆弃渣土等而诱发滑坡、泥石流的可能性,前缘开挖坡脚诱发滑坡的可能性,农业灌溉、水池浸湿和漏水以及废水排放诱发滑坡的可能性。尽可能在房屋后留出安全空间。不要在屋后安全缓冲区内搭建厨房、厕所、鸡圈等附属设施。

4. 房屋靠近斜坡边缘上建设的注意事项

宽缓山梁和台地的边缘、斜坡边、沟边、水库、河岸边坡度往往骤然变陡,是易发生山坡失稳的敏感部位。坡肩加载、坡脚开挖,或在降雨等自然因素影响下,山坡存在发生垮塌、滑移的隐患。因此,房屋和重要设施应尽可能布置在山梁或台地的中部,应与斜坡边、沟边、水库、河岸边保持5～10米的安全距离(图 3-31);没有条件设置安全距离的,要察看沟边、水库边是否稳定,对斜坡边、沟边、水库、河岸边采取适当的防护措施,对建筑物基础和地基作加固处理。

图 3-31 受滑坡、崩塌威胁的房屋

5. 坐落在填土区的房屋地基处理

(1)填土应分层碾压、夯实,未经有效处理的填土松散,会因密实性压缩和地下水的影响产生地表不均匀沉降,导致填土区房屋损毁。

(2)填土区周边和场地内应设立防渗型截排水沟,避免地表水冲刷和入渗加大地下水对填土的潜蚀、淘蚀,造成地表不均匀沉降,导致房屋损毁。

(3)房屋应具有圈梁结构,地基应尽量埋入非填土层。填土厚度大或建筑物楼层较高时应事先由相关专业部门制定建筑基础形式,并经过专业技术论证。

(4)填土厚度较大且存在填土边坡时,应设立填土挡土墙并设立排水孔。应事先由相关专业部门制定施工方案,并经过专业技术论证,方能施工。

6. 泥石流堆积区作为建设用地必须注意的问题

(1)注意走访居民实地调查泥石流的发生历史。泥石流堆积区地势平坦,地质结构松散,水源丰富,植被茂密。往往泥石流发生一段时间后,迹象模糊,致使后人又盲目在该区修建房屋,在特大暴雨时酿成新的灾难。因此,在进行集镇建设时,应该请专业技术人员进行实地调查和访问当地老人,了解泥石流的复发和成灾风险。

(2)注意改善生态环境。泥石流的产生和活动程度与生态环境质量关系密切。生态环境好的区域,泥石流发生的频度低、影响范围小;生态环境差的区域,泥石流发生频度高、危害范围大。在沟谷中上游提高植被覆盖率,可以明显抑制泥石流的形成;在沟谷下游或乡镇附近营造一定规模的防护林,可以为免受泥石流危害提供安全屏障。做好山坡绿化,但不得种植毛竹、果林、茶园、水田。

(3)避免在冲沟内堆放垃圾。在冲沟中堆放垃圾将增加泥石流固体物源,加剧泥石流危害。县(市)、乡(镇)、村人口密度大,产生的生活、生产垃圾多,把垃圾随意堆积在沟谷中不仅影响环境景观,污染水环境,更重要的是增加了产生泥石流和加重泥石流危害的风险。制订科学的垃圾处置方案并在建设过程中同步实施,是衡量规划建设水平的重要指标。不得在山坡堆弃土石、弃渣,不得设立堆、排土场。

(4)控制房屋建设规模,禁止挤占行洪通道。泥石流堆积区往往地势平坦,常被用作房屋建设用地。当沟谷中物源丰富,巨石嶙峋,坡降较大时,堆积区最好不作为房屋建设用地。堆积区已被用作建设场地时,应沿两侧地势较低处修建新的行洪通道,避免泥石流直接冲入;沟谷地表水排水设施应保证最大洪水排泄能力,沟谷及沿岸不得设立影响泄洪的设施;堆积区建筑物应保证留有地表排水沟安全距离;在行洪通道中或边缘,应该严格禁止修建房屋。上游应设立观察站点或群测群防点。

7. 避免人为因素导致的滑坡

对山区农村而言,保留一定的地形起伏,不仅可以有效地保护地质生态环境,保留泥石流等的行洪通道,还可以使建(构)筑物错落有致,在一定程度上提高其品位。过度追求场地的绝对平整,不仅会增加建设费用,而且因之形成的挖、填方边坡还可能成为滑坡隐患,填方厚度较大时,还可能导致地面和建(构)筑物基础不均匀沉降问题。南方不少地方经常在植被茂密但岩层风化强烈的斜坡地段开挖,形成圈椅状边坡围成的场地,而又未能采取必要的支护,暴雨时,极易遭受滑坡灾害。因此,避免人为因素导致的滑坡应注意以下几点:

(1)房屋后墙与开挖的人工边坡应留出安全距离,土质人工边坡无支护时,一般安全距离应大于边坡高度2/3;土质人工边坡切坡高度应小于5米,大于5米时应分台阶并设立台阶平台,其宽度应大于1米。

(2)斜(边)坡顶应有防渗型截排水沟,但残积层厚度较大且松散层成分颗粒较大的地区不宜在斜(边)坡顶设置防渗型截排水沟。

(3)设立挡土墙时应设置墙体排水孔;设立挡土墙的基础应超过残积层;平时应做好截排水沟和排水孔维护,保证截排水沟不渗漏和排水孔不堵塞。

(4)靠近边坡顶部的山坡不要种植毛竹、果林、茶园、水田和根系特别发达的树木(如榕树等)。

(5)应避免在下列易导致发生滑坡、崩塌的山区斜坡地段开挖建房。①尽量选择山坡坡度小于25度的坡脚处建房,避免在陡崖、陡坡下建设因山坡坡度太大而大开挖、大堆填。当后山为圈椅状地形时,通常是古老滑坡分布区,应避免在圈椅状地形的凹地建房。②尽量选择在山坡表层土体厚度小于1米的坡脚处建房,山坡表层较厚层土体易因降雨的冲刷和入渗造成土体失稳,产生滑坡、崩塌。③尽量选择在山坡植被覆盖率高且以乔木为主的坡脚处建房。屋后山坡植被能较好地减少降雨对地表的冲刷,增加山坡土体的稳定性。但山坡种植毛竹、果树、茶园等类型植被对山坡稳定性不利,坡脚不适宜建房屋。④不得在古滑坡体上和泥石流沟口及山坡已有地表裂缝的坡脚建房。此类地区一般多处于临界稳定状态,在原有地质环境或降雨、地震等外部因素影响下,因房屋建设改造发生地质灾害的危险性大。

(6)随意兴建池塘也会诱发地质灾害。在县(市)、乡(镇)、村建设中,为了满足生活、生产用水的需要,常常新建不少池塘,也美化了景色。由于未经过合理的选址和设计,这些池塘往往建设在滑坡体或不稳定的斜坡上。当滑坡体或不稳定斜坡发生变形拉裂时,池塘的水体极易渗入,加剧滑坡的形成,带来严重的地质灾害。因此,应该合理地选择池塘的位置,特别是池塘位于房屋后部斜坡上时更应该注意,同时,也要控制池塘的规模。

(7)轻视基础设施建设将会诱发地质灾害。在许多县(市)、乡(镇)、村的规划建设中,往往对房屋建筑设施较重视,但对生活废水和雨水的排放设施重视不够,形成了长年不断的入渗水源,致使坡体稳定性大大降低,地面裂缝增加增大;乡村的排水设施,特别是位于后山的拦山堰等的地基处理较差,很快拉裂破坏,暴雨时不仅发挥不了排水的作用,反而造成汇集地表水渗入坡内的恶果;场地或道路切坡后,未能对边坡合理加固,引发了较大范围的滑动。

(8)随意选择绿化植物可能诱发灾害。大量的事例说明,当斜坡较陡,表层土体松软时,过密的植被、过高的乔木反而更易引起表层滑坡。后山绿化是防治坡面泥石流的一种较好方式,但是要常常查看后山植被的变形形状,如"马刀树""醉汉林"等表示斜坡不稳定(图3-32)。在台风等的多发区,房屋后面斜坡一定范围内最好不要种植茂密的竹林或高大乔木,"树大招风",树木迎风摆动会加剧土体的松动和促进水体的入渗,导致山坡稳定性下降,甚至诱发滑坡灾害。

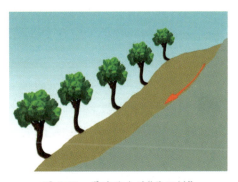

图3-32 滑坡体上的"马刀树"

（9）人为改变河道路径可能引发泥石流地质灾害。在泥石流的流通区或堆积区，人为地缩小河道宽度或改变流通方向，易致使泥石流灾害程度加剧。未经专业人员科学合理地论证，都不宜大兴工程，人为改变河道的自然状态。

（二）乡村道路建设

1. 修建乡村道路开挖边坡应注意的问题

（1）修建乡村道路开挖边坡产生的主要问题为开挖边坡的稳定性问题。在进行边坡开挖时，应遵循"少开挖，少扰动自然边坡"的原则。当出现高边坡开挖时，不仅开挖量大，对自然边坡的扰动大，而且在施工和边坡处理的技术上也会相应地增大难度。人工开挖边坡的结构设计应与地形条件相适应，从而达到合理、安全与经济的效果。

（2）在选择人工开挖边坡的位置与方向时应尽量避开大断裂通过的地带。应尽量将道路边坡设置在整体或块状结构的岩体中，开挖道路的边坡方向应避免出现具有一定规模的顺坡向结构面，人工开挖边坡的坡度应与边坡岩体的结构特征相适应。

（3）一般来说，土质或岩石风化程度大的边坡坡度不宜过大。层状结构岩体为顺向坡结构时，边坡坡度一般应与岩面特别是其中的软弱结构面的倾角相适应。破碎岩石的边坡易受到地下水的活动程度等因素影响，一般不宜过陡。

2. 道路边坡和屋后边坡支护的主要措施

修建山地丘陵区房屋和乡村道路时，受地形条件的限制，往往需要开挖山坡坡脚，导致山坡原来的平衡稳定状态受到破坏，在降雨、水流冲刷等不利条件下，极易引发山坡的滑坡、崩塌等地质灾害。只有对开挖的人工边坡采取一定的支护措施，才能保证坡下的房屋、乡村道路的安全。常用的支护措施主要有坡面削坡减载、支挡、排水、表层覆盖、坡脚反压等，只有将几种工程和植物措施综合利用，才能有效地达到安全支护的效果。应在专业技术人员的指导下选择适宜的支护方式。

1）工程支护

（1）对于无地下水的岩质边坡，所防护的边坡本身稳固，因岩石风化、岩层内部节理发育但裂缝宽度较小而造成表层风化剥落崩塌等，可以采用抹面与捶面、灌浆与勾缝、护面墙、水泥土护坡、喷浆或喷射混凝土防护等支护措施。

（2）对于风化破碎较严重、裂隙和断层发育、放缓边坡工作量巨大的高陡的岩石边坡、粉土、砾石和砂土边坡，可采用土钉墙、预应力锚索梁支护措施。

(3)对于岩体交互发育、坡面整体性差,有岩崩可能的高边坡也可采用三维植被网、钢绳网等柔性支护措施,通过锚杆和支撑绳以固定方式将网盖在坡面上,将草籽及表层土壤牢牢护在立体网中间。这些支护措施对设计稳定的土质和岩质边坡,特别是土质贫瘠的边坡和土石混填的边坡可以起到固土防冲并改善植草质量的良好效果。钢绳网用于风化剥落、溜塌或坍落防护中,抑制细小颗粒洒落或土体流失时铺以金属网或土工格栅,对整个边坡形成连续支撑。

2)植物防护

对于边坡稳定、坡面冲刷轻微的路堤或路堑边坡及房屋后山,可采用种草、铺草皮、植树等方法保护,防止水流直接冲刷坡面,达到保护的目的。

(1)根据施工方法不同,种草有种子撒播法、喷播法、点穴、挖等方法。

(2)铺草皮适用于各种土质边坡,特别是坡面冲刷比较严重、边坡较陡的土质边坡。可以采用平铺、水平叠铺、垂直于坡面或与坡面成一定角度的倾斜叠铺等方式。

(3)植树适用于道路边坡:各种土质边坡和风化极严重的岩石边坡,边坡坡度不陡于1∶1.5,在路基边坡和漫水河滩上种植植物,对于加固路基与防护河岸收到良好的效果。降低水流速,将树木种在河滩上可促使泥沙淤积,防止水流直接冲刷路堤。植树最好与植草相结合。植树的种类应根据当地条件选择,毛竹、果树、茶树等不宜作为边坡支护树种。

3)削坡减载

削坡减载属于改变边坡几何形态的一种治理方法。该技术简单可行、工期短,治理效果与削坡减载部位及地质环境关系密切,常用于滑坡后壁及两侧地层稳定、不会因削方引起新的塌方滑坡治理。

(1)采用削坡减载治理滑坡,若处理部位不当,有复活滑坡的可能。必须注意减载后是否会引起后部产生次生滑坡,还应验算滑坡减载后,滑面从残存滑坡体的薄弱部分剪出的可能性。削方后应有利于排水,不因削方导致汇集地表水,且要有合适的弃方场地。一般牵引式滑坡或滑带土松弛膨胀,经水浸湿后会抗滑力急剧下降,不宜采用削坡减载方法。

(2)削坡减载部位宜清除表层滑坡体及变形体,可采用设置马道等方法降低边坡总坡度。一般在滑坡体上部削坡形成减载平台,其后缘及两侧开挖成坡度为1∶3~1∶5的较缓横坡。上部开挖后,增大了滑坡体暴露面,加大了地面渗入滑坡体及岩石风化速度。为减少上述不利影响,开挖坡面应整平、封填压实并做好排水及防渗处理,削坡减载的弃土不能堆置在滑坡的主滑段。

(3)滑坡体上的开挖高度小于8米时,可以一次开挖到底。岩质边坡的开挖高度大于8~10米,岩质坡开挖高度大于15~20米时,自上而下分段开挖。边开挖边用喷锚网、钢筋混凝土格构支护,或采用浆砌块石挡墙支挡。

(4)堆积体或土质边坡每级台阶设置马道宽度不小于2~3米,岩质边坡马道宽度不小于1.5~2.5米。每级马道上设横向排水沟,纵向排水沟宜与城市或公路排水系统衔接。

4)排水

(1)排除地表水是整治滑坡不可缺少的辅助措施,而且应是首先采取并长期运用的措施。其目的在于拦截、旁引滑坡外的地表水,避免地表水流入滑坡区;或将滑坡范围内的雨水及泉水尽快排除,阻止雨水、泉水进入滑坡体内。排除地表水的主要工程措施有滑坡体外设截水沟、滑坡体上设地表水排水沟、用黏土填充滑坡体上的裂缝、实施引泉工程、做好滑坡区的绿化工作等。

(2)排除地下水时可疏而不可堵。其主要工程措施为设置截水盲沟、支撑盲沟、仰斜孔群。此外,还有设置盲洞、渗管、渗井、垂直钻孔等用以排除滑坡体内地下水的工程措施。截水盲沟用于拦截和旁引滑坡外围的地下水,支撑盲沟兼具排水和支撑作用,仰斜孔群用近于水平的钻孔把地下水引出。

3. 修建道路需要填方时应注意的问题

填方路基施工存在的主要问题是沉降、不均匀沉降等变形问题。填方路基的沉降、不均匀沉降不但会导致路基本身的损坏,还会因路基顶面的不平整在路面结构内产生附加应力,并在此应力或与车载共同作用下损坏路面结构。路基不均匀沉降是多方面因素综合作用的结果,主要有填方压实度不足、地基中存在软弱土层、路基刚度差异过大、填筑物成分不均四种类型。

(1)要严格控制填土的碾压遍数、行车速度及填料的粒径、松铺厚度和含水量,按设计要求控制超宽碾压宽度,并采取有效措施做好路基的防、排水工作。施工过程中,应注意观察路基两侧,若存在纵向裂缝则是不均匀沉降变形所致,应及时要求施工单位复压,并复检。

(2)当原路基中存在淤泥等软弱土层且具有一定厚度时,易产生明显的沉降变形。在此类路基填筑施工中可采取清淤换填碎石层、深挖边沟疏水、开挖纵横向疏水盲沟以增强基底地下水的自然排泄能力和提高基底防变形能力。在采取上述措施时应特别注意地表水的疏排和隔断路基外地表水的涌入,并在填筑第一层时不宜过振,以防基底软弱土层扰动而降低承载力,一般以静压为主。

(3)桥头与路基交接处、挖填交接处、半填半挖处、填方厚度明显变化处、路基中埋设构筑物处及地基性质差别较大处在动载等作用下会引起明显的差异沉降,导致路面裂缝。在施工中不宜提前挖设台阶,尤其是在雨季和冬季,此时雨水的浸泡或冻胀作用易致使台阶松散而台阶搭接失效,现场施工时宜要求挖设台阶与填筑同步。

(4)填筑物物质成分不均匀时易产生不协调沉降和纵向裂缝。应注意尽可能地控制填土的物质成分。石方填筑路基控制应十分注意粒径及级配,保证填料能够挤嵌密实,发现有局部纵向裂缝,此局部应作挖弃换填处理。

(三)乡村中小学校舍建设

1. 乡村中小学校舍选址应注意的问题

(1)中小学校舍场地中有下列情况之一,且未经工程处理的,不宜选择:

a. 拟建校舍周边、坡高二分之一距离范围内,存在未采取工程措施的高陡不稳定斜坡或岩质边坡存在顺向坡、软岩和硬岩互层构成的斜坡;易滑结构面与山坡同向倾斜,且易滑结构面倾角小于山坡坡角。

b. 拟建校舍周边、坡高二分之一距离范围内,不稳定斜坡面土层厚度大,坡面有毛竹林、橘园、茶园及水渠、池塘、蓄水池等。

c. 拟建校舍周边、坡高二分之一距离范围内,斜坡坡面上存在不稳定人工堆积物且未经清理。

d. 校舍位于沟谷纵坡降大、山坡坡度较陡,沟谷上游汇水面积大;沟谷上游及两侧山坡土层厚度大于1米,且其上游及两侧山坡存在滑坡、崩塌或位于有水土侵蚀冲沟的沟口;有泥石流隐患的河流、病险水库、蓄水池等下游沟口区。

e. 沟谷历史上曾发生过泥石流或被洪水侵蚀;沟谷中、上游存在矿山开采矿渣、工程建设弃渣等堆积物,其沿沟松散物储量大于10^4立方米/平方千米。

f. 校舍位于河(海、库)岸且场地低于当地最高洪(潮)水位并无截排水措施,且存在岸坡崩塌、侵蚀、湿陷或不均匀沉降等现象。

g. 场地及附近范围内历史上曾发生过岩溶塌陷,存在大型或集中抽取地下水的供水井,存在地下开采石灰岩的矿山。

h. 校舍位于矿区的采空区之内;存在陷坑、开裂、错位、沉降或地表水平变形等迹象;场地地表以下存在特厚矿层,或场地内存在倾角大于55度的厚矿层露头;场地上游存在弃渣场或尾矿库等。

i. 选址时应选在反向坡的坡上和坡下,而避开顺向坡、软岩和硬岩互层构成的斜坡。当一组易滑结构面与山坡同向倾斜,且易滑结构面倾角小于山坡坡角时,山坡可能沿着易滑结构面发生滑坡;当易滑结构面与山坡倾向相反或斜交,或者易滑结构面与山坡同向倾斜,但其倾角大于山坡坡角时,山坡就不易发生滑坡。

(2)中小学校舍场地中可以选择的地段主要有平缓台地、高位的河谷阶地。

a. 平缓台地,如山区宽缓山梁、斜坡台地(阶地)等。宽缓山梁场地可能遭受的地质灾害风险,主要来源于山梁下的两侧山坡。威胁场地安全的地质灾害类型主要是崩塌和滑坡。选址中应重点调查两侧山坡有无发生崩塌、滑坡的隐患,坡脚有无发生塌岸的隐患,山坡上的冲沟有无向山梁溯源侵蚀的危险。

b. 历史洪水位以上一定高位的河谷阶地。选址中应重点调查阶地上方和下方山坡的稳定性。上、下方山坡均不存在崩塌、滑坡、泥石流隐患,或影响范围较小、通过规划和工程措施易于避让或防治的地段。

2. 已建中小学校舍的安全问题

(1)请有资质的专业技术人员判断校舍场地是否位于滑坡、崩塌、泥石流、地面塌陷、地裂缝等的危险区,查明隐患。

(2)位于滑坡体上、泥石流沟口的中小学校舍应尽量选择搬迁避让;无法搬迁或未搬迁之前,应在具有相关地质灾害治理资质的部门制订工程治理方案的基础上,由具有相关地质灾害治理资质的单位实施工程治理措施。

(3)位于山区或已知地质灾害隐患区的校舍,应定期做好地质灾害巡查、核查工作,以便及时发现隐患。

(4)在变形体上安装监测仪器,如地表裂缝监测仪、墙面裂缝报警器、简易裂缝监测木桩等,指定具有一定防灾识灾知识的专人负责监测,做好监测记录,发现变形异常时及时报告。

(5)在地质灾害隐患地段周边设立警示牌,无关人员不得随意进入。

(6)在教职员工和学生中广泛开展有针对性的地质灾害防治知识宣传教育,做到人人皆知,主动防灾避灾。

四、典型案例

案例一:甘肃庆城"7·15"韩湾村滑坡

(一)灾情状况

2022年7月15日05时28分,甘肃省庆阳市庆城县卅铺镇韩湾村西沟门组发生滑坡,规模约7500立方米,造成8间房屋受损(图3-33、图3-34)。该滑坡所在坡体坡度大、地势陡峻,坡体下部因削坡建房形成了临空面。7月14日—15日,大量降雨不断渗入坡体,导致滑坡发生。

图 3-33　滑坡全貌

图 3-34　受损房屋

因预警及时,当地相关部门提前组织撤离受灾害威胁的 2 户 8 名群众,实现成功避险。

(二)预警避险情况

在庆城县水务局山洪灾害监测预警平台前,工作人员也时刻关注辖区实时雨水情变化情况。该平台充分运用物联网、云计算、大数据、人工智能、移动互联等新技术手段,全面提升水旱灾害信息透彻感知能力,及时、准确地掌握雨情、水情、灾情、险情、视频/图像等各类信息。目前,庆城县山洪灾害监测预警平台上线水利、气象、水文 3 个部门 91 个雨量站,覆盖率 100%。

预防在前,筑牢一线"防洪堤",配齐防汛物资是关键。庆城县物资储备库的工作人员对现有防汛物资进行清点、归类、登记造册,对各类防汛器材进行检查,及时补充添置,真正做到未雨绸缪、防患于未然。

与此同时,庆城县县级领导、乡镇单位主要负责人全部下沉一线靠前指挥,督促各乡镇、各村社完善预警体制和机制,开展风险隐患排查,落实各项防范措施,全力做好突发灾害险情处置工作。

(三)应急救援

7月14日11时24分,省、市、县自然资源部门先后发布地质灾害红色风险预警信息,庆城县自然资源局和卅铺镇政府及时将预警信息传达给各村社群测群防员,并安排包村干部深入各村协助开展群测群防工作。14日20时40分,包村干部在组织村社干部对韩湾村临崖临水住户房前屋后排查安全隐患时,发现西沟门组一房屋后侧山体伴随降雨有土块滑下,立即动员受威胁的 2 户 8 人撤离至安全地带,并安排专人进行监测。15 日 5 时 43 分左右,山体滑动,伴随雨水形成大量泥流,造成房屋受损。

案例二:"6·26"山洪泥石流灾害

(一)灾情状况

2021 年汛期,某地区遭遇 24 轮强降雨天气过程,造成 14 县(市)144 个乡(镇)受灾,共转移山洪灾害危险区 3 万余户 17 万多人,成功避让山洪灾害 40 起,避免可能因灾伤亡 1228 人。其中,最为典型的是"6·26"山洪泥石流灾害和"7·5"山洪泥石流灾害(图 3-35)。

(二)预警避险情况

图 3-35　泥石流灾害

6 月 26 日 18 时至 19 时,市、县政府利用山洪灾害监测预警平台发布灾害风险预警,有关镇、村立即组织责任人上岗,开展监测巡查。26 日 23 时至 27 日 2 时,冕山镇俄尔则俄、者果、尔史、和平、新桥 5 个村出现强降雨天气过程。其中俄尔则俄村境内 1 小时降雨量达到 42.5 毫米,3 小时降雨量达到 87 毫米。23 时,责任人巴久尔铁根据雨势,立即组织俄尔则俄村二组危险区(小山危险区)按照"三个紧急撤离"原则,果断组织受威胁群众 156 户 699 人(含 37 名外来务工人员)转移避险并向冕山镇政府报告。冕山镇政府接报后,于 23 时 50 分组织下游者果、尔史、和平、新桥 4 个村的群众避险转移,共计撤离疏散 560 户 2337 人。此次强降雨导致山洪泥石流灾害暴发,造成 5 个村不同程度受灾,农户房屋进水,车辆、牲畜、畜圈和农作物损坏严重,直接经济损失 1208 万元。由于预警及时,转移果断彻底,此次山洪泥石流灾害无人员伤亡。

(三)应急救援

1. 专班推进

州县政府迅速成立由应急、水利、自然资源、气象、水文 5 个部门组成的防汛防地灾联合指挥部工作专班,下设 7 个工作组实战化运行(图 3-36)。

2. 滚动预警

在汛期每日 16:30 会商,形成预警响应通知单,实时"点对点"调度县(市)应急救援队伍,整个汛期发出《地质灾害和防汛减灾气象风险预警响应通知单》128 期,共计发布山洪灾害风险黄色预警 26 次、蓝色预警 80 次。

图 3-36　山洪灾害危险区责任人加强夜间巡查

3. 把住关键

对每个山洪灾害危险区和地质灾害隐患点预案进行"谁通知、通知谁、谁帮谁、撤离线路、避险点位"等关键要素把关审查,高频次组织危险区、隐患点避险演练,让群众形成"条件反射"。

4. 分级管理

发布蓝色、黄色预警时,加强研判,做好撤离准备;发布 24 小时橙色、红色预警时,实行见雨就撤;发布 3 小时紧急橙色、红色预警时,无条件组织群众 30 分钟内撤离到位。对提前过渡性安置转移的群众,村组需每天通过电话问询的方式核查原住址;对临时撤离转移群众,每天至少清点 3 次,确保不落一户一人。

5. 强化保障

乡镇包村干部负责对所有山洪灾害危险区和地灾隐患点受威胁群众基本情况进行摸排。对提前进行过渡性安置转移的,按每月每户 1000 元标准进行补助;对临时撤离转移的,按"每人每天 20 元+2 桶方便面+4 根火腿肠"标准落实生活保障。

案例三:"7·14"山洪泥石流灾害

(一)灾情状况

2021 年 7 月 14 日,某县局部遭受强降雨,多处发生山洪、泥石流、塌方等灾害,3 个乡镇不同程度受灾,多处房屋受损。由于转移及时,无人员因灾伤亡。

(二)预警避险情况

7月14日15时,县科农牧水局收到省级山洪灾害风险预警后,通过山洪灾害预警平台、水旱灾害防御决策支持系统平台"点对点"发布预警短信,同时通过电话、微信、QQ等方式通知山洪灾害危险区行政责任人做好防范应对工作。17时,县科农牧水局对山洪灾害危险区责任人上岗值守情况进行抽查,其中抽查谷汝村铺曲组山洪灾害危险区时,特别要求加强监测预警,做好实时监测及避险转移准备。19时15分,谷汝村铺曲组山洪灾害危险区责任人石旦真发现谷汝沟上游深沟处天色越来越暗,隐约听见轰隆声,初判已发生山洪、泥石流灾害(图3-37),立即通知下游河坝组危险区责任人达尔基,达尔基向芦花镇政府报告,芦花镇政府根据预警迅速启动应急预案,镇、村两级防汛责任人随即利用移动电话、预警广播、"村村响"及敲锣等方式在村内奔走,发布转移撤离信息,同时组织村民按山洪灾害防御预案向沟道两侧高地转移。镇、村两级防汛责任人在35分钟内组织左、右两岸133户374人安全转移(图3-38)。15分钟后,发生山洪泥石流,冲击时长约15分钟,造成村庄进水,房屋道路被淹损毁。因基层监测预警责任人发挥了重要作用,及时发出预警,此次山洪、泥石流灾害无人员死亡失踪。

图3-37 谷汝沟洪水冲进河坝组居民区

图3-38 人员转移

(三)应急救援

1. 提前发布预警信息

灾害发生前,气象部门及时发布气象风险提示,水利部门发布入汛以来首次山洪灾害橙色预警,提醒各地强化山洪灾害防范应对。7月14日15时,县科农牧水局收到风险预警后,立即通过山洪灾害预警平台等灾害防御系统"点对点"发布预警短信,并利用电话、微信、QQ等及时通知山洪灾害危险区行政责任人做好防范应对,通过滚动传递预警信息,确保雨水情及时传达到县、乡、村三级防汛责任人。累计共发布气象预警信息5次、雨水情实时通报5次、预警信息778条。

2. 加强危险区巡查防守

强降雨期间,县防汛抗旱指挥部组织对46处山洪灾害危险区和隐患点责任人上岗值守情况进行抽查,其中包括谷汝村铺曲组预警转移责任人石旦真,抽查中要求责任人加强巡查监视,做好避险转移准备,有险情及时通知下游村组监测人员和镇人民政府。县科农牧水局对山洪灾害重点隐患点预警避险责任人进行抽查,共抽查重点山洪灾害隐患点46处。谷汝村铺曲组预警转移责任人石旦真经验丰富、责任心强,准确判断风险并及时报告和组织转移人员,成功应对灾害。

3. 及时组织转移避险

预警转移责任人石旦真发现谷汝沟上游深沟处天色越来越暗,隐约有轰隆声,初判已发生山洪泥石流灾害,立即通知下游河坝组危险区责任人达尔基,达尔基向芦花镇政府报告,芦花镇政府迅速启动应急预案,镇、村两级立即利用移动电话、预警广播、"村村响"及敲锣等方式在村内发布转移撤离信息,同时组织村民按山洪灾害防御预案向沟道两侧高地转移。

4. 提升避险意识和能力

为做好山丘区人员转移避险工作,提高山洪地质灾害防御能力,当地党委政府在汛前一方面利用相关日常工作进村入户,大力宣传灾害防治知识,提高基层干部群众防灾减灾意识;另一方面委托技术单位开展群测群防和预警系统、站点的运行维护,确保预警信息发得出、监测人员收得到。山洪、泥石流发生前,防灾责任人和监测人员保持高度警惕,将主动避让、提前避让、预防避让落实到具体行动中,提前通知受威胁群众做好避险撤离准备。

案例四:"7·22"林家村崩塌

(一)灾情状况

7月22日20时,某地区碛石镇林家村六组发生一起崩塌,规模约1500立方米。因巡排查人员及时发现变形迹象,4户15人成功避险(图3-39、图3-40)。

图 3-39 崩塌全貌
（航拍 镜向 40 度）

图 3-40 坡脚窑洞及被掩埋房屋
（镜向 340 度）

（二）灾前预警

7月22日8时，当地村委会干部在巡查过程中发现林家村六组边坡上部路面下沉，随即打电话上报险情。镇政府接报后，要求村委会立即组织撤离受威胁群众。8时20分，受威胁的4户15人紧急撤离。村委会在现场设置隔离带和警戒警示标识，并安排专人24小时值守监测，以防人员回流。20时，崩塌发生，造成坡脚1间房屋及3孔窑洞被掩埋。

该崩塌所处斜坡受村民建房、挖窑等工程活动影响，形成了10~12米高差、近乎直立的高陡边坡。边坡上部为通村道路及村庄，坡脚为村民房屋。崩塌发生前，当地遭遇两次强降雨天气，大量雨水入渗引发此次崩塌。

（三）应急救援

1. 全面安排部署

接到气象部门关于本轮强降雨的预报信息后，市防汛抗旱指挥部（简称市防指）认真落实省市政府领导指示要求，及时制发《关于切实做好7月21日傍晚至22日降雨过程防汛工作的紧急通知》，对新一轮强降雨防范工作提出了明确要求。

2. 及时传递预警信息

市防汛抗旱指挥部办公室（简称市防汛办）及时将省市气象预报预警信息和市自然资源和规划局与气象局联合发布的地质灾害风险预警信息传递到各县区和市防指有关成员单位，要求切实做好强降雨期间的防范应对工作，确保人民群众生命安全。

3. 加强应急值班值守

市应急管理局和市水利局领导坐镇指挥,市防汛办加强了应急值守力量。同时,对有关县区和市防指重点成员单位的值班值守情况进行了电话抽查,带班领导和值班人员均在岗在位,履职情况良好。

另外,林家村崩塌避险之所以如此成功,主要是因为做到了以下几点:

(1)加强对宅基地选址地质灾害危险性评估及建筑边坡安全法律法规宣传教育,增强户主的地质灾害风险防范主体责任意识。

(2)将既有切坡建房点列为地灾巡查监视重点,由住房建设、农业农村、自然资源等部门加强巡查排查,一户一策指导防范地质灾害风险。

(3)对地质灾害气象风险预警响应,及时动员切坡建房户做好临时避险,让他们知道一旦雨中发现坡顶水流挟带土石倾泻、开口线处土石出现崩滑、切坡面局部垮塌、坡脚鼓胀等情况,应立即避险;天放晴后,经专业技术人员核查,确定安全后才能返回。

(4)通过防灾知识宣传,提高切坡建房户主的承灾抗灾能力。例如:地质灾害防治技术人员向村民宣传如何优化房屋使用布局、安排避险房间;遵循"住上不住下,住前不住后,住好不住危"的原则,指导村民积极主动做好坡顶截排水、坡体支护或设置坡脚石垛等简易工程维护;等等。

第四章
洪水灾害预防与处置

第一节 洪水灾害概述

一、洪水与洪水灾害

（一）洪水

1. 概念

洪水是由暴雨、急剧融冰化雪、风暴潮等自然因素引起的江河湖泊水量迅速增加或者水位迅猛上涨的一种自然现象。

2. 洪水分类

洪水一般包括河洪、山洪、泥石流、海潮等。流经城市的江河造成的洪水习惯上称为河洪。由于暴雨、冰雪融化或拦洪设施溃决等原因，在山区沿河流及溪沟形成的暴涨暴落的洪水称为山洪。泥石流是指在山区沟谷中，由暴雨、冰雪融化等水源激发的、含有大量泥沙石块的特殊洪流。临海城市可能遭受潮汐和风暴潮的侵袭，习惯上称为海潮或潮洪。河流流域上游突降暴雨、冰雪迅速融化、堤坝溃决以及河冰阻塞河道等均可形成洪水，习惯上把这些江河洪水分别称为暴雨洪水、融雪洪水、溃坝洪水和冰凌洪水。

我国大部分地区的洪水类型以暴雨洪水为主。暴雨洪水的特点取决于暴雨所在流域下垫面条件。同一流域，不同的暴雨笼罩面积、历时、降水过程、降水总量以及暴雨中心位置移动的路径等均可以形成规模大小不同和峰型不同的洪水。

融雪洪水是指在高纬度严寒地区，因春季气温大幅度升高，积雪大量融化而形成的洪水。融雪洪水一般发生在每年的4—5月，洪水历时长，涨落缓慢。我国永久性积雪区（现代冰川）面积在5800平方千米以上，主要分布在西藏和新疆境内，占全国冰川面积的90%多，其余分布在青海省和甘肃省等地区。

溃坝洪水是指由于水库失事，存蓄的大量水体突然泄放，下游河段的水流急剧上涨，甚至漫槽成为立波向下游推进的现象。当冰川堵塞河道、壅高水位并突然溃决时，或者由地震等原因引起的巨大土体坍滑堵塞河流（形成堰塞湖），使上游的水位急剧上涨，而坝体堵塞处被水流冲开时，在下游地区也形成这类洪水。

冰凌洪水是指在中高纬度地区，由较低纬度地区流向较高纬度地区的河流（河段），在冬春季节因上、下游封冻期差异或解冻期差异，可能形成冰塞或冰坝而引发的洪水。

3. 我国洪水特征

暴雨的特点及其下垫面条件决定了洪水的特性。总的来说，我国洪水有以下两个特点。

1）洪水发生频繁

据统计，我国主要江河1900—1999年发生频率10%以上的洪水213次，平均每年超过两次，且每两年可能发生一次频率5%～10%的洪水，每3年左右可能发生一次频率在5%以上的中等洪水或大洪水。

2）洪水峰高，洪量集中

我国气候条件特殊，加上江河上中游山区集水面积广大，支流发育，汇流迅速，下游河道位于冲积平原，比降平缓，泄水不畅，且干支流洪水极易遭遇，使得我国不少江河洪水洪峰高涨，洪量集中，大洪水、特大洪水年的洪峰流量和洪水量往往数倍于正常年份。

4. 洪水相关概念

1）洪水要素

洪水要素包括洪峰流量、洪水总量、洪水水位和洪水过程。

洪峰流量是指一次暴雨洪水发生的最大流量（也称峰值，以立方米/秒计）；洪水总量是指一次暴雨洪水产生的洪水总量(以亿立方米或万平方米计);洪水水位是指一次暴雨洪水引起河道或水库水位上涨达到的数值(以高程米计),其最大值称为最高洪水水位;洪水过程是指洪峰流量随着时间变化的过程,一般用洪水过程线表示。影响河道防洪安全的关键在"峰",也就是一次暴雨洪水发生的洪峰流量和最高水位。

防汛中的洪水水位主要分为设防水位、警戒水位、保证水位3项。

设防水位:在汛期江水漫滩或到堤脚时的水位。

警戒水位:一是可能出险的水位;二是在一些地方以漫滩、堤防偎水作为警戒水位。

保证水位:经过上级主管部门批准的设计防洪水位。

当水位接近或达到保证水位时,防汛进入紧急状态,防汛部门要按照紧急防汛期的权限,采取抗洪抢险措施,确保堤防等工程的安全。

2)洪水等级

河道洪水等级一般以洪峰流量的重现期为标准,水库洪水等级一般以洪水总量的重现期为标准(洪峰流量也是重要数据)。根据《水文情报预报规范》(GB/T 22482—2008),洪水等级划分为4个:洪水要素重现期小于5年的洪水,为小洪水;洪水要素重现期为5~20年的洪水,为中等洪水;洪水要素重现期为20~50年的洪水,为大洪水;洪水要素重现期大于50年的洪水,为特大洪水。

3)汛、汛期和防汛

汛是指河流定期涨水(即由于降雨、融雪、融冰),江河水域在一定的季节或周期内涨水的现象。

汛期是指江河水域中的水自始涨到回落的期间。由于我国各河流所处的地理位置、气候条件和降雨季节不同,汛期有长有短,有早有晚,即使是同一条河流的汛期,各年情况也不尽相同,变化过程也是千差万别。为了做好防汛工作,可根据主要降雨规律和江河涨水情况规定汛期,如甘肃省的汛期确定为每年的4月15日至9月30日。

防汛是指为防止或减轻洪水灾害,在汛期进行防御洪水的工作,其目的是保证水库、堤防和水库下游的安全。我国防汛工作的方针是"安全第一,常备不懈,以防为主,全力抢险",基本任务是积极采取有力的防御措施,力求减轻或避免洪水灾害的影响和损失,保障人民生命财产安全和经济建设的顺利发展。

4)频率与重现期

(1)频率的概念。频率是指大于或等于某一数值随机变量(如洪水、暴雨或水位等水文要素)出现的次数与全部系列随机变量总数的比值,用符号 P 表示,以百分比(%)为单位。它是用来表示某种洪水、暴雨或水位等随机变量可能出现的机会或机遇(概率)。例如 $P=1\%$,表示平均每100年可能会出现1次;$P=5\%$,表示平均每100年可能会出现5次,或平均每20年可能会出现1次。计算频率的公式为

$$P = m \div n \times 100\%$$

式中:m 表示大于或等于某一随机变量出现的次数;n 表示所观测的随机变量总次数。

(2)重现期的概念。重现期是洪水或暴雨等随机变量发生频率的另一种表示方法,即通常所讲的"多少年一遇"。重现期用 T 表示,一般以年为单位。洪水重现期是指某地区发生的洪水为多少年一遇的洪水。例如,百年一遇的洪水,是指在很长一段时间内,平均100年才出现1次这样大小的洪水,但不能认为恰好每隔100年就会出现1次。从频率的概念理解,这样大小的洪水也许百年内不止出现1次,也许百年内未曾出现。

(二)洪水灾害

洪水灾害指集中大暴雨、长时间降雨或客水入境,使江、河、湖、库水位猛涨,径流量超过其泄洪能力而漫溢至两岸或造成堤坝决口导致泛滥的灾害。

1. 我国洪水灾害情况

据不完全统计,从公元前206年至1949年,我国共发生可查考的洪灾1092次,平均每两年发生一次。自春秋战国到新中国成立前的2000多年中,黄河决口泛滥1590次,重大改道26次,波及范围北抵天津,南达江淮,纵横28万平方千米。长江发生较大洪水200余次,平均10年一次。1949—2000年,据不完全统计,平均每年洪涝受灾面积1.1亿亩(1亩≈666.67平方米),其中成灾7000多万亩,平均每年损失粮食28亿千克,经济损失约100亿元。1980—1989年,我国虽然没有发生流域性洪水,但平均每年暴雨洪灾面积达12 971万亩,成灾面积为8290万亩,受灾面积比20世纪70年代增加了60%,成灾率上升了21%。

2. 我国洪灾严重的原因

(1)我国位于亚洲大陆东侧,大部分地区受东南(太平洋)季风和西南(孟加拉湾)季风影响,西南季风和东南季风经常为西太平洋副热带高压脊的北侧或西北侧提供丰富的水汽来源,与北方南下冷空气接触,便形成连续的暴雨天气。雨水是我国河流最主要的补给形式,由于降雨具有在时空分布上的随机性,所以造成年际和年内分配上的极端不均匀。长江流域3—6月降雨量占全年降雨量的50%～60%,

华北、东北6—9月降雨量占全年降雨量的70%～80%。加之西太平洋的3条主要台风移动路线(西移路径、西北移路径、转向路径)都可入侵我国,1949—1987年,在我国沿海登陆的台风共264个次,平均每年6.8个次。因此,我国常出现暴雨洪水。由于暴雨在时空分布上差异极大,因此常造成洪水的突发性和灾难性。

例如1954年6月1日—8月2日江淮降雨持续2个月,连续出现多次暴雨、大雨的区域范围达50万～60万平方千米,造成长江、淮河出现特大洪水。又如1975年8月4—7日淮河流域暴雨,暴雨中心林庄日雨量为1060毫米,已超出当地年平均雨量,3日平均雨量为年平均雨量的1.5倍,导致板桥、石漫滩两座大型水库失事。

(2)我国幅员辽阔,多山地高原(占59%),地形西高东低,自西向东呈三级阶梯分布。流域面积在1000平方千米以上的河流有1500多条,遍布全国,大多从西向东流,上下游处于同一气候带中,因此就全国而言,几乎长年都有发生洪灾的可能。

(3)我国河流中上游位于地壳显著上升的山地高原区,风化侵蚀作用强烈,特别是北方存在广阔的黄土高原,南方存在大面积的红色风化地壳,而下游多为强烈下降地带,因此,一些河流输沙量大,含沙量高。据估算,我国每年表土流失量达50亿吨,外流入海泥沙达126亿吨,有50条河流每年输沙量超过1000万吨,造成中下游河道的强烈淤积。典型例子就是黄河,黄河每年输沙量约16亿吨,其中约4亿吨淤积在下游河道内,使河床呈累积性抬高,平均每年上升6～10厘米,有些河段河床已高出两岸地面10余米,形成险恶的"地上悬河",洪水灾害之严重性可想而知。

(4)我国人口及工农业生产过分密集分布于江河中下游两岸地带。据统计,各大江河中下游及沿海地区的土地面积为73.8万平方千米,占全国土地面积的8%;耕地面积为49 616万亩,占全国耕地面积的35%;人口41 716万人,占全国人口总数量的40%;工农业产值11 047亿元,占全国工农业总产值的60%。这些地区不少地方的地面高程处于洪水位以下,其安危全靠20万余千米的堤防保护,稍有不慎,堤防就会溃决。

3. 洪灾类型及其产生的原因

1)漫溢

漫溢是因堤防防洪标准过低,或遇到超标准特大洪水,江河中水位猛涨并超过堤顶高程,抢护不及而失事的现象。如1931年7月底,湖北长江四邑公堤肖家洲洪水位高出堤顶近2米,造成全堤漫决。1855—1938年,黄河山东段共决口424处,其中漫决有184处。汛期高水位时,堤顶突然发生大的跌窝、塌陷或强风大浪翻越堤顶,造成局部堤段漫溢成灾。例如长江分流入洞庭湖的松西河,1981年汛期在堆放抢险麻袋的堤顶处突然塌陷,长8米,宽4米,500条麻袋也陷入其中,幸好当时水位不太高,否则难免失事。

2) 冲决

冲决是因江河大堤堤外无滩或滩岸很窄,水流直接顶冲淘刷堤脚,导致堤身崩塌而失事的现象。特别在弯曲河段的凹岸弯顶附近,由于主流顶冲及横向环流作用,冲决危险更为严重。如长江荆江大堤全长182.35千米,堤外无滩或滩地狭窄者有35千米,其中下荆江就有16个河弯,凹岸冲刷坑汛期水深达40~50米,有些冲刷坑已深入卵石层13米,一次崩岸宽度都为数十米。1962年六合夹河段崩岸宽度达600余米。

3) 溃决

在修筑堤防时,土质不匀、夯压不实,或遗留有阴沟、树蔸、棺木、战壕、墙垣屋基,或新老堤、分段施工接合部处理不当,或土栖白蚁、鼠、獾、狐、蛇等动物在堤坝内打洞穴居,都可能使堤坝内出现薄弱部位和隐患,在大流量高水位作用下可能发生渗水、管涌、漏洞、塌陷等险情,若抢护不及,堤坝将溃决。据检查,安徽省有白蚁危害的堤坝占50%以上。1974—1978年广东省调查了41个县176座水库中的158座,21座大型水库中20座有白蚁险情。历年来,相关部门用各种方法处理长江荆江大堤白蚁隐患达77 500余处。

4) 凌汛

凌汛是在冬春季节江河水流受冰凌阻碍而引起的涨水现象。在严寒地区,河流从低纬度流向高纬度。当气温下降时,河流封冻下游早于上游,冰盖下游厚上游薄,春天开河则下游迟于上游,由此,易形成凌汛洪水。凌汛洪水可分3种:下游开始封冻后,增加了湿周,冰块堵塞了冰盖下的过水断面,阻拦了一部分上游来水,壅高了上游水位,槽蓄量增加,形成"冰塞洪水";上游河段气温回升,冰凌自上游向下游逐渐消融,槽蓄量也逐渐转化为流量下泄,再加上冰盖沿程破裂融化的水量,使冰水洪峰沿程递增,形成"融冰洪水";由于沿河冰层厚薄不一,当全河冰盖基本解体时,局部冰层特厚地段,冰盖尚未开通,形成冰桥、卡冰,而形成"冰坝"。开冻时,流冰洪峰遇弯道、狭窄河段或浅滩而受阻,也能壅塞形成冰坝。冰坝在形成后能壅高上游水位形成"冰坝洪水"。1948—1985年,黄河山东段有32年形成了封冻。在这32年中,在利津以上形成冰坝的有8年共9次。1941年黑龙江上游连金河冰坝壅水,上游水位上涨率曾达到6.2米/天。山东利津王庄险工下部冰凌曾堵塞全河,利津水位每小时上涨0.9米,20小时内有约30千米堤段超过保证水位,不少堤段堤顶仅高出水面0.5~1米。一旦冰坝形成,若水位猛涨,水流通道一时很难打通,时值严冬,天寒地冻难以抢护,极易造成溃堤决口。据统计,1855—1938年,黄河下游有24年发生凌汛决口,决溢74处,特别是在1927—1937年间,几乎连年凌汛决口。1951年和1955年黄河下游也因抢护不及而决口,淹没利津等3县田地133万亩,受灾人口26万余人。凌汛在甘肃省内陆河流域一些河流及洮河水系甘南高原河段一些年份曾有发生。

(三)甘肃洪水灾害

1. 甘肃洪水概况

甘肃省位于我国西北内陆,包罗内陆河、黄河、长江三大流域。甘肃省地形复杂,以山地居多,境内山脉绵延,海拔高低悬殊,气候多变,汛期降雨集中,河流纵横交错,植被覆盖率低,地质条件差。在许多山洪易发地区,城市发展以及群众生产生活可利用的土地少,多位于河道两岸阶地以及沟道洪积扇,长期遭受洪水威胁。因此,甘肃省虽然大部地区干旱少雨,但是洪涝灾害时常发生,尤其是局地暴雨洪水灾害频发。1981年8月至9月,黄河上游持续降雨,兰州站流量达到5600立方米/秒,造成沿河洪水灾害,受灾面积37.65万亩,受灾人口30.05万人,倒塌房屋1.23万间,直接经济损失达6648万元。2022年7月,庆阳市发生洪水,造成7个县区67个乡镇377个村(社区)45 695人不同程度受灾,农作物受灾面积为1 587.05公顷,成灾面积为224.58公顷,绝收面积为177.27公顷;受损国道、省道、县道31.9千米,村组道路419条988处1 604.73千米;10个污水处理厂被洪水冲毁,11户工矿商贸企业受损,直接经济损失达1.36亿元。

2. 甘肃洪水灾害特征

洪水灾害是甘肃省主要自然灾害之一,主要分为暴雨洪水(泥石流)、冰凌洪水、融雪洪水,并以暴雨洪水为主。暴雨洪水的灾害类型又分为短历时局地暴雨洪水灾害、中等历时区域暴雨洪水灾害和长历时大范围洪水灾害3种类型。

洪水灾害发生季节:每年的6—9月为高发期,85%～95%的洪水灾害发生在这一期间,其中70%的洪水灾害发生在7月、8月。

与国内外记录比较,甘肃省洪水量级有一个重要特点,即500平方千米以下小面积流域最大洪峰流量可达国内外最高记录水平,如宕昌化马"76·7"洪水、武山天局"85·8"洪水的峰值都达到或接近世界最大洪水外包线,可见甘肃小面积洪水量级之大十分惊人,小面积洪水灾害多而且重。甘肃省大、中面积流域洪水则相对较少。

甘肃局地暴雨洪水灾害分布范围广,笼罩面积小,暴雨历时短,强度大,发生概率大,破坏力强,防御难,往往短时间内易造成雨区毁灭性灾害。如 1964 年 7 月 20 日,兰州西固区突降暴雨,瞬间洪水冲入西固福利区,淹埋 20 余栋职工平房,财产损失严重;1985 年 8 月底武山县桦林沟暴雨,70 分钟雨量为 436 毫米,达国内外同历时最高雨量记录,天局村变成废墟,547 间房屋全部倒塌。

甘肃中等历时暴雨洪水灾害,降雨持续时间一般为 3～15 天,笼罩面积可达几万平方千米以上。如黑河"96·8"暴雨洪水,黑河莺落峡水文站洪峰流量达 1280 立方米/秒,整个黑河流域受灾,经济损失达 2.5 亿元。

甘肃长历时大范围洪水灾害是指由大片地区连续多次暴雨组合产生的洪水,降雨持续时间可达 1～2 个月,具有雨区范围大、时空分布均匀、洪水过程长、造成灾害严重等特点。洪水过后农田受灾,水利工程及工矿企业被冲毁,交通及通信中断,房屋倒塌,人员及家畜伤亡。如 1981 年 9 月 15 日黄河上游大洪水,兰州水文站洪峰流量达 5600 立方米/秒(如果不经过水库调节,洪峰流量则为 7090 立方米/秒)。

甘肃中等历时洪水、长历时大范围洪水虽然灾害严重,但洪水历时长、流程长,如果做好水文监测和预报,组织好抗洪抢险,洪水灾害造成的损失可以大大减少。

按照历史洪水灾害发生的频次和分布规律,结合地形地势和政治、经济地位等因素,综合分析得出甘肃有 4 个重点易灾河段和 9 个局部洪水易发区。4 个重点易灾河段是黄河兰州段、渭河天水段、白龙江武都段、石羊河武威段。9 个局部洪水易发区是古浪土门、大靖一带,兰州市南北山洪沟道,洮河、大夏河下游,蒲河、马莲河流域,平凉城周围,渭河陇西至段,岷江宕昌附近,白龙江两河口至临江段以及北峪河流域。

二、洪水灾害防御措施

洪水灾害防御措施包括工程措施和非工程措施。

(一)工程措施

防洪工程措施是指通过采取工程手段控制调节洪水,以达到防洪减灾的目的,主要包括水库工程、护岸工程、堤防工程、河道整治工程四大方面。通过这 4 个方面措施的合理配置与优化组合,从而形成完整的江河防洪工程体系。

1. 水库工程

在河道中、上游修建水库,特别是在干流上修建的控制性骨干水库,可以有效地拦蓄洪水,削减洪峰,减轻下游河道的洪水压力,确保重要防护区的防洪安全。水库有专门用于防洪的水库和综合利用水库两类。在综合利用水库的用途中,防洪任务往往占据主要地位。水库的防洪作用主要是蓄洪和滞洪。由于支流水库对干流中、下游防洪保护区的作用,往往因距防护区较远和区间洪水的加入而不甚明显,因此,在流域性防洪规划中,统一部署干、支流水库群,相互配合,联合调度,常常可以获得较大的防洪效益。

水库的防洪效益巨大。目前我国已建水库8万多座,总库容达4717亿立方米。其中:大型水库374座,库容3425亿立方米;中型水库2562座,库容709亿立方米。这些水库在历年防洪中发挥了重要作用。

水库工程的主要优点是修建技术难度不大,调度运用灵活,便于错峰泄洪,无愧为下游河道的安全"保险阀"。其主要问题是投资较大,需要迁移人口,淹没土地,同时会对生态环境产生影响等。

此外,水库工程还存在其他负面影响。如水库削峰坦化洪水过程,却拉长了下游持续高水位的历时,从而增加了堤防防守的时间;蓄洪必拦沙,库尾常因泥沙淤积而影响通航,或因淤积翘尾巴而抬高上游河道洪水位,从而对防洪不利;下游则因水库蓄水拦沙和下泄水沙条件的改变,引起河床冲刷带来的河势变化问题。在多沙河流上修建水库,尤其应重视泥沙淤积对上、下游带来的一系列问题,既要防止库区因泥沙淤积产生的不利影响,又要注意在集中排沙期内,小水带大沙可能引起下游河道的逐年淤积、萎缩。黄河下游自20世纪80年代以后,平滩流量逐渐减小,河床日趋萎缩,这与上游水库滞蓄洪水不无关系。因此,在水库规划和管理运行中,应高度重视这些问题,力争做到既调水又调沙,科学调度运用水库。

2. 护岸工程

护岸工程是指保护河岸以加强其抗冲性和稳定性的工程。保护河岸的措施:加固河岸,如抛石、砌石护面、沉排、沉枕等;改变水流方向,如修建顺堤(导流堤)、丁坝等,使水流挑离冲刷岸,并造成回流而产生淤积。

防治山洪的护岸工程与一般平原、河流的护岸工程并不完全相同,主要区别在于横向侵蚀使沟岸崩坏后,由于山区较陡,可能会因下部沟岸崩坍而引起山崩,因此,护岸工程还必须起到防止山崩的作用。

沟道中设置护岸工程,主要用于下列情况。

(1)由于山洪、泥石流冲击,山脚遭受冲刷而有山坡崩坍危险的地方。

(2)在有滑坡的山脚下,设置护岸工程兼起挡土墙的作用,以防止滑坡及横向侵蚀。

(3)用于保护谷坊、拦沙坝等建筑物。谷坊或淤地坝淤沙后,多沉积于沟道中部,山洪遇堆积物常向两侧冲刷,如果两岸岩石或土质不佳,就需设置护岸工程,以防止冲塌沟岸而导致谷坊或拦沙坝失事;在沟道窄而溢洪道宽的情况下,如果过坝的山洪流向改变,也可能危及沟岸,这时也需设置护岸工程。

(4)沟道纵坡陡急,两岸土质不佳的地段,除修谷坊防止下切外,还应修护岸工程。

护岸工程一般可分为护坡和护基(或护脚)两种工程。枯水位以下称为护基工程,枯水位以上称为护坡工程。根据其所用材料的不同,又可分为干片砌石、浆砌片石、混凝土板、铁丝石笼、木桩排、木框架和生物护岸等几类。此外,还有混合型护岸工程,如木桩植树加抛石、抛石植树加梢捆护岸工程等。

为了防止护岸工程被破坏,除应注意工程本身质量外,还应防止因基础被冲刷而遭受破坏。因此,在坡度陡急的山洪沟道中修建护岸工程时,常需同时修建护基工程。如果下游沟道坡度较缓,一般不修护基工程,但护岸工程的基础,须有足够的埋深。

护基工程有多种形式。最简单且常用的一种是抛石护基,即用比施工地点附近石块更大的石块铺到护岸工程的基部进行护底(图4-1a),其石块间的位置可以移动,但不能暴露沟底,以使基础免受洪水冲刷淘深,且较耐用并有一定挠曲性。在缺乏大石块的地区,可采用梢捆(图4-1b)或木框装石(图4-1c)的护基工程。

a.抛石护基　　　　b.梢捆　　　　c.木框装石

图4-1　护基工程示意图(王礼先,2000)

3. 堤防工程

修筑堤防在技术上相对简单,可以就地取材,建设费用相对较低,因而筑堤防洪是古今中外广泛采用的一种工程防洪措施。在河道两岸修建堤防后,有利于洪水集中排泄。

堤防是江河防洪工程体系中的主力军,不论遭遇大水还是小水,每年都要工作,因此堤防的负担重,压力大。按长江水利委员会相关资料估计,长江中、下游河道防洪水位抬高1米,泄洪能力可以提高7000立方米/秒左右,汛期3个月就可以增加泄量500亿立方米,相当于1980年防洪规划安排分滞洪总量的70%。又据《中国水利报》统计资料,截至1998年8月10日,"98"大洪水的全国防洪效益约达7000亿元,其中大堤的防洪效益占85%以上。可见堤防工程的防洪效益不可低估。

需要注意的是,修筑堤防也可能带来一些负面影响。如河宽束窄后,水流归槽,河道槽蓄能力下降,河段同频率的洪水位抬高;筑堤后还可能引起河床逐年淤积使水位抬高,以致堤防需要经常加高,而堤防的持续加高又意味着风险的增大。例如当前荆江大堤临背河高差达到16米,黄河曹岗河段大堤临背河高差也达12～13米。这些情况,在堤防工程规划设计和除险加固时必须认真对待。

4. 河道整治工程

河道的泄洪能力受多种因素影响,诸如河道形态、断面尺度、河床比降、干支流相互顶托、河道成形淤积体以及人为障碍等。

从防洪方面讲,河道整治的目的是确保设计洪水流量能安全畅泄。通常所采取的工程措施,除修筑堤防外,主要是整治河槽与清除河障。

整治河槽包括拓宽河槽、截弯取直、爆破、疏浚和河势控制等。拓宽河槽主要是消除卡口,降低束窄段的壅水高度,提高局部河段的泄量以及平衡上、下游河段的泄洪能力。截弯取直可以缩短河道流程,增大河流比降与流速,提高河道的泄洪流量。爆破或利用挖泥船等机械,清除水下浅滩、暗礁等河床障碍,降低河床高程,改善流态,扩大断面,增加泄流能力。河势控制工程,包括修建丁坝、顺坝、矶头和平顺护岸等工程,以调整水流,归顺河道,防止岸滩坍蚀,控制河势,以利于行洪、泄洪。

清除河障即清除河道中影响行洪的障碍物。河道的滩地或洲滩,一般因季节性上水或只在特大洪水年才行洪,随着人口的增长和社会经济的发展,不少河道的滩地被任意垦殖和人为设障。例如,在河滩上修建各种套堤,种植成片阻水高秆植物,建码头、房舍,筑高路基、高渠堤,堆积垃圾,等等。所有这些措施缩减了过流断面,增大了水流阻力,妨碍了行洪、泄洪,必须依法清除。

除上面介绍的4项防洪工程措施以外,还应指出的是,在流域性防洪系统中,水土保持措施的作用不可忽视。水土保持是水土流失的逆向行为,能有效地控制进入江河的泥沙。因此,这项工作不仅关系到当地的农业生产、生态环境和经济发展,而且直接影响着水库、河道堤防等防洪工程的防洪效益及其可持续利用。只有从源头上拒泥沙于河道之外,才能确保河床不持续淤积抬升和河道的防洪安全。

(二)非工程措施

防洪非工程措施指辅助防洪工程措施更好地发挥防洪功能,提高防洪效益的措施,主要包括设置洪水预报和预警系统、防洪指挥调度与决策支持系统等。

1. 设置洪水预报和预警系统

在洪水到来之前,利用过去的资料和卫星、雷达、计算机遥测收集到的实时水文气象数据进行综合处理,做出洪峰、洪量、洪水位、流速、洪水到达时间、洪水历时等洪水特征值的预报,及时提供给防汛指挥部门,必要时对洪泛区发出警报,组织抢险和居民撤离,以减少洪灾损失。1949 年,全国仅有水文站 148 个、水位站 203 个、雨量站 2 个。经过多年的建设,至 2011 年底共有各类水文测站 46 783 个,其中水文预报测站 1005 处,建成各类水利信息采集点 70 590 个,水文自动测报系统和遥测站点基本覆盖全国。

2. 构建防汛指挥调度与决策支持系统

2003 年 6 月经国务院同意,国家发展和改革委员会批准了《国家防汛抗旱指挥系统一期工程可行性研究报告》,随后实施了国家防汛抗旱指挥系统一期工程建设。它于 2009 年底基本建成,投资 8.02 亿元,建成了数据汇集和应用支撑两大平台,防汛、水情等应用系统,防洪工程数据库等八大数据库,系统功能涵盖了信息采集、通信、计算机网络和决策支持各个层面,为防汛抗旱提供了高效有力的技术支撑。

国家防汛抗旱指挥系统的建设,实现了水利信息采集传送的"高速公路",实现了各地防汛抗旱指挥实时决策会商,构建了各级防汛抗旱综合数据库,搭建了各级水利数据中心,开发了水情应用、防洪调度、抗旱管理等业务应用系统,提高了各级防汛抗旱部门信息服务能力和科学决策水平。

3. 进行洪泛区风险管理

洪泛区风险管理侧重于规范人的防洪行为、洪水风险区内的开发行为和减轻或缓解洪水灾害发生后的影响。洪水风险区管理措施的制订首先需对洪水风险开展评价,包括洪水风险区划、洪水风险效益评估、洪水资源利用风险调度系统、巨灾仿真与预案、湿地修复等。

4. 开展防洪宣传教育与防洪演习

开展防洪法规与防洪知识宣传教育,是保障和促进防洪安全的一项重要的非工程措施,将为实现依法防洪提供重要的社会条件和法治基础。防洪演习可以进一步普及防汛安全知识,增强防洪抢险人员防汛安全意识,掌握抢险技术,提高抵御洪水的应对能力。通过演习,找出不足与问题,及时加以补救,当发生洪灾时能最大限度地减轻损失,维护广大群众的生命财产安全。

5. 制订撤离计划与超标准洪水防御措施

在洪泛区设立各类洪水标志,并事先建立救护组织、抢救设备,确定撤退路线、方式、次序以及安置等项计划,根据发布的方式警报,将处于洪水威胁地区的人员和主要财产安全撤出。针对可能发生的超标准洪水,应提出在现有防洪工程设施下最大限度减少洪灾损失的防御方案、对策和措施。

6. 参加洪水保险

洪水保险,与其他自然灾害保险一样,作为社会保险具有社会互助救济性质。财产所有者每年交付一定保险费对财产进行投保,遭遇洪水灾害时可以得到一定的赔偿。

7. 灾后救济与重建

洪水灾害过后,政府应积极依靠社会筹措资金、国家拨款或国际援助进行救济。凡参加洪水保险并定期缴纳保险费用者,在遭受洪水灾害后按规定应得到赔偿,以迅速恢复生产,保障正常生活。1998年特大洪水发生后,对于灾后重建,国务院提出了"封山育林,退耕还林;平垸行洪,退田还湖;以工代赈,移民建镇;加固干堤,疏浚河道"的32字方针。这一方针为灾后重建,保持社会的可持续发展,协调生态、水系、土地开发、人类活动、洪水风险区人口与发展问题等提供了可资借鉴的行之有效的办法。

三、防汛组织与工程检查

防汛是关系到社会安全和稳定,关系到社会主义现代化建设能否顺利进行的大事。各级人民政府应当加强领导,采取措施,做好防汛抗洪工作。任何单位和个人都有参加防汛抗洪的义务。防汛工作担负着发动群众、组织社会力量、从事指挥决策等重大任务,而且要进行多方面的协调和联系,因此需要建立起强有力的组织机构,负责有机协同和科学决策,做到统一指挥、统一行动,共同完成防汛抗洪的光荣任务。

(一)各级防汛组织及其职责

建立和健全各级防汛组织并明确其职责,是取得防汛抗洪斗争胜利的关键(图4-2)。

第四章 洪水灾害预防与处置

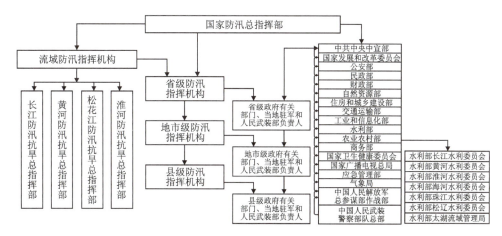

图 4-2　中国防汛抗旱组织机构示意图（据杨卫忠，2009 修改）

(1)国务院设立国家防汛总指挥部。由国务院副总理任总指挥，领导全国的防汛工作。国家防汛抗旱总指挥部成员由中央军委总参谋部和国务院有关部门负责人组成。其日常办事机构即办公室，设在应急管理部门。其职责是统一指挥全国的防汛工作，制定有关防汛工作的方针、政策、法令和法规，根据气象和水情进行防汛动员，对大江大河的洪水进行统一调度，监督各大江河防御特大洪水方案的执行，对各地运用重大分滞洪区要求进行审批，组织对重大灾区的救灾，指导灾区恢复生产、重建家园。

(2)省（自治区、直辖市）、市、县设立防汛指挥机构。有防汛任务的各省（自治区、直辖市）、市以及县级以上地方人民政府，成立防汛指挥部，由同级人民政府有关部门、当地驻军和人民武装部负责人组成，各级人民政府分管负责同志任总指挥长。其办事机构设在应急管理部门，负责所辖范围内的防汛日常工作。各级防汛指挥机构，汛前负责制订防汛计划，组织队伍，划分防守堤段，进行防汛宣传教育和传授抢险技术，做好分蓄洪准备与河道清障；汛期则掌握水、雨、工情，做好预报工作，组织和监督巡堤查险及抢险，传达贯彻上级批示和命令，清理和补充防汛器材，整顿防汛队伍；汛后认真总结经验教训，检查防洪工程水毁情况并制订修复计划，做好器材及投工的清理、结算、保管等工作。

(3)水利部所属的流域管理机构内部组成防汛办事机构。黄河、长江等跨省区市的重要流域设防汛总指挥部，由有关省区市人民政府首长和流域机构负责人组成，负责协调指挥本流域的防汛抗洪事宜。防汛总指挥部执行规定的调度方案。如黄河流域设防汛总指挥部，由河南省省长任总指挥长，山东省、陕西省、山西省主要负责人和黄河水利委员会主任任副总指挥长。长江流域成立长江防汛抗旱总指挥部。河道管理机构、水利水电工程管理单位建立防汛抢险和调度运行专管组织，在上级防汛指挥部的领导下,负责本工程的防汛调度工作(图 4-2)。

(4)水利、电力、气象和海洋等有水文、雨量、潮位测报任务的部门,汛期组织测报报汛站网,建立预报专业组织,向上级和同级防汛抗旱指挥部及上级主管部门提供水文、气象的信息和预报。住建、石油、电力、铁路、交通、航运、邮政以及所有有防汛任务的部门和单位,汛期建立相应的防汛机构,在当地政府防汛指挥部和上级主管部门的领导下,负责做好本行业的防汛工作。

(5)积极在基层探索堤防管理责任承包制。例如安徽省寿县老河卡管理段,1985 年实行责任承包制,27 名职工分段包干堤防,平时 3 天巡堤一次,负责指导护堤专业户对大堤的管理养护及经营。护堤专业户以堤为家,日夜守护大堤,发展多种经营,做到了管理人员经费自给,工程自养有余。

(6)防汛是全民大事,积极动员、组织和依靠广大群众与自然灾害作斗争,除上述主管防汛机构外,气象、邮政、电力、交通、财贸、公安和驻军的主要领导要参加指挥部工作,积极配合、协同作战。

(二)防汛工程检查

防汛工程检查是防汛检查的核心内容,是做好责任制落实、物资储备、落实防汛抢险队伍等防汛准备工作的前提。它的目的是要求查清问题,研究落实度汛措施,确保病险工程安全度汛,因此必须从严、从细、从实抓好该项工作,切忌"层层听汇报,现场绕一绕",不仅要知道防汛工程所处的位置、范围,而且要知道洪水灾害的程度及形成原因。

1. 堤防与土坝观察检查

1)观察检查的主要内容

(1)观察堤坝有无裂缝,裂缝是平行于轴线的纵缝,还是垂直于轴线的横缝,或者是圆弧形缝,度量缝宽、缝长及缝深。对于纵缝,要注意其平面形状及延展趋向;对于横缝,则着重查明是否贯穿堤坝及其深度;对于圆弧形缝,要注意其延伸范围及滑动面错落情况。对于可能导致重大险情的裂缝应加强观察,分析和判断发生的原因,密切注意其变化趋势,并对裂缝加以保护,防止雨水注入和人畜践踏。

(2)对背水坡、接合部、坡脚一带,注意观察有无散浸、漏水、管涌、流土、沼泽化及地面凸起软化等现象。观察减压井、反滤排水沟内渗水流量、浑浊度、水温及水色有无异常变化。

(3)检查堤坝顶及坡面有无滑坍、塌陷,护坡块石有无翻起、松动、塌陷架空、垫层流失或风化变质等现象,以及护坡草皮及防浪林的生长情况。

(4)对于海堤,要特别注意由软弱地基引起的沉陷,必要时用水准仪对堤顶高程定期进行测量。此外,要检查风浪对堤坡及堤基的破坏情况。

(5)观察有无害虫(如白蚁)、害兽(獾、狐、鼠等)活动痕迹,发现后应及时追查洞穴并加以处理。

(6)观察堤坝有无挖坑取土、开缺口、放牧及耕种农作物、搭棚屋等人为损坏现象。

(7)对表面排水系统,应注意有无裂缝或是否被破坏;沟内有无障碍阻水及泥沙淤积。

2)观察和检查方法

堤坝险情如果在坡面或顶面显露出来,一般均能及时发现和处理。最危险的险情是堤坝内部存在的裂缝、管涌、洞穴等内部隐患。近几年来各地研制用电测法探测堤坝内部隐患,取得了一定进展。

(1)堤坝隐患探测仪是采用直流电阻法进行探测,如果堤坝土壤为导电均匀的介体,即土的含水量、土层容重较均匀,易导电,电阻率 ρ 较低;土壤各层结构松散或有裂缝洞穴的隐患,局部含水量过大等则不易导电,其电阻率 ρ 较高。通过实测的 ρ 值,即可分析堤内有无隐患。

(2)甚低频电磁法是利用频率为 15~25 千赫兹长波电台发射的电磁波为场源,在地表、空中或地下探测场的参数变化,从而获得电性局部差异或地下构造的信息。电磁波(一次场)在传播过程中,遇到低阻体时,极化形成涡流,涡流在其周围空间产生相当强的二次场。一般情况下,二次场与一次场合成后改变了一次场的振幅、方向和相位,即引起了一次场的畸变,而测量某些参数的畸变即可分析发现地下低阻体的存在。地质体的电性参数变化越大,则地质体内外或空间中电磁场的相应变化也越明显。据此,探测区内电磁场的时空分布状态,便可以寻找或查明地质隐患。

(3)自然电场法是指在自然条件下,无需向地下供电,在地面就可观测到两点间的电位差值的方法。通过观测测线上不同测点的自然电位值,从而分析推断出隐患存在的部位。隐患埋藏越浅,分布范围越大,其中水流速度越大,则观测到的自然电位值就越明显。堤、坝、闸等都是挡水蓄水建筑物,运行时均具有一定水头,若存在渗漏隐患,必然会形成较强的过滤电场,因而,就可以探测隐患位置。

2. 河道防护工程观察检查

河道防护工程是指保护靠溜大堤临河一侧的险工、保护滩地并控制河势的控导工程以及少数为保护滩地村庄的护村工程。其结构形式主要是坝、垛(又称矶头)和护岸3种。

1）对建筑物的观察

观察建筑物有无裂缝、坍塌、垫陷、倾斜、块石松动破坏、垫层流失等现象。

2）密切注意本河段的河势变化

观察上、下游河弯演变趋势、河中洲滩及对岸边滩的冲淤移动、险工贴流范围及主流顶冲点上堤下错位置及变动情况。

3）工程附近流速流态观察

观察有无漩涡、泡水及回流现象，它们的范围、强度有无变化。

4）基础及根石的摸探

探明根石是否流失，坡度、厚度是否达到要求等。

3. 穿堤建筑物观察检查

沿河两岸为了灌溉或排水，常跨堤修建水闸、涵管、虹吸等穿堤建筑物，如黄河下游自 1949 年以来修建引黄涵闸 80 座，分泄洪闸 16 座、虹吸 55 座。这些建筑物破坏了堤防的整体性，它们一旦发生险情，若抢救不及时就常常溃口成灾。因此对穿堤建筑物的检查十分重要，主要方法如下。

（1）观察建筑物各部分有无裂缝、渗漏、管涌、坍塌、倾斜、滑动现象，表面有无脱壳松动或侵蚀现象。

（2）检查涵闸附近土堤与闸墙、翼墙联结部分有无缝隙、渗漏、垫陷、水沟等损坏现象。

（3）过流后，应对输水和泄水建筑物的进口段弯段、岔管段及溢流堰面等部位进行观察，查看有无气蚀磨损或剥落钢筋外露等现象。建筑物末端的边墙底板有无淘刷、排水孔有无堵塞现象。

（4）观察伸缩缝内填充物有无流失或漏水现象。

（5）检查金属结构是否出现裂纹或焊缝开裂，表面油漆是否剥落和生锈。铆接结构应检查铆钉是否松动脱落。木结构有无腐蚀、开裂、虫蛀、脱榫、弯曲等现象。

（6）对于钢板衬砌和钢管、金属闸门的框架和面板，应注意观察有无不正常变形，有无气蚀和磨损。

（7）对启闭机，应观察运转是否灵活，有无不正常的声响和振动，传动机件和承重构件有无损坏磨损、变形，门槽有无堵塞，闸门吊点结构是否牢靠，止水设备是否完好、有无漏水，地脚螺丝是否松动，制动器是否有效，润滑油是否充足，安全保护设备是否完好等。

（8）检查电源、线路是否处于备用状态，备用电源能否正常并入和切断，配电柜的仪表及避雷装置是否正常等。

(9)要仔细查看钢丝绳缆有无锈蚀、断丝除锈油是否流失变质。

(10)要注意涵闸关闸和泄水时闸前水流流态及漂浮物的观察。进水口段水流是否顺直,出口水流形态是否正常稳定,拦污栅是否堵塞壅水。监视上游河弯发展、沙滩动态及其可能对取水口的影响。

(11)观察涵闸下游渠道中有无翻沙鼓水现象。

第二节　洪水灾害预报预警

一、洪水灾害预报预警系统

现代洪水预报预警系统是一整套自动化系统。目前世界上科学技术发达的国家,均在全国主要河流上建立了一整套高度自动化的预报预警系统。这些主要河流指定测站准确及时地发布水位和流量预报,以满足灌溉、发电、防洪、航运、交通运输、给排水以及卫生等需要,其中在防洪调度方面尤为重要。

为了在全国范围内或某些重要区域内建立洪水预报预警系统,要求在全国各主要河流流域上或特区重点河流流域上,建立起足够数量的雨量和水位遥测站。遥测站要求具备高度自动化的设备。它们包括雷达、卫星、火箭、自动化装置微波系统的卡车、航空机、扫描无线电仪、传真设备、电视等。与此同时,要求对所选择的各主要河流的现有气候、水文、水资源、地质、土壤、森林、植被、湖泊与水库塘堰等详细状况了解清楚,具体方法可通过调查、施测或考查历史文献来获得。

在具备以上条件的基础上,便可以着手进行预报预警工作。它可按照各测站的限制水位和警戒水位公开发布洪水预报、警报,展开必要的日常服务工作。

(一)洪水预报与防洪警报的分类及标准

在不同国家,洪水预报与防洪警报的分类及标准有所不同。目前,国际上一般将洪水预警分为3类,即洪水咨询、洪水警报和洪水情报。与之相对应,洪水预报的标准也分为3级。凡是预报测站的水位,根据预报分析的结果,有可能超过预先规定的警戒水位时,要发布洪水咨询。若预报测站实测水位已经达到并超过了规定的警戒水位,而且依据预报推测还有可能超过设计高水位,甚至有可能发生严重的灾害,譬如大坝溃决、坝顶崩溃等,这时必须发布洪水警报。如果预报的情势临时有特殊的变化,事先没有预报出来,而根据最后分析,确认有预报订正的必要,也就是说对原来已发布的洪水咨询或洪水警报需要作修正预报时,则应发布洪水情报。

防洪警报的服务面更为广泛,影响作用也更大。就警报内容来说,它可包括洪水警报、暴潮警报、泥石流警报等。就分类而言,目前国际上将防洪警报分为防洪预备警报、防洪准备警报、防洪动员警报、信号显示、防洪解除警报5类。依据气象天气预报预警和河流具体洪水位,以预先规定的洪水位为依据,将再一次发生涨洪时,应发布防洪预备警报。这时防洪管理部门应该做好派遣防洪人员的准备。对洪情进行分析,如果河流未来洪水位有可能超出警戒水位,就应该发布防洪准备警报。这时实际上是通知防洪管理部门应立即派出防洪人员奔向各防洪要害位置,投入防洪战斗。如果实际河流水位已超出了实际警戒水位,依据洪水警报分析,还有可能出现更恶劣情况,即有可能出现破坏性洪水时,就应发布防洪动员警报。这时防洪管理部门应该向防洪人员发出抗洪动员令。如果河流实际洪水位已超过警戒水位,防洪警报已发布了3道,而且洪水可能造成溃坝、漫堤、裂缝、漏水、河岸崩塌等事故,就应立即发布信号显示。这时防洪管理部门必须再次向防洪人员作进一步抢险的动员令。当河流水位在警戒水位上时,洪水将要消退或洪水位已经退到警戒水位以下,依据洪水预报要求,这时就应该发布防洪解除警报,防洪管理部门可以撤下防洪人员,表示这场防洪斗争已结束。

(二)洪水预报预警信息传递系统的布局

关于信息传递,国际上常用的布局是以最合理、最迅速、最方便的方式进行传递的。

第一种方式是将流量站、雨量站、天气预告系统以及洪水预报预警的气象雷达、气象卫星等的数据迅速传递到洪水预报预警中心,通过自动收集、制定并由计算机操作作出预报预警成果,进行自动发布预报预警。发布单位包括国家部门和民用部门,前者包括兵役部、广播系统、政策系统、洪水委员会和其他地方代办,后者包括民用办公室、机场、航道部门、铁道部门、排灌水部门以及水管区地方部门等。

第二种方式是首先通过遥测与传真收集资料。这方面包括雨量与水位遥测资料、气象卫星与雷达测雨资料、水文观测资料及天气图分析的资料等。其次是人工监测与判别。它包括计算机运行,选择终端显示,河流情报图像显示,对上面收集到的卫星、雷达和天气图分析作监视与判别。

第三种方式是进行计算机的计算与运算。其中包括降水预报计算、洪水选择、洪水预报与闸坝调度计算。

第四种方式是准备执行计划和提出建议报告以及下指令。它包括准备洪水调度计划和建议报告、情报显示和调度闸坝的指令。

第五种方式是发布洪水预报与警报,及时发布到全国各个单位,从而能及时发挥其应有的效益。

关于预报方案计算时间,一般要求绝大多数河流在输入资料时间起至作出洪水预报预警为止,总共约20分钟内完成。预报发布常常采用电话、电报、电传、传真、电视和无线电传递等手段,在最短时间内完成。

二、甘肃省河流洪水预报预警

(一)水情站网建设与分布

甘肃省水情站根据防洪需要分为3类,即全年拍报水情的常年水情站、只在汛期拍报水情的汛期水情站、当水情达到一定标准时才拍报水情的辅助水情站。省内各类水情站,为防汛服务的水文站共有53个,其中省水文局管辖38个,黄河水利委员会管辖15个。此外,还有41个水库站、80个气象部门雨量站。

(二)实时水情信息接收与传递

甘肃省水情信息传递主要有邮电通信网传递、短波话传及数传、水情自动测报3种方式。

1. 邮电通信网传递

这是1990年前甘肃最主要的水情传递方式,一般采用电报和电话形式传递。水情站把观测到的水情信息,按《水文情报预报拍报办法》编拟成水情电报,通过水情站专用线路用电话发至邮电所,然后以电报形式向上级水文部门和防汛部门传递水情信息。

2. 短波话传及数传

这种方式主要应用于全省防汛系统内部的水情信息传递。县级防汛部门通过防汛短波通信网以语音发报、短波传输、手抄记录的形式,将收集到的水情信息逐级报送到上级防汛部门。2000年后,随着计算机等现代技术的发展,许多县区配备了计算机,短波传输方式在甘肃防汛工作中得到了广泛应用。

3. 水情自动测报

这种方式是一种先进的水情传递方式,主要应用于局部小范围的水情测报。如在建有自动测报系统的双塔、鸳鸯池、巴家咀、锦屏等水库,通过在流域内设立雨情、水情遥测站、中继站,通过中心控制室遥测水情,计算机自动处理,完成水情的测验、传递和处理,实时水情信息收集。实时水情信息主要由水文部门接收整理,信息传递、接收与处理以人工操作为主。

(三)洪水预报

洪水预报是指利用过去和实时的水文气象资料,根据洪水形成和运动规律,对未来一定时段内可能出现的洪水情况作出预测。

1. 河道洪水预报

汛期预报防汛河段各指定断面处的洪水流量和洪水位。常用的方法有相应水位法(流量法)和流量演算法。在防汛实际工作中,当洪水发生时,一般都由水文部门将上游某一断面的实测洪水水情按照起涨、峰顶、降落3个过程上报防汛部门,防汛部门根据洪水量级预测洪水演进到下游断面的流量、时间,通知下游根据洪水量级做好防洪准备,人员疏散转移及重点区域防护等。如1996年8月黑河干流暴发洪水,张掖地区抗旱防汛指挥部办公室提前8小时得到上游莺落峡水文站水情信息后,及时向下游各有关防汛部门进行通报预警,使下游有关地区和部门提前做好了防洪准备,减少了洪水灾害损失。

2. 流域洪水预报

根据径流形成原理,可直接根据实时降雨情况预报流域出口断面的洪水总量和洪水过程线,前者是径流预报或产流预报,后者是径流过程预报。甘肃省发生流域性洪水的可能性很小,相应流域洪水预报较少。

3. 河流主要控制站

河流控制站是河道洪水预报的主要站点,经过多年实践和科学分析,确定出了各河流主要控制站的警戒水位、保证水位、史上最大洪水及不同概率的洪水,便于在防汛工作中判断实际发生洪水的量级,以确定采取适当的防御措施。

第三节 山洪灾害防御与应对

一、山洪的概念

山洪一般是指发生在几百平方千米以内的山丘区,由强降雨诱发的急涨急落的洪水,在适当条件下可能伴随泥石流与滑坡的发生。在山丘区,由于水库坝体或河流堤防溃决、冰湖溃决等突然诱发的洪水也称作山洪。《全国山洪灾害防治规划》所指的山洪是仅限于山丘区小流域由降雨引起的突发性、暴涨暴落的地表径流,伴随发生的泥石流是由降雨引起的山洪诱发的泥石流,伴随发生的滑坡为由降雨引起的山洪诱发的滑坡。

对于一般河流来说,从河源到河口可分为上游、中游、下游3段。上游多在山区,下游多在平原。发生山洪的溪沟本身完全处于山区,也可以分为上游、中游、下游3个组成部分。溪沟的上游或集水区,形状如宽广的漏斗,逐渐收缩到隘口。这一区域的特点是水流有侵蚀作用,如塌方与滑坡,雨水的冲蚀,水流对沟道的侵蚀等,然后水流将泥沙挟至中游。溪沟的中游即流通区,是集水区与沉积区之间的过渡段,界限很难明确划分。在理想的状况下,这一区域内既不发生侵蚀,也不发生沉积现象。该区域的特征是水流起输送泥沙的作用。黏土、粉沙及小云母片等以悬浮形式运动,称为悬移质;更大颗粒直径的沙粒、砾石、直径为数百毫米的漂石,因质量较大,以跳跃、滑动或滚动的形式运动,称为推移质。溪沟的下游或沉积区,常称为洪积扇。洪积扇为一个半锥形体,锥尖对着溪沟出口,锥底沿沟汇入的河流展开。山洪流出沟口后,由于坡度减缓,山洪的挟沙能力减弱,泥沙大量沉积,往往粗的先沉,细的后沉。

山洪同一般洪水的另一显著差别是其含沙量远大于一般洪水,密度可达1.3吨/立方米,但它又小于泥石流的含沙量(密度大于1.3吨/立方米)。所以随着山洪中所挟泥沙量的增加,其性质也将产生变化。山洪和泥石流在其运动过程中可相互转化。山洪和泥石流的研究方法有很大差异。对山洪,一般用水力学及河流动力学的方法进行研究;而对泥石流,单纯用水力学的方法进行研究不太可行。

山洪按其成因可分为以下3种类型。

(1)暴雨山洪。在强烈暴雨作用下,雨水迅速由坡面向沟谷汇集,形成强大的洪水冲出山谷。

（2）冰雪山洪。由于积雪或冰川迅速融化而成的雪水直接形成洪水向下游倾泻形成山洪。

（3）溃坝山洪。拦洪、蓄水设施或天然坝体突然溃决，所蓄水体破坝而出形成溃坝山洪。

以上几种成因的山洪可能单独作用，也可能联合作用。上述几种山洪中，以暴雨山洪在我国分布最广，暴发频率最高，危害也最严重，故本书主要介绍暴雨山洪知识。

二、山洪的形成条件

山洪是一种地面径流水文现象，同水文学相邻的地质学、地貌学、气候学、土壤学及植物学等都有密切的关系。山洪形成中最主要的和最活跃的因素，仍是水文因素。山洪灾害的形成条件可以分为自然条件和人为因素。

（一）自然条件

1. 水源条件

山洪的形成必须有快速、强烈的水源供给。暴雨山洪的水源是由暴雨降水直接供给的。我国是一个多暴雨的国家，在暖热季节，大部分地区都有暴雨出现。强烈的暴雨侵袭，往往造成不同程度的山洪灾害。所谓暴雨，是指降雨急骤而且量大的雨。一般说来，虽然有的降雨强度大（如每分钟十几毫米），但总量不大。这类降雨有时并不能造成明显灾害；有的降雨虽然强度小，但持续时间长，也可能造成灾害，所以定义"暴雨"时，不仅要考虑降水强度，还要考虑降雨时间，一般根据 24 小时雨量而定。此外由于各地区的降雨强度、出现频率及其对生产生活的影响程度不同，所以对暴雨的规定，还尚有各地的标准。

2. 下垫面条件

下垫面条件主要指地形地貌、地质和土壤植被等条件。
1）地形地貌条件
陡峻的山坡坡度和沟道纵坡为山洪发生提供了充分的流动条件。由降雨产生的径流在高差大、切割强烈、沟道坡度陡峻的山区有足够的动力条件顺坡而下，向沟谷汇集，快速形成强大的洪峰流量。

地形的起伏对降雨的影响也极大。湿热空气在运动中遇到山岭障碍，气流沿山坡上升,气流中水汽升得越高,受冷越深,逐渐凝结成雨滴而发生降雨。地形雨多降落在山坡的迎风面,而且往往发生在固定的地方。从理论上分析,暴雨主要出现在空气上升运动最强烈的地方。地形有抬升气流,加快气流上升速度的作用。因而山区的暴雨大于平原,也为山洪的形成提供了更加充分的水源。

2)地质条件

地质条件对山洪的影响主要表现在两个方面:一是为山洪提供固体物质,二是影响流域的产流与汇流。

山洪多发生在地质构造复杂的地表岩层破碎、滑坡、崩塌、错落发育地区。这些不良地质现象为山洪提供了丰富的固体物质来源。此外,物理、化学风化作用及生物作用使岩石形成松散的碎屑物,并在暴雨作用下参与山洪的运动。雨滴对表层土壤的冲蚀及地表水流对坡面与沟道的侵蚀,也极大地增加山洪中的固体物质含量。

岩石的透水性影响流域的产流与汇流速度。一般来说,透水性好的岩石(孔隙率大,裂隙发育)有利于雨水的渗透。下暴雨时,一部分雨水很快渗入地下,表层水流也易于转化成地下水,使地表径流量减小,对山洪的洪峰流量有削减的作用;而透水性差的岩石不利于雨水的渗透,地表径流产流多,速度快,有利于山洪的形成。

地质变化过程决定流域的地形。构成流域的岩石性质、滑坡、崩塌等现象,为山洪提供物质来源,对于山洪破坏力的大小起着极其重要的作用。但是山洪是否形成,或在什么时候形成,一般并不取决于地质变化过程。换言之,地质变化过程只决定山洪中挟带多少泥沙,并不能决定山洪发生的时间及其规模。因而山洪是一种水文现象而不是一种地质现象,但是地质因素在山洪形成中起着十分重要的作用。

3)土壤与植被条件

山区土壤(或残坡积层)的厚度对山洪的形成有着重要的作用。一般来说,厚度越大,越有利于雨水的渗透与蓄积,减小和减缓地表产流,对山洪的形成有一定的抑制作用,反之则对山洪有促进作用,暴雨降落坡面很快产生面蚀或沟蚀土层,挟带泥沙而形成山洪。

森林植被对山洪形成的影响主要表现在两个方面。首先,森林通过林冠截留降雨,枯枝落叶层吸收雨水在林区土壤中的入渗从而影响地表径流量。根据已有研究成果,林冠层的截持降雨作用与郁闭度、树种、林型有密切关系。截留量在低雨量时波动大,在高雨量时达到定值,一般为13~17毫米。其次,森林植被增大地表糙度,减缓地表径流流速,增加其下渗水量,从而延长了地表产流与汇流时间。此外,森林植被阻挡了雨滴对地表的溅蚀,减少了流域的产沙量。总而言之,森林植被对山洪有抑制作用。

(二)人为因素

山洪就其自然属性来讲,是山区水文气象条件和地质地貌因素共同作用的结果,是客观存在的一种自然现象。由于人类生存的需要和经济建设的发展,人类的经济活动越来越多地向山区拓展。人类活动增强,对自然环境影响越来越大,增加了形成山洪的松散固体物质,减弱了流域的水文效益,从而有助于山洪的形成,增大了山洪的洪峰流量,使山洪的活动性增强,规模增大,危害加重。

在人类开发利用自然资源的过程中,若开发不当,则可能破坏山区生态平衡,促进山洪的暴发。例如,对森林不合理的采伐,导致山坡荒芜,山体裸露,加剧水土流失;烧山开荒、陡坡耕种同样使植被遭到破坏而导致环境恶化。缺乏森林植被的地区在暴雨作用下,极易形成山洪。山区修路、建厂、采矿等工程建设项目弃渣,将松散固体物质堆积于坡面和沟道中,在缺乏防护措施情况下,一遇到暴雨不仅促进山洪的形成而且会导致山洪规模的增大。陡坡垦殖扩大耕地面积,破坏山坡植被;改沟造田侵占沟道,压缩过流断面,致使排洪不畅,增大山洪规模和扩大危害范围。山区土建设计施工中,忽视环境保护及山坡的稳定性,可能造成山坡失稳,引起滑坡与崩塌;施工弃土不当,堵塞排洪沟道,会降低排洪能力。

三、山洪的形成过程

山洪的形成必须有足够的暴雨强度和降雨量,而由暴雨到山洪则有一个复杂的产流、汇流过程。

(一)坡面产流

坡面产流过程就是降雨产生的水在流域中形成径流的过程。这实际上是流域对降水的一次再分配过程。流域的产流过程受诸多因素的影响,对于山洪的产流过程来讲,主要影响因素有降雨、下渗、蒸发和地下水等。

1. 降雨

强降雨是山洪形成的最基本条件。暴雨的强度、数量、过程及其分布,对山洪的产流过程影响极大。降雨量必须大于损失量才能产生径流,而一次山洪总量的大小又取决于暴雨总量。

2. 下渗

降落的雨水透过地面渗入土壤的过程称为下渗。它在产流过程中具有重要作用。在降雨的不同时间、不同条件下,下渗过程亦不同。一次降雨的下渗量要比植物截留量大得多。随降雨的特征及下渗特征的不同,下渗量可占降雨量的百分之几十到全部,由几毫米到上百毫米。下渗强度随土壤含水量的增加而降低。

我国干旱地区植被生长较差,降雨稀少,地下水埋藏深,土壤缺水量大。一次降雨往往难以满足土壤的含水量需要。要产生地面径流,必须满足降雨强度大于下渗率的条件,这种产流模式称为超渗产流。

对于暴雨山洪这种特殊形式下的径流来讲,由于一般均是在短历时强暴雨作用下发生的,无论是在我国干旱还是湿润地区,其产流形式都主要是超渗产流,不同的是在湿润地区需要更大的降雨强度。

3. 蒸发

蒸发是影响径流的重要因素之一,但对于具有超渗产流特点的山洪而言,其作用可以忽略不计。

4. 地下水

地下水指在土层下及岩石孔隙、裂隙和洞穴中的水。有地下水补给区向排泄区流动的地下水称为地下径流,它与地面径流构成了径流的两个部分。地下水径流量小,出流慢,对山洪的形成作用不大。

(二)汇流过程

山洪的汇流过程是由暴雨产生的水流由流域内坡面及沟道向出口处的汇集过程。该过程可分为坡面汇流和沟道汇流。

1. 坡面汇流

水体在流域坡面上的运动,称为坡面汇流。坡面通常由土壤、植被、岩石和松散风化层构成。人类的经济活动,如农业耕作、水利工程和山区城镇建设主要在坡面上进行。由于微地形的影响,坡面流一般是沟状流,当降雨强度很大时,也可能是片状流。由于坡面表面粗糙度大,以致水流阻力很大、流速较慢;坡面流程也不长,仅100米左右,因此坡面汇流历时较短,一般在十几分钟到几十分钟内。坡面汇流与流域产流几乎是同步进行的。在坡面汇流过程中,降雨的补充、下渗和蒸发作用同时发生,但其影响程度多有不同。

2. 沟道汇流

经过坡面的水流进入沟道后的运动,称为沟道汇流或河网汇流。流域中的大小支沟组成及分布错综复杂,在各支沟的出口相互之间均有不同程度的干扰作用,因此沟道汇流要比坡面汇流复杂。沟道汇流流速比坡面汇流流速快,但由于沟道长度均长于坡面,沟道汇流的时间比坡面汇流时间长。流域面积越大,沟道越长,越不利于山洪的形成。因此,山洪一般均发生在较小的流域中,其汇流形式以坡面汇流为主。

3. 影响流域水流运动的主要因素

1)降雨空间分布和产流面积的变化

降雨空间分布的不均匀性是普遍存在的现象。同样的降雨总量和降雨过程,其空间分布不同,所形成的洪水过程也不同。暴雨中心在下游所形成的洪水同中心在上游的洪水相比,其过程线形状尖瘦,洪峰出现的时间早。

流域的产流面积随时间而变化。除取决于降雨的时空变化外,还与下垫面的产流条件有关。产流面积的大小和产流区域在流域中的位置直接影响山洪的出流过程。此外,降雨中心若是从上游向下游移动,形成的洪峰量大,洪峰高;反之,则洪峰量较小。

2)降雨强度对流域汇流的影响

不同的降雨强度对流域汇流的供水强度不同。对于同样的降雨总量,降雨强度越大,洪峰流量越大,流量过程线也越显尖瘦。

3)流域坡度和流域水系形状对流域汇流的影响

流域的平均坡度越大,坡面汇流流速和沟道汇流流速越快,降雨形成山洪所需的时间越短。流域形状和水系分布对山洪的影响也是明显的。如图4-3所示,扇形水系最利于水流的汇集,各支流、径流几乎同时到达主沟,主沟一般较短,调蓄功能较弱,易形成大的径流量;平行水系(或羽状水系)则由于各支沟洪水在主沟的不同区段分别汇入主沟,并且在向沟口流动时又经沟道较长距离的调蓄作用,形成的径流流量相对较小,对山洪的形成不利;树枝状水系对山洪的影响作用介于前述两者之间。

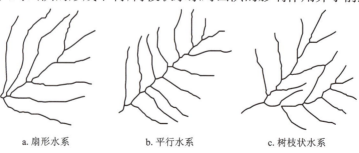

图 4-3 水系形状示意图(高建峰,2006)

四、山洪的危害及在我国的发展态势

山洪是一种自然现象。当山洪形成后,如果通过承灾体,例如城镇、工厂、农村住房、农田、自然资源、道路和桥梁等工程建筑物,就会形成山洪灾害。《全国山洪灾害防治规划》定义的山洪灾害是指由于降雨在山丘区引发的洪水及由山洪诱发的泥石流、滑坡等对国民经济和人民生命财产造成损失的灾害。

据相关资料,我国1950—2000年因洪涝灾害死亡人数为26.3万人,其中山丘区死亡人数18万人,占死亡总人数的68.4%。近年来,山洪灾害造成的死亡人数占全国洪涝灾害死亡人数的比例有所增加,达72%以上,在某些年份比例较高,达到84%。因山洪灾害造成的死亡人数占全国洪涝灾害死亡人数的比例大致呈逐年递增趋势。我国降雨诱发山洪灾害的高易发区主要分布在云南西南部、四川盆地西部和东北部、秦巴山地、湖南南部和西部、湖北西部、淮河上游山区、南岭山地、太行山、燕山、辽东半岛、长白山、大小兴安岭以及新疆的昆仑山、天山等地。甘肃是山洪灾害多发地区,为全国8个重点防治区之一。

五、山洪灾害的特性

山洪灾害的特性包括突发特性、破坏特性、时空特性等方面。

(一)突发特性

由于山洪灾害是由暴雨引起的,同时山区地形地貌复杂,山高坡陡,溪河坡降大,山洪汇流快,降水损失小,径流系数大,因而河流径流汇集,河水陡涨,水流湍急,迅猛异常,造成河堤崩塌,山体滑坡,突发成灾,使人们措手不及,防不胜防。也就是说,形成山洪灾害的暴雨大都是局地暴雨,很难报出,有时即使是比较大面积的暴雨,也很难预报准确。

(二)破坏特性

山洪灾害易发区大多地势高差起伏大,多以变质岩、石灰岩、花岗岩组成的山地为主体。岩石层风化严重,坡面碎石、砂粒聚积量大。

在山洪作用下,巨大的水沙流体对地表产生强烈的水力侵蚀,其结果是侵蚀产沙,削弱了岩土体的抗剪强度,尤其是结构面的抗滑性能降低,使岩土体发展为滑动面和崩塌界面。

侵蚀泥沙的沿途堆积补给了土沙量,增加了岩土体的自重,也增大了地下水动水压力和静水压力,进而降低了斜坡面的稳定性。

在水力与重力的复合作用下,陡坡上的松散土石块等开始向下滑动或崩塌,形成滑坡、崩塌。同时,一股股巨大的水沙流体与滑坡、崩塌后的土石块混为一体,迅速汇集于沟谷,使其储存土石量增加,形成沟谷型山洪泥石流。因此,在一次持续性的强降雨过程中容易形成山洪、滑坡、崩塌、泥石流灾害链。显然,此灾害链是以山洪这一催化剂形成的。

另外,由山洪诱发的各种致灾因子在成链与群发过程中,通过各自的致灾能量一次又一次地破坏资源、环境与人类社会财富积聚体(承灾体),致使山洪波及区域内的经济损失累积值增大,山洪灾情惨重。

(三)时空特性

在影响山洪灾害的众多因素中,暴雨是决定因素。山洪和暴雨两者之间的时空分布关系密切。每年6—9月的雨季是我国大部分地区暴雨频发时间。山洪灾害也大多出现在这一时期,其中尤以7—8月最多。

暴雨同地形因素叠加也利于山洪的形成。在同一地区,由于地形的抬升作用,山的迎风面发生暴雨的频率高,强度大,更易形成山洪灾害。

只要具备陡峻的地形条件,有一定强度的暴雨出现,就能发生山洪并造成灾害。山洪灾害具有重发性,在同一流域,甚至同一年内都可能发生多次山洪灾害。

山洪灾害具有夜发性。暴雨山洪常在夜间发生,这一现象可以解释为:在白天,山下(山麓)空气增温很剧烈,促使上升气流很强,并且在黄昏时形成云,由于夜间降温很多,云转化为雨降落,如果局部增温能促使从远处移来的不稳定的潮湿气团上升,会使降落的暴雨强度更大。暴雨山洪常在夜间发生这一特点,对于保护人畜财产以及进行观测研究都是十分不利的,并由此带来许多困难和造成严重的灾害,应予以足够重视。

六、甘肃山洪灾害

甘肃山洪灾害频繁,造成的经济损失和人身伤亡严重。受地理位置、地形地质、水文气象、土壤植被等自然地理条件和人类活动因素的影响,甘肃山洪灾害具有以下基本特点。

(1)发生频率高。甘肃山洪灾害,可以分为暴雨洪水、泥石流、滑坡、冰凌洪水、融雪雨雪混合型洪水灾害等几种类型,其中以暴雨洪水灾害为主。暴雨洪水灾害又分为短历时局地性暴雨洪水灾害、中等历时区域性暴雨洪水灾害和长历时大范围洪水灾害3种类型,其中以短历时(数小时)局地性暴雨洪水类型居多。"星星点点,面上开花"是对甘肃山洪灾害的形象描述,就点而言,高强度暴雨发生的频率是极其稀有的,而面上的概率却很高。

(2)分布范围广。甘肃省各地都有发生山洪灾害的可能。据已掌握的资料,河西走廊西部的阿克塞一带,中部的金昌地区,东部的古浪土门一带,黄河流域的洮河、大夏河中下游、兰州市黄河两岸、渭河陇西至天水段、泾河六盘山区、子午岭两侧以及白龙江宕昌至碧口区间都发生过灾害性的暴雨洪水,灾情十分严重。易发区主要分布在乌鞘岭西侧、太子山区、黄河沿岸、六盘山两侧、子午岭西麓、渭河陇西—天水段、白龙江宕昌—临江段以及白龙江左岸地带。

(3)小流域是多发区。甘肃洪水灾害量级与国内外记录相比,有一个重要特点,即600平方千米以下小面积流域最大洪峰流量可以达到国内外最高记录水平,如宕昌化马"76·7"洪水、武山天局"85·8"洪水的峰值都达到或接近世界最大洪水外包线。可见,甘肃小面积流域洪水量级之大,是十分惊人的,也是省内小面积流域洪水灾害多而重的原因。600平方千米以上流域,随着面积的增加,洪水的峰值越来越小,与世界最大洪水外包线的差值越来越大:1000平方千米流域的暴雨洪水国内外记录为 15 000 立方米/秒,甘肃为 5000 立方米/秒,只有国内外记录的1/3;10 000 平方千米流域的暴雨洪水,国内外记录为 31 000 立方米/秒,甘肃为 9000 立方米/秒,只有国内外记录的29%。这说明甘肃大、中面积流域洪水量级显著低于国内外记录,也是甘肃大面积洪水灾害相对少而轻的原因。

(4)强度大,破坏力强,难以防御。高强度暴雨洪水陡涨急落,水量集中,来势凶猛,侵蚀力强,冲刷地表,淹埋村庄,摧垮水库大坝,冲毁农田,毁坏道路,对人民生命财产威胁很大,往往在很短的时间内给降雨区带来毁灭性灾害。如1964年7月20日,兰州市西固区突降暴雨,洪水冲入西固福利区,淹埋20余栋职工平房、陈官营火车站和铁路3.4千米等,造成200人死亡,4500间房屋倒塌,直接经济损失5000万元;1973年4月27日,2小时暴雨造成庄浪县李家咀水库垮坝,李家咀村毁于一旦,580人死亡,1153间房屋被毁;1985年8月12日,武山县桦林沟暴雨,70分钟雨量为436毫米,达到国内外同历时最高雨量记录,天局村变成废墟,87人死亡,547间房屋全部倒塌;1976年7月25日,宕昌县化马乡暴雨,两个村庄被埋没,60人死亡,倒塌房屋471间,冲毁耕地91.3公顷,冲走牧畜150头。这些高强度局部暴雨洪水具有突发性特点,发生地点和时间难以预测,也不好预防,而且地表及其环境承受能力低于暴雨洪水的破坏力。

七、甘肃山洪灾害的主要成因

(一)自然地理环境

甘肃山丘区地貌类型多,有光山秃岭的黄土沟壑区,稀疏植被的过渡带,植被良好的森林草原区以及各种地貌的混合区,其产流汇流条件千差万别。黄土沟壑区多为梁峁地形,沟壑发育,植被很差,汇流快,洪水集中,为超渗产流模式,在相同暴雨条件下,单位面积洪峰流量最大,陇东和中部广大黄土沟壑区在暴雨并不是最大的情况下成为洪峰流量模数的最高值区。森林和草原区,对水流有滞留和调蓄作用,往往延长洪水过程,降低峰值,为蓄满产流模式,在相同暴雨条件下,单位面积洪峰流量最小;甘南草原、子午岭林区、六盘山林区、祁连山高山区等森林和草原区,成为洪峰流量模数的最低值区。土林及土石林混合区介于上两种情况之间,由于植被好坏的综合影响,洪水过程往往在胖峰过程上加孤独的尖峰,如武都、红旗等站中上游植被良好段形成肥胖型洪峰,中下游植被差段形成尖瘦型洪峰,两部分叠加成为"胖加尖"峰型,危害性更大。

甘肃乌鞘岭以东的河东地区主要属黄土沟壑区,大部分被松软的黄土覆盖,极容易遭受面蚀、沟蚀等水力侵蚀,常被侵蚀沟切割得支离破碎,沟壑纵横,并兼有滑坡、崩塌、泻溜等重力侵蚀以及泥石流或泥石流侵蚀等地质灾害;陇南山区属复合断裂带,地层结构破碎,新构造运动强烈,地震较为活跃,一遇暴雨洪水,促使新老侵蚀沟再度复活,形成以面蚀和沟道重力侵蚀及泥石流侵蚀为主的地质灾害,是我国滑坡、泥石流严重危害区之一。上述不良的地质条件,不仅是发生山洪灾害的温床,而且会大大加剧山洪灾害的危害程度。

(二)暴雨

甘肃暴雨一般发生在每年的5—10月,大暴雨多发生在7—8月。山洪灾害与暴雨同步,据统计,山洪灾害年内发生季节,以6—9月为主发期,85%～90%水灾发生在这一期间,其中70%发生在7—8月,以7月下旬出现频次最高。

(三)社会因素

灾害的发生并非仅源于各种自然因素,人类不合理的行为会在一定程度上导致灾害发生或加重灾害成果。如与河争地、围河造田、乱建滥采、倾倒垃圾等行为,缩小过水断面,阻碍行洪,危害两岸安全,加重灾害损失等。

八、甘肃山洪灾害区划

全省山洪易发区面积 12.5 万平方千米，涉及 83 个县市区；易发山洪沟道有 2469 条，涉及 1100 个乡镇 740 万人口。有两个山洪高易发区：陇南、甘南东部山洪灾害高易发区（包括舟曲县、宕昌县、武都区、文县、成县、西和县、礼县、徽县、两当县和康县等 10 个县区）；陇西、陇东黄土高原山洪灾害高易发区（包括渭河流域的漳县、陇西县、通渭县、武山县、甘谷县、秦安县、北道区、秦州区、张家川县、清水县等；泾河流域的庆城县、华池县、环县、镇原县、正宁县、宁县、崆峒区、华亭市、泾川县、崇信县、灵台县等；洮河流域主要有岷县、临洮县、广河县、康乐县、和政县、临夏县；黄河干流流域主要包括永靖县、兰州市区、会宁县、靖远县等 31 个县市区）。

九、山洪灾害防御

从广义上讲，山洪灾害防御包含治理和应对两个方面。治理方面，主要是修建堤防工程、疏浚整治沟道、流域封禁保护、植树种草等措施，这些措施需要的投资高、周期长、见效慢，并且山洪沟道往往伴有泥石流，或者挟带大量砂石、柴草等杂物，一旦发生山洪，经常填塞沟道，使防洪工程失去效能，洪水翻越堤防，淹没村庄，造成损失。从这个意义上讲，工程治理措施不可能根除山洪危害，需要在应对方面下功夫。应对方面，主要包括辨识与排查风险、山洪监测预警、制定防御预案等，以最大限度地减少人员伤亡，保障生命安全。自 21 世纪初以来，随着现代通信信息技术迅猛发展，监测预警技术能力显著提高，广大防汛工作者积极探索建立预警避险体系，在山洪防御中发挥了积极作用，应对管理成为现代或近一段时期山洪防御主要的、行之有效的防御措施。本小节重点对山洪灾害防御进行阐述和说明。

（一）山洪风险辨识与排查

辨识或排查山洪风险，是制订预案、开展预警、组织转移的重要基础工作。只有准确掌握了山洪影响范围和影响范围内的人员等情况，才能合理布设暴雨山洪测站，制订转移方案，确保发生山洪时，人员快速、安全地转移到安全地带。山洪风险包括自然和人类活动两个方面的因素：自然因素如风险区地势平坦，发生超标准山洪容易造成大范围淹没；人为活动因素如一些房屋违背自然规律，修建在低洼滩地上，道路桥涵等过水能力不足，沟道治理不合理等。

风险排查包括专业排查和经常性排查两个方面。自 21 世纪初以来，有关行业部门组织进行了两次大规模的专业排查,形成了比较全面可靠的专业排查成果,可用于山洪治理和应对管理工作。第一次是,2004年甘肃省水利部门组织编制山洪灾害防治规划,初步摸清了甘肃山洪灾害易发范围、沟道数量和风险区人员等经济社会分布情况。2010年以后,水利部门实施山洪灾害防治非工程措施项目,以县为单位组织开展山洪灾害调查评价,形成了调查评价成果。第二次是,2020年应急部门组织开展自然灾害风险普查,对包括山洪灾害在内的各类自然灾害进行了普查,到2022年,基本完成了普查任务,正在推广应用。这些成果,县级水利部门、应急部门都有成果资料,公开提供服务,学习和实践中可联系相关部门获取资料。

经常性排查是指汛前检查,对风险动态变化情况进行的复核、补充排查工作,是制定汛期山洪防御工作方案的重要环节,也是广大防汛应急工作者的工作难点和堵点。下面对山洪风险部位辨识和排查进行重点阐述。从山洪发生规律和防汛工作实践总结来看,风险部位主要有以下几个方面。

1. 沟道内部

"通则无害。"山洪形成灾害,根本原因是沟道不畅通,山洪不能畅泄,侵害承载体安全,洪水沟道与人类没有形成和谐共生关系。风险排查主要内容是检查沟道内有没有淤积垃圾、杂物和树木杂草侵占泄洪断面,阻碍泄洪。更严重的情况是,沟道多年不泄洪,下游逐渐被开垦为耕地,有的开发为农村集市,有的建成村民住房和学校、医院、活动中心等公共建筑,人口相对密集,一旦发生山洪,将造成严重损失。汛前检查要注意认真排查,清理淤积垃圾、杂物和树木杂草,明确监测预警和避险方案。

2. 沟道出山口

沟道出山口是山区进入相对开阔谷地的重要部位,出山口以下地势相对开阔,往往村庄房屋密集,出山口山洪畅泄能力对下游村庄安全至关重要。出山口特殊的地理位置,也往往是修建桥涵的有利部位,桥涵泄洪不畅、淤塞堵塞,造成洪水壅高、路堤满溢溃决,形成"溃坝"洪水,往往形成重大灾害。2018年7月18日,东乡县果园乡陈何村上游桥涵发生类似事件,造成下游房屋被冲,人员伤亡。因此,山洪风险排查要把沟道出山口桥涵作为重要排查对象,分析过洪能力和淤塞堵塞风险,明确暴雨期间巡查、驻守观测、信息报告等措施。

3. 沟道两岸

沟道两岸邻近区域是山洪淹没的重点风险区。在甘肃南部地区,由于人口和资源环境压力,村庄和居民房屋逐渐向沟道边缘发展,容易造成房屋淹没和人员伤亡。2017年8月7日,文县梨坪镇羊汤沟发生泥石流,将沟道两岸70多户群众房屋不同程度压埋,所幸预警转移及时,只造成1人死亡;2019年7月29日,迭部县达拉乡次哇村发生山洪,将位于紧邻沟道、低洼滩地上的10户群众房屋和村集文化中心冲毁,造成4人死亡;2023年9月7日,夏河县麻当镇果宁沟发生山洪,果宁村加吉村紧邻沟道的党群活动中心和部分群众房屋被冲毁,造成7人死亡。因此,沟道两岸的房屋和公共建筑山洪安全风险高。

4. 沟道弯道

从自然角度讲,弯道凹岸与水流顶冲,易受洪水冲击,水位相对较高,漫溢改道风险高。现实中,位于村庄附近的沟道大部分是人工改道形成的弯道,违背洪水自然规律,一旦发生洪水,弯道凹岸堤防承受水压力大,堤防基础易造成冲刷,可能造成决口,洪水回归故道。加之人工改道往往在凹岸堤防内侧,为耕地、村庄等人口经济密集区域,回归故道的洪水将给承载体造成毁灭性灾害,要把弯道内侧群众房屋、公共建筑作为排查辨识重点。

5. 村内道桥

由于现阶段农村基础设施建设投入不足,大部分跨越沟道的交通设施为过水路面、漫水桥、桥涵等,一些便桥建设标准也较低。发生山洪后,洪水挟带的柴草杂物往往堆积在桥涵上游,壅高水位造成桥涵上游洪水漫溢,堆积物冲决后加大下游洪水流量,使桥涵成为主要的山洪发生部位。近年一些地方发生的山洪灾害,由于桥涵壅高水位而加重灾害的事例并不鲜见。

6. 偏远临时居住点

偏远临时居住点往往通信不畅,是预警和组织转移的难点。特别是在建工程驻地、农村个体养殖、沟道采石采砂点、涉沟休闲旅游场所等临时建筑,建设前风险评估不足、行业监管不到位、企业法人和雇主等防汛意识不强,是山洪防御的薄弱环节,近年省内外这方面的案例和教训很多。2022年7月10日,古浪县黄花滩镇发生山洪,一个体养殖场被淹,造成3人死亡;2023年7月10日,夏河县麻当镇獐子沟发生山洪,一采砂场驻地被淹,造成4名砂场工人死亡;2023年8月21日凌晨,四川省凉山州金阳县芦稿镇发生山洪,沿江高速一施工工地被淹,造成4人遇难,48人失联;2023年8月11日,陕西省西安市长安区滦镇街道喂子坪村鸡窝子组域内多处发生山洪和泥石流灾害,事发地为休闲度假点,造成2人死亡,16人失联。

7. 农村基层公共用房

总体上讲,农村基层公共用房的山洪风险包括在前述6个类型之中。之所以将农村基层公共用房单列叙述,是因为这方面的风险比较突出。近些年来,基层村委会、村级党群活动中心、文化活动中心等公共用房建设投入加大,但建设风险评估不够,加之陇东南地区自然地理条件特殊,平整开阔的土地较少,很多公共用房建设在低洼滩地上,紧邻山洪沟道,造成房屋被毁、人员伤亡的灾害较多。2019年,迭部县达拉乡次哇村"7·29"山洪灾害,被洪水冲走的4人居住在文化活动中心;2023年,夏河县麻当镇果宁村加吉村"9·7"山洪灾害,被冲走的7人为居住在党群活动中心的维修工人,夏河县被冲毁的村级文化卫生治安等公共建筑达12处之多。

(二)暴雨山洪监测预警

自21世纪初以来,气象、水文观测站建设有了长足发展,自动观测、自动传输能力提高,站点建设加快,站网覆盖度提高,为开展暴雨山洪监测预警创造了有利条件。同时,公共网络发布的实时监测信息也极大地提升了全社会研判分析的能力。

1. 气象观测站网

气象部门已建成雨量观测站1832个,其中国家站344个,省级站1488个,覆盖县级以上城镇和1238个乡镇,乡镇覆盖率达97%,监测实时降雨,提供暴雨信息服务。可通过县级以上气象部门建立气象服务机制,获取相关信息。

2. 山洪监测系统

水利部门建设的山洪灾害监测预警系统,以县级监测预警平台为中心,接收沟道流域内自动雨量站雨量,分析生成预警信息,通过设立风险区村庄的预警广播发布预警,并向风险区干部群众、当地防汛行政责任人、部门责任人发送预警短信。共建成自动雨量站4206个,自动水位站243个,接入气象部门站点306个,建成简易雨量站12 843个,简易水位监测站1856个,无线预警广播11 388个,基本覆盖83个县市区山洪易发小流域。其基本运行模式是,县级监测预警平台接收自动雨量站、水位站的观测数据,自动分析研判信息,对触发临界雨量阈值的站点和信息,以人机交互形式开启无线预警广播站发布临灾预警,通过传真电话方式,向风险区干部发布信息。同时,防汛部门可接入该系统,实时共享雨情信息。

3. 雷达监测站

甘肃现有嘉峪关、张掖、兰州、西峰、天水、陇南、甘南、定西等 8 个多普勒雷达站,并在陇南、临夏等地布设多部 X 波段雷达,实时观测对流天气和局地暴雨,监测信息全国联网,每 5~6 分钟发布一次监测信息,在中央气象台网站公开对外发布。可登录网站获取信息,监视强对流和暴雨天气实况。

4. 防汛抗旱决策支持系统

2022 年,应急管理部防汛抗旱决策支持系统投入应用,接入了全省暴雨监测站点、主要河流气象水文信息及大中型水库实时信息,提供汛情监视和防汛信息服务。应急管理部门在职工作人员可通过注册培训账户的手机号码,短信验证登录。

(三)基层山洪防御预案

基层山洪防御预案,特别是村一级的防御预案,是山洪灾害临灾应对的"作战图",预案完整度高、操作性强对做好预警转移工作至关重要。编制应急预案,要充分分析应用风险排查成果和资料,向相关部门咨询掌握预警控制站、临界雨量等重要技术指标,明确决策指挥权限,做到"谁下令、何时转、转移谁、转到哪、怎么转"等关键要素和核心内容。

1. "谁下令"的问题

"谁下令"就是在关键时刻,谁来决策拍板,下令转移群众。这既是权利,也是责任。山洪灾害形成机理比较复杂,对同一个沟道而言,前期降雨、降雨强度、雨带移动方向等要素,都会影响山洪形成和山洪流量大小。在同样的时段,一定的降雨量可形成灾害性山洪,也可能不发生山洪,限于当前水文预报技术,准确预报山洪的难度较大,提前设定的阈值需要不断修正完善优化,很多时候喊"狼"来了但"狼"没来的情况也经常发生。决策下令肩负重大职责,面临贻误时机和过度预警两个方面的风险。明确决策拍板权限和相关指标,既是授权,也是一种容错免责机制。

2. "何时转"的问题

对一个具体村庄的预案而言,"何时转"包括两个要素。第一个是控制站,要调查掌握村庄上游暴雨观测站设置情况,咨询分析各测站对沟道山洪的控制规律,明确预案以哪个测站,或者哪几个测站的暴雨量作为判定依据。第二个是临界雨量,要咨询分析控制站暴雨历时、暴雨量对山洪形成的影响作用,确定不同时段可能成灾的暴雨量,作为下达转移避险指令的判定指标,坚决明确一旦达到临界雨量,必须果断转移避险。

3."转移谁"的问题

"转移谁"就是发生暴雨山洪要组织哪些人转移避险。编制预案时要充分运用风险排查资料,从最不利的情况考虑,划定风险区,建立准确可靠的风险区人员台账,健全预警联络机制,确保发布山洪预警时,风险区群众知晓自己要转移,防汛干部知道要组织哪些人转移避险,这是做到应转尽转、不落一人的关键。要通过细致认真的工作,坚决防止遗漏人员造成伤亡,也要避免大而化之、全村转移的现象,造成不必要的劳民伤财和埋怨声。

4."转到哪"的问题

"转到哪"就是从风险区转移出的群众到什么地方避险,也就是要确定安全区。总的原则是就近安置避险,避免一律集中避险。要根据村庄自然地理特征、风险区分布,采取"户对户"安置、安全公共用房安置等多种形式,确定安全区;要细化风险区群众与转移安置点的关联关系,确保高效快速组织群众转移。同时,由于整个转移避险过程中,降雨仍在持续,要尽可能防止把广场等露天场所作为转移避险点,确保避险群众不受风雨之害。

5."怎么转"的问题

"怎么转"和"转到哪"紧密相关,"怎么转"是指转移路线,"转到哪"是指转移目的地。作为转移路线,务必要保证道路安全,转移不穿越风险区,就近向高处转移。同时,怎么转还包括转移组织管理方面的要求:既要明确老、弱、病、残、幼等特殊人群帮助责任和措施,确保能够快速、高效转移避险;也要制定转移过程、安置区域等管理控制方案,实时掌握转移动态,跟进督促未转移人员尽快避险,防止转而复返造成人员伤亡。

(四)汛前准备工作

对基层乡镇村社而言,汛前准备,除了组织排查风险、修订完善预案等前述工作外,还要做好责任落实、监测预警设施维护、防护保障器材配备等工作。

1. 责任落实

2022年3月,甘肃省防汛抗旱指挥部印发《关于加强防汛抗旱责任制管理的指导意见》，对山洪灾害防御责任体系建设，提出了山洪灾害防御"县级领导包乡、乡级领导包村、村级领导包户、党员干部包群众"的四级包抓责任制，明确了相关工作职责。各级责任人应认真履行职责，下沉包抓层级，组织做好防御应对工作。四级包抓的具体内容如下。

（1）县级山洪灾害防御行政责任人和包乡责任人对本级行政首长、防汛主管领导和上级防汛指挥机构负责，主要职责是分级分部门分解落实责任，组织有关部门指导开展风险排查，督促制定实施隐患治理方案，完善预警体制和机制，督促完善并开展预案演练，组织应急救援工作。

（2）乡级山洪灾害防御行政责任人和包村责任人主要职责是组织山洪灾害风险排查，建立健全乡、村信息员队伍和预警机制，制定完善乡、村山洪灾害防御预案，建立和落实汛期值班制度，督促指导开展预警转移等防御救援工作。

（3）村级山洪灾害防御行政责任人和包户责任人主要职责是配合排查山洪灾害风险，逐户摸排安全风险和人口信息，建立风险台账，完善并开展预案演练，建立预警到户到人的工作机制。

（4）村"两委"主要负责人对本村山洪灾害负总责，负责信息接收、预警发布、转移救援，完善预警处置流程，排查本村山洪灾害风险，建立风险台账，确定转移路线和安置区，完善并开展预案演练，落实村级信息员，及时接收并发布预警，第一时间转移风险区群众。同时，分解落实"两委"成员"包户"责任，逐户摸排安全风险和人口信息，建立风险告知到户、预警发布到户的工作机制。

2. 监测预警设施维护

水利部门建设山洪灾害监测预警设施时，给山洪灾害易发地区每个行政村建设了预警广播，为每个责任村配备了简易雨量站、铜锣和报警器。这些设施设备是预警转移的重要工具，在汛前要进行检查维修，确保关键时刻发挥作用。对简易雨量站，要清理量筒尘土杂物，进行注水测试，保障正常运行；对铜锣和报警器，要确保锣与锤齐全，警报器摇动灵活、声音清亮；对预警广播，要进行试运行，及时联系水利部门维护，保证系统运行正常、操作熟练。

3. 防护保障器材配备

山洪灾害往往发生在夜间，组织转移避险时可能暴雨仍在持续，做好基层干部自身防护工作十分重要，要配备必要的防护器材，并定点存放，专人保管，确保齐全完好。必备器材包括救生衣、灯具、雨具等。有条件的地方，要不断提升装备能力，包括改进灯具类型，变手提照明灯为头顶式照明灯，为夜间工作腾出双手；可以配备腰挎式喊话喇叭,为干部组织转移创造条件;可以配备安全手杖等必要的安全工具,为转移救援人员增加安全保障。

(五)科学降低风险

转移避险是在当前防汛基础设施和农村群众房屋现状条件下,防御应对山洪最有效的手段。从长远来讲,应从降低安全风险方面下功夫,不断提升山洪防御能力,减少转移避险的频次,使转移避险这一常态化的工作模式,逐步转变为应对特大山洪的非常态性工作。

突出近年新建的农村基层政府公共建筑作用,建立健全山洪泥石流安全风险管控机制,采取限制居住、提前避险等严格措施,确保干部群众生命安全;制订搬迁、改建等降风险、保安全的实施方案,逐年迁移农村基层政府风险区公共建筑;建立农村基层政府公共建筑建设风险评估机制,科学选址定点,有效化解或降低防洪安全风险。

加大农村中小河流、山洪沟道治理投入,治理山洪泥石流灾害,提升防洪保障能力;以乡村振兴战略实施为契机,结合地质灾害移民搬迁工程实施,整合闲置房屋资源,采取政府补贴、群众自愿等方式,有计划搬迁山洪泥石流风险区住户,最大限度地消除防洪安全隐患。

进一步分析论证雨量监测站网覆盖度、完整性,制订布局优化方案,强化暴雨山洪监测预警能力;深入研究暴雨洪水规律,不断优化预警阈值,健全灾害判别机制,提升预警精准性、指导性;深入研究水系沟系、村庄布局、监测站网关联关系,健全预警发布机制,提升预警指向性、靶向性。

第四节 防洪工程的抢护与处置

一、土质堤坝险情抢护

土质堤坝是指由当地土料和砂砾石经过抛填、碾压等方法堆筑而成的挡水坝,又称当地材料坝。土坝历史悠久,是世界坝工程中应用最为广泛和发展最快的一种坝型。

（一）漫溢

1. 险情

当洪水水位持续上涨并逼近堤坝顶面高程时，若不及时迅速加高防护，水流即漫顶而过。

2. 出险原因

上游发生超标准洪水，洪水位超过堤坝的设计防御标准；汛期发生管涌、漏洞险情，但未能及时处理，渗水淘空堤土而导致堤坝突然塌陷；河道内存在有阻水障碍物，如未按规定修建闸坝、桥涵、渡槽以及盲目围垦，种植片林和高秆作物等，缩小了河道的泄洪能力，使水位壅高而超过堤顶；有的因河道严重淤积，过水断面减小，抬高了水位；风浪或主流坐弯，以及地震、风暴潮等壅高了水位；此外，堤坝施工碾压不实，存在隐患和基础软弱造成较大沉陷等原因，导致堤坝的高度不足，当发生大洪水时有漫溢的可能。

3. 抢护原则

及时、果断，不能延误时机；就地取材；劳力机械要充足，力争在下一个洪峰到来之前全线完成。

4. 抢护方法

堤防防漫溢的方法，不外乎蓄、分、泄3个方面。蓄和分是利用上游水库进行调度调蓄，或沿河采取临时性分洪、滞洪和行洪措施；泄则是采取以修子堤为主的工程措施，扩大河段的泄洪能力。水库土坝漫溢险情，除了与堤防一样抢修子堤外，还可采取启用非常溢洪道或炸开副坝等非常措施。当风浪较大时，可一面在迎水面打"人墙"（人与人臂挽臂、肩并肩背对洪水）防浪，同时抢运土料，抢加子堤。土袋要相间压好，土料要层土层夯（或用人力蹬踏），分层填起，力保抗洪安全。

5. 注意事项

（1）为争取时间，子堤断面开始可修得矮小些，然后随着水位的升高而逐渐加高培厚。

（2）抢修子堤，要保证质量，以防在洪水期经不起考验，造成漫决之患。

（3）抢修子堤要全线同步施工，决不允许中间留有缺口或部分堤段施工进度过缓的现象存在。

（4）抢修完成的子埝，一般质量差，应派专人严密巡查，加强防守，发现问题要及时抢护。

（5）子堤切忌靠近背河堤肩，否则，不仅缩短了渗径和抬高了浸润线，而且水流漫过原堤顶后，顶部湿滑，对运料及继续加高培厚子堤的施工都极为不利。

（二）散浸

1. 险情

水库高水位运行或在汛期高水位下，堤坝背水坡及坡脚附近出现土壤潮湿或发软并有水渗出的现象，称为散浸。散浸是堤坝较常见的险情，如在1954年长江洪水灾害中，荆江堤段发生散浸险情235处，长达53 450米。散浸险情若处理不及时，就可能发展为管涌、滑坡或漏洞等险情。

2. 出险原因

水位超过堤防设计标准，高水位持续时间较长；当堤坝断面不足，背水坡偏陡时，浸润线可能在背水坡出逸（图4-4）；堤坝内土质多沙，尤其是分层填筑的沙土或粉沙土，透水性强，又无防渗斜墙或其他有效控制渗流的工程设施；施工时碾压不实，土中多杂质，施工时用淤土块或冻土块直接填筑，施工接头不紧密，堤坝内部存在隐患，堤防与涵闸、土坝与输水管、溢洪道接合不实等均能引起散浸。

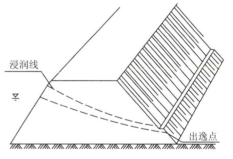

图4-4 堤身散浸示意图（赵绍华，2003）

3. 抢护原则

抢护以"临水截渗，背水导渗"为原则。临水坡用黏性土壤修筑前戗，可以减少渗水浸入，背水坡用透水性较大的砂石或柴草等导渗材料，水通过反滤层后，只有清水流出，而无土粒流失，从而降低浸润线，保持堤坝稳定。在抢护渗水之前，应先查明发生渗水的原因和险情的程度。若浸水时间长且渗出的是清水，水情预报水位不再上涨，要加强观察，注意险情变化，可暂不处理。若渗水严重或已开始渗出浑水，则必须迅速处理，防止险情扩大。

4. 抢护方法

1）临水截渗

此法通过增加阻水层,可减小渗水量,降低浸润线,达到控制渗水险情和稳定堤坝的目的。凡水深不大,风浪较小,附近有黏性土且取土较易的地段,均用此法。背水抢护困难,必须在临水进行抢护以及有必要在背水同时抢护的重要堤坝,均可采用临水截渗法进行抢护。

2）反滤层导渗沟

此法适用于背水坡大面积严重渗水的情况,具体做法是在背水坡导渗沟铺设反滤料,使渗水集中在沟内排出,避免带走土壤颗粒,以降低浸润线,使险情趋于稳定。

3）反滤层法

对透水性强的堤坝,在反滤料源丰富以及断面较小或土体过于稀软不宜作导渗沟时,可采用反滤层法抢护。此法主要是在渗水坡上铺满反滤层,使渗水排出。

4）透水后戗法

此法又称透水压浸台法。其作用是既能排出渗水,防止渗透破坏,又能加大断面,达到稳定堤坝的目的。它一般适用于断面单薄,坡面渗水严重,滩地窄狭,背水坡较陡或背水坡脚有潭坑、池塘的堤段。

5. 注意事项

（1）抢护散浸险情,应尽量避免在渗水范围内来往践踏,以免加大加深稀软范围,造成施工困难和扩大险情。

（2）如散浸堤段的堤脚附近有潭坑、池塘,在抢护散浸险情的同时,应在堤脚处抛填块石或土袋固基,以免因堤基变形而引起险情扩大。

（3）砂石导渗要严格按质量要求分层铺设,要尽量减少在已铺好的层面上践踏,以免造成滤层的人为破坏。

（4）采用梢料作为导渗、抢险材料能就地取材、施工简便、效果显著,但梢料容易腐烂,汛后须拆除,并重新采取其他加固措施。

（5）在土工织物以及土工膜、土工编织袋等化纤材料的运输、存放和施工过程中,应尽量避免和缩短其直接受阳光暴晒的时间,并须于工程完工后,在其顶部覆盖一定厚度的保护层。

（6）忌在背水坡用黏性土做压没台,因为这样会阻碍渗流逸出,势必抬高浸润线,导致渗水范围扩大和险情恶化。

(三)管涌

1. 险情

在堤身背水坡脚附近或堤脚以外的洼坑、水沟、稻田中出现孔眼冒沙的现象称为管涌。土体在渗透力作用下,有些细颗粒被渗流冲刷带至出口流失,或向相邻的粗粒土体的孔隙中流失,流失土粒逐渐增多,渗流流速增大,较粗颗粒也逐渐流失,久而久之,便会贯穿成连续通道,形成管涌。如果渗流出口是极均匀的沙土或黏壤土,而且在渗流出口附近存在较高的剩余水头,所产生的浮托力超过覆盖土的有效压力时,则渗流出口土体被顶破、隆起、击穿发生沙沸,或土体突然被冲失,局部成为洞穴、坑洼,这种现象称流土。管涌和流土都可能引起堤身坍塌、蛰陷、裂缝、脱坡,甚至决口等重大险情。管涌一般发生在背水坡脚附近或较远的潭坑、池塘或稻田中。管涌孔径小的如蚁穴,大的数十厘米;少则出现一两个,多则出现管涌群。一般粉细沙层,颗粒细小均匀,且无黏性,在很小的渗透压力作用下,粉细砂颗粒即易被渗水带走形成管涌。发生管涌和流土时,不论距堤远近,均不能掉以轻心,必须迅速抢护。牛皮包又称鼓泡,常发生在黏土与草皮固结的地表土层,它是由于渗压水尚未顶破地表而形成的,发现牛皮包时亦应抓紧处理,不能忽视。

2. 出险原因

堤基为强透水的沙层,或透水地基表层虽有黏性土覆盖,但由于天然或人为的因素,土层被破坏,在水位升高时,渗透坡降变陡,渗透流速及压力加大,当渗透坡降大于堤身堤基土体允许的渗透坡降时,即发生渗透破坏,形成管涌;或者背水黏土覆盖层下面承受很大的渗水压力,在薄弱处冲破土层,渗水就会将下面地层中的粉细沙颗粒带走而发生管涌。

根据各地险情分析,对下列情况应特别注意管涌的发生。

(1)历史上溃口的堤段,由于原黏性土覆盖层遭到破坏,堤口的堤段复堤后,防洪人员在检查管涌险情时,应特别注意堤所处的渊潭。

(2)历年在堤内取土,破坏或削弱了黏土覆盖。

(3)大堤建涵闸,闸后开挖渠道或水流冲刷破坏了覆盖层。

(4)人为破坏因素有:地质勘探人员对地质钻孔的处理不符合要求;当地群众在堤防的防洪部位挖水井、机井或鱼池等。

3. 抢护原则

翻沙鼓水险情由地基强透水层渗漏引起,临水面入渗处水深大,距外坡脚较远,因此难以在临水面采取堵截措施,所以管涌抢护原则为"反滤导渗,制止涌水带出泥沙",即"导水抑沙"。对于小的仅冒清水的管涌,可以加强观察,暂不处理;对于出浑水的管涌,不论大小,必须迅速抢护。"牛皮包"在穿破表层后按管涌处理。

过去一些地方对管涌险情采取修筑平台或建围井办法,旨在用土重或提高井中水位来平衡渗水压力。实践证明"压"是压不住的,有压渗水会在薄弱之处另找出路,造成新的管涌,围井范围内土壤受水长期浸泡不利堤身稳定,使用时应慎重。

4. 抢护方法

1)反滤围井

在管涌出口处修筑反滤围井的作用是制止涌水带沙,防止险情扩大。一般适用于背水地面出现数目不多和面积较小的管涌,以及数目虽多,但未连成大面积而能分片处理的管涌群。对于水下管涌,当水深较小时亦可采用此法。

2)反滤铺盖法

此法通过建造反滤铺盖,降低涌水流速,制止泥沙流失,以稳定管涌险情。一般运用于管涌较多、面积较大并连成一片且涌水涌沙比较严重的地方,特别是在表层为黏性土,洞口不易被涌水迅速扩大的情况下,可不做围井。

3)透水压渗台法

如图 4-5 所示,修筑透水压渗台可以平衡渗压,延长渗径,减小渗透比降,并能导渗滤水,防止土粒流失,使险情趋于稳定。此法适用于管涌较多,范围较大,反滤料不足而沙土料源丰富之处。具体做法:先将筑台范围内的软泥、杂物清除,对较严重的管涌出水口用砂石或块石、砖块填塞,待水势减退后,修筑透水压渗台。

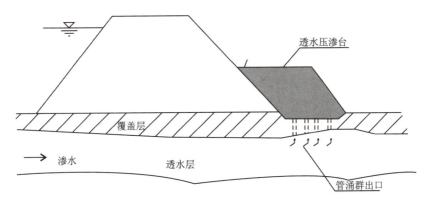

图 4-5　透水压渗台示意图(赵绍华,2003)

4)无滤反压法

依据逐步壅高围井内水位减小水头差的原理,逐步降低渗压,减小渗透比降,制止渗透破坏,稳定管涌险情。此法适用于当地缺乏反滤材料,临背水位差较小,出现管涌的周围地表较坚实,渗透系数较小的情况。由于只压不导,常出现此压彼冒的现象,因此,不得已才使用此法。

无滤反压可在管涌周围用土袋排垒成无滤围井,随着井内水位升高逐渐加高加固,直到制止涌水挟沙,险情稳定为止,并应设置排水管排水。

对个别或面积较小的管涌,可采用无底铁桶、木桶或无底的大缸,紧套在出水口上面,四周用土袋围筑加固,做成无滤水桶,靠桶内水位升高,逐渐减小渗水压力,制止涌水带沙,使险情趋于稳定。

当背水堤坝脚附近出现分布范围较大的管涌群时,可在堤坝出险范围外修筑月堤,截蓄涌水而抬高水位。月堤可随水位升高而加高加固,直到制止涌水带沙和险情稳定为止,然后用排水管将多余的涌水排出,如图4-6所示。

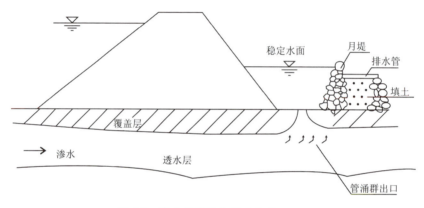

图4-6 背水月堤示意图(赵绍华,2003)

5)"牛皮包"的处理方法

针对地表土层草根或其他胶结体把黏性土层凝结在一起,渗透水压未能顶破表土而形成鼓包的情况,可在隆起的部位,铺一层青草、麦秸或稻草,厚10～20厘米,其上再铺一层芦苇、林秸或柳枝,厚20～30厘米,厚度超过30厘米时可横竖分两层铺放。铺成后用钢锥戳破鼓包表层,使内部的水分和空气排出,然后再压块石或土袋进行处理。

5. 注意事项

(1)在背水处理管涌险情时,切忌用不透水材料强填硬塞,以免断绝排水通路,渗压增大,使险情恶化。

(2)要避免使用黏性土修筑压渗台,因为这违反"背水导渗"的原则。

(3)建造无滤围井,由于井内水位较高,压力大,关键是井周围埝要有足够的高度和强度,适当高度处要设置排水管,以免井壁被压垮,密切注意周围地面是否会出现新的管涌。

(4)用梢料或柴排上压土袋处理管涌时,必须留有出水口,不能中途将土袋搬走,以免渗水大量涌出而加剧险情。

(5)修筑导滤设施时,各层粗细砂石料的颗粒大小要合理,既要满足渗流畅通的要求,又不能让下层细颗粒被带走,一般要求满足层间系数的5～10倍。导滤设施的层数及厚度根据渗流强度而定。此外,必须分层明确,不得掺混。

(四)漏洞

1. 险情

在汛期或高水位情况下,堤坝背水坡及坡脚附近出现横贯堤坝本身或基础的流水孔洞,称为漏洞。出现漏洞险情时,如果不及时抢护,往往很快导致堤防溃决。

2. 抢护方法

1)临水截堵

(1)塞堵法。当漏洞进水口较小,周围土质较硬时,可用棉衣、棉被、草包等物填塞,或用预制的软楔、草捆(图4-7)堵塞。此法适用于水浅,流速较小,人可下水接近洞口的地方。具体做法如下。

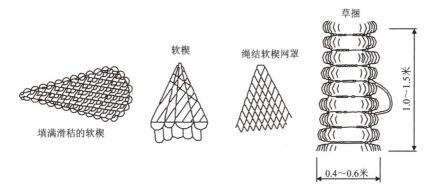

图4-7 软楔与草捆示意图(赵绍华,2003)

软楔做法:用绳结成圆锥网格约10厘米×10厘米见方的网罩。网内填麦秸、稻草等。为了防止入水漂浮,软料中可裹填黏土。软楔大头直径一般40～60厘米,长1～1.5米。为了抢护方便,可事前结成大小不同的网罩,届时根据洞口大小选用,并在抢堵漏洞时再充填料物。

草捆做法:把谷草、麦秸或稻草等用绳捆扎成锥体,粗头直径40～60厘米,长

1～1.5米，务必捆扎牢固。为防水中漂浮，也应裹入黏土，应在汛前制作并储备好，以满足抢险急需。

在采用预制的软楔或草捆时，要小头朝里，塞入洞内，洞口填塞后要用土袋盖压牢固，再用黏性土封堵闭气，达到完全断流为止。

(2)盖堵法。此法为用覆盖物堵住洞口，待初步断流后，再抛压土袋并封土闭气，达到完全断流的目的。根据所用覆盖材料不同，有以下几种方法。

铁锅盖堵(图4-8)：适用于洞口较小、周围土质坚实的情况，一般用直径比洞口大的铁锅，正扣或反扣在漏洞进口上，周围用胶泥封闭；如果锅不够大而略小于洞口，可将铁锅用棉衣、棉被等物包住后再扣。锅压扣紧后抛压土袋并填筑黏性土。

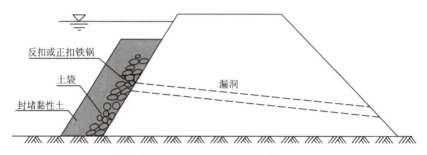

图4-8　铁锅盖堵示意图(赵绍华，2003)

软帘盖堵：适用于洞口附近流速小、土质松软或周围已有许多裂缝的情况。软帘的大小也应根据洞口具体情况和需要盖堵的范围决定，一般可直接选用篷布、草帘、苇箔、棉絮等，将其重叠数层作为软帘，亦可临时用柳枝、芦苇、秸料等编扎软帘。软帘的上边可根据受力大小用铅丝或绳索拴系于顶部的木桩上，下边附以块石、土袋、钢管等重物。盖堵前先将软帘卷起，用杆顶推，顺坡下滚，把洞口盖堵严密后，再抛压土袋并填筑黏性土封死洞口。不少地方采用不透水土工编织布铺盖于漏洞进口，其上再压防滑编织布土袋使其闭气。

网兜盖堵：在洞口较大的情况下，可用预制长方形网兜在进水口盖堵。制造网兜一般采用直径1.0厘米左右的麻绳，织成网眼为20厘米×20厘米见方的网，周围再用直径3厘米的麻绳做网框。网宽2～3米，长应为进水口底部以上边坡长度的两倍以上。用时将网折起，两端一并系于顶部预打的木桩上，网中间折叠处附以重物，将网顺坡下沉成网兜状，然后在网中填以柴草泥或其他物料以盖堵洞口。待洞口覆盖基本完成后，再抛压土袋填筑黏性土封死洞口。

门板盖堵：在水大流急、洞口较大的地方，可随时采用此法。先在门板上抹一层胶泥，将其盖在洞口上，再用席片、油布、棉被或棉絮等盖严，然后抛压土袋并填筑黏性土封死洞口。

(3)戗堤法。当堤坝临水坡洞口较多、范围较大、进水口找不准或找不全时,可用填筑前戗或临水月堤的办法进行抢堵,具体做法如下。

填筑前戗法:其具体做法与抢护渗水的前戗截渗法完全相同,但会遇到填土易从洞口冲出的情况。可先填筑洞口两侧的土,同时筹备一部分土袋集中抛投,初步堵住洞口后,随即再集中倒黏性土,一气呵成,达到封死洞口的目的。

临水月堤法:若水不太深,可将洞口范围用土袋修成月牙形围埝,将漏洞进口围护在围埝内,填筑黏性土进行堵塞(图4-9)。

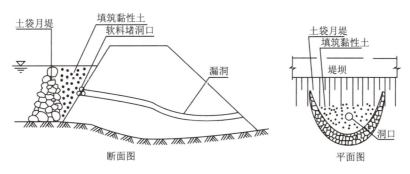

图4-9　临水月堤法示意图(赵绍华,2003)

2)背水导滤

如果进水口无法寻找,或进水口无法堵塞,以及险情严重,外截任务大,短时间难以奏效时,可在外帮的同时,在背水坡采取导滤措施。特别对浑水漏洞,防护措施要齐头并进。

(1)在采用反滤围井时特别值得注意的是,有些漏洞涌水凶急,按反滤要求先抛填沙料有困难,为了减弱水势,可改填瓜米或卵石,甚至块石。先按倒反滤级配填料,然后再按正级配(由细到粗)做成反滤围井,滤料一般厚0.6~0.8米。反滤围井建成后,如继续冒浑水,可将滤料表层粗骨料清除,再按上述反滤级配要求重新实施。

(2)土工织物反滤导渗体将反滤土工织物覆盖在漏洞出口上,其上加压重物进行堵漏。也可制作土工织物排体覆盖洞口,排体上用土工布土袋垒砌围井,如井内排体受水流顶冲而鼓胀时,可抛压0.4~0.5米厚碎石。

3)抽槽截洞

浑水漏洞经过内围反滤处理后,由于漏洞出口较低,水头压力较大,虽做了反滤井也不够安全,如探得漏洞部位较高,同时堤坝顶面较宽,断面较大,可以考虑在堤坝顶抽槽截断漏洞,挖深以不超过2米为宜,挖得太深会造成塌方,增加抢险困难。此法比较危险,必须具备一定的条件。

(1)首先确定漏洞的深度,可在夜深人静时倾听堤坝内流水声进行判断,以决定处理措施。

(2)抽槽后堤坝仍能保持一定的抗洪能力。断面不至于削弱。

(3)要有较宽顶面,使抽槽后顶部仍能保持一定的宽度,必要时可以外帮加宽,不致发生意外。

(4)器材、劳力事先做好充分准备,如麻袋、棉絮、回填土料等。开工后要一鼓作气、一气呵成,不得中途停顿。

(5)抽出漏洞后,先堵死进口,排干渍水,清除淤泥,再堵塞出口。然后用黏性土分层回填夯实,确保度汛安全。

(6)抽槽截洞处理险情的办法,在高水位时危险性较大,必须特别慎重,除特殊情况外,一般不予采用。

3. 注意事项

(1)抢护漏洞险情是一项十分紧急的任务,要加强领导,统一指挥,措施得当,行动迅速。

(2)无论对漏洞进水口采取哪种办法抢堵,均应注意工程的安全性和人身安全,要用充足的黏性土料封堵闭气,并应抓紧采取加固措施。漏洞抢堵加固之后,还应有专人看守观察,以防再次出险。

(3)在漏洞进水口外帮时切忌乱抛砖石土袋、梢料物体,以免架空,使漏洞继续发展扩大。在漏洞出水口切忌打桩或用不透水料物强塞硬堵,以防堵住一处,附近又开一处,或把小的漏洞越堵越大,致使险情扩大恶化,甚至造成溃决。

(4)凡发生漏洞险情的堤段,大水过后一定要进行锥探灌浆加固,或汛后进行开挖翻筑。

(5)采用盖堵法抢护漏洞进口时,须防止在堵覆初期,由于洞内断流,外部水压增大,从洞口覆盖物的四周进水。因此,覆盖洞口后,应立即封严四周,同时迅速压土闭气,否则若堵覆失败,洞口扩大,再堵将非常困难。

(五)裂缝

1. 险情

裂缝是堤防、土坝、河工建筑物和沿河涵闸最常见的一种险情。有些裂缝可能发展为渗透变形,有些可能是滑坡的预兆,另一些可能对大堤并不构成严重威胁,因此应善于识别裂缝的形状,判明其发生原因,不能漠然置之。堤坝裂缝按其出现部位可分为表面裂缝、内部裂缝;按其走向可分为横向裂缝、纵向裂缝、龟纹裂缝;按其成因可分为沉陷裂缝、干缩裂缝、冰冻裂缝、振动裂缝。

2. 抢护方法

1)灌堵裂缝

此法适用于宽度不超过3厘米、深度不超过1米、经观察已经稳定的不甚严重的纵向裂缝及不规则纵横交错的龟纹裂缝。具体抢护方法如下。

用干而细的砂壤土由缝口灌入,再用板条或竹片捣塞坚实。灌塞后,沿裂缝做宽5～10厘米,高3～5厘米的小土埂,压住缝口,以防雨水浸入。灌完后,若又有裂缝出现,证明裂缝仍在发展,应仔细判明原因,根据情况,另选适宜方法处理。

宽度较大、深度较小的裂缝,可以用白流灌浆法处理:在缝顶开宽、深各0.2米的沟槽,先用清水灌一下,再灌水土质量比为1:0.15的稀泥浆,然后再灌水土质量比为1:0.25的稠泥浆,泥浆土料为两合土,灌满后封堵沟槽。

若缝深大,开挖困难,可用压力灌浆法处理,这时可将缝口逐段封死,将灌浆管直接插入缝内,也可将缝口全部堵死,由缝侧打眼灌实,灌浆压力一般控制在1.2千克/平方厘米左右,避免跑浆。

2)开挖回填

该法适用于宽度超过3厘米、深度超过1米、经观察已经稳定且没有滑坡可能性的纵向裂缝。具体抢护方法如下。

沿裂缝开挖一条沟槽,深度挖到裂缝下0.3～0.5米,底宽至少0.5米,边坡以满足稳定及新旧填土结合的要求,并便于施工为度,沟槽的两端应超过裂缝1米。

回填土料应和原堤坝土种类相同,含水量相近,并在适宜含水量范围内,土料过干时应适当洒水,回填要分层填土夯实,每层厚度约20厘米,顶部应高出堤面3～5厘米,并做成拱形,以防雨水灌入。

3)横墙隔断

该法适用于横向裂缝。具体抢护方法如下。

沿裂缝方向每隔3～5米与裂缝垂直方向开挖沟槽,除垂直方向沟槽的槽底长度可按2.5～3米掌握外,其他开挖和回填要求均与上述开挖回填法相同。

若裂缝前端已与临水相通,或有连通的可能,开挖沟槽前应在临水缝前先做前戗截流。若沿裂缝背水坡已有漏水,还应同时在背水坡做反滤导渗,以避免土壤流失。

当漏水严重,险情紧急,或者在河水猛涨来不及全面开挖裂缝时,可先沿裂缝每隔3～5米挖竖井截堵,等险情缓和后,再随机做其他处理措施。

4）防渗土工织物隔断

在横向裂缝段迎水坡铺放防渗土工织物，并在其上用土帮坡，或铺压土袋沙袋，直铺到水面以上。截断水源后再挖一深约0.5米的沟槽或看不见裂缝为止，然后分层填土夯实。堤坝过于单薄或水位过高时不要轻易开挖。

3. 注意事项

（1）发现裂缝后，应尽快用土工薄膜、雨布等加以覆盖保护，不让雨水流入缝中。

（2）对已经趋于稳定，并不伴随坍塌、滑坡等险情的裂缝，才能用上述方法进行处理。

（3）对未堵或已堵的裂缝，均应注意观察、分析，研究其发展情况，以便及时采取必要措施。

（4）发现伴随坍塌、滑坡险情的裂缝，应先抢护坍塌、滑坡险情，待脱险并于裂缝趋于稳定后，必要时再按上述方法处理裂缝本身。

（5）做横墙隔断是否需要做前戗、反滤导渗，或者只做前戗和反滤导渗而不做隔断墙，应当根据具体情况决定。

（六）滑坡

1. 险情

当渗水持续时间较长，在背河堤坡渗水区内发生裂缝且逐渐扩大，堤坡沿裂缝下挫，称为滑坡（也称脱坡）。一般滑坡分圆弧滑动和局部挫落两种。前者滑裂面较深，呈圆弧形，滑动体较大，坡脚附近地面土壤往往被推挤外移、隆起，或者沿地基软弱滑动面一起滑动；后者滑动范围较小，滑裂面较浅，虽危害较轻，也应及时恢复堤身完整，以免继续发展，滑坡严重者可导致堤防决口，须立即抢护。

2. 抢护方法

1）滤水土撑法

在背水滑坡范围全面修筑导渗沟工程，以减小渗水压力并降低浸润线，消除产生背水滑坡的条件，至于因滑坡对断面的削弱则以间隔修土撑的办法予以加固。此法适用于背水坡排渗不畅，滑坡严重且范围较大，取土又较困难的地段。做法如下：先将滑坡松土略加清理，然后在滑坡体上顺坡挖沟，沟深视险情全部开挖或仅下端挖至滑裂面上。沟内分层填铺砂石、秸料或土工织物等反滤材料，并应在顶部作好覆盖保护。可在已完成导渗沟的部分抓紧抢筑土撑，其尺寸应视险情、水情、工情而定。一般每条土撑顺堤坝方向长 10 米左右,顶宽 5～8 米,边坡坡比为 1∶3～1∶5,间距 8～10 米。撑顶高于浸润线出逸点 0.5～2 米。土撑需要分层填土夯实。若基础不好,或背水坡脚靠近水塘,或有渍水、软泥等,要先用块石或土袋固基,并用砂壤土填塘,且砂壤土应高出清水面 0.5～1 米(图 4-10)。

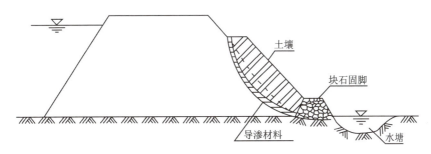

图 4-10　滤水土撑示意图(赵绍华,2003)

2) 滤水后戗法

此法是在背水坡范围内全面作导渗后戗工程,它既能导出渗水,降低浸润线,又能恢复并加大堤坝断面,使险情趋于稳定。此法适用于断面单薄,边坡过陡,有滤水材料和取土较易处,其作用和修筑方法均与滤水土撑相同,区别在于滤水土撑法修筑土撑系分段修筑,而滤水后戗法是全面连续修筑,其长度应超过滑坡堤段的两端各 5～10 米。当土体过于稀软不易做导渗沟时,可用砂石、梢料、土工织物等作反滤材料的反滤层法代替。

3) 滤水还坡法

凡采用反滤结构恢复堤坝断面的抢护滑坡措施,统称为滤水还坡法。此法适用于背水坡由于土壤渗透系数偏小引起浸润线升高、排水不畅而形成严重滑坡的地段。

4) 前戗截渗法(又称临水帮戗法)

此法主要是用黏性土修前戗截渗。若背水滑坡严重,范围较广,在背水坡抢筑滤水土撑、滤水后戗、滤水还坡等工程都需要较长时间,一时难以奏效,而临水有滩地时,可采用此法。它可与抢护背水堤坡同时进行。

5) 护脚阻滑法

此法可用于增加抗滑力,减小滑动力,制止滑坡发展,以稳定险情。做法如下:查清滑坡范围,将块石、土袋、铅丝石笼等重物抛投在滑坡体下部坡脚附近,使其能起到阻止继续下滑和固基的双重作用。护脚加重数量可由边坡稳定计算确定。应将滑动上部重物移走,还要视情况将坡度削缓,以减小滑动力。

3. 注意事项

(1)滑坡是堤坝的一种严重险情,一般发展很快,一经发现就应立即处理。抢护时要抓紧时机,把料物准备齐全,争取一气呵成。在险情十分严重、采用单一措施无把握时,可考虑临背同时抢护或多种方法同时抢护,以确保堤坝安全。

(2)在滑坡体上做导渗沟,应尽可能挖至滑裂面,否则起不到导渗作用,反而有可能跟土坡一起滑下来。若情况严重,时间紧迫,至少应将沟的上下端大部分挖至滑裂面,以免工程失败。导滤材料的顶部要作好覆盖保护,切记勿使滤层堵塞,以利排水畅通。

(3)渗水严重的滑坡体上,要避免大批人员践踏,以免险情扩大。若坡脚泥泞,人不能上去,可铺些柴草,先上去少数人工作。在滑动土体的中上部,不能用加压的办法阻止滑坡,因土体开始滑动后,土体结构已经破坏,抗滑能力降低,加重后加大了滑动力,会进一步促进土体滑动。一般在滑体的上、中部也不能用打桩阻滑,若必须打桩,所用木桩要有足够的直径和长度(据经验,直径15~20厘米的木桩,只能挡住厚1米左右的土)。如果内脱坡土体含水量饱和,或者堤坡陡时,排桩不但难以阻挡滑脱的土体,而且还会导致险情扩大。

(4)背水滑坡部分,土壤湿软、承载力不足,在填土还坡时,必须注意观察,上土不宜过急、过量,以免超载,影响土坡稳定。

(七)跌窝

1. 险情

跌窝又称陷坑,指一般在洪峰前后堤坝突然发生局部塌陷的险情,在顶面、边坡、戗台以及坡脚附近均有可能发生。这种险情既破坏堤坝的完整性,又常缩短渗径,有时伴随渗水、管涌或漏洞,严重时有导致堤坝突然失事的危险。

2. 抢护方法

1)翻筑回填

凡具备抢护条件而未伴随渗水、管涌或漏洞等险情的均可采用此法。具体做法:先将跌窝内的松土翻出,然后分层填土夯实,直到填满跌窝,恢复堤坝原状为止。当跌窝出现在水下且水不太深时,常伴有漏洞,可修土袋围堰或桩柳围堰,将水抽干后,再予翻筑(图4-11)。

翻筑所用土料:若跌窝位于顶部或临水坡,宜用防渗性能不小于原堤土的土料,以利防渗;若跌窝位于背水坡,宜用排水性能不小于原堤土的土料,以利排渗。

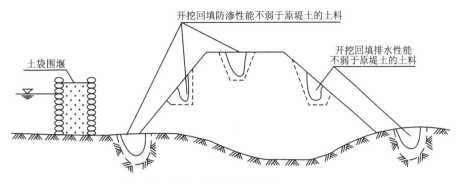

图 4-11　翻筑回填跌窝示意图(赵绍华,2003)

2)抽槽或封堵

当断面单薄、跌窝发生在顶部时,可外帮加宽断面,其宽度应保证翻挖跌窝时不发生意外。沿跌窝开挖,彻底清除全部隐患。若发现漏洞,首先应堵死进口,阻止水注入翻挖部分,再回填夯实。若底部土壤含水量过高,回填质量达不到要求,可在回填土中掺一部分石灰进行填筑,也可用草袋、麻袋装黏性土或其他不透水材料直接在水下填塞跌窝,待全部填满后再抛投黏性散土加以封堵和帮宽。要封堵严密,不能从跌窝处形成渗水通道。

3)填筑滤料

对于伴随渗水、管涌或漏洞险情,不宜直接翻筑的背水跌窝,可先将跌窝内松土和湿软土壤挖出,然后用粗砂填实。若水势汹涌,可加填石子或块石、砖块、梢料等透水料,待水势减弱后,再予填实。待跌窝填满后,可按砂石反滤层或其他反滤材料的铺设方法抢护。

3. 注意事项

(1)抢护跌窝险情应当查明原因,针对不同情况,选用不同方法,备妥物料,迅速抢护。在抢护过程中,必须密切注意上游水情涨落变化,以免发生意外。

(2)翻挖时,应按土质留足坡度或用木料支撑,以免坍塌扩大,需筑围堰时,应适当围得大些,以利抢护工作和漏水时加固。

(八)临水崩塌

1. 险情

崩岸是水流与河岸相互作用的结果,其形式是随着崩岸部位、滩槽高差、主流离岸远近和河岸土质组成等变化而有所不同,大致可分为弧形挫崩、条形倒崩、风浪洗崩和地下水滑崩4类。

(1)弧形挫崩。一般发生在沙层较低,黏土覆盖层较厚,水流冲刷严重的弯道"常年贴流区",这一区域内崩岸强度最大。当岸脚受水流淘刷,洗空沙层后,上面覆盖层土体失去平衡,平面和横向呈弧形的阶梯状滑挫,迹象是:先在堤坝顶部或边坡上出现弧形裂缝,然后整块土体分层向下滑挫,由小到大,最后形成巨大的窝崩,一次弧宽可达数10米,弧长可达100多米,年崩岸宽度可达数百米。从平面看,弧形挫崩的崩窝是逐步发展的。每一次崩塌后,岸线呈锯齿状,突出处,水流冲刷较剧烈,第二次崩塌,多出现在凸嘴部位,从而使岸线均匀后退,其崩岸形状如图4-12a所示。

(2)条形倒崩。多出现在沙层较高、黏土覆盖层较薄、土质松散、主流近岸的河段。当水流将沙层淘空后,上层失去支撑绕某一点倒入水中或沿裂缝切面下坠入水。崩塌后,岸壁陡立,崩塌土体呈条形,如图4-12b所示。一次崩宽比挫崩小,但崩塌频率比挫崩大且呈不间断连续崩退。

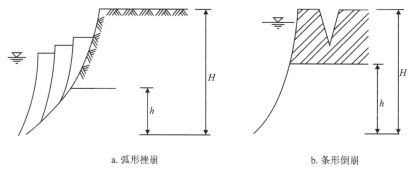

a. 弧形挫崩　　　　　　　　　b. 条形倒崩

图4-12　崩塌险情类型示意图(赵绍华,2003)

(3)风浪洗崩。当堤坝受风浪的冲击淘刷或受波谷负压抽吸作用,轻则把堤坝冲成陡坎,使堤坝发生浪崩险情,重则使堤坝遭到严重破坏,甚至溃口成灾。

(4)地下水滑崩。汛期河水位高于地下水位,河水补给地下水,因而对崩岸起抑制作用。枯季地下水回渗入河,或汛期洪水位陡涨急落以及水库大量泄水时,外坡失去反撑,加之堤坝浸水饱和,抗剪强度降低而发生崩塌(俗称落水险)。

2. 抢护方法

1)外削内帮

若堤坝高大,无外滩或滩狭窄,可先将临河水上陡坡削缓,以减轻下层压力,降低崩塌速度,同时在内坡坡脚铺沙、石、梢料或土工布做排渗体,再在其上利用削坡土内帮,临水坡脚抛石防冲(图 4-13)。

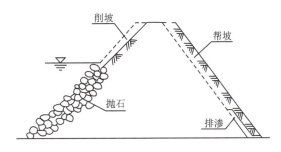

图 4-13　外削内帮示意图(赵绍华,2003)

2) 护脚防冲

若堤防受水流冲刷,堤脚已成陡坎,则必须立即采取护脚固基措施。护脚工程按抗冲物体不同可分以下类型:抛块石、土袋、石袋(草包、竹、柳、编织布袋)、铅丝石笼、柳石枕(梢料、编织布等制作)、柳树等;编织布软体排抢护。

3) 桩柴护坡

在水不太深的情况下,坡脚受水流淘刷而坍塌时,可采用此法。先摸清坍塌部位的水深,决定木桩的长度,一般桩长应为水深的2倍,1/3~1/2的桩入土。在坍塌处的下沿打一排桩,桩距1米,桩顶略高于坍塌部分的最高点,若一排不够高,可在第一级护岸基础上再加二级或三级护岸。木桩后密叠直径约为0.1米的柳把一层(或散柳)。用14号铅丝或细麻绳捆扎而成柳把、秸把或苇把,并与木桩拴牢。其后用散柳、散秸或其他软料铺填厚0.2米左右,软料背后再用黏性土填实。在坍塌部位的上部与前排桩交错另打长0.5~0.6米的签桩一排,桩距仍为1米,略露桩顶。用麻绳或14号铅丝将前排桩拉紧,固定在签桩上,以免前排桩受压后倾倒,最后用黏土或厚0.2~0.3米的黏性土封顶(图4-14)。

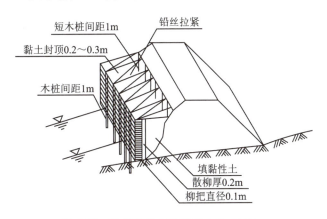

图 4-14　桩柴护坡示意图(赵绍华,2003)

4）柳石搂厢

在大流顶冲、堤基堤身土质不好、水深流急、险情正在扩大的情况下，可以采用此法。

柳石搂厢是以秸、柳、苇、石为主体，以桩绳分层连接成整体的一种轻型水工结构（图4-15）。其体积大，施工迅速。

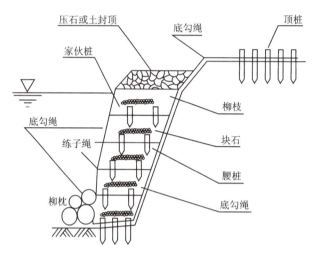

图4-15　柳石搂厢示意图（赵绍华，2003）

5）坝垛挑流

当堤外有一定宽度的河岸或滩唇且水深不大时，可在崩岸段抢筑短丁坝，丁坝方向与水流直交或略倾向下游，其作用是挑托主流外移。

洪水顶冲大堤，堤防坍塌严重，抢护不及或抢护失效，应当机立断，组织劳力退建。在弯道顶部退建要有充分的宽度，退建堤防也要严格按标准修筑。

3. 注意事项

（1）崩塌的前兆是裂缝，因此要密切注意裂缝的发生、发展情况，善于从裂缝分布、裂缝形状判断是否会产生崩塌，可能产生哪种类型的崩塌。

（2）从河势、水流势态及河床演变特点，分析本段崩岸产生的原因、严重程度及发展趋势，以便分别采取合理的抢护措施。

（3）切不可在已有裂缝地段，特别是弧形裂缝段堆放抢险物料或其他荷载。对裂缝要加以保护，防止雨水灌入。

（4）圆弧形挫崩最为危险，此险情抢护要领是"护脚为先"。

(九)风浪

1. 险情

汛期涨水以后,堤坝临水面水深增大,风浪也随之增大,堤坝边坡在风浪的连续冲击淘刷和负压抽吸作用下,易遭受破坏。轻者把临水坡冲刷成浪坎,重者造成坍塌、滑坡、漫水等险情,使堤坝遭受严重破坏,重者甚至有决口的危险,特别是水库、湖泊水面辽阔,风浪破坏更为严重。在甘肃的冬春季节,河西地区的水库大坝易发生风浪破坏险情。

2. 抢护方法

1)挂柳防浪

在受水流冲击或风浪拍击,堤坝边坡或坡脚开始被淘刷时,可用此法缓和流势,减缓流速,促淤防坍。具体做法如下。

(1)应选用枝叶繁茂的柳树头,一般要求枝长在 1.0 米以上,直径在 0.1 米左右。如柳树个头较小,可将数棵捆在一起使用。

(2)挂柳。用 8 号铅丝或绳缆将柳树头根部拴在堤顶预先打好的木桩上,树梢向下,推柳入水,应从坍塌堤段下游开始,顺序压茬(图 4-16),逐棵挂向上游,棵间距离和悬挂深度,应根据流势和坍塌情况而定。系边流,可挂得稀一些;靠近主流,应挂得密一些。当水深流急,挂柳起不到全面掩护作用时,可在已抛柳头之间再错茬压挂,使挂柳达到挡护风浪和水流的冲刷为止。

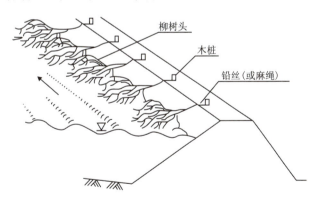

图 4-16 挂柳防浪示意图(赵绍华,2003)

(3)坠压。柳枝轻浮,若联系或坠压不牢,不但容易被冲走,而且不能紧贴堤坡,将影响缓流落淤效果。因此,在推柳入水时,要用铅丝或麻绳将大块石或沙袋捆扎在树杈上。坠压数量应以使其紧贴堤坡不再漂浮为度。

2）挂枕防浪

挂枕防浪适用于水深不大、风浪较大的堤坝段。具体做法如下（图 4-17）。

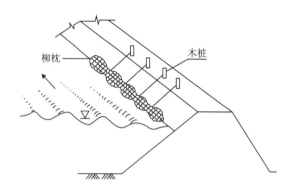

图 4-17　挂枕防浪示意图(赵绍华,2003)

（1）用柳枝、芦苇或秸料扎成直径 0.5～0.8 米的枕，长短根据河段弯曲情况而定。堤弯用短枕，堤直用长枕，最长的枕可达 30～50 米。枕的纵向每隔 0.6～1.0 米，用 10～14 号铅丝捆扎。

（2）在堤坝距临水肩 2～3 米以外打一排长 1.0 米的木桩，间距 3 米。再用间距与桩距相同，条数与木桩相同的绳缆把枕拴牢，其长度依枕拴在木桩上后可随水面涨落为度。最好能随着绳缆松紧，使枕可以防御各种水位的风浪。

（3）将枕用绳缆与木桩系牢后，把枕沿堤推入水中。枕入水后，使其漂浮于距堤 2～3 米（相当 2～3 倍浪高）的地方，以水位涨落为度。最好能随着绳缆松紧，使枕可以防御各种水位的风浪。

（4）当风浪较大，一枕不足以抵御风浪冲刷时，也可以连推几个枕用绳联系，做成枕排，又称为连环枕。最前面的枕直径要大一些，容重轻些，使其高浮水面，碰击高浪。后续枕的直径可依次减小，容重可增加（可酌加柳枝），以消余力。

（5）如果枕位不稳定，可在枕上适当拴坠块石或土袋，以能起到消浪防冲作用为度。若风浪骤起，来不及捆枕，可将已准备好的秸料、芦苇或其他梢料捆沿堤悬挂，也能起到防风浪冲刷的作用。

3）土袋防浪

该法适用于土坡抗冲性差，当地缺少秸、柳软料，风浪袭击较严重的地段。具体做法如下。

（1）用麻袋或草袋装土或卵石、碎石、碎砖、沙等至八成满，用细麻绳缝住袋口。若装土料，先在袋底装青草一层，以防风浪将土淘空。

（2）根据风浪冲击范围顺堤坝摆放土袋。摆放时使袋口向里，袋底向外，依次排列、叠压，袋间排挤严密并注意错缝，以保证防浪效果。一般土袋需高出水面 1.0 米或略高出浪高。

(3)当边坡较陡时,土袋与边坡之间应垫土增加其摩擦力,以免土袋滑落。

4)柳箔防浪

在风浪较大、土质差的堤坝段,可采用此法。具体做法如下(图4-18)。

(1)用18号铅丝捆成直径约0.1米、长约2米的柳把,两端用绳连成柳箔。在顶部距临水肩2~3米处打1米长木桩一排,间距3米。将柳箔的上端用8号铅丝或绳缆系在

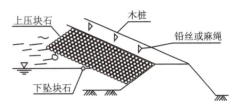

图4-18　柳箔防浪示意图(赵绍华,2003)

木桩上,柳箔下端则适当坠以块石或土袋。然后将柳箔放于坡上,出水、入水长度可按水位和风浪情况决定,一般两者可以粗略相等。其位置除靠木桩和坠石固定外,必要时在柳箔面上再压块石或土袋,以免漂浮或滑动。在风浪顶冲严重的地方,可用双排柳箔防护。

(2)若缺乏柳枝,亦可用苇把、秸把代替。有时用散柳、芦苇或其他梢料直接铺在堤坡上亦可,但这时应多用横木、块石和土袋等压牢,以防冲走。

5)木排防浪

实践证明,木排可将浪阻挡于堤坝岸20米以外,使浪压力不能直接作用于堤坝。木排可适应水位涨落变化,汛后木料仍可使用,损耗较小,但用料多,成本高,仅在重要处并有料源的条件下才能采用。具体做法如下(图4-19)。

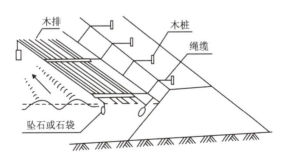

图4-19　木排防浪示意图(赵绍华,2003)

(1)选直径5~15厘米的圆木,用铅丝或绳索扎成木排,重叠3~4层,总厚30~50厘米,宽1.5~2.5米,长3~5米。然后按水面的宽度和预计防御的风浪大小,将一块或几块木排连接起来而成。

(2)圆木排列的方向应当和波浪传来的方向相垂直。圆木间的空隙约等于圆木直径的一半。

(3)根据试验,同样的波长,木排越长,消浪的效果越好。当木排的厚度为水深

的 1/10~1/20 时,消浪效果最好。

(4)防浪木排应抛锚固定在堤坝以外 10~40 米处,视水面宽度而定。水面越宽,距离就应远一些,以免木排破坏堤坝。锚链长一般应大于水深,锚链放长后,消浪逐渐降低,如链长超过水深的 2 倍,木排可以自由移动,对消浪就无显著效果。较小的木排可用绳缆或铅丝拴系在顶部的木桩上,随着水位涨落可紧松绳缆调整木排的位置。

(5)当木排距堤坝相当于浪长的 2~3 倍时,挡浪的作用最大。若距离太近,很容易和堤坝相冲撞;若离堤坝太远,木排以内的水面增宽,又将形成较大的波浪。

(6)在竹源丰富的地区,可采用竹排代替木排防浪,其效果亦佳。在编制竹排或木排时,竹木之间均可夹以芦柴捆、柳枝捆等,以节省竹木用量,降低造价。这时应在竹木排下适当坠以块石或砂石袋,以增强防浪效果。

6)湖草防浪

利用湖区生长的菱草、皮条等浮生于水面的草类,编织成湖草排防浪,是一些湖区和部分中等河流上常采用的一种取材方便、费用小、做法简便的防浪方法。具体做法如下。

(1)在风浪发生之前,利用湖泊、水库中自然生长或人工培育的浮生草类,编织成长 5~10 米、宽 3~5 米的湖草排进行防浪(图 4-20)。蔓殖的草类,自身互相交织牢固,取之就可使用。若不牢固,可用竹竿或木杆捆扎加固,用船拖运到需要防浪之处。再用铅丝或绳缆将草排拴固在顶部的木桩上,或者用锚固定草排,使草排浮在距堤 3~5 米远的水面上。有的地方,把这种防浪草排叫作浮墩。在风浪较大的地方,可以将几块连接在一起,加强其防浪效能。

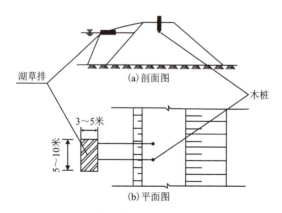

图 4-20 草防浪示意图(赵绍华,2003)

(2)在缺少湖草的江河上,汛期洪水常漂来许多软草,可代替湖草用木杆或竹竿编织捆扎成防浪草排。有时也可利用其他杂草、麦秸、芦苇等编织草排。

7)桩柳防浪

在受风浪冲击范围的下沿,先顺轴线方向打一排木桩,再将柳枝、芦苇、秸球等梢料顺铺在坡上,直至出水1.0米,再压以块石或土袋,以免梢料漂浮(图4-21)。

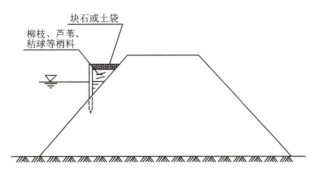

图4-21 桩柳防浪示意图(赵绍华,2003)

8)土工膜防浪

采用土工膜(或土工编织布及其他土工织物)防浪,在认真铺设的条件下,能够成功地用来保护边坡,抵抗波浪对堤坝的破坏作用。具体做法如下。

(1)膜的宽度由堤坝受风浪冲击的范围决定,一般不小于4米,对于较高的堤坝,膜宽可达8~9米。当膜宽不足时,应按需要预先将膜粘贴或焊接牢固。当膜的长度短于保护段的长度时,允许搭接,搭接的长度不小于1.0米,并应在铺设中钉压牢固,以免被风浪揭开。

(2)在土工膜的铺设范围内,应将坡面上的块石、土块、树枝、杂草等清除干净。最好在洪水到来之前、坡面仍处于干燥状态时将膜铺好,膜的上沿一般应高出洪水位1.5~2米。

(3)膜的四周用间距为1.0米的平头钉钉牢,上下平头钉的排距不得超过2米,超过时可在膜的中部加钉一排或多排。平头钉由20厘米见方、厚0.5厘米的钢板垫中心焊上一个长30~50厘米、粗12毫米钢筋做成的尖钉制成,这是土工膜防浪的一种比较可靠的固定方法(图4-22)。

(4)若制作平头钉有困难,可用30厘米×30厘米、20厘米厚的预制混凝土块或碎石袋代替,其位置与平头钉相同。用土袋代替时,在风浪冲击作用下,袋内土料有被冲掉的可能,同时边坡陡于1:3(坡比;后同)时有可能沿土工膜滑脱。因此,只有在险情紧迫时才可采用土袋,且应适当多压,并加强观察,随时注意采取补救措施。

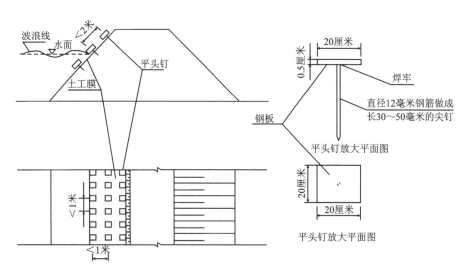

图 4-22　土工膜防浪示意图(赵绍华，2003)

3. 注意事项

(1)在抢护风浪险情时,尽量不要在边坡上打桩,必须打桩时,桩距要疏,以防破坏土体结构,影响堤坝抗洪能力。

(2)防风浪一定要坚持"预防为主,防重于抢"的原则,平时要加强管理养护,备足防汛料物,避免或减少出现抢险被动局面。

(3)汛期抢做临时防浪措施,使用料物较多,效果较差,容易发生问题。因此,在风浪袭击严重的堤段,如临河有滩地,应及时种植防浪林并应种好草皮护坡,这是一种行之有效的防风浪生物措施。

(十)凌汛

1. 险情

凌汛是指因流冰堵塞,水位迅速上涨,抢救不及而漫溢决口。在我国,黄河流域干流宁夏、内蒙古等河段凌汛多发,东北、西北地区也时有发生。1855—1955年,黄河中下游流域,因凌汛决溢的有29年。

在甘肃,凌汛险情少发,但不适当的治理和工程建设,也曾引发凌汛险情。2011年12月16日晚,洮河碌曲县城段花格桥下游500米处结冰封河,流冰堆叠壅塞并迅速向上游推进,至17日晨,封河至达尔宗桥,全长约3.5千米,花格桥上游1.5千米河段凌汛险情严重,右岸堆冰与堤顶齐平,局部地方堆冰高出堤顶,少量冰凌漫溢,对县城城南新区(牧民新村)360余户群众造成威胁。主要原因是花格桥下游500米的处河道宽、浅,当年堤防工程建设完工后,对河道进行了平整,导致主河槽不明显,流速减缓,16日夜间气温降至-24℃,花格桥雍冰卡冰,冰盖以下泄流不畅,部分水流漫上冰盖,结冰堆积,出现险情。目前,洮河甘南河段梯级水电站密集,导致局部河段流速减缓,加之一些水电站无序排冰,个别年份也在局部河段形成凌汛险情。

2. 防护措施

(1)上游水库调度利用水库预蓄水量,根据天气预报,在即将封冻前增大和调匀下泄流量,达到推迟封河以及抬高冰盖的目的。在河道解冻前控制下泄流量,减少下游河道槽蓄量,即使形成冰塞,水位也不致有太大的塞高。

(2)分流。在容易形成冰塞产生凌汛威胁的河段修建减凌溢水堰,或运用沿河涵闸、分滞洪区分滞凌洪。

(3)破冰。

①人工打冰撒土。人工打冰撒土的目的是使冰盖在开河时易于破碎和易于漂浮。首先,在河道两边沿岸打一顺向冰沟,宽0.3~0.5米,到完全打穿冰层为止。一方面为下泄的冰流开一流道,另一方面也减弱了冰盖的整体性,促使其破裂。其次,在冰面上打凿宽0.2~0.3米及深为冰厚1/2~2/3的冰沟,纵横呈正方形网格状,在冰沟内撒土或炉灰,使其高出冰面约2厘米。这样一方面可减弱冰凌强度,另一方面因灰土吸热,促冰融解。晚开河无大危险的河段,可稀打或不打;必须早开河者要密打。冰沟网格纵横间距:一般平顺河段20~30米,急弯、狭窄、浅滩等河段不大于10米,水浅处可缩小,水深处可放大,但每边最大长度不宜超过弯道水深。在冰层太厚的情况下,打冰撒土则费力大而收效微。例如黄河在内蒙古自治区境内,冰厚一般约为1米,最厚的达2米,加上初春风多且大,经验证明,在这种情况下,打冰撒土对促冰融解效果不大。

打封口是在急弯、狭窄、浅滩等解冻较晚和容易卡塞成坝的重点河段,大面积地破除冰盖,以促使河流解冻,适宜在气温上升将达0摄氏度时进行。弯道封口宜打在凹岸通流处,因为通过弯道下泄的冰凌压力,除顺向的推压力外,还有一横向分力,此力表现为拉力,其方向指向封口(即指向凹岸),可以促使冰盖破裂。打封口的方式,在国内使用破冰船还不多,常以炸药为主,人力为辅。

②机械破冰疏通。此方法主要来自2011年洮河碌曲河段冰凌抢险的经验。当时,前线抢险指挥部调运2台挖掘机,挖爆结合,在花格桥上游挖除冰坝,疏通卡口;在花格桥下游开挖形成主河槽,保持一定流速,迅速排泄流冰,防止堆集结坝。

③炸药爆破。爆破冰盖时先在冰盖上按规定打孔,将炸药包装吊在冰盖下水中,用电雷管起爆,将冰盖层破开打通流道;也可炸成方格网,将冰盖切割成很多块,

促进开河流冰。对河道中大块流冰,为了防其卡塞,常抛掷小药包或抛射集团药包进行爆破,大小药包质量分别为7~15千克及0.5~2千克。若发现开始形成冰坝,应迅速查明冰坝的支撑点或相对薄弱处,集中火力爆破,由下游往上游,炸开通道,抽沟引流泄洪,最终彻底消除冰坝。

④炮击或飞机投弹。冰坝形成,水位猛涨,当人力爆破无法实施时,可用排炮轰击,一般迫击炮弹爆炸半径约2米,震撼力形成的裂痕半径为25米左右。飞机投弹难以准确,而冰坝往往在窄弯河段形成,这些地方又是堤防、险工密集临近之处,稍有不慎,可能产生严重后果,使用时应慎重。

⑤破冰船破冰。国外资料表明破冰船破冰效率高,投资省且安全,但目前我国使用甚少。山东黄河河务局1957年曾在上海建造两条400马力(1马力=735.499瓦)的破冰船,1958—1974年经多次试用说明,现在破冰船功率小,吃水深,在冰盖厚、冰塞严重时难以实现预期效果。

3. 注意事项

(1)重视天气及凌情预报,不断提高预报精度,以便正确确定各种防凌措施的运用时机,这也是影响防凌措施效果的决定性因素。

(2)破冰中要特别强调安全。

二、穿堤建筑物险情抢护

穿堤指建筑物的地基或部分主体在堤坝的下面或中间或上面,如部分码头、道路、渡口和某些紧靠河边的楼房及排水工程等,其与土体结合的部位,由于施工质量或不均匀沉陷等因素发生开裂、裂缝,形成渗水通道,造成接合部位土体的渗透破坏。

(一)结合部渗水及漏洞

1. 出险原因

涵闸边墩、岸墙、翼墙护坡等混凝土或砌体与土基或堤坝接合部,土料回填不实,闸体与堤坝所承受的荷载不均,引起不均匀沉陷、裂缝,遇到高水位或降雨地面径流进入,冲蚀形成陷坑,或使岸墙、护坡失去依托而蛰裂、塌陷,水流顺裂缝造成集中渗漏,严重时在闸下游侧造成管涌、流土甚至漏洞,危及涵闸及堤坝的安全。

2. 抢护原则及方法

堵塞漏洞的原则是临水堵塞漏洞进水口,背水反滤导渗;抢护渗水原则是临河截渗,背河反滤导渗。方法与堤坝漫溢相似。

(二)滑动

1. 出险原因

修建在软基上浮筏式结构的开敞式水闸,主要靠自重及其上部荷载,在闸底板与土基之间产生的摩阻力维持其抗滑稳定,由于下列原因,水闸可能产生向下游滑动失稳的险情。

(1)上游挡水位超过设计挡水位,使水平水压力增加,同时渗透压力和上浮力也增大,从而使水平方向的滑动力超过抗滑摩阻力。

(2)防渗、止水设施破坏,使渗径变短,造成地基土壤渗透破坏,甚至冲蚀,地基摩阻力降低。

(3)其他附加荷载超过原设计限值,如地震力等。

2. 抢护原则与方法

抢护原则是增加抗滑力、减小滑动力以稳固工程基础。

1)加载增加摩阻力

该法适用于平面缓慢滑动险情的抢护。在水闸的闸墩、公路桥面等部位堆放块石、土袋或钢铁等重物,加载量由稳定核算确定,同时要注意:加载不得超过地基许可应力,否则,会造成地基大幅度沉陷。具体加载部位的加载量不能超过该构件允许的承载限度。堆放重物的位置,要考虑留出必要的通道,一般不要向闸室内抛物增压,以免压坏闸底板或损坏闸门构件;险情解除后要及时卸载,进行善后处理。

2)下游堆重阻滑

该法适用于圆弧滑动和混合滑动两种缓滑险情的抢护。在水闸可能出现的滑动面的下端,堆放土袋、石块等重物,防止滑动。重物堆放位置及数量由阻滑稳定计算确定。

3)下游蓄水平压

在水闸下游一定范围内用土袋或土筑围堤,充分壅高水位,减小上下游水头差,以抵消部分水平推力。围堤高度根据壅水需要而定,堤顶宽约2米,土围堤边坡1:2.5,堆土袋边坡1:1,要留1米左右的超高,并在靠近控制水位高程处设溢水管。

若水闸下游渠道上建有节制闸,且距离较近时,可关闸壅高水位,也能起到同样的作用。

4)圈堤围堵

该法一般适用于闸前有较宽滩地的情况,围堤修筑高度通常与闸两侧堤防高度相同。堤顶宽应不小于5米,以利施工和抢险,圈堤边坡1∶2.5~1∶3。圈堤临河侧可堆筑土袋,背水侧填筑土戗;或者两侧均堆筑土袋,中间填土夯实,以减少土方量,土袋堆筑坡1∶1。

圈堤填筑工程量较大,且施工场地较小,短时间抢筑相当困难,一般在汛前将圈堤两侧部分修好,中间留下缺口,并备足土料、土袋等,根据洪水预报临时封堵缺口。

(三)漫溢

涵洞式水闸埋设于堤内,防漫溢措施请参考堤坝的防漫溢措施,其方法基本相同。

(四)建筑物上下游险情

在汛期高水位时,水闸关门挡水或泄洪闸开闸泄洪,时常会出现上下游护坡、防冲槽、护底、消力池及翼墙等被淘刷、蛰陷、倾斜甚至倒塌等险情,如不及时抢护,必将危及闸涵安全。

1. 出险原因

闸前遭受大流顶冲,风浪淘刷;闸下游泄流不匀,出现折冲水流,或溢洪道超标准运用;消能设计不合理,使消能工、岸墙、护坡、海漫及防冲槽等受到严重冲刷,使砌体冲失、蛰裂、坍塌形成淘刷坑。

2. 抢护原则及方法

抢护原则是固基缓流,增强抗冲能力。具体抢护方法如下。

(1)抛投抗冲体。在冲刷部位抛投块石、混凝土块、铅丝石笼、竹篾石笼,装土的麻袋、草包、土工布编织袋,也可抛柳石枕。

(2)土工编织布防冲。先用黄沙密实回填冲刷坑,黄沙上铺盖编织布,再用编织袋装沙压盖土工布。

(3)潜锁坝。涵闸下游海漫或河床被淘刷危及建筑物安全时,可在下游修潜锁坝,用以抬高尾水位,降低水面比降和流速而防止冲刷。

(4)筑导流墙。如溢流道尾水渠接近土坝坝脚,溢洪时对坝脚产生冲刷,除对冲刷部位进行抢护外,可能时,还可用沙土袋抢筑导流墙,将尾水和坝脚隔离。

(五)裂缝及止水破坏

建筑物发生裂缝和止水设施破坏,通常会使工程结构的受力状况恶化和工程的整体性丧失,对建筑物的稳定、强度、防渗能力等产生不利影响,发展严重时,可能导致工程失事。

1. 出险原因

(1)建筑物超载或受力分布不均,使工程结构拉应力超过设计安全限值。
(2)地基承载力不一或地基土壤遭受渗透破坏,出逸区土壤发生流土或管涌,冒水冒沙,使地基产生较大的不均匀沉陷,造成建筑物裂缝或断裂和止水设施破坏。
(3)地震、爆破、水流脉动,使建筑物震动造成断裂、错动和地基液化,急剧下沉。

2. 抢护方法

当建筑物裂缝、止水设施破坏,冒水冒沙严重,有可能危及工程安全时,可采取下述方法进行抢护。

1)防水快凝砂浆堵漏

在水泥砂浆内加防水剂,使砂浆有防水和速凝性能。防水剂的配制按照硫酸铜、重铬酸钾、硫酸亚铁、硫酸铝钾、硫酸铬钾、水玻璃、水的配合比为(质量比)1∶1∶1∶1∶1∶400∶40。方法为:把水加热到100摄氏度,然后将硫酸铜、重铬酸钾、硫酸亚铁、硫酸铝钾、硫酸铬钾5种材料(或其中三四种,其质量达到5种材料总和,各种材料量相等)加入水中,加热搅拌溶解后,降温到30~40摄氏度,再注入水玻璃,搅拌均匀半小时即可使用。配合的防水剂要密封保存在非金属容器内。将水泥或水泥+沙加水拌匀,然后将防水剂注入,迅速拌匀,并立即涂抹使用。

2)环氧砂浆堵漏

施工工艺为沿混凝土裂缝凿槽。槽的形状有"V"形槽(多用于竖直裂缝)、"⌣"形槽(多用于水平裂缝)和"⌒"形槽(一般用于顶面裂缝或有水渗出的裂缝)。

浆砌石或混凝土块体砌缝以及伸缩缝渗水严重时,要先将缝中腐渣、杂物清除干净,用沥青麻丝或桐油麻丝堵塞并挤紧,再用水玻璃掺水泥止渗,然后用防水砂浆或环氧砂浆填充密实并勾缝。

3)丙凝水泥浆堵漏

以丙烯酰胺为主剂,配以其他材料发生聚合反应,生成不溶于水的弹性聚合体,用以充填混凝土或砌体裂缝渗漏流速大的漏洞。

一般采用骑(裂)缝打孔,插管灌浆堵漏。灌浆压力为3～5千克/平方厘米,可用水泥泵、手摇泵或特制压浆桶进行。

(六)闸门险情

1. 闸门失控

1)失控原因

闸门失控的原因主要有闸门变形、丝杆扭曲、启闭装置故障或机座损坏、地脚螺栓失效以及卷扬机钢丝绳断裂等;或者闸门底部或门槽内有石块等杂物卡阻,使闸门难以关闭挡水。有时某些水闸在高水位泄流时,会引起闸门的强烈震动。它不仅危及水闸本身的安全,还由于对洪水失控,对闸下游地区将造成洪涝灾害。

2)抢堵方法

(1)吊放检修闸门或叠梁,如检修门叠梁放入后还漏水,可在工作门与检修门之间抛填土料,或在检修门前铺放防水布帘。

(2)框架-土袋屯堵。对无检修门槽的涵闸,根据工作门槽或闸孔跨度,焊制钢框架,框架网格规格为0.3米×0.3米左右。将钢框架吊放卡在闸墩前,然后在框架前抛填土袋,直到高出水面,并在土袋前抛土,促使闭气。

2. 闸门漏水

1)漏水原因

闸门止水安装不善或久用失效会造成严重漏水,给闸下游带来危害。

2)抢堵方法

在关门挡水条件下,应从闸上游接近闸门,用沥青麻丝、棉纱团、棉絮等堵塞缝隙,并用木楔挤紧。有的还可用直径约10厘米的布袋,内装黄豆、海带丝、粗砂和棉絮混合物,堵塞闸门止水与门槽上下左右间的缝隙。木闸门漏水,可用布条、柏油、木条或木板等修补堵塞。

3. 启闭机螺杆弯曲

1)事故原因

对使用手电两用螺杆式启门机的涵闸,由于开度指示器不准确,或限位开关失灵,电机接线相序错误,闸门底部有石块等障碍物,致使闭门力过大,超过螺杆许可压力而引起纵向弯曲。

2）抢修方法

在不可能将螺杆从启闭机拆下时,可在现场用活动扳手、千斤顶、支撑杆件及钢撬等器具进行矫直。将闸门与螺杆的连接销子或螺栓拆除,把螺杆向上提升,使弯曲段靠近启闭机,在弯曲段的两端,靠近闸室侧墙设置反向支撑,然后在弯曲凸面用千斤顶徐徐加压,将弯曲段矫直。基螺杆直径较小,经拆卸并支承定位后,可用如图4-23所示的手动螺杆矫正器将弯曲段矫直。

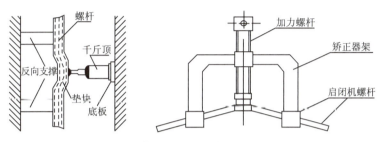

图 4-23　螺杆弯曲矫正示意图（王运辉,1999）

（七）穿堤管道

埋设于堤身的各种管道,如虹吸管、扬水站出水管及输油、输气管等,一般多为铸铁管、钢管或钢筋混凝土管,常会发生各种险情,危及堤防安全。

1. 出险原因

（1）堤身的不均匀沉陷,造成管接头开裂或管道断裂。

（2）铸铁管或钢管的管壁锈蚀穿孔,漏水沿管壁冲蚀堤土,同时管内流体的吸力,将孔洞周围的堤土吸入管内泄走,造成堤身洞穴,或者管道周围填土不密实,且无截渗环,沿管壁与堤土接触面形成集中渗流,严重时堤内空洞坍陷使堤形成坍坑。

2. 抢护原则与方法

抢护原则是临河封堵、中间截渗和背河反滤导渗。对于虹吸管等输水管道,发现险情应立即关闭进口阀门,排除管内积水,以利检查监视险情。对于没有安全阀门装置的,在洪水到来前要拆除活动管节,用同管径的钢盖板加橡皮垫圈栓严密封堵塞管的进口。

（1）临河堵漏。若漏洞口发生在管道进口周围,可参照漏洞抢护方法,用"软楔"或旧棉絮等堵塞洞进口等。有条件的地方,可在漏洞前用土袋抛筑月堤,抛填黏土封堵。

(2)压力灌浆截渗。在沿管壁周围集中渗流的情况下,可采用压力灌浆措施,堵塞管壁四周孔隙或空洞。浆液用黏土浆或加10%～15%的水泥,灌浆浆液宜先浓后稀。为加速凝结,提高阻渗效果,浆内可适量加水玻璃或氯化钙等。

(3)反滤导渗。渗流已在背水堤坡或出水池周围逸出,要迅速抢修砂石反滤层或反滤围井进行导渗处理。

(4)背河抢修围堤,蓄水平压。

三、河工建筑物险情抢护

河工建筑物是为稳定河势、调整河道边界和改善水流条件而修建的河道整治建筑物。这里指的是保护大堤的险工、保护河滩控导工程的丁坝、垛(矶头)及护岸工程。沿海海岸防护工程,习惯称为海塘,海塘也是河工建筑物。

此类工程大都位于主流紧贴或顶冲之处,经常受到风暴潮的袭击,因此,所承受的水流冲击、环流淘刷远比一般临水堤防强烈,其险情更为严重而危急。此外,此类工程对水流干扰大,常具有复杂的水流结构,各种竖轴、平轴环流及下降螺旋流错综复杂,由此塑造出复杂的河床地貌,如坝根上下游的回流淘刷、坝垛头部下缘巨大的冲刷坑,给汛期防护及抢险带来更大的困难。

河工建筑物常见的险情有漫溢、基础淘刷、溃膛、坝岸滑动及倾倒等。据统计,100座发生险情的险工坝岸,砌石坝占71%,乱石坝仅占6%。砌石坝各类险情所占比例分别为坍塌31%、断裂17%、根石走失39.4%、浪窝塌险12.6%;而乱石坝险情则是根石走失。

(一)漫溢

1. 险情

实际洪水位超过现有堤顶高程,或风浪翻过堤顶,洪水漫堤进入堤内即为漫溢。通常,土堤是不允许堤身过水的。一旦发生漫溢的重大险情,就很快会引起堤防的溃决。因此,在汛期应采取紧急措施防止漫溢的发生。1998年汛期,长江和嫩江、松花江流域的很多堤段都发生了洪水位超越堤顶高程的重大险情,不得不紧急抢筑子堰,依靠子堰挡水。

2. 出险原因

(1)实际发生的洪水超过了河道的设计标准。设计标准一般是准确而具权威性的,但也可能因为水文资料不够,代表性不足或认识上的原因,使设计标准定得偏低,形成漫溢的可能。这种超标准洪水的发生属非常情况。

(2)堤防本身未达到设计标准。这可能是投入不足,堤顶未达设计高程,也可能因地基软弱,夯填不实,沉陷过大,使堤顶高程低于设计值。

(3)河道严重淤积、过洪断面减小并对上游产生顶托,使淤积河段及其上游河段洪水位升高。

(4)因河道上人为建筑物阻水或盲目围垦,减少了过洪断面,河滩种植增加了糙率,影响了泄洪能力,洪水位增高。

(5)防浪墙高度不足,波浪翻越堤顶。

(6)河势的变化、潮汐顶托以及地震引起水位增高。

3. 抢护方法

岸墙式护岸险工垛(矶头)或城市的防浪墙有漫溢危险时,可参考堤防防漫溢方法加筑子埝,但是这类工程大多是中华人民共和国成立前或成立初期修建的,随着防洪标准的提高,或河床的逐渐淤高(黄河)曾多次进行戴帽加高,或河床冲刷坑极深(长江),因此它们常常处于稳定的极限状态。如果再在其上部加筑子埝,不仅会给建筑物加载,甚至形成头重脚轻的失稳状态,很可能导致险情恶化,这点必须引起重视。有条件处应先抢筑内帮再加子埝。由于在沿海风暴潮来临时,风急浪高又伴随暴雨,在海塘顶上抢修子堤难以进行,因此在修建海塘时,常要在工程结构上采取挑浪、消浪措施,允许风浪暴潮越顶而不致破坏。

护滩控导工程可能漫溢时最好不采取加筑子堤办法,应对坝顶加以保护,防止过坝水流的冲刷破坏。土质结构顶面保护可用砌石、预制混凝土板、土工袋等材料与构件,也可用木桩、梢料护顶(图 4-24)。石坝可在顶部及下游坡面覆盖铅丝网保护。

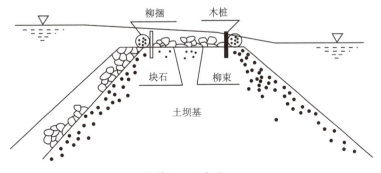

图 4-24　梢料护顶示意图(赵绍华,2003)

（二）基础淘刷

河工建筑物大都直接承受主流及风浪冲刷，或位于环流作用最强之处，因此基础被淘刷得十分严重，基础淘刷又是产生河工建筑物裂缝、滑动、坍塌、墩蛰等险情的根本原因。因此，防止和抢护基础淘刷具有十分重要的意义。

（1）抢护这类险情的关键在于固脚，固脚防冲措施可根据当地具体情况选用。由于此类工程临河具有水深流急特点，要求材料或构件具有更大的抗冲能力，因此常用沉排、铅丝石笼、柳石枕、土工长管袋、土袋等，海塘脚常用块石或预制混凝土块甚至用钢筋混凝土沉箱防护，具有整体性能好，适应河床变形的优点。

（2）严密监视建筑物的根石走失情况，摸清根石动态，同时结合水工建筑物各种险情征兆加以分析，发现问题及时加固。

（三）溃膛

1. 险情

在中常洪水水位变动处，水流透过保护层及垫层或风浪的抽吸作用，将坝体护坡后面土料淘出，蛰成深槽，槽内过水淘刷土体，险情不断扩大，使保护层及垫层失去依托而坍塌，严重时可能造成整个坝岸溃塌。

2. 出险原因

散抛石结构保护层厚度小，保护层垫层或堆石间隙大，与堤坦（或滩岸）结合不严，或堤岸土质不好，在水流的冲刷下，堤岸后的堤土浸泡松软后被淘出；浆砌石坝，在水下部分有空洞裂缝，水流串入淘刷形成空穴，堤岸与堤的接合部形成流道，随水流带走土料形成沟槽。

3. 抢护原则

发现险情应先堵截串水来源，同时加修后膛，防止蛰陷。

4. 抢护方法

抢护方法是先将溃膛挖开，边坡坡比1：0.5～1：1.0，用土工无纺布铺在开挖坑的底部及边坡，然后可用土工编织袋（草袋、麻袋）装土，充填70%～80%后扎口，在开挖体内顺坡上垒，层层交错排列，坡比1：1.0，直至要求高度。垒筑土袋时将袋与原建筑之间用土填实，袋外抛石（或笼）恢复（图4-25）。

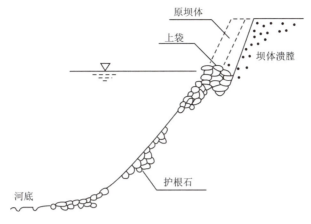

图 4-25　土工织物袋抢护示意图（赵绍华，2003）

黄河下游常用就地捆枕(又称懒枕)抢护(图 4-26)。

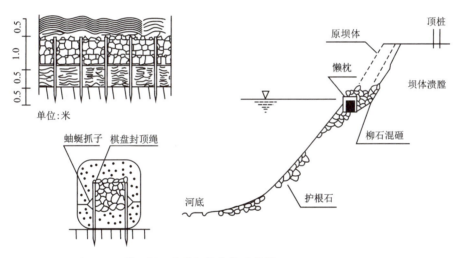

图 4-26　就地捆枕抢护示意图（王运辉，1999）

先开挖溃膛以上未坍部分,边坡坡比 1∶0.5～1∶1.0,直至水位以下,然后按以下步骤捆枕。

(1)沿临水堤坡以上打多排桩,前排拴缚底勾绳,排距 0.5 米,桩距 0.8～1.0 米,沿着枕的部位间隔 0.7 米垂直于柳枕铺放麻绳一条。

(2)铺放底坯料。在铺放好的麻绳上放宽 0.7 米、厚 0.5 米(压实厚度)的柳料,作为底坯。

(3)设置家伙桩。在铺放好的底坯料上,两边各撒 0.5 米,间隔 0.8 米安设棋盘家伙桩一组,并用绳编底,在棋盘桩上顺枕的方向加拴群绳一对,并在棋盘桩的两端增打 2.0 米长的桩各一根,构成蚰蜒抓子。

(4)填石。在棋盘桩内填石 1.0 米高,然后仍用棋盘绳扣拴缚封顶,这样枕心即成宽 0.8 米、高 1.0 米的木笼。这种结构的优点是不会出现断枕、倒石现象。

（5）包边与封顶。在枕心上部及两侧裹护柳 0.5 米。

（6）捆枕。先将枕用麻绳捆扎结实，再将底勾绳搂回拴死于枕上，形成高宽各为 2 米，中间有桩固定的大枕。

（7）在枕上压石，或向蛰陷的槽子内混合抛压柳石，以防止险情发展。

（8）汛后，水位降低后，将出险处开挖，重新处理制作垫层，再恢复原工程结构。

5. 注意事项

发生溃膛险情后，首先要通过观察找出串水的部位进行堵截，切忌单纯向沉陷沟槽内填土，以免扩大险情，贻误抢险时机。坝体蛰陷部分，则可相应采用懒枕或柳石搂厢等法抢护。坝岸前抛石或柳石枕维护，以防坝体前爬。

（四）坝岸滑动及倾倒

1. 险情

坝岸在自重和外力作用下失去整体稳定，使坝体护坡、护根连同部分土胎沿弧形破裂面向河槽滑动。滑动情况可分为骤滑、缓滑两种：骤滑险情发展很快，历时短，抢护比较困难，缓滑险情发展较慢。当坝岸抵抗倾覆的力矩小于倾覆力矩时，坝岸砌体便失稳倾倒。

2. 出险原因

坝岸基础深度不足或被淘刷；护坡、护根的坡度过陡，根石走失；坝岸基础有软弱夹层或存有腐朽埽料，抗剪强度过低；坝岸遇到高水位骤降；坝岸施工质量差，坝基承载力小，坝顶物料超载，遇到强烈地震力的作用等；由于后溃的发展造成坝体前爬。

3. 抢护原则

加固下部基础，增加阻滑力；减轻上部荷载，减少滑动力。

4. 抢护方法

抢护方法主要有抛石固根和上部减载。

抛石固根：当坝体发生裂缝，出现缓滑，可迅速采取抛块石、柳石枕或铅丝石笼加固根基，以增加阻滑力。抛石最好从船上往下抛，保证将块石和铅丝石笼抛在滑动体下部,同时可避免在岸上抛石对坝身造成的震动。抛石或抛石笼时要边抛边探测,抛护坝面要均匀并掌握坡比在 1∶1.3~1∶1.5 之间。

上部减载:移走坝顶重物,拆除洪水位以上或已倾倒部分坝体,以减小滑动力。特别是坡度陡于 1∶0.5 的浆砌石坝岸,必须拆除上部砌体(水面以上 1/2 的部分)将拆除的石料用于加固基础,并将拆除坝体处的土坡坡比削缓至 1∶1(图 4-27)。

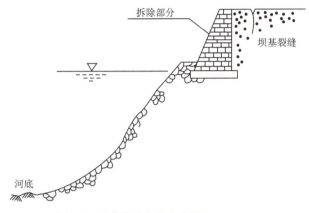

图 4-27　坝岸滑动抢护示意图(王运辉,1999)

其他抢护方法:当坝岸滑动已发生,即已发生骤滑,或坝岸已倾倒时,可用柳石搂厢法抢护,以防止险情扩大。当坝体裂缝过水,土胎遭水冲刷时,需采用抢护溃膛方法。

四、防汛抢险新技术、新设备、新材料

科学技术的发展为防汛抗洪抢险提供了许多新技术、新设备和新材料,一些技术、设备和材料在防汛抗洪抢险中得到了广泛应用。打桩机、装袋机、挖掘机、铲车、铅丝石笼等传统机械和材料对提升防汛抗洪抢险效率发挥着不可忽视的作用,直升机、气垫船、全地形车和无人机等设备在物资投送、人员解救、险情侦察等环节发挥的作用也越来越明显。在险情控测方面,水下机器人为探测堤坝基础损坏、漏洞、管涌等险情提供了更方便和更直观的工具;管涌停、反滤围井等材料,为抢护漏洞、管涌提供了更快捷和更高效的抢险材料;组合式挡水板(墙)等新材料使抢护漫溢险情的效率更高;在现场照明方面,手提式探照灯、升降式照明灯为夜间防汛抗洪抢险提供了更有利条件,无人机悬停式照明灯进一步扩大了夜间照明空间范围。相信在不久的将来,会有更多新技术、新设备、新材料应用于防汛抗洪抢险。

第五章

森林(草原)火灾预防与处置

第一节 森林(草原)火灾基础知识

森林是地球上最大的陆地生态系统,是全球生物圈中重要的一环。它是地球的基因库、碳库、蓄水库和能源库,对维系整个地球的生态平衡起着至关重要的作用,是人类赖以生存和发展的资源环境。草原是地球生态系统的一种,分为热带草原、温带草原等多种类型,是地球上分布最广的植被类型。

一、森林(草原)的概念和特点

(一)森林的概念

森林是指由乔木、直径在 1.5 厘米以上的竹子组成且郁闭度在 0.20 以上,以及由符合森林经营目的的灌木组成且覆盖度在 30% 以上的植物群落。根据森林的成因、起源、年龄结构、林相结构、树种组成、季相、组成结构、林种、功能作用,森林可分为不同的类别(图 5-1)。

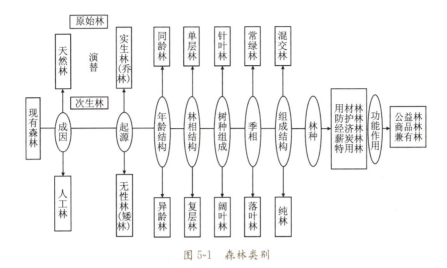

图 5-1 森林类别

(二)森林的特点

1)生命周期及演替系列长

森林的主体成分——树木的寿命可达数十年,数百年甚至上千年。如北美巨杉,中国的银杏、红桧。森林演替系列也是植物群落中最长的,先锋树种(灌木)从原生阶段演替至成熟稳定的顶级阶段,通常要经过百年以上。

2)再生能力强

森林本身具有生产力,是可以更新的资源,如能合理利用,可实现资源的永续利用。森林可进行人工更新或天然更新;有很强的竞争力,能自行恢复在植被中的优势地位。但再生能力有限,一经采伐,其生产力的提高或衰减取决于经营的集约程度。

3)分布范围广

由落叶或常绿及具有耐寒、耐旱、耐盐碱或耐水湿等不同特性的树种形成的各种类型的森林,分布在寒带、温带、亚热带、热带的山区、丘陵、平地,甚至沼泽、海涂滩地等地。

4)生产率高

森林由于具有高大且多层分布的枝叶,其光能利用率达 1.6%~3.5%,每年所固定的总能量占陆地生物每年固定总能量的 63%。森林的生物产量在所有植物群落中最高,因此森林是最大的自然物能储存库。

5)用途多,效益大

森林能持续提供多种林产品,如木材、食品、化工和医药原料等。同时,森林在涵养水源、改善水质、保持水土、减轻自然灾害、调节温度与湿度、净化空气、减弱噪声、美化环境,以及保护野生动植物方面的生态效益和社会效益也很显著。

(三)草原的概念

草原是我国重要的生态系统和自然资源,也是农牧民赖以生存的生产生活资料,对于维护生态安全、推动乡村振兴、促进人与自然和谐共生具有重大意义。广义的草原包括在较干旱环境下形成的以草本植物为主的植被,主要有两大类型:热带草原和温带草原。

(四)草原的特点

草原的形成原因是土壤层薄或降水量小时,草本植物受影响小,而木本植物无法广泛生长。我国是世界上草原资源最丰富的国家之一,草原总面积约为4亿公顷,占全国土地总面积的40%,为现有耕地面积的3倍。其主要特点如下。

(1)草原的地势开阔平坦,视野宽广,空气清新。
(2)草原气候有明显的干湿季之分。
(3)温带草原降水量在400毫米以下,多数地方为200～300毫米,降水主要集中在夏季。
(4)地面芽植物和地下芽植物占多数,高位芽植物极少。

二、森林(草原)火灾常识

森林(草原)火灾是指失去人为控制,在森林和草原上自由扩展与蔓延,达到一定面积,对森林(草原)生态系统及人类造成一定危害和损失的林地与草地火灾。森林(草原)火灾是一种突发性强、破坏性大、处置救援较为困难的自然灾害。

三、森林(草原)燃烧

森林燃烧是一种燃烧现象,其本质是森林可燃物在一定温度条件下与氧快速结合,发生放热放光的化学反应。森林燃烧是在自然界开放系统中进行的,受各种因素影响,具有很大的随机性和复杂多变性,难以控制。

草原燃烧本质类似森林燃烧。其火灾特点一是火势猛,草原面积大,地势平坦,可燃物易燃,一旦发生火灾,在大风作用下,火势迅猛扩展,难以控制;二是火势蔓延速度快,由于草原地区风向多变,常常出现多叉火头,蔓延速度快,形成火势包围圈,人畜转移困难,极易造成伤亡;三是季节性明显,草原地区的气候特点和植被特征决定了春秋两季为草原火灾高发季。

(一)森林(草原)燃烧要素

森林燃烧,必须具备3个要素,即森林可燃物、火源和助燃物(氧气)。

森林中所有的有机物质,如乔木、灌木、草类、苔藓、地衣、枯枝落叶、腐殖质和泥炭等都是可燃物。其中,可燃物有焰燃烧又称明火。这类可燃物能挥发可燃性气体产生火焰,其总量占森林可燃物总量的85%～90%。其特点是蔓延速度快,燃烧面积大,自身消耗的热量仅占全部热量的2%～8%。可燃物无焰燃烧又称暗火。这类可燃物不能分解足够的可燃性气体,没有火焰,如泥炭、朽木等,可燃物总量占森林可燃物总量的6%～10%。其特点是蔓延速度慢,持续时间长,自身消耗的热量多,如泥炭可消耗其全部热量的50%,在较湿的情况下仍可继续燃烧。

不同森林可燃物的燃点各异,干枯杂草燃点为150～200摄氏度,木材为250～300摄氏度,要达到此温度需要有外来火源。1千克木材要消耗3.2～4.0立方米空气(纯氧0.6～0.8立方米),因此,森林燃烧必须有足够的氧气才能进行。通常情况下空气中的氧气约占21%,当氧气在空气中的含量减少到14%～18%时,燃烧就会停止。

草原起火的原因主要有人为因素、自然因素、境外火蔓延三大类。人为因素主要有机动车引擎喷火、野外乱扔烟头、禁火区小孩玩火、烧荒积肥生产性用火和当地居民倾倒的炉火复燃等。在我国,人为因素引发的草原火灾次数占草原火灾总次数的90%以上。

(二)森林(草原)燃烧过程

森林(草原)可燃物都是固体燃料,在着火之前,必须释放出可燃性气体,才能开始燃烧。在生成气体的不同阶段,其化学与物理性质不同,这些差异取决于时间、温度和供氧情况。根据燃烧表现的不同特点,燃烧过程大致可划分为3个不同的阶段,即预热阶段、气体燃烧阶段和固体燃烧阶段。

1. 预热阶段

预热阶段是指森林可燃物在火源作用下,因受热而干燥、收缩,并开始分解生成挥发性可燃气体,如CO、H_2、CH_4等,但是尚不能进行燃烧的点燃前阶段。

自然条件下，森林（草原）可燃物都含有水分，在预热阶段，外界火源提供的热量，使可燃物温度不断升高，体内水分被不断蒸发，同时形成烟雾，当可燃物达到一定温度后，开始进行热分解。可燃物受热分解为小分子物质的过程，叫作热分解。随着热分解的发生，具有挥发性的可燃气体小分子不断逸出，因此这个阶段需要环境提供热量，预热阶段也称为吸热阶段。

预热阶段的长短既与火源体的大小有关，也与可燃物的干湿有关。对于同一火源，干燥的可燃物，预热阶段十分短暂；湿润的可燃物，则需要较长的预热阶段。

2. 气体燃烧阶段

随着温度继续上升，可燃物被迅速分解成可燃性气体（如 CO、H_2、CH_4 等）和焦油液滴，它们形成的可燃性挥发物与空气接触形成可燃性混合物。当混合物的温度达到燃烧极限（即燃点），而且挥发物浓度达到一定数值时，在固体可燃物上方可形成明亮的火焰，释放大量热量，产生 CO_2 和水汽。有焰燃烧蔓延速度快，进行直接扑救的危险大。这个阶段就是气体燃烧阶段。气体燃烧阶段是放热阶段，也是林火快速发展和传播的阶段。在这一阶段，空气（氧气）供给充分与否，直接影响其反应过程，氧气充足则产生完全燃烧，氧气不充足则产生不完全燃烧。

3. 固体燃烧阶段

在气体燃烧阶段末期，固体木炭表面会继续发生缓慢的氧化反应，木炭燃烧阶段的本质是：木炭由表及里进行缓慢的氧化反应，木炭完全燃烧后产生灰分。该阶段的热量释放速度较缓慢，释放出的热量较前一阶段少，这一过程一般看不见火焰，此时的燃烧呈辉光燃烧。木炭燃烧得充分与否，取决于空气供应情况和环境的温度。

大多数森林可燃物，如木材、枝丫、枯枝等，在燃烧时，都可以明显观察到以上 3 个阶段。一些细小可燃物，则几乎是在同一时刻完成燃烧的 3 个阶段；也有些森林可燃物，如泥炭、腐殖质、腐朽木和病腐木等，由于不能挥发出足够的可燃性气体，因而看不到明显的火焰，没有明显的气体燃烧阶段。无焰燃烧的燃烧速度缓慢，但持续时间长，不易被发现和扑灭。

四、林火种类

林火主要根据火烧部位、火的蔓延速度、树木受害程度来划分，一般可分为地表火、树冠火和地下火 3 类。了解林火种类对正确估计火灾的危害和可能引起的后果具有重要的作用;对采取扑救战术,组织灭火力量,使用灭火工具和利用火烧迹地等具有现实意义。

1. 地表火

火沿林地表面蔓延,烧毁地被物,危害幼树、灌木、下木,烧伤树干基部和露出地面的树根,影响树木生长,且易引起森林病虫害的大量发生,造成大面积林木枯死。但轻微地表火,却能对林木起到某些有益的作用。地表火的烟为浅灰色,温度可达4000摄氏度左右。在各类林火中,地表火出现次数最多。地表火根据蔓延速度和危害性质不同,又可分为以下两类。

(1)急进地表火。火蔓延速度快,通常每小时可达几百米或一千米以上,这种火往往燃烧不均匀,常留下未烧的地块,有的乔木、灌木没有被燃烧,危害也较轻。火烧迹地呈长椭圆形或顺风伸展成三角形。

(2)稳进地表火。火蔓延速度缓慢,一般每小时达几十米,火烧时间长、温度高、火强度大、燃烧彻底,能烧毁所有地被物,有时乔木底层的枝条也被烧毁。这类火对森林危害较大,严重影响林木生长。火烧迹地为椭圆形。

2. 树冠火

地表火遇到强风或针叶幼树群、枯立木、风倒木、低垂树枝时,火就会烧至树冠,并沿树冠蔓延和扩展。在上部能烧毁针叶,烧焦树枝和树干,在下部能烧毁地被物、幼树和下木。火头前经常有燃烧的枝丫、碎木和火星,从而加速了火的蔓延,扩大了森林损失。树冠火的烟为暗灰色,温度可高达9000摄氏度左右,烟雾高达几千米,这种火破坏性大且不易扑救。树冠火多发生于长期干旱的针叶幼林、中龄林或针叶异龄林中。根据蔓延情况不同,树冠火又可分为以下两种类型。

(1)连续型树冠火。针叶树冠连续分布,火烧至树冠,并沿树冠继续扩展,按其速度不同又分为两类。

①急进树冠火:又称狂燃火。火焰在树冠上跳跃前进,速度快,顺风每小时可达8~25千米甚至更快,形成向前伸展的火舌。这种火往往形成上、下两段火头,上部火头沿树冠发展快,地面的火头远远落在后边。急进树冠火能烧毁针叶、小枝,烧焦树皮和较大的枝条。

②稳进树冠火:又称遍燃火。火的蔓延速度较慢,顺风每小时可达5~8千米。这类火燃烧彻底,温度高,火强度大,能将树叶和树枝完全烧尽,是危害最为严重的一种林火。火烧迹地呈椭圆形。

(2)间歇型树冠火。强烈地表火烧至树冠,引起树冠燃烧。当树冠不连续时,该类树冠火便下降为地表火,遇到树冠再向上蔓延为树冠火。这种火主要受强烈地表火的支持而在林中起伏前进。

3. 地下火

在林地腐殖质层或泥炭层中燃烧的火称为地下火。地下火在地表不见火焰,只有烟,这种火可一直烧到矿物层和地下水层的上部。地下火蔓延速度缓慢,每小时仅蔓延4~5米,一昼夜可蔓延几十米或更远,温度高,破坏力强,持续时间长,一般能烧几天、几个月或更长时间,不易扑救。地下火能烧掉腐殖质、泥炭和树根等。火灾发生后,树木枯黄而死,火烧迹地一般为环形。在泥炭层中燃烧的火称为泥炭火;在腐殖质层中燃烧的火称为腐殖质火。地下火多发生在特别干旱季节的针叶林内。地下火燃烧时间长,从秋季开始发生,隐藏在地下,可以越冬,所以又称越冬火,直到翌年春季仍可继续燃烧。这种越冬火多发生在高纬度地区,我国大、小兴安岭北部均有分布。

五、森林(草原)可燃物

森林(草原)可燃物是燃烧的物质基础,是森林(草原)燃烧三要素中的主体要素,因而对火灾发生、控制和扑救及安全用火均有明显影响。

(一)可燃物的形成

森林内所有可燃物质都源于绿色植物的光合作用。然而,多数绿色植物在生长季节由于体内水分含量大,一般不容易燃烧。从林火管理的角度出发,我们经常关心的是由于森林自身的生理过程、外界自然因素和人为因素所形成的那部分干枯、死亡并落在地表或存于林分不同层次的可燃物。

一片新造针叶纯林,时间不长就可以形成林内绿色植物和凋落的死亡物质混合的局面。到了秋季,林内一年生杂草逐渐干枯、死亡,在地表形成一层非常易燃的细小可燃物层,为发生林火提供了引燃物质。当幼树逐渐长高,树冠郁闭时,由于个体竞争和自然整枝的作用,针叶树低矮部分的枝条和许多针叶、球果等落到地面,并与地表干枯杂草混合成极易燃的可燃物层。此时林地易燃物负荷量最大,一旦出现火源,林火蔓延速度极快,并有形成树冠火的危险。再过几年,林冠全部郁闭,虽然也不时有枝条和针叶等落到地表,但由于阳性杂草消失,自然整枝完成,地面与树冠的距离加大,与此同时,地表可燃物也逐渐分解。正常情况下凋落物的累积和分解达到平衡,林内可燃物的数量维持在一定水平。而在天然阔叶林内,易燃的杂草并不能从垂直分布层面上对树冠构成威胁,林下其他可燃物的累积也相对缓慢,只是在非生长季节,才有大量的树叶、花、果、种子、小枝等为地表提供易燃物质。不论是针叶林还是阔叶林,整个树木或植物体的自然死亡和部分死亡都是可燃物的主要来源。

事实上,许多森林现在都很难维持自然正常发育过程,都或多或少地受人为和其他一些自然外界力的影响,它们为林内提供大量可燃物。例如,森林的采伐使大量枝丫、树头等采伐剩余物保留在林地。间伐、整枝等森林经营活动也在一定程度上增加了林地可燃物的总量。这些杂乱物若不及时处理,必然会导致林地可燃物负荷量的增大,容易造成高强度森林火灾。

在土壤浅薄地段,风会使林内大批树木连根拔起,使林内倒木纵横,不但加大了可燃物的负荷量,也为灭火造成诸多不便。

病虫害对树木的侵袭,轻者可使树木局部死亡,过早脱落许多树皮、叶、小枝等可燃物,重者可使整个林分全部死亡,提高林地的易燃性。

总之,不论是自然因素,还是人为因素,森林可燃物都来源于森林本身。但燃烧的有效性取决于人为经营方式和管理水平。合理的经营方式和较高的管理水平是控制森林可燃物易燃性并将其维持在最低限度的关键。

(二)可燃物类型

可燃物类型是指可燃物种类、组成、载量、大小、形状、分布等可燃物特征基本一致的同类可燃物组合的集合。一个可燃物类型,应分布于一定的空间范围,并受到时间的影响。为了比较透彻地研究可燃物的组成和分布,我们从种类、空间分布、易燃程度、大小,以及可燃物的有效性、挥发性等方面对可燃物种类进行划分。

1. 按植物类别划分

(1)地衣:燃点低,在林中多呈点状分布,含水量随大气湿度的变化而变化,易干燥。

(2)苔藓:林地上的苔藓一般不易着火。生长在树皮、树枝上的苔藓,易干燥,常是引起常绿树树冠火的危险可燃物。泥炭苔藓多的地方,在干旱年份,也有发生地下火的可能。

(3)草本植物:大多数草本植物干枯后都易燃,是森林火灾的引火物,但是,也有不易燃的草本植物。例如,东北林区某些早春植物,如冰里花、草玉梅、延胡索、错草等,由于春季防火期是其生长时期,因而这些植物不仅不易燃,反而具有一定的阻火作用。

(4) 灌木：为多年生木本植物，有的易燃，有的难燃。胡枝子、榛子、绣线菊等易燃，接骨木、鸭脚木、红瑞木等难燃。某些常绿针叶灌木，如兴安桧、偃松等，体内含有大量树脂和挥发性油类，都属于易燃的灌木。

(5) 乔木：树种不同，燃烧性不同。通常针叶树较阔叶树易燃。但有些阔叶树也是易燃的，如桦树，树皮呈薄膜状，含油脂较多，极易点燃；蒙古栎多生长在干燥山坡，冬季幼树叶子干枯而不脱落，容易燃烧；南方的桉树和橡树都富含油脂，属易燃常绿阔叶树。

2. 按可燃物易燃程度划分

在实践中，人们习惯根据森林可燃物的易燃程度将可燃物划分为易燃可燃物、燃烧缓慢可燃物、难燃可燃物。

(1) 易燃可燃物：在一般情况下容易引燃、燃烧快，如地表干枯的杂草、枯枝、落叶、凋落树皮、地衣和苔藓及针叶树的针叶、小枝等，这些可燃物的特点是干燥快、燃点低、燃烧速度快，是林内的引火物。

(2) 燃烧缓慢可燃物：一般指颗粒较大的重型可燃物，如枯立木、树根、大枝、倒木、腐殖质和泥炭等，这些可燃物不易燃烧，但着火后能长期保持热量，不易扑灭。这种情况下，火场很难清理，而且容易发生复燃火。

(3) 难燃可燃物：指正在生长的草本植物、灌木和乔木。它们的体内含有大量水分，不易燃，有时可减弱火势或使火熄灭。但遇到强火时，这些绿色植物也能因脱水而燃烧。

3. 按可燃物大小划分

可燃物按大小划分可分为重型可燃物和轻型可燃物。
(1) 重型可燃物：指直径较大的可燃物，如树干、枯立木或活树等。
(2) 轻型可燃物：指直径较小的可燃物，如小树枝、树叶、杂草和干燥的针叶等。

4. 按燃烧时可燃物消耗划分

(1) 有效可燃物：指燃烧时烧掉的可燃物。
(2) 剩余可燃物：指着火时未烧的可燃物。
(3) 总可燃物：指火烧前单位面积上可燃物的总和。

5. 按可燃物挥发性划分

可燃物的挥发性指可燃物在加热时挥发性物质逸出的数量多少和速度快慢的

特性。根据这一特性,可将可燃物划分为以下几类。

(1)高挥发性可燃物:指挥发性物质(抽提物等)含量较高的可燃物,如红松、樟子松、樟树、杜鹃等都属于高挥发性可燃物。

(2)中挥发性可燃物:指挥发性物质含量介于高挥发性可燃物和低挥发性可燃物之间的可燃物,如蒙古栎、棒树、杨树等都属于中挥发性可燃物。

(3)低挥发性可燃物:指挥发性物质含量较低的可燃物,水曲柳、胡桃楸、钻天柳、红瑞木、木荷、米老排等均属于低挥发性可燃物。

6. 按可燃物分布的空间位置划分

(1)地下可燃物:地下可燃物包括表层松散地被物以下所有能燃烧的物质,主要为树根、腐朽木、腐殖质、泥炭和其他动植物体。这类可燃物通常体内水分含量较高,不易引燃,只有含水率降到20%以下才能点燃,形成无焰燃烧,燃烧持续时间很长,仅需要很少的氧气。很显然,地下可燃物是形成地下火的物质基础。地下火虽然蔓延速度很慢,对林火行为影响不大,但对林火扑救,特别是清理火场会造成许多困难。

(2)地表可燃物:地表可燃物是指从松散地被物层到林中2米以下空间范围内的所有可以燃烧的物质,包括凋落的针叶、阔叶、树枝、球果,林下杂草、灌木、苔藓、地衣、倒木及其他林内采伐剩余物和林内杂乱物。

(3)空中可燃物:指高度在2米以上所有的空中可燃物,主要包括较大的幼树、大灌木、林冠层、层间植物等。有时层间植物(如藤本)、灌木、幼树及树干上的枯枝等也称为桥形可燃物或梯形可燃物。因为这些可燃物是地表火发展为树冠火的"桥梁"或"梯子"。

(三)可燃物与森林燃烧性

林火的发生、发展不仅取决于森林可燃物的性质,而且与森林不同层次的生物学特性和生态学特性密切相关,尤其是林木与林木之间、林木与环境之间的相互影响和相互作用,决定了不同森林类型之间、同一森林类型不同立地条件之间易燃性的差异。上层林木可以决定死地被物的组成和数量。森林自身的特性,如林木组成、郁闭度、林龄和层次结构等都可以通过对可燃物特征的作用使其表现出不同的燃烧性。我国南北不同地区森林植被差异很大,这里主要根据森林群落特征和立地条件的差别,简单阐述我国主要的森林可燃物类型及其燃烧性。

1. 兴安落叶松林

兴安落叶松林主要分布在东北大兴安岭地区，小兴安岭也有少量分布。兴安落叶松林多为单层同龄林，林冠稀疏，林内光线充足，特别是幼林，林内生长许多易燃阳性杂草。兴安落叶松本身含大量树脂，易燃性很高。兴安落叶松林的易燃性主要取决于立地条件。兴安落叶松可以划分为易燃型（草类落叶松林、蒙古栎落叶松林、杜鹃落叶松林），可燃型（杜香落叶松林、偃松落叶松林），难燃型或不燃型（溪旁落叶松林、杜香云杉落叶松林、泥炭藓杜香落叶松林）3 种燃烧性类型。

2. 樟子松林

樟子松是欧洲赤松在我国境内分布的一个变种。樟子松林的分布范围不大，主要分布在大兴安岭海拔 400～1000 米的山地和沙丘，多在阳坡呈块状分布，是常绿针叶林，枝、叶和木材均含有大量树脂，易燃性很高。樟子松林树冠密集，容易发生树冠火。由于樟子松林多分布在较干燥的立地条件下，林下生长易燃阳性杂草，因而樟子松的几个群丛都属易燃型。

3. 云冷杉林

云冷杉林属于暗针叶林，是我国分布最广的森林类型之一。我国各地区分布的云冷杉林一般属山地垂直带的森林植被。云冷杉林分布于东北山地、秦巴山地、蒙新山地以及青藏高原的东线及南缘山地，台湾也有天然云冷杉林。云冷杉林树冠密集，郁闭度大，林下阴湿，多为苔藓所覆盖。云冷杉的枝叶和木材均含有大量的挥发性油类，对火特别敏感。由于云冷杉立地条件比较潮湿，一般情况下不易发生火灾。大兴安岭地区的研究材料表明，云冷杉林往往处于林火蔓延的边界。但是，云冷杉自然整枝能力差，而且经常出现复层结构，地表和枝条上附生许多苔藓，如遇极端干旱年份，云冷杉林燃烧时火的强度最大，而且经常形成树冠火。云冷杉林按燃烧性可划分为可燃型（主要包括草类云杉林、草类冷杉林）和难燃型或不燃型（主要包括藓类云杉林、藓类冷杉林）两类。

4. 阔叶红松林

红松除在局部地段形成纯林外，在大多数情况下与多种落叶阔叶树种和其他针叶树种混交形成以红松为主的针阔混交林。红松现在主要分布在我国长白山、老爷岭、张广才岭、完达山和小兴安岭的低山和中山地带。红松是珍贵的用材树种，以其优良的材质和多种用途而著称于世。因此，东北地区营造了一定面积的人工红松林。红松的枝、叶、木材和球果均含有大量的树脂,尤其是枯枝落叶,非常易燃。但随立地条件的不同和混生阔叶树比例的不同,燃烧性有所差别。人工红松林和蒙古栎红松林、椴树红松林易发生地表火,也有发生树冠火的危险;云冷杉红松林一般不易发生火灾,但在干旱年份也能发生地表火,而且有发生树冠火的可能,但多为冲冠火。天然红松林按其燃烧性和地形条件可划分为易燃型(山脊陡坡红松林)、可燃型(山麓缓坡红松林)和难燃型(坡下湿润红松林)3类。

5. 蒙古栎林

蒙古栎林广泛分布在我国东北地区的东部山地、内蒙古东部山地以及华北生长落叶阔叶林的冀北山地、辽宁的辽西和辽东丘陵地区,亦见于山东昆仑山和陕西秦岭等地。蒙古栎林除在大兴安岭地区与东北平原草原交界处一带被认为是原生林外,在其他地方均被认为是次生林。

蒙古栎多生长在立地条件干燥的山地,它本身的抗火能力很强,能在火后以无性繁殖的方式迅速更新。幼龄的蒙古栎林冬季树叶干枯而不脱落,林下灌木多为易燃的胡枝子、榛子、绣线菊、杜鹃等耐旱植物,常构成易燃的林分。此外,东北地区的次生蒙古栎林多数经过反复火烧或人为干扰,立地条件日渐干燥,且林下生长许多易燃的灌木和杂草。因此,东北大、小兴安岭地区的次生蒙古栎林多属易燃类型,而且是导致其他森林类型火灾的策源地。

6. 杨桦林

杨桦林分布于我国温带和暖温带北部林区的山地、丘陵;在暖温带南部、亚热带森林地区和具有一定高度的山地也有出现;在草原、荒漠区的山地垂直分布带上亦有分布。在温带森林地区,山杨和白桦不仅是红松阔叶林的混交树种之一,也是落叶松林、红松林采伐迹地及火烧迹地的先锋树种,多发展成纯林或杨桦混交林。杨桦林郁闭度较低,灌木、杂草丛生于林下,容易发生森林火灾。但是,东北地区大多数阔叶林树木体内水分含量较大,比针叶林难燃。

7. 油松林

油松林主要分布在华北、西北地区的山地。该树种枝、叶和木材富含挥发性油类与树脂,为易燃树种。油松多分布在比较干燥瘠薄的土地上,林下多生长耐干旱的禾本科草类和灌木,林分易燃。油松林多分布在人烟比较稠密、交通比较方便的地区且呈小块分布,火灾危害不是很大。但是随着华北地区飞机播种油松面积的扩大,应加强油松林的防火工作。

8. 马尾松林

马尾松属于常绿针叶树种,枝、叶、树皮和木材中均含有大量挥发性油类与大量树脂,极易燃。该树种的分布区域北以秦岭南坡、淮河为界,南界与北回归线犬牙交错,西部与云南松林接壤,为亚热带东部主要易燃森林。马尾松林分布在海拔1200米以下的低山丘陵地带,随纬度不同,分布高度有所变化。常绿阔叶林被破坏后,该树种常以先锋树种侵入。它能忍耐干旱瘠薄的立地条件,林下有大量易燃杂草,在这样的立地条件下也有一定稳定性,一般郁闭度为0.5～0.6,林下凋落物在10吨/公顷左右,属易燃类型。此外,也有些马尾松林与常绿阔叶林混交,立地条件潮湿,土壤肥沃,其燃烧性为可燃型。目前我国南方有大量飞机播种的马尾松林,应该特别注意防火工作。

9. 杉木林

杉木林与马尾松相似,也为常绿针叶林,在我国南方多为大面积人工林,也有少量天然林。杉木枝、叶含有挥发性油类,易燃,加上树冠深厚,树枝接近地面,多分布在山下部比较潮湿的地方,其燃烧性比马尾松林低一些。但是杉木林在干旱天气条件下也容易发生火灾,有时也易形成树冠火。杉木阔叶混交林燃烧性明显降低。因为杉木是目前我国生长迅速的用材树种,所以在大面积杉木人工林区应加强防火工作。

10. 云南松林

云南松属于我国亚热带西部主要针叶树种,云南松林是云贵高原常见的重要针叶林,也是西部偏干性亚热带典型群系,分布区以滇中高原为中心,东至贵州、广西西部,南至云南西南部,北达藏东高原,西界为中缅国界线。云南松针叶、小枝易燃,树木含挥发性油类和松脂,树皮厚,具有较强的抗火能力,火灾后易飞籽成林。成熟林分郁闭度在0.6左右,林内干燥,林木层次简单,一般分为乔、灌、草3层,由于林下多发生地表火,灌木少,多为乔木、草类,非常易燃。在人为活动少、土壤深厚的地方混生有较多常绿阔叶林,这类云南松阔叶混交林燃烧性略有降低。此外,在我国南方还有松林,如思茅松林、高山松林和海南松林,这些松林都属于易燃常绿针叶林,分布面积较小,火灾危害也较小。

11. 常绿阔叶林

常绿阔叶林属于亚热带地带性植被。由于人为破坏,分布分散,但各地仍然保存部分原生状态。郁闭度为0.7~0.9,林木层次复杂,多层,林下阴暗潮湿,一般属于难燃或不燃森林,大部分构成常绿阔叶林的树种均不易燃,体内含水分较多,如木荷。但也混生有少量含挥发性油类的阔叶树,如香樟,但其数量较少,又混杂在难燃树种中,因此易燃性不大。常绿阔叶林只有遭受多次破坏,才有增强燃烧性的可能。

12. 竹林

竹林是我国南方的一种森林,面积约为300万公顷,分布在北纬18~35度,天然分布范围广。人工栽培竹林分布在南到西沙群岛,北至北京(北纬40度)的平原、丘陵、低山地带,海拔100~800米的温湿地区。因此,竹林一般属于难燃型。只有在干旱年代,有的竹林才有可能发生火灾。

13. 桉树林

在我国长江以南各地栽培有大叶桉、细叶桉、柠檬桉和蓝桉等,这些树种生长迅速,几年就可以郁闭成林。但是这些桉树枝、叶和秆含有大量挥发性油类,叶为革质且不易腐烂,林地干燥,容易发生森林火灾。因此应对这些桉树林加强防火管理。

此外,含挥发性油类的安息香、香樟和樟树等,也为易燃性树种,应注意防火。

六、火源

火源是能够引起森林燃烧的,包括热能源、走火途径、引火媒在内的综合体,如明火焰、炽热体、火花、机械撞击、聚光作用、化学反应等。火源的种类、数量和火源出现的频率直接关系到火灾发生的可能性和林火发生的规模。

(一)火源种类

1. 天然火源

天然火源是指在特殊的自然地理条件下引起林火的着火源,主要包括雷击、火山爆发、陨石坠落、滚石火花、滚木自燃或泥炭自燃等,它们是人类难以控制的。在自然火源中,雷击火是导致森林火灾的主要火源。雷击火一般多发生于高纬度地区。在美国、加拿大、俄罗斯、澳大利亚等国,雷击导致的林火较多,造成的损失较大。如美国平均每年发生1~1.5万次雷击火。美国落基山脉地区因雷电引起的森林火灾次数约占该地区森林火灾次数的64%,阿拉斯加地区因雷击火而被烧毁的森林面积约占该地区森林面积的76%。加拿大因雷击造成的森林火灾次数,可占全国森林火灾次数的30%,其中不列颠哥伦比亚省的森林火灾次数占本地区林火总次数的51%,阿尔伯塔省则高达60%。俄罗斯的雷击火次数占林火总次数的10%。

我国的雷击火主要分布在大兴安岭、内蒙古呼伦贝尔市和新疆阿尔泰山地区。在大兴安岭林区,雷击火的发生比较频繁,几乎每年都有雷击引起的林火。如塔河、呼中等地的雷击火次数占林火总次数的70%以上,内蒙古呼伦贝尔市地区的雷击火也占该地区总火源的18%,最多年份可达38%。这些地区由雷击火造成的损失也十分严重。如1976年6—7月,内蒙古额尔古纳市北部多次发生雷击火,8万多公顷原始森林付之一炬。我国其他地区很少有雷击火的相关记载。总体上看,我国的雷击火平均仅占全国林火总火源的1%左右。

雷击火发生频繁的地区,往往人烟稀少、交通不便,这类火很难及时发现和进行扑救。因此,加强预报与监测雷击火,对有效减少森林火灾损失是十分必要的。

2. 人为火源

人为火源是指由人类活动引起林火的各种火源。人为火源是引起森林火灾的主要火源。在大多数国家,人为火源占林火总火源的比例都在90%以上,如美国为91.4%,俄罗斯为93%。对甘肃省2009—2022年森林火灾发生原因的分析显示,人为火灾为162起,占比为92.57%。人为火源种类很多,按其来源可分为以下几种。

1)生产性火源

生产性火源是指生产活动中用火不慎而引起林火的着火源,即在林区或农林、牧林交错地区,因开展生产经营活动造成森林火灾的火源。按照生产方式的不同可分为以下几种主要类型。

(1)森工生产用火。林区工业生产用火不慎很容易引起森林火灾,如开矿崩山炸石,机车喷漏火、爆瓦,高压线跑火等。

(2)农林牧业生产用火,是指因农林牧业生产活动中用火引发林火的着火源。烧荒、烧垦、烧茬子、烧田埂、烧草木灰等在我国南方是重要的农作方式,这些农业生产活动用火成为目前引发森林火灾的主要火源,占总火源的50%以上。林业生产中营林生产用火造成的火灾也比较多,如火烧防火线跑火、计划火烧不慎和南方炼山造林等。牧业生产用火主要是指火烧更新草场和复壮草场不慎引起火灾。

(3)林副业生产用火。林副业生产用火的火源种类较多,如火烧木炭、烤蘑菇、挖药材等不慎跑火成灾。

2)非生产性火源

非生产性火源是指日常生活中用火不慎引起林火的火源。在人为火源中非生产性火源也占总火源的相当数量,按照活动方式区分为不同火源。

(1)生活用火。野外生火做饭、烤干粮、驱蚊驱兽等。

(2)吸烟弄火。林内人员吸烟不慎引起的森林火灾在东北林区火灾中占相当大的比例,而且分布在整个防火季节,危害极大。

(3)小孩玩火。此类火源也占一定数量,因此林区应加强对儿童和青少年的森林防火教育。

(4)祭祀用火。上坟烧纸、烧香、燃蜡祭祖引起的山火数量有所增加。应该加强宣传教育,移风易俗,改用种树、种草代替烧纸。

3)其他火源

其他火源主要有故意放火纵火和智障人士、精神病患弄火等。从人为火源酿致森林火灾的情况分析,其中人多数是由于用火者疏忽大意。但是,在有些国家或地区,故意纵火现象也时有发生。例如,一些西方国家,有人因对社会、对林场主不满而故意放火酿致成灾;也有失业者为得到雇佣而故意纵火。据统计,1978—1979年,在一些欧洲国家中,故意纵火所引起的森林火灾比例,葡萄牙为85%、西班牙为70%、英国为52%、意大利为54%,美国1978年故意纵火也占30%。在我国也存在因实施报复或蓄意破坏等,采取故意纵火引起森林火灾的现象,这类火灾虽然数量少,但也应该引起足够重视。

(二)火源的分布变化规律

森林燃烧火源的出现受一定时间、地理、人文条件的影响,这些因素有其自身的规律,在防灭火实践中把握住这些规律,有利于对火源进行管理。以甘肃省为例,火源分布主要存在以下规律。

(1)从火源管控看。全省21个国家级自然保护区属于森林火险高危区、44个县(市、区)属于森林火险高风险区;全省77个县(市、区)有草原防灭火任务,其中14个属于草原火灾高危区、12个属于草原火灾高风险区。春季烧荒、烧地埂、煨桑祭祀、上坟烧纸等传统民俗用火频繁,加之大风等灾害性天气,各类风险隐患交织叠加,诱发火灾的因素增多。

(2)从物候条件看。根据森林火灾风险普查统计数据分析,一方面,目前甘肃省各大林区可燃物载量已超临界值,加之冬季持续干燥的极端天气影响,林下腐殖质层干枯,水分含量很低,一旦遇到明火,极易引发森林火灾;另一方面,甘肃省大部分林区人工造林树种以油松、落叶松等为主,属于易燃树种,一旦引燃,火势蔓延迅速,极易形成大火。

(3)从火灾发生规律看。据统计,全省森林(草原)火灾主要集中在3—4月,人为引发的森林(草原)火灾占比达93%,其中一半以上都是由祭祀引发的火灾,加之绝大部分林牧区兼具景区功能,旅游景区内存在野外吸烟、篝火、烧烤、野炊和燃放花炮、放孔明灯等行为引发火灾的风险。

(4)从可燃物情况看。随着生态文明建设的持续推进,森林覆盖率和植被盖度、林草资源大幅增加,林内可燃物快速积累。据统计,甘肃省森林面积自2013年以来增加2.28万公顷以上,森林覆盖率提高0.05%;大多数重点林区林下腐殖层厚度达到25厘米以上,可燃物平均载量为8.01吨/公顷,有7个区域可燃物载量超过了临界值30吨/公顷(甘肃民勤连古城国家级自然保护区,永登奖俊埠林场,平凉崆峒山、太统山,陇南礼县罗坝林场、三峪林场、桥头林场)。

七、森林(草原)燃烧的火环境

火环境是指除可燃物和火源外的其他影响林火发生、发展、蔓延和能量释放等所有因素的总和,主要包括天气条件、林内小气候、立地条件和氧气供给条件等。火环境是森林燃烧的重要条件。森林中常积累着大量的可燃物,有时虽有火源却不能发生燃烧,其原因是没有适宜的火环境。

(一)天气对森林燃烧的影响

1. 气象要素对森林燃烧的影响

由于温度、湿度分布不均匀,大气对流层常发生大规模的空气运动,不断地进行着增热、冷却、蒸发、凝结等各种物理过程,这些过程又经常产生风、雨、云、雪、干、湿、声、光等物理现象。表示大气中物理现象的物理量,如气温、大气湿度、云、降水量、风、气压、辐射等,均称为气象要素。气象要素与森林燃烧的关系非常密切。

1)气温与森林燃烧

气温是用来表示大气冷热程度的物理量,测量时以距离地面1.5米高处的空气温度为准,常用单位有摄氏度(℃)、华氏度(°F)。低层大气热量主要来源是地面长波辐射。因此,气温随太阳辐射引起下垫面热量的变化而改变。一天中气温日出前最低,午后2时左右最高。

气温是火险天气的重要指标,它直接影响森林燃烧的发生发展。一般情况是防火期内或长期干旱的时期林火随气温增高而逐渐增多。据黑龙江省调查,在春防时期,月平均气温在-10摄氏度以下时,一般不发生火灾;-10~0摄氏度时,可能发生火灾;0~10摄氏度时,发生火灾的次数最多,这一时期正是东北林区雪融、风大的干旱季节；10～15摄氏度时，草木复苏返青，火灾次数逐渐减少；15～20摄氏度时，植物生长旺盛，火灾不易发生。同时气温日较差也可以反映火险高低，东北地区气温日较差小于12摄氏度时往往阴雨天气较多，火险较低；而气温日较差大于20摄氏度时，往往天气晴朗，白天增温剧烈，午后风速增大，火险高。

气温是个多变的因子，直接影响可燃物的温度、含水率及其燃烧性。气温升高可促进可燃物水分蒸发，加速可燃物的干燥（特别是细小的死可燃物）。气温升高提高了可燃物本身的温度，使可燃物达到燃点所需的热量大为减少。气温还影响空气的湿度和水分蒸发及相对湿度，如气温越高，相对湿度就越小。

2）大气湿度与森林燃烧

大气湿度指大气中的水分含量，通常用相对湿度表示。相对湿度是指空气的含水率与其相同温度和大气压下饱和含水率之比。相对湿度表明空气干燥或湿润的程度。因此，无论是在火险天气预报还是在火险等级预报中，相对湿度都是最重要的因子之一。

一般来说，垂直降水较平流降水对相对湿度的影响更大。一天之中，早、晚相对湿度大。白天受日光照射，空气中水分蒸发，相对湿度小。相对湿度直接影响可燃物含水率。相对湿度增大，可燃物含水率会随之增大，对林火的发生有抑制作用。所以很早以前就有人用相对湿度来预测林火的发生概率。通常，相对湿度在75%以上时不会发生火灾；介于55%～75%之间可能发生火灾；小于55%容易发生火灾，小于30%可能发生特大火灾。但是，这不是绝对的，如果长期无雨，有时空气相对湿度为80%时仍可能发生火灾。因此，在考虑气象因子与火灾的关系时，不能只凭单一气象因子，而应综合考虑。

3）云、降水量与森林燃烧

当空气中的水气随着气流上升到高空时，空气温度下降，水气呈饱和状态或过饱和状态，此时大气层中会有云形成。不同的云预示着不同的天气，从而对林火产生不同的影响。

积云常常在高温条件下形成，对火行为影响很大，对预测林火天气很重要。积云的出现表明有空气涡流，大气不稳定，火行为会受积云影响，而不能以常规情况去判断。高度发展的积云常产生闪电、雨、冰雹、强风乃至龙卷风，能释放巨大的能量，其中部分能量转变为电荷或闪电，当没有降水或降水很少时，会引发雷击火。云对太阳有遮挡作用，从而影响地面受热程度，同时云的遮挡作用也使得地面的热量散不出去，多云的晚上不易形成霜和露，给灭火造成困难。

当云中水滴的重量大于空气的浮力时就会发生降水，降水是从空中降到地面的液态或固态的水。如雨、雪和雹等都是降水。

火线上的降水可以直接灭火。一般情况下,降水主要通过直接影响可燃物(特别是死可燃物)的含水率来影响林火的发生发展。由于森林有庞大的树冠,能阻截大量降水,通常 1 毫米的降水量对林内地被物的湿度几乎没有影响;2~5 毫米的降水量,能使林地可燃物中的水基本达到饱和状态,一般不会发生火灾,即使发生,也会大大减弱火势或使火熄灭。但降水间隔不能太长,一般情况下降水后 3~5 天可能出现火灾,10 天以上容易发生火灾,超过 20 天就可能发生特大火灾。这个间隔一般用连续干旱时间表示,东北地区雪融后降水 5 毫米是临界点,降水不足 5 毫米的日数都属连旱。如果一个地区的年降水量超过 1500 毫米,且分布均匀,一般不会发生火灾或很少发生火灾。例如,热带雨林,终年高温高湿,不易发生火灾。若地区年降水量虽然大,但分布不均,呈季雨林气候,有明显的干、湿季之分,在干季就易发生火灾。月降水量超过 100 毫米时,一般不发生火灾或很少发生火灾。

降水形态不同对林火的影响也不同,降雪既能增加林分的湿度,又能覆盖可燃物,使之与火源隔绝,一般在积雪融化前,不会发生火灾。

霜、露、雾等平流降水,对森林地被物的湿度也有一定影响,一般能使可燃物含水率浮动 10%左右。

人为活动可以影响降水,我们可以通过人工增雨作业等方式增加降水量和降水强度,从而对林火的发生发展产生影响。

4)风与森林燃烧

风是火场上变化最大的、对林火产生影响最重要的气象要素。风对林火的影响表现在许多方面。风向和风速的变化能影响火蔓延的方向与速度。风能带走水蒸气,使可燃物干燥;风能加速氧气的供应,使燃烧加强;风能加强火场的热辐射,引起飞火。因此,无论是野火的控制,还是计划火烧,风的因素是首先要考虑的。

当一个地区盛行风的影响不占主导地位时,地方风的影响就显得尤为重要。地球表面受热不均会产生地方风。在热量多的地方,其地表上方的空气温度变高,空气上升。空气如果湿度大,上升一定高度后便形成积云。有时空气呈螺旋式上升,这样会形成旋风。如果空气遇到低温区,气流将像水一样从山上向山下或平地倾流。空气的这种运动会对火场的发展产生至关重要的影响,使林火蔓延方向、速度、强度都随之发生变化。

另外一种对流风是海陆风。海陆风的强度由许多因素决定。海陆风依赖于海陆的温差,通常不是很强,一般风速为 5~6 米/秒。海陆风通常受盛行风的制约。在受海陆风影响的地区,海陆风对林火产生很重要的影响。某些海风在向陆地移动过程中,空气加热常产生涡流,这种涡流常引起不寻常的火行为。

当气流越山时,绝热下沉,在山的背风坡产生的干热风,叫焚风。焚风的出现会使森林可燃物极端干燥,往往会引发特大火灾。

2. 天气系统对森林燃烧的影响

天气系统是具有一定结构和功能的大气运动系统。它控制着特定的天气。天气是某地某时刻或某时间段内各种气象要素的总体特征,即在一个地区内短时间的冷暖、阴晴、干湿、雨雪、风云等大气状况及其变化过程。火险天气是指适合林火发生的天气。在防火季节里,森林能否着火并蔓延成灾与当时的天气系统密切相关。一般来讲,高压控制下的天气,天气晴朗,气温升高,可燃物容易干燥,易发生森林燃烧;低压控制下的天气,阴雨,空气湿度大,可燃物含水率高,不易发生森林燃烧。因此,天气系统直接影响森林燃烧的发生,是森林燃烧发生的重要条件。

1)气团、锋面与森林燃烧

气团是水平方向上物理属性比较均匀、垂直方向物理属性也不会发生突然变化,在它控制下的天气特点大致相同的大团空气。起源于海洋的气团称为海洋性气团;起源于陆地的气团称为大陆气团;起源于高纬度寒冷地区的气团称为极地气团;起源于低纬高温地区的气团称为热带气团。这4种基本类型的气团有各自的特点,对应特定的火灾天气。大陆极地气团干燥而寒冷,当它向南部移动时,接近地表部分变热,因此,气团在白天很不稳定,空气会产生强烈的对流,使大陆极地气团比其他任何气团与林火的关系都密切。大陆热带气团干热,因此,常出现干热天气,使可燃物的含水率降低。但是,由于气团本身温度高,大陆热带气团比大陆极地气团稳定,因而这种气团控制下的天气阵风少,对流不是很强,对灭火很有利。海洋极地气团由于下垫面为水体,气团下层温度较低,上下层的对流很小,因而该气团很稳定。当海洋极地气团登陆后,常常会产生雾和层云。海洋热带气团非常不稳定,常常会产生积雨云和暴雨。

由于气团很大而且在不停地运动,气团之间不可避免地要相遇或相互阻截。各个气团的温度、湿度不同,而且空气密度差异很大,因此,气团相遇时不是混合,而是气团之间相互沿其边缘向上或向下滑行移动。这就会在两个气团之间产生一个交绥面,也就是锋。锋面两端的风向相反。锋面的移动对火的行为影响很大,因为锋面能使蔓延较慢的火翼迅速变为蔓延非常快的火头。同时不同的锋面会导致不同的天气变化,对林火的影响也各不相同。冷锋面是热气团在前,冷气团在后,风速很大。如果热气团湿润,那么当锋面过境时,会有阵雨、暴雨或形成稳定降水。锋面过后天气晴朗,空气变干,一般利于林火的发生。如果热气团干燥,锋面会伴随着强风,而且干燥,则会使林火完全失去控制。暖锋面是冷气团在前,热气团在后。由于热空气轻、密度小,因而热气团向冷气团上方滑行。随着热气团的上升和温度的逐渐下降,常常形成厚厚的云层,在锋面到来之前常常有降水。锋面过后热气团空气湿度很大,而且稳定。

2) 气压系统与森林燃烧

气压是指地球表面单位面积上所受的大气压力。气压随海拔增高而下降,随气温上升而下降。由于各地热力条件、动力条件不同,因而同一海拔的各点气压不同,可形成不同的气压系统。对林火影响最大的气压系统是气旋系统(低压系统)和反气旋系统(高压系统)。低压系统又可分为热带低压系统和锋面低压系统。热带低压系统在南方或北方的夏季产生,虽有分散雷暴产生,但由于产生丰沛降水,不易发生火灾。锋面低压系统在我国东北最典型,有贝加尔湖低压系统、蒙古低压系统、河套低压系统。春季锋面低压系统由于暖区温度高、风大容易引起火灾,这是一种应该警戒的天气系统。影响我国的高压系统主要是南北纬30度的广大副热带地区产生的副热带高压系统。这个高压系统是暖性高压系统,在高压系统中盛行下沉气流,天空晴朗少云,炎热,微风,容易发生火灾。

3. 气候对森林燃烧的影响

气候是指某一地区多年的、综合的天气状况。气候是天气长期作用的表现,也就是长期天气作用的平均值。反过来,根据气候也可推测特定时间和地点下的天气情况。林火管理者需要了解本地的气候特点,并根据气象数据来确定某一时期火灾发生的平均值,这对于指导防火工作具有很大的意义。

气候对林火的影响主要表现在两个方面:一是气候决定火灾季节的长短和严重程度;二是气候决定特定地区森林可燃物的负荷量。

由于纬度、地形及距离水域(海洋)的远近等情况的不同,一年内火灾气候的发生及其严重程度差异悬殊。在纬度较高的地区,火灾季多为夏季,虽然相对来讲比较短,但是火灾非常严重。从高纬地区向低纬地区火灾季逐渐延长,直到赤道附近,全年均为火灾季。根据不同月份的火灾次数、火灾面积或月降水量、年降水量等,可将某些地区划分为不同的火灾气候区。

我国的气候主要受来自极地与太平洋气流的影响。北方主要受贝加尔湖气旋、蒙古气旋、华北气旋和北部或西部向东北伸展的高压等影响;南方主要受太平洋热带副高压和西南暖流及西北寒流的影响,所以我们可以通过对气候进行分析预测特定天气条件对林火的影响。一般而言,我国北方森林火灾发生季节主要是春秋季,南方森林火灾发生季节主要是冬春季,而少数地区,如新疆,森林火灾多发生在夏季,海南和云南森林火灾多发生在旱季。

我国按气温划分为寒温带、温带、暖温带、亚热带、热带、高寒区域,森林火灾的危险性从南到北逐渐增大。我国森林按各气候带水平地带性划分,可分为寒温带针叶林、温带针阔叶混交林、暖带落叶阔叶林、亚热带常绿阔叶林、热带季雨林。森林的燃烧性按以上次序由强逐渐变弱。

另外,大气环流和洋流也对森林燃烧有显著影响。由于大气环流是赤道、极地之间和海陆之间的热量传输,是空气中水汽输送的动力,因而它对气候有重要的影响,对林火的发生也起重要的作用。当大气环流形势趋向于长期维持正常状态,各地的气候也是正常的,林火水平趋近于正常年份。当环流形势在个别年份或个别季节出现异常时,天气和气候出现异常,林火水平也会出现异常。海洋的洋流具有传输高低纬度之间能量的作用,对地球上的气候有重要的影响,因此,林火也受其变化的影响。如洋流异常时发生的厄尔尼诺现象就与林火发生有正相关性,1997年8月印度尼西亚加里曼丹岛和苏门答腊岛的森林大火持续燃烧了近三个月,焚毁的热带森林达1000平方千米,自1997年3月起出现的"ENSO"[①]现象在这场森林浩劫中起了助纣为虐的作用。

(二)地形对森林燃烧的影响

地形是地表起伏的形势,根据陆地的海拔和起伏的形势,可分为山地、高原、平原、丘陵和盆地等类型。地形图通常用等高线和地貌符号综合表示地貌与地形。

1. 地形通过影响气象要素影响森林燃烧

地形影响太阳辐射等气象要素,会对天气及植被产生一定影响,因而会影响林火的发生。地形不同,构成不同的小气候,从而形成了多种多样的环境条件,影响森林植物的分布。不同植物群落的燃烧性是有差异的。地形起伏变化还影响林火行为,如上山火发展较快,下山火蔓延缓慢。地形变化对林火行为的影响,给山地条件下灭火工作带来极大的困难。

地形对森林燃烧的影响多数情况下是通过地形因子反映出来的,对林火产生影响的地形因子主要有坡向、坡度、海拔、坡位和山地条件等。

1)坡向对森林燃烧的影响

不同坡向受太阳辐射的情况不一样,南坡受到太阳的直接辐射大于北坡,偏东坡上午受到太阳的直接辐射大于下午,偏西坡则相反。因此,南坡温度最高,可燃物易干燥,易燃。美国唐纳德·波瑞统计了不同坡向的火情分布情况,以南坡最高(图5-2)。因此在预防、扑救森林火灾及计划烧除时,要注意坡向。

---

① ENSO:El Niño-Southern Oscillation,是厄尔尼诺与南方涛动的合称。

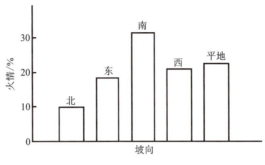

图 5-2　不同坡向火情分布

2）坡度对森林燃烧的影响

不同坡度，水分停滞时间不一样，陡坡水分停留时间短，水分容易流失，可燃物非常容易干燥；相反，缓坡水分停留时间长，可燃物潮湿，不易干燥，不容易着火和蔓延。火在山地条件下的蔓延速度与坡度密切相关，坡度与火的蔓延速度成正比。这一点在灭火过程中要尤其注意，一般情况下不能扑打上山火。上山火还会使陡坡和山顶部分的针叶林地表火转为树冠火，给林木带来较大的损害，也会对灭火行动产生不利影响。坡长对林火蔓延影响很大，一般坡愈长，上山火向山上蔓延的速度愈快；相反下山火坡愈长，蔓延速度愈缓慢。

3）海拔对森林燃烧的影响

海拔直接影响气温变化，同时影响降水。一般海拔愈高，气温愈低，形成的植被带不同，火灾季节不同。如大兴安岭海拔低于 500 米的地带为针阔混交林带，春季火灾季节，开始于 3 月，结束于 6 月底；海拔在 500～1100 米之间的地带为针叶混交林，一般春季火灾季节开始于 4 月；海拔超过 1100 米的地带为偃松林、曲干落叶松林带，火灾季节还要晚些。

4）坡位对森林燃烧的影响

在相同的坡向和坡度条件下，不同坡位的温湿状况、土壤条件、植被条件不同。从坡底到坡腹、坡顶，湿度由高到低，土壤由肥变瘠，植被由茂密到稀疏。一般情况下，坡底的林火日夜变化较大，日间强烈，晚间较弱。坡底的植被，一旦燃烧，其火强度很大，顺坡加速蔓延，不易控制。坡顶的林火日夜变化较小，其火强度也较小，较易控制。据美国唐纳德·波瑞统计，不同坡位先期扑救失效百分率(4 公顷以上)以坡底最高，其次是坡面中段，最小为坡顶(图 5-3)。

5）山地条件对森林燃烧的影响

(1)山地或小高地

当地形阻挡风时，就形成上升气流(图 5-4)。这种气流加速林火的蔓延。当风刮过地形凸出部位时，也会产生一种上升气流，使林火沿山脊加速蔓延。

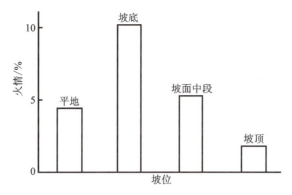

图 5-3　不同坡位初次扑救失效率

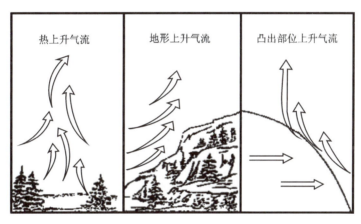

图 5-4　地形上升气流

当地形不能阻挡风时,会产生越山气流。在风速随高度基本不变的微风情况下,空气呈平流波状平滑地越过山脊,称为片流,它对林火影响不大。当风速比较大,且随高度逐渐增大时,气流在山脉背风侧翻转形成涡流、乱流(图 5-5)。在背风坡形成的涡流、乱流,对背风坡灭火人员的安全有很大的威胁。

图 5-5　大风越过山脊后的涡流示意图

当气流经过孤立或间断的山体时,气流会绕过山体。气流绕过孤立山体时,如果风速较小,气流分为两股,两股气流速度有所加快,过山后在不远处合并为一股,并恢复原流动状态;如果风速较大,气流在山的两侧也分为两股,并有所加强,但过山后将形成一系列排列有序,并随气流向下游移动的涡旋,称卡门涡阶。在灭火和计划烧除时,要注意绕流对林火的影响(图5-6)。

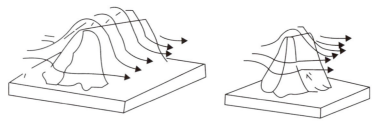

图5-6 绕流示意图

(2)山谷或峡谷

山坡受到太阳照射,热气流上升,就会产生谷风,通常形成于日出后15~45分钟。当太阳照射不到山坡时,谷风消失,当山坡辐射冷却时,就会产生山风(图5-7)。山谷风可以改变林火蔓延方向和林火强度,在采取森林灭火行动和计划烧除的过程中,要特别注意山风和谷风的变化。

图5-7 山谷风形成示意图

若盛行风沿谷的狭长方向吹,当谷地各处的宽度不同时,在狭窄处风速增加,称为峡谷风。峡谷地带是灭火危险地带(图5-8)。

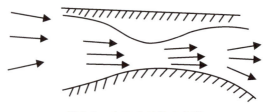

图5-8 峡谷风形成示意图

如果盛行风向与谷的狭长方向呈一定夹角时,可发生"渠道效应",在谷中产生沿谷的走向流动的气流(图5-9)。

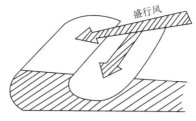

图 5-9　渠道效应示意图

在森林灭火行动和计划烧除时,不仅要注意主风向,更要注意地形风。

(3)鞍部

当风越过山脊鞍形场,形成水平和垂直旋风。鞍形场涡流带常常给灭火人员造成较大的伤亡。

第二节　森林(草原)火灾预防

森林(草原)火灾预防是一项综合性工作,要从生态、社会、经济的角度出发部署,根据森林(草原)的实际情况和现代的技术理论水平,进行综合森林(草原)防火规划,采用人为和天然的多种防火措施,有效地控制森林(草原)火灾,把森林(草原)火灾的发生控制在最小范围之内,将森林(草原)火灾的损失限制在最低水平,以维持生态平衡。

一、防火宣传

加强宣传教育是森林(草原)防火工作的首道工序。向公民广泛宣传护林防火的意义和重要性。宣传护林防火的方针、政策和要求,宣传护林防火的基本知识及护林防火是每个公民应尽的义务。在宣传教育实践上,主要是组织开展丰富多彩的森林(草原)防火宣传教育活动,大力营造森林(草原)防火人人有责的浓厚氛围,强化全民防火意识和法制观念。尤其在森林(草原)防火期,要对进入林牧区的人员加强护林防火宣传,真正做到护林防火,人人有责。

(一)防火宣传教育的重要性

普及森林(草原)防火知识、增强森林(草原)防火意识是森林(草原)防火工作的重要组成部分,也是森林(草原)防火工作的首要任务。做好森林(草原)防火宣传工作,对提高全民森林(草原)防火的法制观念和安全意识,增强全社会抵御森林(草原)火灾的能力具有重要意义。在我国,99%的森林(草原)火灾是由人为火源引起的,其中绝大多数是用火不慎所致。因此,广泛开展森林(草原)防火宣传教育,增强群众的防火意识,是做好森林(草原)防火工作的重要措施。宣传教育工作要做到经常、细致、普遍,要家喻户晓,人人皆知。新进入林区的单位、个人及林区分散住户更是重点宣传教育对象。

(二)防火宣传教育职责

各级人民政府、有关部门要高度重视森林(草原)防火宣传教育工作,采取切实有效的行动,有组织、有计划地开展森林(草原)防火宣传工作。宣传森林(草原)防火的重大意义,森林(草原)火灾的危害性、危险性;党和国家关于森林(草原)防火方面的各项方针、政策与法律法规及其他乡规民约;森林(草原)防火工作中涌现出来的先进人物、先进单位、先进经验;森林(草原)火灾肇事的典型案例;森林(草原)防火的科学知识等。其他有关部门也应在各自职责范围内,做好森林(草原)防火宣传教育工作。如铁路、交通、旅游等相关部门要提醒进入林牧区的人员注意防火;教育等相关部门应在教材编制、劳动技能培训等方面增加森林(草原)防火宣传和森林(草原)防灭火知识等相关内容。

(三)宣传教育的主要形式

采取防火期内开展宣传月、宣传周活动,举行各种会议和集会,开展森林(草原)防火知识竞赛和有奖征文活动,编印各种宣传材料,建立永久性宣传标志,利用现代传播媒介等不同形式的方法和手段进行森林(草原)防火宣传教育,使每个公民都认识到森林(草原)防火的重要性,了解和掌握报警、避险及预防森林(草原)火灾的相关防火法律法规知识,并能自觉遵守,不断提高全社会的森林(草原)防火意识和自我保护能力。

二、火源管理

加强野外用火管理是防范火灾发生的关键环节,控制人为火源是森林(草原)防火十分重要的工作。在火源管理上,各地依据相关法规制度,对森林(草原)区生产生活提出约束和规范,对野外用火行为依法予以审批,对违规用火行为依法予以制止和处罚,对重点地区、重点时段、重点人员进行严格检查、死看死守。同时,通过适时组织开展隐患排查行动,消除火灾隐患,减轻防火压力,减少火灾次数。

(一)火源管理基本原则

火源管理的基本原则是森林(草原)火灾预防管理基本理论的集中表现,它必须体现国家对森林(草原)防火工作的职能要求,反映林区社会生产关系的基本特征,符合火源产生和发展规律,保障各项控制和管理措施的可行性与有效性。

(1)预防为主和全面控制相结合原则。火源是森林(草原)火灾发生的前提和必需要素。做好森林(草原)火源的管理和控制工作,必须从林区的森林(草原)环境和社会环境出发,首先从能产生火源的生产环节、生活方式和社会活动中寻求预防其出现的主动性措施,把火源控制在社会能够承受的低水平程度,而不是等到火源大量出现后才采取措施加以控制。同时,要在预防的基础上对所有火源进行全面的控制和有效的管理,决不能在任何区域或任何环节有疏漏。

(2)依法管制与合理疏导相结合原则。在火源管理的日常工作中,必须坚持依法行政、依法管理和依法办事原则,在实行管制性措施的同时尽量考虑和保障生产活动的正常秩序,尽量采取在安全前提下的多种形式用火疏导措施,达到有效缓解防火、用火矛盾的目的。

(3)责任管理和依靠群众相结合原则。《森林防火条例》规定:"森林、林木、林地的经营单位和个人,在其经营范围内承担森林防火责任。"火源管理要严格实行和落实"谁管辖、谁负责"与"谁经营、谁负责"的基本责任制度,层层落实具体责任和管理目标。

(4)综合治理与突出重点相结合原则。火源管理是一项社会性很强的系统性管理工程,必须在各个层面和环节实行统筹兼顾、目标管理、责任落实和绩效考核评估。同时,要对重点区域、重点部位和重点时段采取有针对性的特别强化措施,因地制宜,以点保面,实现整体安全有效的管理。

(二)火源管理基本任务

火源管理最根本的预期目标和任务是通过依法管理好森林(草原)区社会成员的用火行为来大量减少或基本消除火源,进而预防森林(草原)火灾的发生。

(1)全面查找森林(草原)火灾发生的风险源。这是火源管理工作的切入点。要对森林(草原)区社会各类生产活动的基本规律、居民生活的基本习惯、防火意识及火源管理能力强弱等因素进行全面细致的查找和分析,梳理当地的火源及火源与社会生产生活活动的关系,运用多种方法研究其发生、发展变化规律和特点,为采取控制对策提供依据。

（2）建立健全各种渠道的火源管理对策。针对各种火源产生的源头分别研究制订有效控制的对策措施，并将它们对应到某种方式的管理手段和途径中去，形成系统性的管理手段和管理决策，使之满足森林（草原）火灾预防的基本需求。

（3）有计划、有针对性地组织火源管理活动。根据当地人为性火源的状况和森林（草原）经营管理、森林（草原）分布实际，以有效预防森林（草原）火灾发生为基本目标，科学合理地组织和分配、利用火源管理所需的人力、物力资源，并综合运用行政、经济、法制、教育及示范等多种手段对火源实施有效管理。

（三）火源管理方法

（1）绘制火源分布图与林火发生图。火源分布图应依据该林草区10年或20年的火灾资料，分别以林业局、林场或一定面积的林地为单位绘制。首先按照不同火源种类，计算单位面积火源平均出现次数，然后按次数多少划分不同火源出现的等级。火源出现等级可用不同颜色表示：一级为红色，二级为浅红色，三级为淡黄色，四级为黄色，五级为绿色。也可按月份划分，绘制更详细的火源分布图，而且要有一定数量的火源资料。采用相同办法也可以绘制林火发生图。火源分布图与林火发生图使得火源范围和林火发生的地理分布一目了然，以此为依据采取相应措施，有效管理和控制林火发生。

由于一个地区的火源随着时间、经济的发展及人民群众觉悟程度的变化而发生变化，因而林火发生图、火源分布图要每隔5～10年进行分析修正或者重新绘制。

（2）确定火源管理区。根据居民分布、人口密度、人类活动等特点，进一步划分火源管理区。火源管理区可作为火源管理的基本单位，同时也可作为森林（草原）防火、灭火的管理单位。火源管理区的划分应考虑火源种类和火源数量，交通状况、地形复杂程度、村屯、居民点分布特点，可燃物的类型及其燃烧特性等因素。火源管理区一般可分为3类。

一类区：火源种类复杂，火源的数量和出现的次数超过该地区火源数量的平均数；交通不发达，地形复杂，易燃森林（草原）所占比例大；村庄、居民点分散，数量多，火源难以管理。

二类区：火源种类较多，其数量为该地区平均水平，交通条件一般，地形不够复杂；村庄、居民点比较集中，火源比较好管理。

三类区：火源种类单一，其数量少，低于该地区平均水平，交通比较发达，地形不复杂；森林（草原）燃烧性低，村庄、居民点集中，火源容易管理。

火源管理区应以林（草）场或乡镇为单位进行划分，也可以县或林（草）场、经营单位作为划分单位。划分火源管理区之后,按不同等级制订相应的火源管理、防火、灭火措施,制订火源管理目标。

此外,也可以将火源分为时令性火源、常年性火源、流动性火源、重点火源等,依此对火源和林火发生进行预测预报。

(3)开展火源目标管理。先制订火源控制的总目标(如要求某林区火源总次数下降多少),分别制订不同火源管理区、不同火源种类的林火发生次数控制目标,然后依据不同的管理目标,制订相应管理措施,使各级管理人员明确目标和责任。通过制订各自的管理计划,采取得力措施,有条不紊地实现火源管理及森林防火的总目标。

三、可燃物管理

(一)大力植树造林,提高森林覆盖率

森林是陆地生态系统的主体,它除了影响大气中二氧化碳含量,还能形成独具特色的森林小气候,进而影响大范围地区的气候条件。森林能大量吸收太阳辐射、降低温度、截留降水、增加降水量、降低风速。因此,大力植树造林,提高森林覆盖率,能够改善生态环境,是降低森林火灾发生率标本兼治的措施。

(二)建立人工阻隔系统

林火阻隔是利用人为和自然的障碍物,对林火进行阻隔,以达到控制林火蔓延的目的。利用天然或人工开设的、在地面形成一定长度和宽度的、有阻火作用的屏障,即为森林防火阻隔带。阻隔系统将大片的林区分成若干小片,一旦林火发生,可将火场局限在一定范围内,起到阻火的作用。阻隔带要连接成网络,形成封闭的隔离区。隔离网格的面积,要以在最不利和最危险的气象条件下容许火灾蔓延的面积为限。网格面积一般要小于100公顷,人工林、风景林、森林公园或自然保护区的森林,阻火网格面积应小些,远山次生林、原始林的网格面积可适当大些。人工阻隔系统包括防火应急道路、防火沟、防火隔离带(国境线、铁路、林缘、林区、重要设施)和人工营造的生物防火林带等。

(三)开展"绿色防火"

通过营林、造林、补植、引进等措施来改变树种构成,增强林分自身的难燃性和抗火性,同时阻隔或抑制林火蔓延。这种利用绿色植物阻隔或抑制林火蔓延的防火

途径即是"绿色防火",又称"生物防火"。

"绿色防火"遵循自然规律,事半功倍,发展生物多样性,增强森林抗灾能力,有利于环境保护和土地整治,并且见效快、时效长,可成为永久性的防火设施。

(四)开展"黑色防火"

"黑色防火"又称为"计划烧除",是利用计划烧除可燃物的技术,来减少可燃物的积累,降低森林的燃烧性,或者用火烧的方式建立防火线,以防止森林火灾的各种用火方法的总称。由于火烧后的地段呈黑色,因此形象地称这种技术为"黑色防火"。"黑色防火"是有目的、有计划、有步骤地人为控制的用火措施,这种计划烧除技术除了能达到森林防火的目的外,还经常应用于其他营林生产环节,具有营林生产效果,因此,人们也将"黑色防火"和其他各种林业生产活动中火的应用,统称为"营林用火"。

四、检查督导

(一)检查督导目的

通过检查督导各级落实森林(草原)火灾防范措施,查找防火工作中存在的不足和薄弱环节,彻底排查火灾隐患,可以最大限度地消除火灾隐患、减少森林(草原)火灾损失;督促责任制落实情况,促进各项保障和防控措施全面到位。加强督导检查是积极应对不利防火形势的重要举措。

(二)检查督导原则

确保检查督导工作不走形式,切实起到查漏补缺、督促整改的效果。通常检查督导工作中应注意把握以下6项原则。

(1)明察与暗访相结合的原则。
(2)督查与指导相结合的原则。
(3)检查与整改相结合的原则。
(4)室内听与现场看相结合的原则。
(5)一般与重点相结合的原则。
(6)经常性督查与重点督查相结合的原则。

(三)检查督导内容

(1)各级森林(草原)防火责任制落实及责任追究情况。一查是否落实森林(草原)防火行政首长负责制、部门分工责任制和基层管护责任制,是否层层签订责任状;二查火灾案件是否查处,特别是近期市县发生的森林(草原)火灾,对肇事者和相关责任人的查处情况。

(2)森林(草原)防火宣传教育情况。一查主要开展了哪些防火宣传工作,取得了哪些实效;二查重点部位、关键地段宣传碑牌、标语是否到位;三查农村防火、灭火知识入户工作开展情况。

(3)各项防控措施落实情况。一查森林(草原)火险隐患排查整改情况;二查野外火源管理情况;三查预案制订和相应落实情况。

(4)护林员、巡逻队和检查站上岗到位情况。一查护林员队伍管理情况;二查护林员和巡逻队巡护检查情况;三查检查站是否做到合理设置和检查措施落实到位。

(5)专业扑火队伍备勤情况。一查专业队员在岗在位和集中住宿情况;二查专业队经费列入财政预算及实际拨付情况,各项保险落实情况;三查专业队出勤、培训、演练、扑火等日志记录情况。

(四)检查督导的重点区域

(1)重点林区,包括自然保护区和国有林场等。
(2)重点部位,包括当地重要的军用、民用设施,历史古迹等有重大影响区域。
(3)政治敏感区域,比如首都周边区域。

(五)检查督导方法

检查督导可采取走访群众、听取汇报、查阅资料、实地查看相结合的方法。

(1)访问各地群众,了解当地森林(草原)防火工作开展情况。
(2)听取各级防火办工作汇报,听取基层组织防火工作开展情况介绍。
(3)检查督促防火措施落实情况。
(4)检查火灾预防和扑救准备情况,包括值班记录、物资装备、专业扑火队和半专业扑火队、宣传活动、护林员和防火检查站人员、瞭望塔、野外用火、林区坟头及卫星热点等。

同时,需要完善森林(草原)防火督导检查机制,明确责任追究制度。进一步完善森林(草原)防火检查督导、火灾隐患整改登记备案等制度。做到督导检查记录明晰,跟踪整改措施到位,使森林(草原)防火检查督导经常化、制度化。严格责任追究制度,对因责任落实不到位、督导检查不力、整改措施未落实引发的森林(草原)火灾,一律严格按照有关规定,追究有关责任人的责任。

五、重点管理

森林(草原)防火重点管理制度,是完善奖惩制度、强化防火责任的一种有效方法。主要应包括以下几点内容。

(一)确定重点管理对象

(1)重点管理对象的确定条件。可以根据单位时间内发现火情热点数量、发生森林(草原)火灾次数、受害森林(草原)面积、森林(草原)火灾伤亡人员数量等要素设立确定指标,将超标单位确定为重点管理对象。另外,对发生森林(草原)火灾造成重大不良影响、在上级检查督导中暴露严重问题、弄虚作假虚报火灾数据等的单位,予以考虑确定为重点管理对象。

(2)重点管理对象的确定程序。严格确定程序,保证正规、公正,依据森林(草原)火灾报表、热点情况、检查督导发现的问题及群众举报,由制度执行单位进行综合评估,符合重点管理条件的,报上级森林(草原)防火总指挥部确定为重点管理对象。

(二)重点管理措施

被确定为森林(草原)防火重点管理对象的单位,由上级森林(草原)防灭火指挥部进行通报曝光,并在重点管理期内(如一年)采取重点管理措施。

(1)森林(草原)防火重点管理对象的森林(草原)防火第一责任人和主要责任人,每季度定期向上级森林(草原)防火总指挥部负责人汇报整改工作,并以书面形式将整改情况报上级森林(草原)防火总指挥部办公室。

(2)确定为森林(草原)防火重点管理对象的单位,取消参加综合性先进集体评选资格。

(3)森林(草原)防火重点管理对象的森林(草原)防火第一责任人和主要责任人,整改期间不能参加评先评优,不得提拔重用。

(4)确定为森林(草原)防火重点管理对象的单位,在国家和省森林(草原)防火项目资金安排上予以调控。

(5)上级森林(草原)防火指挥部视情况不定期派专员,对森林(草原)防火重点管理对象的整改情况进行督查。

(三)重点管理的解除

被列入森林(草原)防火重点管理对象的市(区、县),要认真查找森林(草原)防火工作中存在的薄弱环节和突出问题,制订整改方案,落实整改措施,从落实领导责任、加强宣传教育、严格火源管理、增加经费投入、强化队伍建设、充实物资装备、推进基础设施、完善应急机制等方面,全面加强森林(草原)防火能力建设,提升森林(草原)防火工作水平。

重点管理的解除可采用逐级上报、逐级考察验收的方式。确定为森林(草原)防火重点管理对象的单位,整改期满后,可向上级森林(草原)防火指挥部申请解除重点管理。上级森林(草原)防火指挥部组织人员,对照整改要求进行全面检查。达到整改要求的单位,转报森林(草原)防火指挥部组织评估;达不到要求的,督促其继续整改,直至整改到位。最终由森林(草原)防火指挥部组织相关部门进行综合评估。评估合格的单位解除重点管理;评估不合格的,继续列入重点管理对象名单。

六、物资储备

森林消防物资储备库是指贮放、保存供森林消防使用的森林消防装备和机具等的永久性建筑。森林消防物资储备工作承担着在紧急时刻为森林消防队提供森林消防装备和机具,为扑救森林火灾后扑火装备、机具严重缺乏的单位补充物资的任务。该项工作实施主要包括以下内容。

(一)物资储备政策依据

2012年12月,国家森林防灭火指挥部下发了《关于加强森林防火物资储备管理的通知》,对森林防火物资储备的规模、储备物资的种类以及相关要求,作了特别规定,为建立健全森林防灭火物资储备库提供了政策支持。

(二)物资储备的要求

国务院有关部门和县级以上地方人民政府应当按照森林(草原)防火规划,加强森林(草原)防火基础设施建设,储备必要的森林(草原)防火物资,储备扑火机具、防护装备和通信器材等物资,用于扑火。地方森林(草原)防火指挥部根据本地森林

(草原)防灭火工作需要,建立本级森林(草原)防火物资储备库,储备所需的扑火机具和装备。

1. 储备物资规模

省级物资储备库:全国森林防火重点治理区域防火任务较重的省份储备1000万～2500万元的物资,每年更新不少于400万元;防火任务相对较轻的省份储备800万～1500万元的各类物资,每年更新不少于200万元。

地(市)级物资储备库:全国森林防火重点治理地(市)储备500万～1000万元物资,每年更新不少于150万元;有森林防火任务的地(市)级储备库应储备300万元以上的物资,每年更新不少于100万元。

县级物资储备库:全国森林防火重点治理县储备200万～500万元物资,每年更新不少于50万元;有防火任务的县储备150万元以上的物资,并依据本地火险形势、物资消耗使用情况和储备年限及时更新。

各级物资储备库每年维护管理费不低于物资库存总价值的10%。

2. 储备物资种类

按照以水灭火为主的总要求,根据扑火工作的实际需要和新技术应用情况,适时对森林防火物资储备的种类进行增减、调整、更新,各类物资的储备年限和报废结合有关规定和实际情况执行。

个人防护类:防护服、防护鞋、头盔、帐篷、睡袋、大衣、气床垫、水壶和手电筒等。

机具类:水泵、水枪、水炮、高压细水雾灭火机、风力(水)灭火机、水龙带、水袋(囊)、油锯、割灌机、组合工具、二号工具、三号工具、灭火弹、铁锹、砍刀等。

通信类:电台、对讲机、定位仪、卫星电话等。

消防车辆类:运兵车、消防水车、摩托车、通信指挥车等。

其他类:望远镜、照明设备、发电机、医疗用品、吊桶等。

各地可依据本辖区内扑救森林火灾的特点、任务,储备种类和数量与之相适应的物资。

第三节 森林(草原)火灾扑救与处置

森林(草原)火灾扑救是积极消灭火灾,减少灾害损失,最大限度地保护人民生命财产安全、生态安全和森林(草原)资源安全的有效措施,是实现森林(草原)火灾扑救"打早""打小""打了",安全低耗高效夺取扑救森林(草原)火灾胜利的关键。

一、灭火原理与基本方法

燃烧发生必须具备可燃物、助燃物(氧气)、一定的温度这 3 个条件,三者同时存在,彼此相互作用燃烧才会发生。破坏其中任何一个,火势就会减弱,甚至熄灭,这就是常说的燃烧三角(图 5-10)。灭火就是围绕破坏燃烧三角来进行的。

图 5-10 燃烧三角示意图

依据此灭火原理,通常采取以下 3 种灭火基本方法。

(1)隔离法。即隔离可燃物,指将燃烧的可燃物与未燃烧的可燃物分离(图 5-11),使可燃物分布间断。通常采取人工、机械、爆破等方法。例如,利用手工具开设阻火线,利用消防车、推土机开设隔离带,利用森林(草原)灭火索爆破开设阻火线等都是利用隔离可燃物原理灭火。

(2)隔氧法。正常情况下,空气中氧气含量占 21%,当空气中氧气含量低至 14%~18%时,燃烧进程就会缓慢直至终止。灭火时通常将不燃或者不易燃的物质覆盖在燃烧的可燃物表面,使可燃物缺氧进而使火熄灭。例如,用土覆盖(图 5-12)或者用化学药剂产生的泡沫覆盖可燃物,也可利用化学灭火剂受热分解,产生不燃性气体的特性使空气中氧气浓度下降,从而使火熄灭。

图 5-11 隔离可燃物示意图

图 5-12 隔氧法示意图

(3)冷却法。即森林(草原)可燃物燃烧需要一定的温度,当温度降到燃点以下时,火会熄灭。在灭火时,通常利用水泵(图 5-13)、水枪、飞机吊桶、森林(草原)消防车向火线喷水,使正在燃烧的可燃物温度降至燃点以下,达到灭火目的。

图 5-13 降低温度示意图

二、灭火基本原则

"打早""打小""打了",既是森林(草原)消防队伍长期遂行灭火任务得出的实践经验,也是灭火行动的方针、原则和基本目标。

(一)"打早"

在灭火行动中,要想实现"打早",首先要做到有火"早发现"。要想"早发现"就必须有先进的侦察手段做保证,侦察手段有卫星探测、红外线探火、飞机侦察、高山瞭望等。其中,飞机侦察是最理想的侦察手段,具有侦察火场,准确、全面、机动性强等特点。其次要做到"早报告"。要想"早报告"就必须在发现火情后,有畅通的通信网络及时将火情传递出去。通信工具主要有无线电台、对讲机、卫星电话等。最后要做到"早出动"。接到火情报告后,要快速出动就必须有快速灵活的交通工具。目前出动灭火的交通手段主要有铁路运输、航空输送、摩托化开进3种方式。其中,航空输送是最便捷的方式,它不受道路的影响,可以采取机降或索降灭火。

(二)"打小"

实现"打小",首先要抓住灭火的有利时机,将初发火消灭在萌芽阶段,以防小火成灾。其次要采取措施,利用一切手段将火场面积打小,降低火灾损失。同时要有以下几方面做保障。一要有精干得力的指挥系统。采取灭火行动,都要成立相应的组织机构,通过这些组织机构来协调指挥灭火行动,确保各个灭火分队不失控,一切灭火行动都要有组织地进行。二要有训练有素的灭火队伍。灭火队伍主要有森林(草原)消防队伍、地方专业扑火队、地方半专业扑火队、群众扑火队。其中森林(草原)消防队伍、地方专业扑火队常年担负灭火任务;地方半专业扑火队在防火期集中,非防火期进行生产活动;群众扑火队是在发生森林(草原)火灾时临时组织的扑火队。参加灭火行动的扑火队需要有很强的战斗力,否则很难完成艰巨的灭火任务。三要有行之有效的灭火装备。扑救不同种类的森林(草原)火灾需要不同的灭火装备。灭火装备是否有效直接影响消防队伍整体灭火能力的发挥。四要有可靠有力的后勤保障及强有力的政治保障。后勤保障有力可以保证战斗力的有效发挥。"兵马未动,粮草先行"就是说它的重要性。思想政治工作也是灭火行动的重要组成部分,强有力的政治思想工作可以鼓舞士气,激发斗志,使广大消防员充分发扬"火场精神"去完成灭火任务。

（三）"打了"

"打了"是灭火行动的目的，也是灭火行动的目标，只有"打早""打小"实现了，才能保证"打了"，才能减少森林（草原）损失。

三、战术运用原则

扑救森林（草原）火灾是一项十分危险、艰巨、复杂的任务，各级指挥员在灭火过程中会遇到各种复杂、危险的情况。为了在错综复杂的情况下，保证灭火安全，并能迅速扑灭森林（草原）火灾，必须坚持以下灭火战术运用原则。

（一）速战速决

速战速决是整个灭火原则中的核心部分，能否实现速战速决关键取决于各级指挥员能否抓住有利的灭火战机。

扑救森林（草原）火灾的有利战机包括：林火初发时，风力小火势弱时，有阻挡条件时，逆风燃烧时，向山下燃烧时，火势蔓延至林缘湿洼地带时，有利于灭火天气时，早晚及夜间时（图5-14），火势蔓延至植被稀少或沙石裸露地带时，火势蔓延至阴坡零星积雪地带时，可燃物载量小、火焰高度在1.5米以下时。

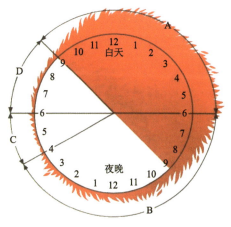

图5-14 昼夜林火变化示意图

若不能牢牢抓住和充分利用灭火战机，则不能取得良好的灭火效果。林火的强度和蔓延速度均随着时间和空间的变化而变化。为此，各级指挥员在指挥灭火时，一定要抓住每一个有利的灭火战机，合理地指挥才能在最短的时间内消灭森林（草原）火灾，达到速战速决的目的。

（二）机动灵活

在灭火过程中，火线指挥员根据火线的变化（林火行为的变化、地形的不同、可燃物的分布、类型和气象的变化），可交替使用间接灭火和直接灭火及其他各种不同的灭火技术。如原准备采取火攻灭火手段来扑灭某段火线，但由于风向或风力的变化,采取直接灭火措施更有利时,为了减少森林损失,应果断地改变灭火方法,并根据各种灭火方法实施时的具体需要随时调整人员部署。原准备采取直接扑打的火线方式,因发生某种变化采用间接灭火方式更有利时,也应及时地改变灭火手段。总之,要根据火场的实际情况,机动灵活地组织指挥灭火。

(三)"四先""两保"

指挥灭火时,为了迅速有效地扑灭林火,各级指挥员必须坚持"四先""两保"的原则。

1."四先"

"四先"是指先打火头,先打草塘火,先打明火,先打外线火,其目的是迅速有效地控制火场。

(1)先打火头。火头是林火蔓延的主要方向,控制火头就控制了林火。

(2)先打草塘火。草塘是林火蔓延的"快速通道",是林火发生、发展的主要部位。

(3)先打明火。明火是指正在燃烧的可燃物,明火扑灭了就基本实现了灭火目的。

(4)先打外线火。外线火是指燃烧在火线以外的火点,扑灭外线火可以有效控制林火蔓延,缩小火场面积。

2."两保"

"两保"是指保证各单位之间的会合,保证扑灭的火线不复燃,其目的是彻底消灭林火。

(1)保证会合。只有保证各单位在火场会合顺利才能保证火线全部扑灭。

(2)保证不复燃。只有确保在任何情况下火线无复燃可能,才能取得灭火的全胜。

(四)集中力量

集中力量,就是集中优势力量打歼灭战。

(1)在以中队或大队为单位灭火时,一般应集中1/3或1/2的力量从火头的两翼接近火线进行灭火。

(2)在林火初发阶段,应集中优势力量,一鼓作气彻底扑灭林火。

(3)在灭火的关键地段和关键时刻,若火刚越过隔离带或阻火线且将要形成新的火区时,应集中优势力量,聚而歼之,决不能让其形成新的火区。

(4)对于可一举歼灭的低强度火线,要集中优势力量全力扑灭。

(5)在火场面积大、火势猛、力量不足时,应集中优势力量控制火场的主要火线,暂时放弃次要火线,等待增援或在控制主要火线后,再进行力量调整,从而形成火场局部力量的绝对优势。

(五)化整为零

化整为零是在风力小、火势弱、火线长、林火蔓延速度慢、火强度低及清理火线时,应采用化整为零的方法,将分队迅速划分为若干个战斗小组,每个小组包括2~3人。在距离较近和通视情况良好的情况下,也可采取单个人员的形式沿火线部署力量,利用有利战机实施快速高效的灭火行动。

(六)打烧结合

打烧结合是直接灭火和间接灭火手段的交替运用,也是灭火中进攻与防御的相互演变。在灭火时,应坚持能打则打、不能打则烧的技术手段,坚决做到以打为主,以烧为辅,打烧结合。在实际灭火时,必须体现"以打为主",要根据火场实地气象、地形特征、可燃物种类和火场等实际情况,分析是否能够采用直接灭火手段,只要有利于直接灭火,指挥员就应调动灭火力量,组织直接灭火。在无法直接扑打或不利于直接扑打的条件下,应采取火攻灭火或其他间接灭火手段。

(七)抓关键、保重点

抓关键就是抓住和解决灭火中的主要矛盾。在灭火时,首先要控制和消灭火头或关键部位的火线。保重点就是以保护主要森林(草原)资源和重点目标安全为目的采取灭火行动。

1. 抓关键

火头是林火蔓延的关键部分。林火的过火面积大小主要是由火头蔓延速度的快慢和火场燃烧时间的长短决定的。因此,迅速有效地控制火头是灭火的关键,只有迅速扑灭或有效控制火头,才能扑灭林火。为此,在扑救森林(草原)火灾时必须树立先控制和扑灭火头的思想。

2.保重点

为了实现对重点区域和重点目标的保护,必须根据火场实际情况使用相应的有效灭火技术,对重点目标、重点区域加以保护。

(八)协同配合

协同配合灭火是取得整个火场灭火全胜、速胜的一条十分重要的原则。坚持协同、积极主动是实现灭火的一项重要保证。在扑救森林(草原)火灾时必须树立全局观念,积极主动地与友邻队伍协同灭火,以争取灭火的速胜、全胜。在协同过程中,要坚决克服本位主义,以积极主动的态度、最快的速度进行灭火,为实现速战速决创造条件。为更有效地保护森林(草原)资源和人民生命财产安全,确保灭火的胜利,在灭火时,必须坚持协同灭火原则。

四、森林(草原)火灾处置

掌握灭火技术是扑救森林(草原)火灾的前提,常用的灭火技术主要有以风灭火、以水灭火、化学灭火、火攻灭火和阻隔灭火。这些灭火技术在长期的灭火实践中发挥了重要的作用。

(一)以风灭火

以风灭火是利用风力灭火机产生的高速气流将地面蔓延的林火和可燃物分离,同时风力灭火机产生的高速气流稀释空气,带走部分热量,从而使火熄灭的一种灭火方法。

1.适用范围及运用

1)适用范围
风力灭火机只适用于扑救中低强度的地表火,对于树冠火、地下火不适用。
2)运用方法
(1)直接灭火技术:根据火焰高度和风速大小采取不同的灭火方式。

在火焰高度小于1.5米,火场风速小于4级的情况下,可直接用高速强风进行灭火。

火焰高度大于1.5米、小于2.0米,高速强风控制不住火势时,可同时利用风力灭火机本身具有的喷水雾装置施行喷水雾灭火,使含有水雾的高速空气流直接喷向燃烧物,降低环境温度,达到灭火目的;也可利用多机配合协同的方式实施灭火。

(2)编配灭火技术:可细分为以下3种编配灭火技术。

单机应用技术。火焰高度在0.5米以下,可燃物水平分布均匀,火势发展稳定的火线,可用1台灭火机作业。

双机应用技术。火焰高度在1米以下,可燃物水平分布不均匀,火势发展不稳定的火线,可用2台灭火机作业。

多机应用技术。火焰高度在1.5米以上,可燃物水平分布不均匀,火势发展不稳定的火线,可用3台以上灭火机作业。

2. 注意事项

(1)要根据火焰高度,火势发展情况编配灭火机数量,严禁随意编配和不分情况地使用单机。

(2)风力灭火机在火场上累计连续工作4小时后,要休机5分钟。

(3)编组机器工作时要轮换加油,防止燃油同时用尽。

(4)在火场加油时,要选择火烧迹地外侧、火蔓延的反方向安全地段。

(5)加油后要擦净机具表面渗油,严禁在原地启动。

(6)风力灭火机的燃油是按比例混合的机油和汽油,禁止加纯汽油。

(二)以水灭火

以水灭火就是利用水泵、水枪、飞机洒水、吊桶洒水和人工催化降水等将水喷洒在燃烧的可燃物上,迅速吸收可燃物热量和阻隔氧气,从而使火熄灭的一种灭火方法。以水灭火是最有效、最彻底、最安全的灭火方式。

1. 适用范围及运用

1)适用范围

以水灭火主要适用于火场附近有水源(如河流、湖泊、小溪、小水泡、沼泽、水库、贮水池等)的情况,水源离火场距离远时,也可根据需要采取水车输水和接力输水的方法。以水灭火适用于扑灭各种强度地表火、树冠火和地下火。

2)运用方法

(1)单泵架设:主要用于小火场,距离水源近和初发阶段的火场。可在小溪、河流、小水泡、湖泊、沼泽等水源边缘架设一台水泵向火场输水灭火(图5-15)。

图 5-15　单泵架设示意图

（2）接力泵架设：主要用于大火场，当水源离火场距离远，输水距离长及水压不足时，可根据需要在铺设的水带线合适的位置上架设水泵，来增加水的压力和缩短输水距离。通常情况下，在一条水带线的不同位置上，可同时架设 3～5 台水泵进行接力输水（图 5-16）。

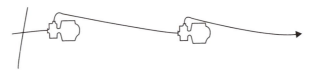

图 5-16　接力泵架设示意图

（3）并联泵架设：主要用于输水量不足时，在同一水源地或两个不同水源地各架设一台水泵，用一个"Y"形分水器把两台水泵的输水带连接在一起，把水输入到主输水带，增加输水量（图 5-17）。

图 5-17　并联泵架设示意图

（4）并联接力泵架设：并联接力泵架设主要用于输水距离远的火场，水压与水量同时不足时，可在架设并联泵的基础上在水带线的不同位置架设若干台水泵进行接力输水（图 5-18）。

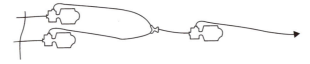

图 5-18　并联接力泵架设示意图

2. 注意事项

1）高海拔条件下

在高海拔地区，特别是海拔 2000 米以上的地区，大气压力不足以使水泵满负荷工作,出水无法到达额定扬程,影响灭火效果。因此在灭火过程中,多采用并联泵架设,可在同一水源地或者两个不同水源地各架设一台水泵,把水输入到主输水带,增加输水量,提高水泵灭火性能。

2)高寒条件下

高寒条件下,水泵性能会受到一定影响,不易启动。针对这种情况,要根据温差条件,适当增大机油和汽油的混合比例,增加预热时间。使用前,将水泵开关关闭,拉动启动绳数次,直至泵体发热,然后正常启动水泵实施灭火。灭火过程中,水泵不宜长时间高负荷运转。灭火后,将水泵低速运转一段时间,再关闭开关,慢慢冷却。

3)坡度大情况下

运用水泵在高山地区灭火有一定的局限性,特别在坡度大的情况下要充分考虑地形、植被等因素,针对立地条件,尽量避开沟谷和陡坡,选择就近、安全进入和撤离火场的路线。灭火过程中要密切监测行动区域后方,防止燃烧的滚落球果在火线外形成新的火点,伤及人员安全。当坡度达到60度以上时,单泵在120~150米处,可正常实施灭火,在180米处,仅能达到供水目的;双泵串联,第二台水泵在90米处接力,水压正常,在240米和270米处,可正常实施灭火。

4)远距离输水情况下

远距离输水时,首先要有充足的水源,其次要有大量水泵、管带和人员。地势较平坦时,使用接力泵架设;当有一定坡度、距离火场较远时,使用并联接力泵架设,提供足量水压水量,保证灭火效果。

(三)化学灭火

化学灭火是利用飞机和喷雾机具装载化学灭火药液,对森林火灾实施空中和地面喷洒,阻止火灾蔓延或直接扑灭火灾的一种灭火方法,它是控制和扑救森林火灾的重要技术手段。对于扑救交通不便,地面路径难以寻找并且短时间难以到达现场的初发小火,特别是在人烟稀少、交通不便的偏远林区,利用飞机实施化学灭火或阻火,效果非常好。同时化学长效灭火剂灭火能力强,其效果比以水灭火好5~10倍。

1. 适用范围及运用

1)适用范围

它适用于扑救地表火、树冠火和地下火。使用化学灭火剂既可以直接灭火,又可以用于开设防火隔离带。化学灭火弹可用于直接熄灭明火或压制火势。

2)运用方法

(1)化学灭火原理:化学药剂灭火和阻滞火作用的机理,主要有覆盖理论、热吸收理论、稀释气体理论、化学阻燃理论、卤化物灭火机理等。

覆盖理论。有些化学物质能够在可燃物表面形成一层不透热的覆盖层，使可燃物与空气隔绝。还有一类化学药剂，受热后覆盖在可燃物上，能控制可燃性气体和挥发性物质的释放，抑制燃烧。

热吸收理论。有些化学物质，如无机盐类等在受热分解时，能吸收大量的热，使温度下降到可燃物的燃点以下，使它们不能继续燃烧。

稀释气体理论。这类化学药剂受热后释放出难燃性气体或不燃气体，能稀释可燃物热解时释放出的可燃性气体，降低其浓度，从而使燃烧减缓或停止。

化学阻燃理论。有些化学药剂受热后能直接改变木材热解反应，使木材纤维脱水，使可燃性气体和焦油等全部挥发，最终使木材变成炭，使燃烧作用降低。如果化学药剂是由强碱和弱酸形成的盐或强酸和弱碱形成的盐，受热后易析出强酸或弱碱，这些产物能与纤维素上的羟基作用生成水，同时再生成强酸或强碱达到阻燃的目的。

卤化物灭火机理。这类化合物对燃烧反应有抑制作用，能中断燃烧过程中的连锁反应。

(2)化学灭火方法：化学灭火药剂的使用方法从手段上可分为直接灭火和间接灭火，从技术上又可分为地面灭火和飞机灭火、人工降雨。

①地面灭火

直接灭火方法：就是用森林消防车或其他装备装载化学药剂，直接向火线喷洒实施灭火的一种方法。

间接灭火方法：就是在林火蔓延前方预定的地域，将化学药剂喷洒在林火蔓延前方的可燃物上，达到阻止林火蔓延目的的方法。或者用森林消防车在火线前方横向碾压可燃物，翻出生土或压出水，然后在碾压出的隔离带内侧喷洒一定宽度的化学药剂达到阻隔林火蔓延的目的。

②飞机灭火

直接灭火方法：就是利用飞机装载化学药剂直接向火线喷洒实施灭火的一种方法。灭火对发生在基地周围50千米以内的初发阶段的林火，如果飞机数量多，可独立实施化学灭火，不需要地面队伍的配合；当火灾发生在距离基地50千米以外，火场面积较大或者飞机数量不足时，可对火场难段及险段实施化学灭火，有力地增援地面灭火(图5-19)。

间接灭火方法：就是在火场上空烟尘大或有对流柱，飞机无法采取直接灭火时，可在火头或火线前方喷洒化学药剂，通过建立化学药带实施灭火的方法。在扑救树冠火时可向隔离带内的可燃物喷洒化学药剂来增大隔离带的安全系数(图5-20)。

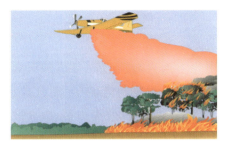
图 5-19 直接灭火示意图

图 5-20 间接灭火

③人工降雨

人工降雨是利用适合的天气条件,加以人为促进措施,使云层能够产生降水,达到灭火的目的。利用有云较适合的天气条件,用飞机在空中播撒药品或利用高炮、火箭发射降雨催化剂,促使云层中的水蒸气形成冰晶,达到降雨的目的。在高山等有利地形进行地面喷洒化学催化药品也能收到降雨的效果。

主要方法。目前,我国进行人工降雨灭火主要采取以下两种方法:一是在云层中加入冷冻剂,使云层的温度快速下降形成冰晶;二是将凝华核播撒到云层,使水汽在核上凝华而形成冰晶。以上两种方法可以使部分水汽冷却到零下 40 摄氏度以下,直接凝华成冰晶,产生降雨过程。

常用催化剂。目前,在人工降雨过程中常用的催化剂有干冰和碘化银两种。人工降雨能否成功、效果如何,主要取决于云量的多少,因此人工降雨只限于在具备降雨条件的天气下进行(图 5-21)。

图 5-21 人工降雨灭火

在一个大气压下,温度为零下 78.5 摄氏度时,干冰的升华热约为 137 卡/千克。干冰被抛洒在云层中会起到冷源的作用,使四周的云层温度急剧下降,可使部分水汽冷却到零下 40 摄氏度以下,这时水汽分子结合成缔合物,其结构与冰晶的结构相似。同时,云层的流动可以把这些水汽分子结合成的缔合物带到周围的云体中,故而使冰晶不断增长,最后形成降雨。

碘化银是一种非常有效的冷却催化剂,主要是因为碘化银具有很高的成冰阈温,碘化银质点在温度低于零下 4 摄氏度情况下就能发挥冰核作用,因而可以形成降雨过程。

在扑救地下火时,要通过气象部门及火场的气象雷达时刻观测天气形势,一旦时机成熟,要利用飞机播撒药品或者利用地面的高炮、火箭发射降雨催化剂实施人工降雨灭火。在人工及降雨的雨量不足,不能彻底浇灭地下火时,还需要地面队伍配合扑灭余火。

2. 注意事项

化学灭火虽然速度快、效果好,但在使用化学灭火时应选择合适的灭火剂。灭火剂一般可分为短效灭火剂和长效灭火剂两大类。根据可燃物类型、气象条件、供给能力以及对技术掌握的情况来决定选用短效灭火剂或长效灭火剂,以获取最好的灭火效果和最大的经济效益。通常选择灭火剂时应注意以下几点。

(1)应选择灭火效果好的化学药剂,化学灭火效果要比水灭火效果好5~10倍。

(2)扑救森林火灾需要大量化学灭火剂,应选来源丰富、价格低廉的药剂。

(3)选用的化学药剂必须无毒、无污染、不危害动植物。

(4)选用操作简单易行的化学药剂。

(四)火攻灭火

火攻灭火是指在火线前方一定的位置,通过人工点烧的方法烧出一条火线,在人为控制下使这条火线向火场方向蔓延,并形成隔离带,从而控制火势蔓延和扑灭林火的一种方法。火攻灭火具有灭火速度快、灭火效果好、省时、省力、安全的特点。

1. 适用范围及运用

1)适用范围

(1)用直接灭火法难以扑救的高强度地表火或树冠火。

(2)林密且可燃物载量大,灭火人员无法实施直接灭火的地段。

(3)有可利用的自然依托,如铁路、公路、河流等。

(4)在没有可利用的自然依托时,可开设人工阻火线作为依托。

(5)在可燃物载量少的地段采取直接点火,扑灭外线火。

2)运用方法

在灭火实战中要结合火场周围条件,如可燃物的因素、气象条件及地形条件采取不同的点火方法。

(1)带状点烧方法:以控制线作为依托,在控制线的内侧沿与控制线平行的方向,连续点烧的一种方法。它是最常用的一种火攻灭火的点烧方法,具有安全、点烧速度快、灭火效果好等特点,主要在控制线(如河流、湖泊、公路、铁路等)条件好的情况下使用。具体实施时,可3人一组交替进行点烧。点烧时,第一名点火手在控制线内侧适当的位置沿控制线向前点烧,第二名点火手要迅速到第一名点火手前方5~10米处向前点烧,第三名点火手再迅速到第二名点火手前方5~10米处向前点烧。当第一名点火手点烧到第二名点火手点烧的起始点后,要迅速移动到第三名点火手前方 5～10 米处沿控制线继续点烧,其他点火手依次交替进行,直至完成预定的点烧任务(图 5-22)。

(2)梯状点烧方法:是以控制线作为依托,在控制线内侧由外向里的不同位置上分别进行点烧,使点烧形状呈阶梯状的一种点烧技术。梯状点烧方法主要在控制线不够宽、风向风速不利,但又需要在短时间内烧出较宽隔离带的地段采用。具体实施时,第一名点火手要在控制线内侧距控制线一定距离处,沿控制线方向先平行点烧。当第一名点火手点烧出 10～15 米的火线后,第二名点火手在控制线与点烧出的火线之间靠近火线的一侧,继续进行平行点烧,其他点火手依次进行点烧。在实施点烧时,要结合火场实际情况,根据预开设隔离带的宽度来确定点火手的数量。另外,在点烧过程中,要随时调整各点火手间的前后距离,勿使前后距离过大(图 5-23)。

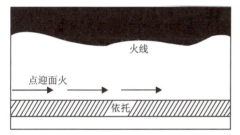
图 5-22 带状点烧示意图

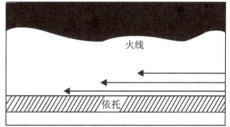
图 5-23 梯状点烧示意图

(3)垂直点烧方法:是指在控制线内侧一定距离处,由几名点火手同时或交替向控制线一方进行纵向点烧的一种技术。它主要适用于可燃物载量较小、控制线条件好且点火手较多的情况。在具体点烧时,各点火手应间隔 5～10 米并位于控制线内侧 10～15 米处,交替沿控制线方向进行纵向点烧(图 5-24)。

(4)直角梳状点烧方法:是垂直点烧方法的一种变形。它适用于可燃物载量特别小、控制线条件好且点烧人员充足的情况。在直角梳状点烧过程中,各点火手应间隔 5～10 米并位于控制线内侧 10～15 米处,交替沿控制线方向进行纵向点烧。当点火手将火点烧到控制线一端时,点火手向左或右进行直角点烧,即先直点再平点,最终使各火线相连,火线为"梳状"(图 5-25)。

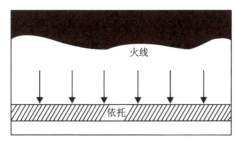
图 5-24 垂直点烧示意图

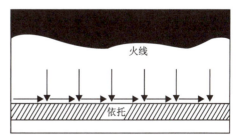
图 5-25 直角梳状点烧示意图

(5)封闭式点烧方法：是指在控制线内侧沿控制线平行方向逐层点烧的一种技术，属于多层带状点烧方法。它适用于可燃物载量大、控制线条件差、地形条件不利及风速大的情况。采用此方法时，首先要在控制线上确定起点及点烧终点，然后由起点向终点进行平行点烧，即进行带状点烧。这条带称为封闭带。当烧出的封闭带与控制线间有一定宽度后，根据该宽度确定第二条封闭带的点烧位置，其他封闭带的点烧方法以此类推。这样，通过点烧多条封闭带逐步加宽隔离带，从而达到阻火和灭火的目的。封闭带的点烧数量视火场具体条件而定（图5-26）。

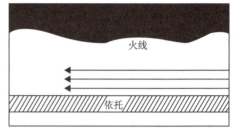

图5-26 封闭式点烧示意图

3)"烧"的时机与条件

在扑救森林火灾时，"烧"也是不可缺少的手段之一。当无法采取直接灭火或火攻灭火时，就要采取"烧"的手段。因此，不能忽视这种方法。在以下情况下可以采取"烧"的手段。

（1）火强度大、蔓延速度快、灭火队员无法接近火场的情况（图5-27）。

（2）当扑救连续型树冠火（图5-28）且无法采取直接灭火手段时，应在火头前方合适地点开设隔离带，点放迎面火，烧除隔离带与火场之间的可燃物。

图5-27 林火强度大导致灭火队员无法接近火场

图5-28 连续型树冠火

（3）当火场附近有可利用的地形时，应采取间接灭火手段，利用依托点放迎面火（图5-29）。

（4）当火势威胁重点区域（图5-30）或重点目标（如林间村、屯、仓库、油库、贮木场、自然保护区、珍贵树种林等）时，应采取打、烧防火线或开设隔离带点放迎面火加以保护。

图 5-29 利用依托点放迎面火

图 5-30 火势威胁重点区域

(5)当拦截火头时,可在火头前方选择有利地形,采取火攻灭火方法拦截火头(图 5-31)。

(6)当遇到双舌形火线(图 5-32)时,可在火的舌部顶端点火,把两个舌形火线连接起来扑灭外线火。

图 5-31 火攻灭火拦截火头

图 5-32 双舌形火线示意图

(7)当遇到锯齿形火线(图 5-33)时,应在锯齿形火线外侧点火,把火线取直,扑灭外线火。

(8)当遇到大弯曲度火线(图 5-34)时,要在两条距离最近的火线之间点火,把两条火线连接在一起再扑灭外线火。

图 5-33 锯齿形火线示意图

图 5-34 大弯曲度火线示意图

(9)当遇到难清理地段(图 5-35)火线时,在难清理地段外侧选择较好清理地带点火,扑灭外线火,使难清理地段的火线变成内线火。

2. 注意事项

图 5-35 难清理地段

火攻灭火虽然是一种好的灭火方法,但是技术要求高且具有一定的危险性,因此在采用时须注意以下事项。

(1)采用火攻灭火方法时,各灭火组应密切协同。除组织点火组外还应组织扑打组、清理组及看护组。以上各组人员均须为专业的、有经验的灭火队员。

(2)在利用公路、铁路等控制线作为依托时,要在点烧前对桥梁和涵洞下的可燃物采取必要的防护措施,防止点火后从桥梁、涵洞跑火。

(3)当可燃物条件不利时,如幼林、异龄针叶林、森林可燃物密集且载量大,一定要集中足够的扑火力量,尽可能把点烧火的强度控制在可以控制的范围内。

(4)当气象条件不利,如点放逆风火时,若火势较强,风速较大,往往会出现点烧火越过控制线的问题。点烧时一定要紧贴依托边缘点火,同时要加强控制线的防护力量。

(5)当地形条件不利时,如鞍部地带、空气易出现乱流的地域、依托的转弯处等,都应采取必要的措施。

(6)依托在坡上时,一定要多层次点烧,以防点烧时火越过依托造成冲火跑火。

(五)阻隔灭火

阻隔灭火是指利用自然依托、人工开设依托或其他手段,在林火蔓延前方,点放迎面火或开设隔离带拦截林火的间接灭火方法,主要包括人工阻隔、爆破阻隔、机械阻隔 3 种方法。

1. 适用范围及运用

1)人工阻隔

人工阻隔是指利用自然依托阻隔、手工具开设依托阻隔等手段进行间接灭火的方法。在扑救林火过程中,如果在林火蔓延前方有可利用的自然依托时,应沿着依托内侧边缘点放迎面火,烧除依托和林火之间的可燃物,使林火蔓延前方出现一条有一定宽度的无可燃物区域,阻止林火继续蔓延。没有可以利用的依托时可人工开设依托进行阻隔。在实施点火阻隔时,应根据依托的条件、火场风向、风速、可燃物载量和地形因素,采取各种不同的点火方法。

(1)利用自然依托阻隔

①可利用的自然依托包括河流、小溪、公路、铁路、小道等。

②点火方法包括带状点火法、梯状点火法、封闭式点火法、垂直点火法、直角梳状点火法。

(2)用手工具开设依托阻隔

组织手工具阻隔就是组织人力开设手工具阻火线,以此为依托点放迎面火,达到拦截林火的目的。主要用于扑救火头、高强度火翼、林密等灭火人员无法接近的火线和不利于采取直接灭火方法的地表火。指挥员要根据火场的实际情况确定开设阻火线的长度、路线和地点。同时,还要依据林火的蔓延速度和当时的条件确定开设阻火线的速度及阻火线与林火的距离。

①手工具开设依托阻隔的特点:实施方法简单、开设速度快、灭火效果好、安全。

②所需工具:油锯、点火器、标记带、锹、耙、斧、灭火机、水枪等。

③开设阻隔程序:确定阻火线与林火的距离;确定开设阻火线的路线;划分任务,明确责任。

④开设方法:可分为清除障碍、开设简易带和开设加强带3种。

清除障碍。开设阻火线时,先由油锯手带领开路组,沿标记路线清除妨碍开设阻火线的障碍物。清除的障碍物要放到将要开设的阻火线外侧,防止点火后火强度增加,造成跑火。

开设简易带。在可燃物载量小的地段开设阻火线时,要在开设阻火线的内侧0.5~1米处挖坑取土,沿开设路线铺设一条30厘米宽、3~5厘米厚的简易生土带。如果时间允许,将生土带踩实效果更好。

开设加强带。在可燃物载量大的地段开设阻火线时,清除可燃物后,要挖一锹深、一锹宽的阻火沟并砍断树根,将挖出的土覆盖在靠近阻火线外侧的可燃物上。

⑤实施灭(点)火:主要可分为以下步骤。

组织检查。指挥员在各部完成开设任务后,要亲自检查阻火线的开设质量,对不符合要求的地段令组员在最短时间内进行补救,直至达到要求为止。

分组分工。阻火线开设完成后,各中队或各排重新组成点火组、扑打组、清理组和看护组。在通常情况下,点火组与扑打组人数比例为1∶10,清理组和看护组的人员数量可根据具体情况而定。

组织点火。点火组在点火时,要紧靠阻火线内侧边缘沿阻火线点火,点火速度不能过快,要做到安全、可靠,火不能越过阻火线。

各组跟进。在点火组沿阻火线实施点火时,扑打组在阻火线的外侧紧紧跟进,坚决扑灭一切越过阻火线的火。清理组紧跟扑打组,认真、彻底清理点烧过的阻火线和扑打组扑灭的火线。看护组要紧跟清理组,看护阻火线和被扑灭的火线。

组织清理。完成点火任务后,指挥员将阻火线的清理任务重新划分到各班、排、中队,通常情况下应是谁开设的阻火线就由谁负责清理,确保阻火线的安全。

看守。当点放的迎面火与林火相遇后,如果阻火线的两端与自然依托、防火线、老火烧迹地等相接,又没有其他灭火任务时,灭火人员应就地看守,巡察火线。当阻火线的两端不与自然依托、防火线、老火烧迹地等相接时,把阻火线彻底清理之后,要兵分两路,沿两个火翼继续扑火。

2)爆破阻隔

爆破阻隔是指利用灭火索的爆炸,在火线前方炸出一块无可燃物区域并以此为依托进行点烧灭火的方法。在原始森林使用灭火索开设阻火线时,扑救地下火是现阶段各种阻隔灭火手段中,灭火速度最快、投入力量最少、灭火效果最好、操作最简单、资金投入最少的一种有效的方法。它要比人工用手工具开设阻火线的速度快20倍以上,比用推土机开设阻火线的速度快10倍以上。

灭火索的爆破速度为6000米/秒,单根长度为100米,可多根连接使用,单根爆破宽度为1.7~2米。除以上特性外,灭火索还具有抗强击、抗摩擦、抗碾压、抗撞击、耐高温、耐寒、防水、抗高空坠落和抗火烧,在承受50千克拉力后爆炸效能不变等特点。

(1)适用范围。森林灭火索不受地形、地貌、植被、火灾种类等条件的限制,可以在各种森林火灾中应用,取得最大的灭火效果。

(2)运用方法。

①在扑救地表火中的使用

扑救稳进地表火。在扑救稳进地表火时,主要用灭火机、水枪、二号工具等进行灭火。当遇到火头或高强度火线时,可在被扑灭的火线一端,在火头或高强度火线前方有利于灭火的最佳位置铺设灭火索,并进行引爆。然后,再沿着爆破出的阻火线内侧边缘点放迎面火,扑灭火头和高强度火线后,再继续向前扑打。当遇到大弯曲度火线、锯齿形火线时,可在这些火线外侧铺设灭火索,引爆取直火线,并点放迎面火。经试验和计算,使用灭火索扑救稳进地表火比使用灭火机、水枪、二号工具等灭火的速度快3~5倍。

扑救急进地表火。急进地表火主要发生在干旱、气温高、风力为4级以上的大风天气,火强度高、烟雾大、蔓延速度快,常形成大火头,扑救难度大,易造成人员伤亡。这时,可利用灭火索拦截火头或扑灭火线。在拦截火头或扑灭火线时,可在火头或火线前方适当位置铺设灭火索进行爆破,炸出阻火线作为依托,再沿依托点放迎面火,烧除阻火线与火头之间的可燃物,实现拦截火头、扑灭火线的目的。经试验和计算,使用灭火索扑救急进地表火要比常规扑救方法的效率高5~8倍。

②在扑救树冠火中的使用

树冠火多发生在干旱、高温、大风天气条件下的针叶林或针阔混交林,火强度高、蔓延速度快、扑救困难。在扑救时,可使用灭火索在火前方适当位置炸倒树木,开设隔离带。然后,向隔离带内喷洒化学药剂或建立水泵喷灌带,增加隔离带的阻燃性和水分,达到阻隔树冠火的目的。经试验和计算,使用灭火索开设隔离带,比使用油锯开设隔离带的速度快5~6倍。

③在扑救地下火中的使用

扑救地下火时,使用灭火索开设阻火线是现阶段各种阻隔灭火手段中灭火速度最快、投入力量最少、灭火效果最好、操作最简单和资金投入最少的一种有效方法。

在使用灭火索扑救地下火时,可在燃烧的火线外侧合适的位置,直接铺设灭火索进行引爆,开设阻火线。然后,在对阻火线进行简单的清理后,沿阻火线的内侧边缘,点火烧除阻火线内侧的可燃物,达到灭火的目的。在使用灭火索开设阻火线的过程中,如果腐殖质层的厚度超过40厘米,应先在腐殖质层开一条小沟,把灭火索放在沟内引爆。根据腐殖质层的厚度,可进行重复爆破加宽和加深阻火线的宽度、深度,也可利用灭火索炸倒或炸断阻火线边缘的枯立木及倒木。使用森林灭火索要比人工用手工具开设阻火线的速度快18~20倍,比使用推土机开设阻火线的速度快8~10倍。

④在清理火场中的使用

清理火场是扑救林火的收尾工作,是完成灭火任务的最后保证。清理火场难度很大,清理不彻底,就会发生复燃,导致整个灭火行动失败。在清理火场过程中遇到燃烧的枯立木时,可在树干上缠绕3~5圈灭火索,将树木炸倒;如有横在火线上燃烧的粗大倒木,可利用灭火索炸断倒木后再进行清理,也可以在火线外侧炸出具有一定宽度的阻火线,增强被扑灭火线的安全系数,减少复燃的可能性。

以上各种灭火技术可在火场单独使用。在地形条件较复杂的大火场可根据火场的实际情况,采取多种灭火技术灭火。

3)机械阻隔

机械阻隔是指利用推土机、森林消防车等机械设备采取特殊的技术方式进行灭火。机械阻隔具有投入力量小、操作简单、能长期使用的特点。

Ⅰ.推土机阻隔

(1)适用范围。利用推土机开设隔离带时,开设路线应选择树龄级小的疏林地。

(2)运用方法。推土机阻隔主要包括以下步骤。

选定路线。在开设推土机隔离带时,首先应由定位员选择好开设路线,开设路线要尽量避开密林和大树,并沿开设路线做出明显的标记,以便推土机手沿着标记开设隔离带。

清除障碍。在定位员选择好开设路线后,开路组要携带油锯沿着标记清除开设路线上的障碍物,为推土机组顺利开设隔离带创造有利条件。

组织开设。推土机组在开路组清除障碍后,要沿着标记路线开设隔离带。开设隔离带时,推土机要大、小型搭配成组,小型机在前,大型机在后,把要清除的所有可燃物全部推到隔离带的外侧,防止点火后增加火强度,出现"飞火"越过隔离带造成跑火,同时降低守护难度。开设隔离带的宽度要根据林火强度、可燃物的载量、风向风速和地形等情况而定。

组织清理。在推土机组开设隔离带时,清理组要紧跟推土机组清理隔离带内的一切可燃物,以免点火时火通过这些可燃物烧到隔离带的外侧,造成跑火。实施点火后,清理组要对隔离带的内侧边缘再次进行清理。

组织点火。整个隔离带开设完成之后,经指挥员检查合格,再组织点火组进行点火。点火时,要沿着隔离带内侧点火,烧除隔离带与火场之间的可燃物,形成一块无可燃物的区域,达到阻火和灭火的目的。组织点火时,也可以根据火场实际情况和开设隔离带的速度,进行分段点烧。

组织看护。点烧后,要对隔离带进行看护。看护的时间要根据当时的天气、可燃物、地形及火场的实际情况而定。

(3)注意事项。在组织推土机进行阻隔时,要开设推土机安全避险区。当受到大火威胁时,推土机可以迅速撤到避险区内避险;开设隔离带时,一定要把需要清除的可燃物全部用推土机推到隔离带的外侧;在开设隔离带过程中,大火突然向隔离带方向快速袭来时,点火组要迅速沿隔离带点放迎面火,以保护隔离带内人员及机械设备的安全。

Ⅱ.森林消防车阻隔

(1)适用范围。组织森林消防车阻隔,主要用于地形条件不利、林密、火焰高、火强度大、蔓延速度快、烟大、车辆及灭火人员无法接近的林火。

(2)运用方法。主要可以分为以下5种方法。

碾压阻火线阻隔。在利用森林消防车实施阻隔时,如果没有水,消防车可在林火蔓延前方适当的位置,横向碾压可燃物,翻出生土或压出水,然后点火组再烧除隔离带内的零星可燃物。当隔离带内的可燃物被烧除后,再在隔离带的内侧边缘点放迎面火。

压倒可燃物阻隔。若碾压可燃物时间来不及,可利用消防车快速往返压倒可燃物,使被压倒的可燃物的宽度达到2米以上。点火组在被压倒的可燃物内侧0.5~1米处,沿被压倒的可燃物向前点放迎面火。扑火组要跟进点火组扑灭外线火。清理组要跟进扑打组进行清理,看护组要看护阻火线的外侧,一旦阻火线外侧出现明火要坚决扑灭。

水浇可燃物阻隔。在有水的条件下,消防车可在林火蔓延前方选择有利地形,横向压倒可燃物的同时,向被压倒的可燃物浇水。点火组要紧跟消防车,在被压倒的可燃物内侧边缘点放迎面火以阻隔林火。扑火组要在阻火线外侧跟进点火组扑灭越过阻火线的火,清理组要在阻火线内侧清理火线。

建立喷灌带阻隔。利用喷灌带进行阻隔林火时,消防车要在林火蔓延前方适当的位置选择水源,把消防车停在水源边,用水泵吸水并横向铺设水带,在每个水带的连接处安装一个"水贼",在"水贼"的出水口接一条细水带和一个转动喷头,然后将细水带和转动喷头用木棍立起固定,水带端头用断水钳封闭,防止大量失水,以便增加水带内的水压。

直接点火扑灭外线火。在对高强度林火进行消防车阻隔时,如果水源方便,可以在林火蔓延前方选择有利地带采取直接点放迎面火。当点放的迎面火分成内外两条火线时,利用消防车上的水枪沿火线扑灭外线火,使点放的内侧火线向林火移动,达到阻火和灭火的目的。

2. 注意事项

(1)在利用公路、铁路作为依托点放迎面火阻隔时,应对公路、铁路下的桥梁、涵洞采取必要的措施,以防点放的迎面火从桥梁、涵洞下跑火;在依托条件不好时,点放迎面火一定要紧贴依托内侧边缘,防止点放的迎面火越过依托造成跑火;在利用自然依托点放迎面火时,除组织点火组外还要组织扑火组和清理组;点放迎面火阻隔林火后,通常情况下应兵分两路沿两个火翼进行灭火。

(2)在点火实施阻隔时,若火越过阻火线,扑火组要迅速进行扑打。这时点火组要立即停止点火,等扑火组扑灭越过阻火线的火后,点火组再继续点火。点火时切忌顺风点火,点火的速度不能过快,点火位置不能与阻火线有距离。

(3)利用森林消防车阻隔时,驾驶员的视线不能被遮挡,同时要控制好碾压速度,防止意外发生。

六、火场紧急避险

火场紧急避险是指大火威胁人身安全时,灭火人员为保护生命所采取的紧急应对措施。其核心是主动防险,积极避险,最大限度地保护灭火人员和人民群众的生命安全。这也是每名消防指战员必须具备的基本技能。

(一)火场险情原因分析

林火发展蔓延受天气、地形、植被分布等因素影响,情况瞬息万变,险情随时发生,稍有不慎就可能造成人员伤亡。分析火场险情发生的过程,对认识火场紧急避险具有非常重要的意义。

1. 导致伤亡的直接原因

1)高温灼伤

高温灼伤主要表现为热烤、烧伤和烧亡。热负荷过度会直接导致灭火人员失去战斗力和死亡。热负荷过度类似中暑,但过程要短得多,会导致患者快速休克、昏迷、死亡或永久性脑损伤。高温吸入式烧伤是指由于吸入高温气浪而造成呼吸道神经麻痹窒息导致的伤亡,是最为常见的高温伤害之一。

2)一氧化碳中毒

一氧化碳中毒主要症状是呼吸困难、头痛、胸闷、肌肉无力、心悸、皮肤青紫、神志不清、昏迷。一旦中毒,往往需要较长时间才能恢复正常状态,严重的可导致死亡。一氧化碳是可燃物燃烧不完全的一种产物,其危害程度依停留时间和浓度而定。森林火灾中,每千克可燃物可产生10~50克一氧化碳,暗火产生的一氧化碳比明火要多10倍。扑救森林火灾时,灭火人员如果长时间在高温和浓烟状态下工作,可能会引起一氧化碳中毒。

3)烟尘窒息

林火产生的烟尘常使人迷失方向,辨不清逃生路线,造成呼吸困难。呼吸高温浓烟能使人喉管充血、水肿,致人窒息死亡。浓烟将人呛倒也可导致人员被火烧伤、烧亡。

2. 发生险情的原因分析

危险林火行为受各种因素影响非常大,原因主要可分为自然因素和人为因素两类。

1)自然因素

自然因素概括为6种高危地形、3类高危植被、3个高危时段、3种高危火线、6种高危火行为。

(1)6 种高危地形

①陡坡。陡坡是指斜面角度大于45度的山地。这种地形会自然地改变林火行为,火向山上燃烧时,所产生的热辐射、热对流促使树冠和坡上可燃物加速预热,使火强度增大,蔓延速度加快,大大增加了向上山方向传播的辐射热能。因此,正面扑救上山火或沿山坡向上逃避林火都是极其危险的(图5-36)。

图5-36 陡坡示意图

②山脊。由于林火使空气升温,热空气沿山坡上升到山顶,与背风坡吹来的冷空气相遇,从而形成飘忽不定的阵风和空气乱流,使林火行为瞬息万变,难以预测(图5-37)。

③山谷。山谷是典型的危险地域。当通风状况不良、火势发展缓慢时,大量烟雾和一氧化碳会在谷内产生并沉积,易造成人员窒息或一氧化碳中毒。特别是单口山谷,如同排烟管道,为强烈的上升气流提供通道,很容易产生爆发火(图5-38)。

图5-37 山脊示意图

图5-38 山谷示意图

④鞍部。鞍部因受两侧山体影响,形成"漏斗"状的通风口,风从鞍部通过时速度会成倍加快,是火行为不稳定且十分活跃的地段(图5-39)。

⑤草塘沟。草塘沟是指林地内或林缘集中分布有杂草的沟洼地形,沟内通常连续分布细小可燃物。林火在草塘沟燃烧时,火强度大,同时会向两侧山坡蔓延,形成冲火。草塘沟是林火蔓延的快速通道(图5-40)。

⑥山岩凸起地形。由于地形条件特殊,山岩凸起处会产生强烈的空气涡流,林火在涡流作用下,易产生多个分散的、方向不定的火头。此类地形以易燃灌木和残次林为主,燃烧强度大,危险性较高,灭火人员极易被大火围困。

图 5-39　鞍部示意图

图 5-40　草塘沟示意图

(2) 3 类高危植被

①灌木集中连片的植被。灌木燃点低,导致林火蔓延速度快,释放能量迅速,加之密度大,人员行走困难,透视性差,危险性极大。

②可燃物垂直连续分布的植被。此类林火可迅速蔓延到树冠,形成立体燃烧的树冠火,如遇大风天气,极易产生"飞火"和"火旋风",导致火势突变,易造成人员伤亡。

③可燃物载量大的林地植被。通常情况下,当有效可燃物载量增加 1 倍时,火灾蔓延速度会加快 1 倍,火强度则会增加 4 倍,林火从可燃物较少地段蔓延至可燃物较多地段,速度和强度就会随之增大,威胁灭火人员安全。

(3) 3 个高危时段

①风力超过 5 级的时段。风不仅能加速可燃物水分蒸发,使它们干燥而易燃,同时还能不断补充新的氧气,加快燃烧进程。火场风力每增大 1 级,火头蔓延速度就会加快 1 倍,风力增大到 5 级以上,往往无法直接扑救。

②地形险要地带的夜间时段。夜间能见度低,灭火人员对火场周围的地形无法准确判断。在地形险要地带灭火,极易发生坠崖摔伤、滚石砸伤、倒木伤人、误入火坑等险情。

③温度超过 20 摄氏度的中午时段。中午通常气温最高,湿度最低,可燃物含水量最少,森林最易燃烧,林火蔓延速度最快。特别是 13 时左右,是森林灭火的高危时段,在气温较高的夏秋两季,一般不宜直接灭火。

(4) 3 种高危火线

①强度大的上山火火线;②火焰高度超过 2.5 米的火线;③火焰高度超过 1 米的灌木丛段火线。以上 3 种火线均具有蔓延速度快、火势猛烈、火头难以阻截的特点,不宜直接扑打,否则极易造成人员伤亡。

(5)6种高危火行为

①对流柱。它是由森林燃烧时产生的热空气垂直向上运动形成的气流。典型的对流柱可分为可燃物载床带、燃烧带、湍流带(过渡带)、对流带、烟气沉降带、凝结对流带等几部分。对流柱的形成主要取决于燃烧产生的能量和天气状况。

每米火线每分钟燃烧不到1千克可燃物时,对流柱高度仅为几百米;每米火线每分钟消耗几千克可燃物时,对流柱高达1200米;每米火线每分钟燃烧十几千克可燃物时,对流柱可发展到几千米高。根据前苏联学者的研究,地面火线长100米时,对流柱可达1000米。

对流柱的发展与天气条件密切相关。在不稳定的天气条件下,容易形成对流柱;在稳定的天气条件下,山区容易形成逆温层,不容易形成对流柱。在热气团或低压控制的天气形势下形成上升气流,有利于对流柱的形成;在冷气团或高压控制的天气形势下为下沉气流,不利于形成对流柱。对流柱的形成与大气温度梯度和风力的关系密切。地面气温与高空气温差越大越易形成对流柱。

②飞火。它是由高能量火形成强烈的对流柱将火场正在燃烧的可燃物带到空中后飘洒到其他地区的一种火源。强大的对流柱是形成飞火的必要条件。被对流气流卷扬起来的燃烧物在风力和重力作用下,作抛物线运动,会被抛出很远的距离。被卷扬起来的燃烧物能否成为飞火,直接取决于风速、燃烧物的重量和燃烧持续时间。如鸟巢、蚁窝、腐朽木、松球果等那些较轻而燃烧持续时间很长的燃烧物,才是形成飞火的危险可燃物。一般来说,对流柱受到强烈限制时才能形成飞火。但在闭塞的峡谷中如果发生烟雾的内转也会形成飞火。

飞火的传播距离可以是几十米、几百米,也可以是几千米、几十千米。如果大量飞火落在火头的前方,有发生火爆的危险。

飞火的产生与可燃物的含水量密切相关:当可燃物含水量较高时,脱水引燃需要较长时间和较多的热量,夹带在对流柱中的这类可燃物不能被引燃;当可燃物含水量太低时,引燃的可燃物在下落到未燃区之前已经烧尽,也不能产生飞火。

国外资料显示,细小可燃物含水率为7%是可能产生飞火的上限,而含水率为4%是产生飞火的最佳含水率。据研究,产生飞火的原因有:地面强风作用;由火场的涡流或对流柱将燃烧物带到高空,再由高空风传播到远方;由火旋风刮走燃烧物,产生飞火。

③火旋风。强热空气对流时,如有侧风推动,就有可能在燃烧区内形成高速旋转的火焰涡流,即火旋风。产生火旋风的原因与对流柱活动和地面受热不均有关:两个推进速度不同的火头相遇可能产生火旋风;火锋遇到湿冷森林和冰湖可能产生火旋风;大火遇到障碍物,或者大火越过山脊的背风面时都有可能形成火旋风。一

般山地比平原更易产生火旋风。

在森林火灾中,要特别留心因地形因素形成的火旋风、林火初始期的火旋风及林火熄灭期产生的火旋风。林火越过山坡,在山的背坡常产生地形火旋风。火旋风在加快林火蔓延速度的同时,往往使林火偏离原蔓延方向,易造成扑火人员伤亡。熄灭期的火旋风会造成余火复燃或形成新的火场。通常在大风的推动下,高速蔓延的林火很容易形成火旋风,灭火人员逃跑时产生的负压,会吸引火旋风跟随灭火队员跑动的方向旋转过来,发生火追人现象,造成伤亡。因此在大风天气灭火时,要时刻注意火旋风现象,一旦发生这种现象,灭火队员要尽快转移到安全地带。

④火爆。当火头前方出现大量飞火、火星雨时,它们积聚到一定程度,会产生巨大的内吸力而发生爆炸式的联合燃烧,在火头前方形成新的火头,形成一片火海,这种森林燃烧现象就称为火爆。火爆属森林火灾中强烈的火行为之一,林火从可燃物较少的地方蔓延到有大量易燃可燃物的地方,易燃可燃物载量陡增会形成爆炸式燃烧;两个或多个火头相遇也会形成爆炸式燃烧。火爆易造成扑火人员伤亡。

⑤轰燃。在地形起伏较大的山地条件下,由于沟谷两侧山高坡陡,当一侧森林燃烧剧烈、火强度很大时,所产生的强烈的热水平传递(主要是热辐射)容易到达对面山坡。当对面山坡接受足够热量时,会突然产生爆炸式燃烧,这种现象称为轰燃。轰燃主要发生在狭窄山谷和陡坡(狭窄山谷的两侧崖壁为陡坡)两种地形,存在大载量细小可燃物、林火从山下向山上燃烧,以及大量的热辐射使可燃物几乎同时到达燃点等条件极易引发轰燃。

轰燃通常有两种方式。一种是 A 侧山坡存在细小可燃物,含水率低,可燃物干燥;B 侧山坡存在重型可燃物,较为难燃。B 侧山坡发生上山火,燃烧过程中由于狭窄山谷的地形,大量热辐射到对面的 A 侧山坡,A 侧山坡的可燃物被预热,由于不断加热,它到达燃点的时间缩短,当热量积累到一定程度,A 侧山坡大量可燃物同时到达燃点,忽然发生爆炸式燃烧。另一种是 A 侧山坡存在细小可燃物,含水率低,可燃物干燥;B 侧山坡亦存在细小可燃物,含水率低,可燃物干燥。B 侧山坡发生上山火,在狭窄山谷中由于风速加大,火势更加受上山火的热辐射和热对流作用影响,火头前方的可燃物预热快速,当可燃物经预热接近燃点时,B 侧山坡发生轰燃,同时由于 A 侧山坡的细小可燃物达到燃点,A 侧山坡随后发生轰燃。当产生轰燃时,林火强度大,整个沟谷呈立体燃烧,如果扑火人员处在其中,极易造成伤亡。

⑥高温热流。大量可燃物猛烈燃烧释放巨大的热量加热地表空气,形成肉眼不可见的高温高速气流(强烈热平流)。其温度可达 300~800 摄氏度,局部可达 800 摄氏度以上,其速度达 20~50 千米/时。高温热流所到之处,森林可燃物可被点燃,形成爆炸式燃烧。

2)人为因素

灭火行动是人与自然的对抗,面对突如其来的林火变化,因组织指挥、灭火技战术运用等人为因素造成的伤亡也是影响灭火安全的重要因素。

(1)指挥失当。灭火行动中,指挥员,特别是一线指挥员,缺乏林火常识,实战经验不足,对火场险情的感知能力弱、评估能力不足,没有足够的心理和措施准备;思想麻痹,情况不明,盲目蛮干或力量部署不合理、组织指挥不得当;遇险后,不能有效应对,易使灭火人员误入险境,发生伤亡事故。

(2)灭火技战术运用不当。技战术运用不科学,战机把握不及时,人员、装备配置不合理,致使灭火效率低,火场情况发生突变造成人员伤亡。主要表现:对发展迅速、立体燃烧、面积大的高强度林火,进行直接灭火;在灭火人员连续作战、体能消耗较大的情况下,强行组织攻坚战;点烧位置选择不当,对林火蔓延速度估算不准,对风力风向掌握不准,对灭火人员的控制手段和能力估计过高;打清配合不紧密,首尾脱节;人与机具、机具与机具间组合不科学,不注重发挥装备的整体效能。

(3)缺乏安全避险经验。指挥员和战斗员缺乏灭火实战经验和安全避险常识,遭遇突发意外险情,不知所措、贻误脱险时机。避险时,不能紧密结合现地形、植被、气象和灭火队员实际情况,采取有效的避险方法。如顺风逃生,在灌木丛中卧倒避险,向山坡未燃烧区转移,在火墙厚、火强度大、植被密集地段冲越火线等。另外,个别灭火人员不服从命令,擅自行动,不按指挥员指令行事,遇险后惊慌失措,各自逃生,都易发生事故。

(二)火场紧急避险的特点、原则及要求

火灾的发展蔓延是一种自然行为,具有特定条件下的一般发展规律。因此,只要灭火人员了解掌握了这些特点和规律,遵循应对处置的基本原则和要求,就能为规避风险、实施正确避险提供可靠保障。

1. 火场紧急避险的特点

1)时间紧迫

在特殊的地形、气象和可燃物条件下,特别是在阵强风的作用下,林火具有突然爆发、危及灭火人员安全的特点,这种突然爆发的火势决定了火场险情具有难以预料的突发性。遇险后,由于林火与灭火人员接触快,灭火人员应对时间短,因而要求灭火人员在较短时间内做出快速反应。

2)环境复杂

火场紧急避险的复杂性主要体现在林火随火场植被、地形、气候的影响而复杂

多变,在不同的地形地貌、可燃物分布、气象和时段等条件下,林火的强度、蔓延速度、火行为等变化不尽相同,这种差异和变化对灭火人员构成的威胁也不同。特别是坡度、坡位、坡向及山谷、山脊、鞍部等地形的起伏变化能改变林火行为和林火类型,从而形成多种多样的危险火环境。

3)方法多样

火场紧急避险方法及常见险情的应对措施,是紧密结合现地形、植被、气象等自然条件,以及灭火人员素质、防护装备等实际,针对不同的险情采取的不同处置方法。同时,这些方法可根据火场情况相互转换、相互补充,随火场情况变化而调整,随战斗力的提升、装备的改进而创新发展。

2. 火场紧急避险的基本原则

面对突如其来的险情,能否成功避险,关键在于如何有效应对、科学处置。实践中,要注重把握3条基本原则。

1)科学判断,主动避险

提前预判险情并主动规避是最有效的避险方式。各级指挥员必须牢固树立以人为本的思想和强烈的安全意识,做到火情不明先侦察、气象不利先等待、地形不利先规避,坚决反对因急功冒进、盲目蛮干或者对火场安全重视不够、观察不到位而将灭火人员带入险境。特别是要严格按规定穿着防护服装,为生命安全提供最基本、最有效的保障。

2)果断决策,快速脱险

指挥员要迅速果断下定避险决心,不能犹豫不决,贻误有利避险时机。

要沉着组织行动,在险情面前,越慌乱就会越没有章法,越影响行动效果。因此,无论是指挥员还是战斗员,越是危急时刻越要冷静,坚决服从命令、听从指挥。

要灵活采取避险方法,火场紧急避险的方法都有其适用条件,没有两种险情是完全一样的,也没有哪种避险方法对于特定险情是最有效的,都要因时因地因势而定,绝不能生搬硬套。必须综合考虑现地情况和队伍实际,采取最有效的方法实施避险。

3)快速反应,及时救险

由于受自然条件、灭火人员素质及防护器材等因素影响,避险结果具有不确定性。避险不及时或措施不当,很容易导致灭火人员出现烧伤、窒息、一氧化碳中毒、休克、出血、骨折等情况。发生这种情况时,应立即采取紧急措施,全力做好伤员急救和后送工作,使伤员在第一时间得到有效救治。通常按照转移、救治、后送的步骤组织实施。

3. 火场紧急避险的基本要求

在组织实施紧急避险行动时，指挥员和战斗员要时刻保持头脑清醒，坚决做到不盲目指挥、不违规作业、不冒险行动。

1）对指挥员的基本要求

一是及时掌握火场地形、植被、天候情况；二是正确分析判断火行为变化；三是密切注意可能发生危险的任务环境；四是接近、撤离火场时，事先选准路线；五是对火场可能出现的各种情况有充分的应急准备；六是适时组织队伍休整，保持旺盛体力；七是时刻保持通信联络畅通，及时掌握分队行动情况。

2）对战斗员的基本要求

一是参战人员按规定着装，配备必要的安全装备和通信、照明器材及火种等；二是接近火场时，要时刻注意观察三大自然因素（可燃物、地形、气象）和火势的变化情况，同时要选择好安全避险区域或撤离路线，以防不测；三是密切注意观察火场天气变化，尤其要注意午后伤亡事故高发时段的天气情况；四是时刻注意地形的变化，特别注意坡向、坡度、坡位及危险地形、植被分布等情况；五是遇险时沉着冷静、处变不惊，严禁各自逃生、顺风逃生和向山坡上逃生；六是服从命令，听从指挥，牢固树立依靠集体智慧和力量攻克险情、安全避险的思想意识。

（三）火场紧急避险的常用方法

灭火行动中遭遇险情时，应根据当时的地形、天气和植被条件，科学预判火灾发展蔓延的方向和趋势，提前做好规避风险的各项措施，选择正确的方法实施紧急避险，最大限度减少人员伤亡和装备损失。根据避险的紧迫性和灭火人员是否与大火直接接触可将火场紧急避险方法分为间接避险法和直接避险法。

1. 间接避险法

间接避险是指当火场情况突变，灭火人员被火包围或遭火袭击时，为免受伤害而采用避开危险火环境、预设安全区域、进入火烧迹地、快速转移和点火解围等手段避开危险的方法。

1）避开危险火环境

灭火行动中要密切关注火场地形、植被、气象等因素的变化，主动避开陡坡、悬崖、鞍部、狭窄山脊线、狭谷等危险地形，高强度地表火、树冠火和大风、强风天气。火场局部产生火爆、火旋风、飞火时，通常不轻易接近火线，不直接灭火，而是迅速转移到安全地带休整或重新调整任务部署，不要盲目蛮干。在密灌丛中和复杂地形条件下灭火时，不盲目接近或盲目扑打，应注意观察火场情况，主动避开12—17时高温、大风时段(图 5-41)。

2)预设安全区域避险

预设安全区域避险是指为保护重点目标安全,灭火人员扑打中强度以上地表火、在危险地形灭火或开设隔离带、在高温大风天气条件下灭火,以及强行阻截高强度火头时应开设安全避险区域,确保火势突变情况下灭火人员安全的避险方法。开设安全区域通常选择在植被稀少、地势相对平坦、距火线较近且处于上风向的有利位置,坚持"宁大勿小"的原则。同时要彻底清除安全区域内可燃物,排除安全隐患,并派出观察哨密切关注火场动态(图 5-42)。

图 5-41　避开危险火环境示意图

图 5-42　预设安全区域避险示意图

3)进入火烧迹地避险

灭火行动展开后,坚持沿着火线扑打。当风向突变,火强度增大,难以直接扑打或遭顺风火袭击时,应立即进入火烧迹地,并迅速组织人员清理火烧迹地内剩余可燃物,进一步扩大安全区域,并派出安全员或观察哨密切关注火情变化。在密灌火烧迹地避险时,视情况开设安全区域或迅速实施转移,防止因多次燃烧造成人员伤亡(图 5-43)。

4)快速转移

灭火行动展开后,因风向突变、风力较大,灭火人员处于逆风迎火头状态,无法以人力控制火势,灭火队员人身安全受到严重威胁时,如果火场附近有有利地形或撤离路线,且时间充足,应立即组织灭火队员快速转移至安全地带避险。撤离转移的关键是要选择好路线,白天要防止因烟雾弥漫"误入险区",夜间要防止因视线不良"坠崖摔伤"(图 5-44)。

图 5-43　进入火烧迹地避险示意图

图 5-44　快速转移避险示意图

5)点火避险

(1)点迎面火避险。在接近火线、宿营、开设隔离带、转移时遭大火袭击或包围,来不及转移到安全地带,但附近有道路、河流、农田、植被稀少的林地等有利条件可作为依托,且有一定时间准备时,可迅速组织点烧迎面火实施避险。避险时,如果有防护装备加强防护,避险效果更佳。在点烧时,应注意点烧速度、点烧面积。点烧速度不宜过慢,面积不宜过大。如果点烧速度过慢,点烧的面积小,安全避险系数就低;点烧速度过快,容易失去控制,点烧面积大,易造成"点火自围"(图5-45)。

(2)点顺风火避险。若火场周围没有依托条件或虽有依托条件,但点烧迎面火的时间或距离不足时,应迅速组织点烧顺风火,并顺势进入火烧迹地内,靠近新点烧的火头避险。点烧时,风力灭火机手跟进助燃,水枪手清理火烧迹地内较大的火星或倒木,灭火弹手集中灭火弹随时准备压制袭来的火头,确保在较短时间内烧出较大面积的避险区域,确保灭火队员在火烧迹地内安全避险(图5-46)。

图5-45　点迎面火避险示意图

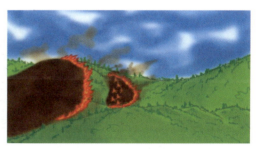

图5-46　点顺风火避险示意图

6)利用有利地形避险

利用有利地形避险是当林火威胁人身安全、无法实施点火解围时,为保证生命安全,有效利用附近河流、湖泊、沼泽、耕地、沙石裸露地带、火前方下坡无植被或植被稀少地域等有利地形避险的一种方法。避险时,一是尽可能选择相对湿润、无植被或植被稀少的位置卧倒;二是不宜选择细小可燃物密集地域;三是携行的易燃装备应放置在距离人员较远的下风位置(图5-47)。

图5-47　利用有利地形避险示意图

2.直接避险法

直接避险是指灭火人员遇火突然袭击,在严重威胁生命安全的危急关头,来不及转移、点火避险时,所采取的强行突破、直接冲越火线等手段脱离险境的方法。

1)强行打开缺口进入火烧迹地避险

在接近火线、开进途中或在休息宿营被大火突然袭击,且无法实施转移、点火等手段解围,装备数量充足,分队整体灭火能力强时,可集中力量强行压制火势,打开缺口迅速进入火烧迹地避险。在强攻时,要特别注意发挥灭火装备多弹、多机、多具的组合效益,采取多批量、多梯次的办法实施强攻(图5-48)。

2)冲越火线避险

在遭遇特别紧急的险情、没有时间和条件采取其他避险方法时,可强行冲越火线进入火烧迹地避险。冲越火线时应选择火势较弱、地形相对平坦的部位,尽可能集中力量降低火势,按规定穿着防护服装,用湿毛巾捂住口鼻,抛弃易燃易爆及较重装备,以最快速度强行冲越。进入火烧迹地后,要采取有效措施,防止余火烫伤和烟害(图5-49)。

图5-48 强行打开缺口进入火烧迹地避险示意图

图5-49 冲越火线避险示意图

(四)火场紧急避险动作及行动

森林火灾的发展蔓延受气象、地形和可燃物分布影响而不以人的意志为转移。因此,灭火人员必须充分学习并掌握火灾发展蔓延规律,强化火场安全防范意识,加强避险动作和技能训练,努力提高火场自救能力。

1. 紧急避险动作

紧急避险动作是在紧急避险过程中,为了最大限度地减少高温伤害、一氧化碳中毒和浓烟窒息等危险因素对灭火人员的伤害而采取的紧急应对措施。在火场遇险时,单个人员通常可采取蹲姿避险、利用防护器材避险、冲越火线避险等动作。

1)蹲姿避险动作

蹲姿避险动作主要用于进入火烧迹地内避险,可分为利用地形避险动作和利用地物避险动作。

动作要领：灭火机手迅速将灭火机扔出，尽量远离避险人员，水枪手迅速用水淋湿全身，点火器手、油料员迅速将易燃易爆物品扔出安全区域，而后用湿毛巾捂住口鼻，两大臂紧贴两肋迅速顺势蹲下。当无可利用地形、地物时应背向火蹲下；在利用地形、地物避险时，则面向地形、地物蹲下。

应注意的问题：一是将易燃易爆物品和机具扔至安全地带，严防因油桶（箱）爆炸造成人员伤亡；二是避险时尽可能地减小身体暴露面，防止大面积烧伤。

2）利用防护器材避险动作

（1）个人防护被装。防护装备是指用耐火、阻燃材料制成的，在灭火行动中用于灭火人员个人防护的被装。个人防护被装主要包括阻燃服、阻燃靴、阻燃头盔、面罩等。当遇紧急情况时，尽可能地使用或利用个人防护被装避险。目前，森林消防队伍装备的15式灭火防护服系列，较以往配发的防护装备在耐高温、防护性能等方面都有了明显的改善。

（2）防烟口罩和防烟眼镜。防烟口罩采用特殊材料制成，口罩内带有氧气输送管，并连接小型氧气瓶，灭火行动中消防员随身携带，其主要作用是紧急避险过程中防止消防员烟雾中毒或窒息。灭火时，消防员须戴防烟口罩，烟雾过大或过浓时，以及紧急避险等情况下，将氧气输送管连接在口罩上，以解决短时间缺氧的问题。防烟眼镜采用特殊材料制成，眼镜边缘带有封闭式耐火布料，用松紧带固定于头部，主要作用是防止烟尘迷眼。

3）冲越火线避险动作

冲越火线避险动作主要用于被林火包围，来不及点火解围或选择其他方法避险时，是通过迅速冲越火线达到避险目的一种避险方法。

动作要领：灭火队员迅速将机具置地，检查领口、袖口、裤腿口及头盔带、鞋带是否扎紧（若有水应向身上洒水，水量有限时应首先向四肢和头部洒水），而后选择火势较弱地段，以最快速度冲越火线。冲越时，按要求穿戴防护被装，戴好防护镜和防火手套，用湿毛巾捂住口鼻，以最快速度一次性冲出火线。如果进到火烧迹地后仍不安全，还应快速转移直至安全区域为止。

应注意的问题：一是灭火队员要轻装，选择火势相对较弱的地段冲越；二是冲越火线时，要尽量降低身体重心，快速通过。

4）衣服着火时的自救与互救

在紧急避险过程中，当火烧至灭火队员衣物上时，应实施脱衣避险。

（1）自救。衣服燃烧时，迅速解开袖扣，两手抓住衣襟，猛力将衣扣拉开，并迅速弯腰、屈膝、低头，抓住后衣领，用力向前下方猛拉，将上衣脱下，而后再用脱下的衣服扑打其他起火部位。

(2)互救。遇险者迅速解开袖扣,将上衣最上面两个扣子解开,同时弯腰、屈膝、低头,两臂前伸;另一灭火队员用左(右)手抓住遇险者后衣领,迅速向后下方猛拉,将遇险者上衣脱下,然后用脱下的衣服扑打遇险者其他起火部位。脱衣扑打有以下两种动作。

一是遇险者迅速解开袖扣并弓步,两名灭火队员同时抓住遇险者衣襟,猛力将遇险者衣扣拉开,由前向后协力将遇险者上衣脱下,并用脱下的衣服扑打遇险者其他起火部位。

二是遇险者迅速解开袖扣,两名灭火队员同时抓住遇险者衣襟,猛力将遇险者衣扣拉开,遇险者同时弯腰、屈膝、低头、两臂前伸。其中1名灭火队员抓住遇险者衣领,向后下方猛拉,将遇险者上衣脱下,并用脱下的衣服扑打遇险者其他起火部位。

2. 班(组)紧急避险时的行动

班(组)在灭火行动中遇险时,避险行动通常按照避险准备、避险实施、避险后情况处置的步骤组织实施。

1)避险准备

班(组)在火场遇险时,全体队员要沉着冷静、处变不惊、主动应对,不得盲目蛮干。避险前,通常应做好以下4个方面的准备工作。

(1)控制现场局面。灭火队员的心理承受能力不同,遇险时,恐惧、惊吓等心理易造成人员失控的混乱局面。班(组)长首先要控制自己的情绪,而后引导队员保持冷静,控制混乱的局面,防止队员各自逃生。

(2)分析判断险情。现场局面控制好后,班(组)长应对可能发生或正在发生的险情进行认真的侦察,迅速做出分析判断。险情侦察内容包括林火种类、蔓延速度、林火强度、现地及周边地形、植被、气象等。险情分析内容包括林火威胁力、林火与我方的距离、应对险情时间和班(组)避险能力等。

(3)确定避险方法。班(组)长根据获取的各种信息,结合自身的经验和理论知识,迅速做出反应,确定避险方法。在确定避险方法时,以最大限度减少伤害为原则,选用优先避险方案。

(4)准备装备器材。根据班(组)长确定的避险方案,全体队员立即整理灭火装备,该合并的合并,该加油的加油,该舍弃的舍弃。同时,按要求穿戴好防护服、防护头盔,备好自救器材等。

2)避险实施

各项工作准备完毕后,班(组)长在行动前根据避险方法、现地条件、人力、物力等明确分工。全体队员要密切协作,按照指挥员的命令和指示迅速组织机动。在实施转移、点烧、冲越火线避险等时,要快速行动,把握最佳避险时机。同时密切注意险情变化,班(组)长可根据需要及时调整行动计划,严密组织避险行动。

火头袭来时,班(组)长要立即组织人员实施避险。避险时班(组)长要统一组织,实施不间断的避险指挥和控制,提高避险效率。需要集中避险或分开避险时,尤其要注意统一指挥、统一行动,防止局面混乱,造成不必要的意外伤害。尤其在组织冲越火线、快速转移等避险行动时,必须有组织、有秩序。

3)避险后情况处置

避险后,班(组)长要立即收拢人员和装备,及时清点人员,检查队员中有无受伤、烧伤等情况,并及时上报避险情况,请求下一步行动指示。如出现人员伤亡时,必须详细报告伤亡情况,请求上级援助。而后按照上级的指示、命令和现场实际,对下一步行动做出安排和部署。如果避险后仍不能确保安全时,应立即组织转移或扩大安全区域,防止再次受到林火袭击或被火包围。

班(组)在实施避险行动时,要充分发挥人员少、机动能力强的优势,在选择避险方法上,以快速转移或进入火烧迹地为优先方法。实施避险要坚持宜早不宜迟,宜避不宜攻的原则。

3. 分队紧急避险时的行动

分队紧急避险行动的组织实施步骤与班(组)的基本相同,也是按避险准备、避险实施、避险后情况处置进行。

1)避险准备

分队在火场遇险时的避险准备工作相对于班(组)避险前的准备工作,内容更多、时间更长、难度更大。因此,分队避险前的准备工作要充分发挥干部、骨干的作用,分工负责,分头准备,争取避险时间。准备工作主要包括以下内容。

(1)计划安排工作。分队遭火袭击或被火围困时,分队指挥员要立即召集干部、骨干对避险行动的准备、实施等工作做出安排部署,而后分头落实,同步进行。计划安排工作的主要内容有组织侦查险情、收拢人员和装备、统计装备数质量、联络上级和友邻等。

(2)分头准备。具体可以分为以下4个方面。

①险情侦察。侦察小组通常由灭火经验丰富、反应敏捷、观察能力强的干部和骨干组成。受领任务后,应迅速组织对周边自然条件、林火态势等进行侦察,尤其对附近的道路、河流、无植被区、沙石裸露地、田地等有利避险地形进行侦察。林火态势方面应重点侦察蔓延速度、主要蔓延方向、距离等。

②控制现场局面。收拢组通常由指导员和副班长等组成,主要任务是负责收拢人员,控制混乱局面。受领任务后,立即组织收拢人员和装备,做好心理疏导工作,帮助队员树立依靠集体智慧和能力攻克险情的自信心与凝聚力,使队员保持相对平稳的情绪,防止队伍失控,造成各自逃生的混乱局面。

③装备数质量检查。通常由干部组织进行,主要是对分队携行装备的数质量进行统计,特别是对主要装备,如风力灭火机、备用油、水枪(剩水情况)、灭火弹、砍刀、油锯、割灌机、点火器、自救器材等数量进行精确统计,为指挥员决策提供可靠依据。

④通信联络。通常由报务员用野战电台、对讲机、移动电话等通信器材与友邻、上级联络。与上级取得联系后,主要报告分队所处位置(图上位置、站立点坐标),简要报告当前火场态势及分队所处的危险环境。如果与上级失去联系,应主动与友邻取得联系,并请求支援或转报上级。

(3)分析判断险情。分队指挥员根据各小组汇报的情况,集中干部、骨干对各种信息进行综合分析。分析时注意听取所属干部、骨干的意见,并根据各方意见,结合自身经验、知识确定方案。分析判断的内容主要有险情威胁度、应对险情时间、可利用避险条件、分队应对能力等。在分析时要正确评估我方实力和火情,既不能高估自己,也不能高估火情。过高估计我方实力,分队人员会思想麻痹,掉以轻心,不积极应对,造成轻敌;过高估计火情,会导致队员心理恐慌,失去信心,丧失斗志,削弱战斗力。在情况特别紧急时,指挥员可根据情况简化程序,迅速做出决策以争取避险的主动性。

(4)确定避险方法。分队指挥员要利用现场各种有利条件,衡量分队实力,因地制宜,力争在短时间内对各种避险方法进行推理归纳,确定一个或多个行动方案。在确定行动方案时,重点考虑转移、点火、强攻突围等方法,争取紧急避险的主动性。同时,要充分考虑灭火装备、自救器材及队伍整体行动能力等重要因素。

(5)准备装备器材。确定避险方案后,干部、骨干要迅速组织全体人员立即整理灭火装备,按要求穿戴好防护被装,携带好必要的灭火装备。分队在准备装备时,要把灭火弹化整为零,队员人手1～2枚,灭火弹少时可相对集中在某个班或某个战斗小组;以水灭火效果最好,要把以水灭火装备里的水尽量合并,相对集中在某个班或某个战斗小组;点火器、风力灭火机等要及时补充油料;装备机具集中在心理、身体素质好,经验丰富的干部、骨干手里,作为避险时的"杀手锏"。

(6)进行避险编组。在避险行动前,分队指挥员根据火场险情按侦察组、攻击组、收容组、保障组等划分战斗小组,由干部、骨干担任组长。侦察组主要负责侦察火情、寻找有利避险条件等;攻击组主要由水枪手、灭火弹手、风力灭火机手和高压细水雾灭火机手等组成,负责阻击火头、突破火线等;收容组由干部担任组长,主要负责收容群众、伤病员等;保障组主要由油料员、砍刀手、点火手等组成,负责后续保障。侦察组、收容组通常由2~3人组成,攻击组、保障组人数根据装备数质量确定。

2)避险实施

明确各小组战斗任务后,分队指挥员应立即组织指挥队伍机动。在机动过程中,分队要统一组织、统一指挥、统一行动。在实施转移避险时,按照侦察组、收容组、保障组、攻击组的序列,成一路或多路纵队运动;在实施点火解围时,按照保障组(点火手在前,一字排开,砍刀手清除可燃物)、收容组、攻击组的序列机动,侦察组配置在不同方位,密切关注火场情况;在开设安全区域时,砍刀组、收容组、保障组负责开设安全区域,攻击组配置在逆风方向迎火头方位,侦察组配置在不同方位;在迎火突围时,按照攻击组(压火头、控火势)、保障组、收容组、侦察组序列机动。机动过程中,各小组之间要密切协同,统一行动,确保发挥最大战斗效益,提高行动效率。

在点火解围、开设安全区域等过程中,当火袭来时,分队指挥员组织所有人员进入安全区域避险。如果安全区域面积不足或存在隐患时,还应组织卧倒或蹲下避险,也可以安全区域作为依托组织攻击组强行堵截火头;当实施主动攻险时,指挥员组织攻击组强行打开火线缺口或火势明显减弱后,其余分队干部应组织其他队员或群众成一路或多路快速冲越火线进入火烧迹地,而后按照侦察组、保障组、攻击组的顺序依次突围;当实施冲越火线避险时,分队在指挥员的统一指挥下,抓住火势强弱变化的瞬间,分小组、分批次成一路或多路轻装快速冲越火线突围。

3)避险后情况处置

避险结束后,分队指挥员应立即收拢人员和装备,清点人数,检查并上报避险情况。如出现人员伤亡,应立即组织救护,并按照上级的指示和命令,结合现场实际,对下一步行动做出安排和部署。如果避险后仍不能保证安全,必须立即组织避险人员向安全区域转移,防止再次遭受林火袭击或包围。

(五)火场紧急情况的处置

分析大量成功避险和灭火伤亡的案例得出结论:火场指挥员能否依据气象、地形、可燃物分布条件实施理性判断和果断指挥,采取最直接最有效的方法科学处置,化解险情,带领灭火人员摆脱危险火环境是火场紧急避险行动能否成功的关键。

1. 不同地形的险情处置

在不同地形遇火袭击时,要灵活采取不同的方法进行处置,最大限度减少对灭火人员造成的伤害。

1)在平坦地形遇火袭击时

(1)主要特点。火灾扩散,面积大,火势发展猛烈,烟雾扩散快;风大时火头前方易产生飞火;可燃物垂直分布时林火强度高,呈立体燃烧;火场整体变化小;便于人员行动。当植被密度大,密灌、高大的成材林连续分布时,火情侦察难度大,一线指挥员侦察火情、分析判断火情和决策指挥难度增大,队伍机动困难。

(2)处置方法。在平坦地形遇火袭击时,如果风向稳定并处于逆风状态,队伍在接近火线、开进途中、开设隔离带时遇险,应向左后或者右后方向快速转移;选择朝易燃可燃物较少的方向转移;向粗大可燃物密集的方向转移;来不及转移时应选择点火或选择在火势相对弱的地段冲越火线。在扑打过程中遇险,应迅速进入火烧迹地避险。

(3)注意的问题。一是周围树木较多,且呈树冠火燃烧的情况下,不能点火解围;二是点火解围时必须与火锋拉开一定距离;三是遇树冠火时不能冲越火线避险;四是不可沿顺风方向逃生;五是如果开出了一段或一片隔离带后遇险,可以隔离带为依托,实施点顺风火或点迎面火避险。

2)在山顶、山脊遇火袭击时

(1)主要特点。林火在山脊通常以上山火为主,在风的作用下向顺风和上山坡方向快速蔓延。若在狭长山脊线上燃烧,则产生连续高强度的急进地表火,可燃物立体分布时则形成树冠火伴地表火交替发展;在山顶,林火强度大,持续时间长;如果植被茂密,在大风的天气下易出现多次燃烧的现象;当火势由山脊向山背过渡时,火势会明显减弱,是有利的灭火时机,但滚落的火炭、枯木、松球等易形成新的火点,易造成上山火袭击;在山顶、山脊,由于林密、坡度大,队伍机动困难,避险难度增大。

(2)处置方法。如果在扑打过程中遭火袭击,在山脊时应先进入火烧迹地,然后迅速向山的背风坡、山后下坡方向或逆风方向转移,快速离开山脊;在山顶时应立即向山背转移,也可迅速进入火烧迹地后向下山坡方向转移。如果是在开设隔离带或向火线接近过程中遇险,应向逆风方向的山背转移。

(3)应注意的问题。一是风力大且山脊狭长时不能沿山脊转移;二是不能在鞍部停留;三是在山的背风面停留时间不能过长;四是林密、坡度大时不宜实施转移避险。

3)在山谷(沟)口遇火袭击时

(1)主要特点。火蔓延到谷(沟)口时易在口两侧蔓延形成圈火,遇上坡时易形成高强度上山火;当风向不定、风力大时,易产生火旋风和冲火;谷(沟)两侧,通常坡度较大,植被茂密,灭火人员机动困难,特别是单口山谷只有一个进出口,最为危险;林火烧至谷(沟)内时,浓烟弥漫,沉积在谷(沟)内的一氧化碳易造成灭火人员窒息;

谷(沟)较深时,会形成倒刮风,热气会形成逆流,火行为难料。

(2)处置方法。如果是在扑打过程中遇险,通常应进入火烧迹地后采取蹲下或卧倒姿势避险,防止烟熏窒息。在谷内作业时,应预先开设安全避险区域备好退路,以防不测。如果在接近火线途中遇险,应快速向谷(沟)口方向突围,情况紧急时可选择相对潮湿或植被较少的有利地形实施冲越火线避险。

(3)注意的问题。一是不能在谷(沟)口两侧停留;二是不能向谷(沟)口两侧或向谷(沟)内深处上山坡方向逃生;三是谷(沟)内植被含水率高,多为灌木,不宜采取点火自救。

4)在丘陵地遇火袭击时

(1)主要特点。风向多变,在短时间内易产生多个火头;山凹地带背风处属于危险环境;火蔓延时快时慢,通常高处快低处慢,在风向不定时随地形或植被的变化火线燃烧不规则,即通常讲的"烧花",内线火与外线火难辨,扑救难度大;风大时灭火人员在此作业或灭火,易面临腹背受敌的被动危险局面;火场植被密度大,灭火人员机动困难。

(2)处置方法。若在扑打过程中遇险,应迅速进入燃烧彻底的火烧迹地避险;若在接近火线、实施作业时遇险,应利用下坡和凹地有利地形先避开火锋,然后选择火弱地段突破火线进入火烧迹地避险;火场附近有开阔地或有植被稀少地段时,应先组织转移;便于机动时,应向侧风方向转移;不具备上述条件时,可避开主要火头,选择火线蔓延速度较慢的侧翼,斜向突破火线进入火烧迹地避险。

(3)注意的问题。一是在火场情况不明,特别是火场地形复杂、植被茂密、风向不定时,不能盲目接近或扑打;二是在背风处和山凹地带不能长时间停留,可先避火锋,同时考虑下步撤离方向;三是向火头侧翼斜向突破火线时,必须派出观察哨,随时注意林火变化;四是组织避险时,一线指挥员要严密组织,快速机动,争取主动。

5)在陡坡遇火袭击时

(1)主要特点。上山火由于受热对流的影响,即便风力小时林火蔓延速度也极快,风力大时易形成急进地表火或急进树冠火,风向不定时火头蔓延方向不定,林火行为变化无常;由于坡度大,燃烧物易滚落,容易在山脚形成新的火点,新火点形成后又形成上山火,对一线灭火人员构成严重威胁;在接近火线、作业时易发生滚石伤人;陡坡地势险要,人员行动受限,很难在短时间内实施转移。

(2)处置方法。在扑打过程中遇火袭击,先进入火烧迹地内,而后沿火势较弱的一侧山腰转移;遇上山火袭击无法快速转移时,选择火势较弱地段向山下迎火冲入火烧迹地;在接近火线、作业时遇上山火袭击,可利用可燃物稀少的地形或突出的岩石避险,若没有条件,可采取转移或向山下冲越火线避险;若不是上山火袭击,应向山脚转移;火势弱时则可直接突破火线后进入火烧迹地。

(3)注意的问题。一是冲越火线时必须观察地形,防止摔伤;二是行动时注意防止滚石砸伤;三是转移时注意观察地理环境,防止进入悬崖、陡崖等危险环境;四是为提高机动能力,必要时可轻装转移。

2. 不同可燃物及植被分布的险情处置

扑救森林火灾过程中,可燃物及植被分布的不同,对灭火人员造成的威胁各不相同,实战中要针对各类可燃物及植被分布,灵活进行处置。

1)草甸内遇火袭击时

(1)主要特点。火势蔓延速度快、强度大、燃烧彻底、持续时间短,大风条件下易形成火爆,通常草甸中的水塘或水沟便于避险时利用。

(2)处置方法。扑打过程中在草甸遇火袭击,应迅速离开草塘,进入火烧迹地或转移至安全区域避险;接近火线时在草甸遇险,应采取点火避险,来不及点火时应实施冲越火线避险。

(3)注意的问题。一是冲越火线时要选择可燃物分布较少或火势较弱地段;二是点顺风火时要选择易燃可燃物较多的地段;三是草塘面积小时要快速撤出草塘。

2)林草过渡地带遇火袭击时

(1)主要特点。林草过渡地带的易燃可燃物多为草木交错分布,林火烧至此地带,呈立体燃烧,火焰高、强度大;林草过渡地带既是通风口,同时又是助燃带,火势蔓延快;林草过渡地带易改变林火行为。

(2)处置方法。灭火行动中在林草过渡地带遇火袭击,应进入火烧迹地,待林火烧过林草地带后再组织扑打;在接近火线、作业遇到林草地带时要主动绕开;遇险时应向火头两侧后方,成林方向及逆、侧风方向转移。

(3)注意的问题。一是在草和灌木混合地带不宜点火解围;二是在林草过渡地带尽量不要采取冲越火线避险的方法;三是向成林方向转移后,应向火的侧翼突破火线进入火烧迹地,不能在林内长时间停留。

3)针叶林内遇火袭击时

(1)主要特点。针叶林内易发生树冠火;针叶幼林地火势猛、发展速度快;树粗且密集地段,火发展速度相对较慢,火强度较大;观察火情困难,风向变化不定;行动不便。

(2)处置方法。在针叶林内遇火袭击,应向粗大树木多的方向转移,向侧风方向转移;遇树冠火时尽量向阔叶林方向转移;无法向火头两侧转移时,向侧后选择便于行进的方向撤离。

(3)注意的问题。一是不宜点火解围,二是不宜突破火线,三是不宜卧倒避火。

4)阔叶林内遇火袭击时

(1)主要特点。容易变成急进地表火;烟雾在林内扩散较快;大树密集的地方火焰低;阔叶幼林地易形成树冠火;人员在林内行动相对方便;腐殖层较厚,火线清理难度大,易发生复燃;可燃物垂直分布不连续时,由于可燃物体积大难以实施点火解围。

(2)处置方法。在阔叶林内,若在沿火线扑打时遇火袭击,可迅速进入火烧迹地;若在接近、休整、作业时遇火袭击,应向成林方向转移或向火头两侧易燃可燃物少的地段转移;在无法转移的情况下可冲越火线突围,利用大树密集地段暂避火锋。

(3)注意的问题。一是点火解围时注意选择细小易燃可燃物多的地段;二是迎火线突围时注意选择易燃可燃物少、人员便于通过的地段;三是注意采取预防烟雾中毒措施。

5)灌木林内遇火袭击时

(1)主要特点。火强度大,热辐射强;人员行动不便;紧急避险难度大;风力灭火机使用效能低。

(2)处置方法。扑打过程中遇火袭击,应首先进入火烧迹地,而后迅速组织清理火烧迹地内剩余可燃物,扩大安全区域,有条件时可实施转移避险;在接近火线、作业时遇险,应向侧风方向、植被稀疏地段、便于机动方向转移或撤离。

(3)注意的问题。一是不能点火解围,二是不能冲越火线,三是不能卧倒避火。

6)遇草原火袭击时

(1)主要特点。草原火发展速度极快,遇险时机动时间短,难以实施转移避险;避险的有利地形、植被少;烟雾扩散面积大,易造成烟熏窒息;点火解围的效果明显。

(2)处置方法。遇草原火袭击,若在沿火线扑打可迅速进入火烧迹地避险,一般不易发生多次燃烧,安全系数较高;若在接近火线、宿营、休整时遇险,应向易燃物少的方向、侧风方向转移,来不及转移时可点火自救;若不具备点火自救条件,利用防护装备选择火势较弱地段冲越火线实施避险。

(3)注意的问题。一是点火解围时要严密组织,注意风向变化;二是冲越火线时集中风力灭火机、自救器等装备强攻突围;三是卧倒避险时应注意保护呼吸道,防止窒息、休克。

7)采伐迹地内遇火袭击时

(1)主要特点。采伐迹地通风良好,采伐剩余物多,可燃物干燥,火势发展快、强度大;扑灭后清理难度大,易复燃。

(2)处置方法。采伐迹地内遇火袭击时,若在火线扑打可迅速进入火烧迹地;若在接近火线、作业、休整时遇险,应向左、右成林方向转移,向大树密集的方向转移;若采伐迹地周围已形成树冠火,向阔叶林方向转移;有坡度的情况下向下坡方向转移。

(3)注意的问题。一是向成林方向转移时不能选择上坡方向,二是向林内转移时要避开通风口和易燃物集中区域。

3. 不同气象条件的险情处置

气象因素随时间和空间的变化而变化,是造成险情的重要因素。遇险时,要针对不同气象条件,灵活采取各种方法进行处置。

1)刮风天气遇险时

(1)主要特点。同等地形、植被条件下,林火发展态势不固定,林火行为变化无常,险情难以预测,指挥决策难度大,遇险时难以按常规避险方法避险;同时乱风使火场浓烟弥漫,能见度低,分队受烟的影响机动困难,难以在较短时间内接近火线;沿火线扑打困难。

(2)处置方法。在接近火线或开设隔离带时,如果火场风向不定形成乱风时,应立即停止作业,迅速转移到安全地带;在沿火线扑打时应立即进入火烧迹地,也可就近选择有利地形暂避;如果火场附近无有利条件,应迅速向下山坡、山背、火翼等相对安全地段转移。

(3)注意的问题。一是在实施转移时密切注意风向变化;二是风大时,不能采取点火避险;三是进入火烧迹地避险时,防止气体中毒窒息。

2)大风天气遇险时

(1)主要特点。林火蔓延速度快,地表火与树冠火交替燃烧,火强度大;灭火人员难以靠近,即使靠近也难实施直接扑打;遇险后难以在短时间内采取有效措施避险。

(2)处置方法。在接近火线或在火头前方开设隔离带、点迎面火堵截火头时遇险,迅速组织灭火队员向侧风方向和下山坡、山背等方向转移;如果正在沿火线扑打应立即进入火烧迹地,并沿侧风方向向安全地带快速转移;在宿营时应避开主要火线或火头,以及山脊、鞍部、山谷等不利地形,应选择火翼、上风方向区域或平坦开阔地宿营。

(3)注意的问题。一是实施冲越火线避险时应选准火线,防止造成更多的人员伤亡;二是不宜采取点逆风火避险;三是在丛林地、灌木丛和采伐林地不能实施卧倒避险。

3)高温天气遇险时

(1)主要特点。林地水分蒸发快,林木、林地干燥,可燃物的可燃性、燃烧性强,林火蔓延速度快、火焰高、强度大,遇险时避险要求高,灭火安全隐患大。

(2)处置方法。遇险时,主要向植被稀少、平坦开阔地或向山背、山脚转移。沿火线扑打遇险时,先进入火烧迹地,而后向安全地带转移;在无法转移时,可采取点顺风火避险。

(3)注意的问题。一是风大时,不宜采取直接避险法避险;二是进入火烧迹地避险时,不宜长时间在火烧迹地停留;三是风向不定时,不能点火避险。

4. 灭火行动中的险情处置

火场上,火情瞬息万变,险情始终伴随灭火行动的全过程,必须时刻关注,灵活处置。

1)接近火场时遇火袭击

情况突然,不易判断火势蔓延方向;环境不熟,不易选择有利地形避险;人员慌乱易造成指挥失控。

处置方法和注意事项见不同地形的险情处置、不同可燃物及植被分布的险情处置部分。

2)机(索、滑)降后遇火袭击时

(1)主要特点。情况不明,不易判断火势蔓延方向;地形不熟,不易选择有利条件避险;人员慌乱易造成失控。

(2)处置方法。在机(索、滑)降后遇火袭击,应快速判明火势蔓延方向,向易燃可燃物少的方向、火头侧翼或者火尾转移;情况紧急时选择火势较弱的地段冲越火线。

(3)注意的问题。指挥员要保持冷静、判明火情,集中人员统一行动,利用各种有利条件避险。

3)开设隔离带时遇火袭击

(1)主要特点。火头接近速度快,容易造成人员混乱;火情不明,指挥员判断难度大。

(2)处置方法。在开设隔离带时遇火袭击,应依托隔离带向火头侧翼转移;沿隔离带内侧边缘点迎面火加大隔离带宽度;情况紧急时在隔离带外侧点顺风火并沿顺风火蔓延方向移动避险,同时严防烟尘中毒;避开火头,突破火翼,进入火烧迹地避险;以隔离带为依托,利用手中装备压火头、控火势,实施主动攻险。

(3)注意的问题。一是指挥员要保持冷静,正确判断火情,严密组织实施,确保避险顺利;二是主动攻险时,应注意发挥多机、多弹、多具集中使用时的灭火效能。

4)点迎面火解围时被火袭击

(1)主要特点。火势突变不易控制,烟雾较大呼吸困难。

(2)处置方法。点迎面火解围时被火袭击,应快速向火头两侧转移;无法转移时可点顺风火避险;来不及点顺风火时,选择火势较弱地段,以点烧的火烧迹地为依托,集中灭火装备压制火头、降低火势后迅速冲越火线,进入火烧迹地避险。

(3)注意的问题。一是转移时,严防烟尘中毒;二是点顺风火避险时,组织多人快速、同时点火;三是人员行动要统一迅速,防止混乱。

5)下山途中遇上山火袭击

(1)主要特点。上山火蔓延速度快,坡越陡火蔓延速度越快,山坡部位热量和烟雾比较集中,灭火人员向后撤离特别困难。

(2)处置方法。若附近有可利用地形,应迅速组织转移;实施点上山火进入火烧迹地避险;来不及转移或点火解围时,冲越火线避险。

(3)注意的问题。一是冲越火线时,要选择可燃物少的地段;二是向两侧或山背转移时,要选择易通过的地段。

6)扑救上山火两翼火线时风向突变遇火袭击

(1)主要特点。因风向突变,上山火主要向山的某一侧快速蔓延;灭火人员处在斜坡上行动不便,撤离困难;在火场侧翼火线投入灭火的人员易被火围困。

(2)处置方法。在扑救上山火两翼火线时风向突变遇火袭击,应立即停止扑打,迅速进入火烧迹地避险;便于机动时,应组织人员快速向下坡方向转移,避开火头。

(3)注意的问题。一是防止人员向上坡移动;二是进入火烧迹地后,要迅速组织人员清理剩余可燃物,扩大安全区域;三是向山下转移避开火头后,应迅速组织人员选择侧方向火势较弱地段突破火线,进入火烧迹地。

7)与地方群众协同灭火时出现险情

(1)主要特点。人员惊慌失措、到处乱跑,组织指挥困难;群众缺乏紧急避险和防护措施常识,易造成人员伤亡。

(2)处置方法。与地方群众协同灭火时出现险情,首先要控制好局面,防止人员各自逃生,然后根据实际情况灵活运用各种紧急避险方法快速组织群众避险。在下山途中遇上山火袭击,应组织人员快速向两侧转移;选择易燃物少的地段冲越火线;距离山顶较近时应快速越过火线,选择背坡、背风方向避险;在开设隔离带时遇险,应以隔离带为依托,实施点顺风火或点迎面火避险。

(3)注意的问题。一是冲越火线时,要选择可燃物少的地段;二是向两侧或山顶转移时,要选择易通过的地段。

5. 其他险情的处置

1)在林区居民地遇火袭击时

(1)主要特点。居民地周围多与林地相邻,阻隔火灾困难;居民地可燃物较多,易连片燃烧;居民情况复杂,组织避险困难。但居民地附近通常有田地、水源可用于避险,道路平坦、宽阔,便于快速机动。

(2)处置方法。在林区居民地遇火袭击,应迅速向田地、开阔地转移;无田地时应先向侧风方向转移;有条件时可组织乘车转移;有大水池时,可利用水泵、水枪等装备强攻。

(3)注意的问题。一是对最先被火袭击的区域,提前采取措施;二是注意分析易燃物特别集中的地段情况,将它作为防范重点;三是掌握居民地人员情况,搞好分工,严密组织,确保安全转移。

2)车队开进时遇火袭击

(1)主要特点。林区道路狭窄,车辆调头难;路况差,快速机动难;车队行驶指挥调整难。西南林区道路通常在半山腰或沿山脊线开设,易被上山火、顺风火袭击。

(2)处置方法。在车队开进时遇火袭击,若道路较宽,车辆应就地调头折返;若道路较窄,先倒车后转移;若时间不允许,组织人员徒步沿原公路迅速撤离;若情况特别紧急,人员无法撤离时,组织车辆快速冲越火线或迅速避开火头。

(3)注意的问题。一是车辆调头时要保持车距;二是组织倒车时随时观察路况;三是冲越火线时车辆间要保持安全距离,打开车灯,快速通过;四是车队行驶过程中遇险,必须严密组织,严防因秩序混乱而发生更大的安全问题。

3)徒步行军时遇火袭击

(1)主要特点。情况突然,不易判断火势蔓延方向;环境不熟,不易选择有利地形避险;人员慌乱,易造成指挥失控。

(2)处置方法。地形不熟时,按原路快速撤离;火蔓延方向明确时,向火尾方向撤离;利用地形避险时,先避火锋,再转移。

(3)注意的问题。一是指挥员要果断决策,指挥坚决;二是不要盲目进入地形复杂区域;三是向火尾方向转移时,要掌握风向变化情况;四是选择有利地形避火锋时,宜选择下坡区域。

4)宿营期间遇火袭击

(1)主要特点。事发突然容易慌乱,组织指挥困难;情况紧急,避险难度大。

(2)处置方法。在宿营期间遇火袭击,附近有高山时向山背转移;向易燃可燃物少的方向转移;利用河流、道路避险;处于下山坡方向时向山下转移;地形平坦时应向侧风方向转移;在低凹地遇险时可点火避险。

(3)注意的问题。一是指挥员要严密组织,统一实施避险行动,防止因惊慌导致人员失控;二是随时注意风向和火情变化,及时调整避险部署方案。

第四节 森林(草原)火灾典型案例分析

甘肃省白龙江林业管理局"3·02"森林火灾

2016年3月2日13时,地处甘南州迭部县的白龙江林业管理局迭部林业局腊子口林场、达拉林场相继发生两起森林火灾,经过4000多名森林武警、内卫武警、公安消防、森林专业消防、林业干部职工和地方干部群众9个昼夜的艰苦奋战,火场明火全部扑灭,残火、暗火、烟点基本清除。其中,腊子口林场过火面积为19.4公顷,受害面积为7公顷;达拉林场过火面积为238.9公顷,受害面积为89公顷。两起火灾均因为盗伐木材人员野外用火。

(一)主观原因

(1)森林防火和资源管护责任落实不到位。林业局领导分片包干制落实不到位,林场基层领导对责任制落地执行不够,未能及时与乡镇联合形成强大的护林防火高压态势,没有从根本上杜绝盗伐林木和野外用火现象。管护站点护林人员责任心不强,存在侥幸和麻痹心理,特别是管护人员对管护责任片区的盗伐、野外用火监管缺失,没有及时巡护发现并制止,以致酿成森林火灾。

(2)森林防火宣传和教育不扎实。宣传次数少、形式手段单一,没有做到森林防火常识家喻户晓,没有形成人人自我约束的防火氛围。部分干部群众防火意识淡薄,对一些地方的上坟烧纸、焚烧垃圾秸秆、煨桑、烧荒、吸烟等野外用火现象缺乏有效的管控。基层单位在重点区域设立"禁止用火"和宣传护林防火的警示标牌数量严重不足,不能有效起到警示作用。

(3)森林防火野外火源管理有漏洞。部分基层党员干部敏感性不强,在重点时段、重大节日的隐患排查工作中没有因险设防,更没有增派领导力量、增加专业人员进行全方位,横向到边、纵向到底全面细致地巡护排查,从源头上及时消除森林火灾隐患。

(4)森林防火专业队伍建设滞后。林场设有扑火半专业队和乡村群众扑火应急队,但人员一般都缺乏扑火经验,且有些年龄偏大、体能较差,不能长时间作战,往往难以有效控制火势。受编制影响,当时全省仅有 6 支专业森林消防队伍,远远满足不了及时有效处置森林火灾的需要,专业队伍缺乏应对高山峡谷等复杂地形森林火灾扑救战术战法的研究和实践。

(5)森林火灾扑救装备不完善。此次森林火灾扑救,暴露出甘肃省森林防火物资储备的匮乏和单一,尤其是扑救高山峡谷、人力难以到达的地方火灾时,需要以远程灭火设备和航空护林消防作为主要扑救手段,这些在甘肃省都没有装备。目前储备的消防水泵、灭火水枪、风水灭火机等常规扑火机具和相关防火通信物资器材远不能满足扑救大火的需要,面对陡峭山势、悬崖峭壁,扑火效率不高。

(二)客观原因

(1)迭部境内当年降水极少(与常年同期相比减少 5~8 成),春天气温回升快(与常年同期相比偏高 4 摄氏度以上),地表异常干燥,森林火险等级持续在 4~5 级。

(2)火场地处西南高山峡谷区,山高、坡陡、谷深,海拔跨度较大,地形极其复杂,滚石滑坡频发,防火道路状况和交通条件差。火点周围植被为原始油松林、针阔混交林及杂灌,地被物平均厚度在 40 厘米左右。

(3)火灾发生后连续 3 天遭遇 5~6 级大风,风向多变,特别是 5 日午后风力达到罕见的 7~8 级。在同一天同一个林业局负责的两个林场几乎同时遭遇火灾,分散了扑救兵力。尤其是发生火灾的地点均处在高山峡谷悬崖陡壁之间,许多火点扑火人员难以到达。

第六章 城市（农村）火灾预防与处置

第一节　城市（农村）火灾基础知识

近年来，随着城乡一体化发展进程加速推进，高楼林立、人员密集导致的城市火灾风险隐患增多，消防工作面临更多的难题和更大的考验。

一、高层建筑火灾分析

（一）建筑物的分类

建筑是供人们居住、学习、工作、生产、娱乐的场所。随着国民经济的发展及人民生活水平的提高，民用住宅建筑、大型公共建筑和各类工业建筑不断增多，加之建筑本身及其内部装修存在可燃物，且使用过程中或多或少存在易燃易爆危险物并有大量人员聚集，不仅发生建筑火灾的概率增大，而且经常发生群死群伤的重大火灾事故。

按建筑高度或层数，建筑物分为地下建筑、半地下建筑、单层与多层建筑、高层建筑和超高层建筑 5 类。

1. 地下建筑

地下建筑是指房间地平面低于室外地平面，且地下部分高度超过该房间净高

1/2 的建筑物。

2. 半地下建筑

半地下建筑是指房间地平面低于室外地平面,且地下部分高度超过该房间净高的 1/3,但不超过 1/2 的建筑物。

3. 单层与多层建筑

单层与多层建筑是指 9 层及 9 层以下的居住建筑,以及建筑高度不超过 24 米(或已超过 24 米但为单层)的公共建筑和工业建筑。

房屋层数是指房屋的自然层数,一般按室内地坪±0.000 以上计算。采光窗在室外地坪以上的半地下室,其室内层高大于 2.20 米的,计算自然层数。加层、附层(夹层)、插层、阁楼(暗楼)、装饰性塔楼,以及突出屋面的楼梯间、水箱间不计层数。房屋总层数为房屋地上层数与地下层数之和。

4. 高层建筑

高层建筑是指 10 层及 10 层以上的居住建筑(包括首层设置商业服务网点的住宅)和建筑高度超过 24 米且为两层以上的民用公共建筑,以及建筑高度超过 24 米的两层及两层以上的厂房、库房等工业建筑。其中与高层民用建筑相连、建筑高度不超过 24 米的附属建筑称为高层民用建筑裙房。

高层民用建筑根据建筑高度、使用功能和楼层的建筑面积分为一类和二类。

1)一类高层民用建筑

(1)住宅建筑:指建筑高度大于 54 米的住宅建筑(包括设置商业服务点的住宅建筑)。

(2)公共建筑:主要包括建筑高度大于 50 米的公共建筑,建筑高度 24 米以上部分任一楼层建筑面积大于 1000 平方米的商店、展览、电信、邮政、财贸金融建筑和其他多功能建筑,医疗建筑、重要公共建筑、独立建造的老年人照料设施、省级及以上的广播电视和防灾指挥调度建筑、网局级和省级电力调度建筑,以及藏书超过 100 万册的图书馆、书库。

2)二类高层民用建筑

(1)住宅建筑:指高度大于 27 米,但不超过 54 米的住宅建筑(包括设置商业服务网点的住宅建筑)。

(2)公共建筑:指除一类高层公共建筑外的其他高层公共建筑。

5. 超高层建筑

超高层建筑是指建筑高度超过 100 米的高层建筑,包括住宅、公共建筑及综合性建筑。如图 6-1 所示,兰州鸿运金茂综合体 A 塔楼高 285 米,即为超高层建筑。

(二)高层建筑的火灾特点

高层建筑有着高度大、楼层多、结构复杂、功能多样、人员集中、火灾荷载大、可燃物多及疏散通道狭窄等特点。在高层建筑内部,很多装饰、装修材料为易燃性、可燃性材料,当出现火灾时,人员疏散、灭火救援的难度较大。采用玻璃幕墙的高层建筑,发生火灾后,由于受到高温的影响,玻璃容易破碎、坠落,不利于消防车靠近,这也在一定程度上阻碍了救援工作。此外,在高层建筑中,电梯井、电缆井、管道井、竖井等结构相互连通,一旦发生火灾,火势迅速蔓延,容易形成立体火灾,加剧火灾的后果。

图 6-1 兰州鸿运金茂综合体 A 塔楼

1. 功能众多,疏散逃生困难

近年来,我国高层建筑呈现出的态势是集购物、休闲、娱乐、餐饮、住宿、商务办公于一体,功能复杂多样。建筑内入驻的单位众多,且岗位流动性大,导致防火管理责任落实不到位,流于形式,火灾隐患无法得到及时排查,处于失控漏管的状态,形成了巨大的安全隐患。目前,我国云梯消防车的最大举升高度为 101 米,可以将救生器材升高到 33 楼到 34 楼之间对被困高层的人员实施救援,但对气象及场地条件的要求极高。因此,若高层建筑发生火灾,受困人员必将大量涌入疏散楼梯,使通道堵塞,严重影响消防人员行进速度,倘若消防设施不完善,一旦有毒烟气涌入,必将造成大量人员伤亡。

高层建筑的高度大,且普遍位于城市中心地带,人流量较大,周围通道容易被堵塞。火灾发生后,登高救援车辆、消防车辆难以顺利到达,受困人员疏散缓慢。受困人员疏散难度较大的原因主要如下。

(1)受困人员密集、拥挤。建筑火灾事故发生后,受困人员不可避免地会出现紧张、恐慌情绪,导致受困人员疏散时发生拥挤、混乱的局面,甚至出现踩踏事故。

(2)消防人员在开展救援工作时,若是由于电力故障导致消防电梯、登高消防车无法正常使用,则会出现与被疏散人员争抢楼梯的冲突,延误救援工作,降低被困者的逃生概率。

(3)高层建筑内部的人员数量较多,并非所有人均熟练掌握楼层结构、逃生通道、疏散标志等,逃生通道、避难场所被占用的情况依然存在,受困人员缺乏逃生技能、自救能力,也会增加受困人员疏散难度。

2. 结构复杂,烟气蔓延速度快

纵观目前的高层建筑,最主要的特点是高度较大,层数较多,且多设有裙房,裙房及地下往往设有锅炉房、变压器室、配电室等功能性用房(图6-2),同时建筑形式与结构多样化,竖井、管道等纵向、横向构造多,一旦发生火灾,有毒烟气将会在"烟囱效应"的作用下沿着竖向管井迅速从下层蔓延至上层,倘若存在封堵不严的现象,烟气将迅速涌入疏散区域,造成人员伤亡。

图6-2 功能性用房

3. 可燃物多,灭火扑救难度大

高层建筑由于装修施工的特殊性,其使用的材料大多是易燃品,如木材板材、喷漆材料、聚苯乙烯保温材料等,这些可燃物将会加快火灾的蔓延。同时,高层建筑由于其高度较高,登高途径少,发生火灾时,若无法使用消防电梯,则只能从内部楼梯攀登进入,这将极大地消耗消防人员的体力和空气呼吸器的空气量,从而影响灭火战斗展开的时间和效率。另外,高层建筑内较大的火灾负荷和较快的蔓延速度易形成大面积火灾,极大地增加了消防人员堵截火势的难度;火场的高温、有毒气体环境严重威胁着内攻消防人员的生命安全,受热破裂的玻璃幕墙会形成"玻璃雨",损坏器材装备,伤害地面的消防人员。

二、人员密集场所火灾分析

根据《人员密集场所消防安全管理》(GB/T 40248—2021)的有关规定,人员密集场所包括公众聚集场所,医院的门诊楼、病房楼,学校的教学楼、图书馆、食堂和集体宿舍,养老院、福利院,托儿所、幼儿园,公共图书馆的阅览室,公共展览馆、博物馆的展示厅,劳动密集型企业的生产加工车间和员工集体宿舍,旅游、宗教活动场所等。近年来,人员密集场所群死群伤火灾事故时有发生,给人民的生命和财产造成了严重损失。

1. 历史形成原因

部分建筑始建年代久远,当初的消防科技还不发达,消防技术标准比较落后,不能满足当下对人员密集场所的建筑消防技术要求。而消防法律法规的不健全,建筑消防审核、验收体制的不完善,以及消防监管的不到位,致使这些人员密集场所建筑投入使用并沿用至今。

2. 消防设施系统检测、维护管理不到位

一些人员密集场所的负责人不重视消防工作,未能定期对建筑消防设施进行检验、维修、保养,不落实建筑消防设施管理、维护制度,致使建筑消防设施设备年久失修,老化、损坏严重,影响消防灭火功能。

3. 在消防设施安装维护上投入资金不足

一些人员密集场所的经营者只顾眼前利益,认为安全投资没有收益,加之侥幸心理作怪,认为火灾不会发生在自己头上,宁愿在广告宣传上投入大量资金,也不愿在消防安全设施建设上投入经费。

三、工业企业火灾分析

自改革开放以来,我国一直致力于从农业大国向工业强国转变。几十年来,我国工业迅猛发展,各种大型重工业项目不断涌现。很多大中型城市都建立了工业园区,为工业事业的发展提供了沃土。然而,与此同时,大量工业废品堆积,无法得到及时处理,尤其是易燃易爆品和腐蚀性极强的废弃材料存量显著增加,成为工业火灾的危险源,导致恶性工业火灾事故频发,一幕幕惊人悲剧不断上演。例如,2014年8月4日,中国石油天然气集团公司兰州石化分公司重油催化裂化装置区内30万吨气体分馏装置发生丙烯泄露爆燃事故,11个消防中队处置近5个小时才扑灭大火(图6-3)。

图6-3 兰州石化分公司火灾现场

工业企业火灾发生的原因有电气故障、生产作业操作不当、静电火花等。

1. 电气故障

在工业企业中,由电气故障引起的火灾事故占所有火灾事故的30%左右,这主要是由于工业企业生产中所应用的电气设备通常具有较大的用电负荷和较长的敷设线路,其中存在较多的潜在危险。而且如果电气设备及电缆线路存在质量不过关、选型不对或安装和检修维护不当等问题,会导致接触不良、过负荷以及漏电等,这是引发工业企业火灾事故的主要原因之一。此外,在电气设备的运行环境中还存在温度、湿度较高及灰尘较多等危险因素,这也可能对电气设备和线路造成腐蚀而导致火灾或爆炸事故。

2. 生产作业操作不当

在工业企业生产中因操作不当造成的火灾事故比例也比较高。目前工业企业生产正在向综合化、自动化及连续化的方向发展,工艺程序较为复杂,加之存在较多的设备操控点,增加了可燃性气体等泄漏的危险性。另外,工业企业生产中的部分作业人员安全意识较为薄弱,专业技术水平和职业道德素养较低,出现违反安全操作规程、操作失误等问题,这也会导致设备故障及火灾事故的发生。

在生产作业操作不当的案例中,有很大一部分属于电气焊动火违章作业,这主要是由于在工业企业生产中开展设备检修和维修时需要采用电焊或气焊等方式。电焊或气焊对操作人员的专业程度要求较高,操作人员应持有相关技术证件并在专人监护下开展焊接作业。焊接前,应配备灭火器材;在焊接作业过程中,还应对作业周围环境中的易燃易爆物品进行彻底清除或者隔离。但是在实际的设备检修和维修作业中,通常会由于赶工期或者图方便而没有按照上述要求执行,导致在焊接作业时喷溅的焊渣或电流经过线路时出现的漏电火花引燃周围可燃物,从而造成火灾爆炸事故的发生。

3. 静电火花

此原因在工业企业火灾事故发生原因中占的比例比较低。静电火花通常是由人员操作引起的,具有较高的危害性。它主要在设备运转、液体流动、气体输送以及人体运动过程中产生,在满足放电条件的情况下会引燃周围的爆炸性混合气体,从而导致火灾或爆炸事故的发生。

四、农村火灾分析

在农村,群众的消防安全意识整体不够高,老弱病残、留守儿童等弱势群体较为集中,违规用火用电等问题突出,加之土木结构建筑数量较多、明火取暖方式普遍、焚烧柴草秸秆现象屡禁不止等,遇到恶劣天气,极易"火烧连营"并造成人员伤亡。甘肃省武威、张掖、甘南等地都曾发生整村大面积起火的火灾事故。

造成农村火灾多发的原因主要有以下4个方面。

1. 家用电器及电动车着火

随着社会的进步和发展,人们的生活水平逐渐提高,家用电器及电动车的使用已经普遍化,但是很多家庭存在乱接电线、超负荷用电情况(图6-4),可能引发火灾,酿成大祸。

图6-4　电动车飞线充电

2. 田间地头焚烧杂草

部分村民会将杂草堆积在田间地头,为图省事、省时,增加土壤肥力,很多人往往采取就地焚烧的方式解决(图6-5)。然而,因为柴草多、燃烧烈度大、时间长,许多人耐不住性子,不等火苗完全熄灭,简单地用土加以掩埋便转身离开。一旦埋压不实,稍有风吹,就可能引发火灾。

图6-5　焚烧杂草

3. 家庭用火不当

部分村民为了取火方便,将煤炭、木头等堆放在院落内屋檐下,与厨房炉灶距离近且堆放杂乱,稍有不慎,容易引发火灾。或者炉灶上有明火,人却已经离开,也容易引发火灾及液化石油气爆炸事故(图6-6)。

4. 娱乐时防范措施不足

图6-6　厨房燃气灶烧毁

(图片来源:百度图片)

农闲时,村民们会聚在一起,聊天、看电视打发时间,不少人喜欢躺在沙发、床上抽烟。有时,烟未抽完,人就睡着了,致使烟蒂掉在沙发或床上,引燃被褥等可燃物。

第二节 城市(农村)火灾预防

一、高层建筑火灾预防

(一)高层建筑消防设计的优化

在高层建筑中,消防设计质量直接影响建筑消防安全。首先,应合理设计防火分区。对防火区域进行合理划分,有利于减缓火势的蔓延,降低火灾造成的损失。应根据船舶舱室防火分隔原理设计防火分区,在建筑物中采取合理的防火分隔方案,并借助有效的控制手段,将单个防火区域的密实性发挥到最大,避免火势由垂直、水平方向扩散到其他相近的防火区域内。其次,设置消防车快速通道。为了使消防车在火灾发生后迅速到达现场开展救援活动,需要在设计时设置消防车快速通道。再次,对疏散楼梯与安全出口进行设计。单个防火分区应设置两个以上的出口,且要在不同位置设置。火灾发生后,楼梯是唯一疏散通道。所以,在消防设计中,重点是对楼梯数量、宽度等参数进行合理设计。通常来说,高层建筑应选择封闭式楼梯作为疏散楼梯。最后,对疏散距离进行设计。疏散距离具体指房间最远点与门口之间的距离、楼梯门与室外地面之间的距离、门口与疏散楼梯之间的距离。应遵循国家相关标准的要求对疏散距离进行科学设计,以帮助人员在火灾发生后迅速到达安全区域。

(二)高层建筑防排烟系统的设置

有效的防排烟系统可以在火灾发生后将烟气迅速排出,从而减少人员伤亡。对高层建筑的防排烟系统进行设置时,应参考《建筑设计防火规范(2018年版)》(GB 50016—2014)中"8.5 防烟和排烟设施"相关内容。

(三)加强消防意识教育,提高群众的自救能力

发挥微型消防站密切联系群众、点多面广的优势,多形式地向群众讲授消防知识,深入居民家庭、社区楼院发放消防资料,提高群众的消防安全意识。同时,提高群众的自救能力也是一项刻不容缓的任务。在河南"12·15"新乡KTV火灾事故中,虽然灭火器近在眼前,但是由于服务人员不会使用,最终导致11人死亡。与此

相反,在吉林"11·5"商业大厦火灾事故中,80多位老人虽然被困在大厦5楼,但他们沉着冷静,从舞蹈教室有序地转移到缓台上,等待救援,结果无一人受伤。应借助新媒体,向群众传授消防安全和自救知识,使群众掌握相关自救技能。

二、人员密集场所火灾预防

(一)加大火灾隐患整改力度

人员密集场所人员集中,疏散困难,易造成重大伤亡;室内装修、装饰大量使用可燃、易燃材料;用电设备多,着火源多,不易控制;火势蔓延快,扑救困难。对发现存在火灾隐患的人员密集场所不仅要依法下达《责令改正通知书》,更要督促其制订整改计划、落实整改措施并跟踪督促整改进程,直到消防设施设备满足现行人员密集场所各项消防技术标准要求。

(二)认真开展防火检查、巡查

人员密集场所应保证疏散通道、安全出口、消防车通道畅通;严格落实动火审批制度,严禁违规使用明火作业,违规进行电焊、气焊操作;严禁违规使用、存放易燃易爆危险品,禁止个人非法携带易燃易爆危险品进入公共场所;制订灭火和应急疏散预案,组织员工开展消防演练。

(三)定期组织消防设施检测维护

设置在人员密集场所的消火栓给水系统、火灾自动报警系统、自动喷水灭火系统、防烟排烟系统等各类消防设施必须有经过消防培训的专门人员管理操作,并定期组织检验检测,确保正常运行;若发现问题故障,应及时联系生产厂家或具备消防资质的公司进行维修。

三、工业企业火灾预防

(一)严格落实企业消防安全主体责任

工业企业要严格落实消防安全主体责任,切实承担起本单位的消防安全管理职责,明确消防安全责任人、管理人和归口职能管理部门,配齐消防安全管理专职、专业人员,制定符合企业自身实际的消防安全管理规章制度,定期开展消防安全检查、巡查,排查企业的火灾风险点并制订相应的应急措施。工业企业要找准自身消防安全的薄弱环节,把火灾防范措施落实到具体的岗位和具体的人员,使相关岗位员工学会辨识和控制火灾风险。

(二)严格规范和落实生产安全操作规程

工业企业应针对各个岗位和工艺,制定严格的操作规程,落实岗位操作规程的监管责任人,确保每个操作规程都得到规范执行。必须严格动火作业管理,凡需要动火作业的,必须经过严格的审批流程,在安全管理人员现场检查确保符合动火作业条件后,方可组织实施。作业过程中要安排专人负责全程监护和监督,及时纠正和制止不安全行为。消防安全管理人和岗位负责人都应及时发现并制止违章行为,采取相应的奖惩措施,研判造成违章的原因,改进操作规程,杜绝"习惯性"违章作业现象发生。

(三)制订有针对性的火灾应急预案

工业企业要根据不同岗位的火灾危险性,制订和完善火灾应急预案。火灾应急预案必须有针对性,对不同的岗位和火灾风险点制订独立的火灾应急预案,预案编制应责任到人、措施到人。应急预案演练应具有实战性和可操作性,以提高企业员工的实战能力和应急处置水平。

(四)深入开展消防安全教育

目前的消防宣传教育内容主要包括日常生活中的防火灭火常识和逃生常识(图 6-7),但不同场所的火灾危险性和逃生方法存在较大的差异,不同时间、不同空间、不同年龄段的人员对火灾的反应也有很大不同。要提高火灾事故调查成果的转化率,根据火灾数据分析,加强对不同区域、不同行业、不同场所、不同季节、一天中的不同时间段火灾规律的分析研究,有针对性地调整消防宣传教育的内容。要充分发挥火灾事故在行业、系统内的警示教育作用,剖析火灾发生的深层次原因,以案说法,明确企业火灾防范的重点部位、技术措施和工作标准,提高企业的消防安全意识和管理水平。

(五)增加消防指挥中心火灾接警入口

目前,消防指挥中心的接警普遍依靠单一的人工报警,由于工业企业火灾的发现经常不及时,而且发生后员工又通常第一时间忙于现场的处置,导致不能及时报警,错过了火灾初期的最佳扑救时期。应探索通过互联网、物联网等技术手段增加

图 6-7　防火培训演练

消防指挥中心的接警入口,能够在火灾发生时自动接到火灾报警信息,并派出警力协助工业企业处置,大大缩短消防队的出警时间,有效提高扑救成功率,降低小火失控酿成大灾的概率。

四、农村火灾预防

甘肃省农村地区的消防安全基础建设滞后,很多地方消防规划、消防设施、消防力量处于"空白"状态,消防安全"网格化"管理等治理措施还没有真正落实到位。

(一)规范用电管理

敷设在木制房屋内的电线应穿管保护,不私拉乱接电线,不用铁丝、铜丝代替保险丝;使用大功率电器设备时杜绝超负荷用电,正确使用电热毯、电暖炉等家用电器,用完后及时拔下插头;经常检查自己家中的电气线路,发现老化的电线要及时更换。

(二)严格火源管控

柴草、床铺等可燃物应远离炉灶,使用蜡烛等照明时,要远离窗帘、被褥、橱柜等可燃物,并将其固定在不燃材料上;家里的柴灰、灶灰、煤灰等不能乱倒,要用水将余火泼灭,防止死灰复燃;要全面清理房前屋后的可燃杂物,不在柴堆、草堆和粮、棉、油附近动用明火;严禁烧荒,不在林区上坟烧纸、燃放鞭炮及烟花。

（三）落实监护措施

教育小孩不玩火,要把火柴、打火机等放在小孩拿不到的地方;家长外出时不能将小孩独自留在家中或反锁在室内,应托人照看;对痴、呆、聋、哑、憨和精神病人要细心照顾和管理,采取一对一看管,以防用火不慎、玩火引发火灾;吸烟者不躺在床上、沙发上吸烟,不在柴草堆垛等可燃物附近吸烟,不随意乱扔烟头。

（四）加强隐患排查

睡觉、出门前,要关好电源、气源、火源,易燃、可燃物品要摆放在安全位置,房屋内不得私自存放大量酒精、汽油等可燃物;木柴、粮食、玉米秆等堆垛的存放要远离一切火源。有条件的乡村应成立志愿消防队,配备必要的灭火器材,制定村民防火公约,落实防火巡查、设施维护、宣传培训、消防演练、火灾隐患整改等工作。

（五）严防煤气中毒

使用煤气热水器、煤气灶时,要保持室内通风良好;在家尽量不要紧闭窗户烧煤、烧炭取暖,不要将炉具安装在卧室内,睡觉前一定要熄灭炭火;要定期清理烟囱积灰,防止烟囱堵塞,安装烟囱时要注意出口朝向,预防倒灌风。

第三节 消防安全重点部位确定与监管

消防安全重点部位是指容易发生火灾,一旦发生火灾可能严重危及人身和财产安全,以及对消防安全有重大影响的部位。各单位应根据各自实际,按照一般物品储存价值、易燃与可燃物品存储规模、重要设备与设施设置位置、人员密集程度、火灾荷载规模和火灾危险程度等情况确定。重点部位主要包括:①容易发生火灾的部位;②发生火灾后对消防安全有重大影响的部位;③发生事故后影响全局的部位;④财产集中的部位;⑤人员集中的部位。

一、各场所消防安全重点部位确定

1. 人员密集场所消防安全重点部位

人员密集场所消防安全重点部位包括人员集中的厅(室)及建筑内的消防控制

室、消防水泵房、储油间、变配电室、锅炉房、厨房、空调机房、资料库、可燃物品仓库和化学实验室等。

2. 医疗机构消防安全重点部位

(1)容易发生火灾的部位包括药品库房、实验室、供氧站、高压氧舱、胶片室、锅炉房、厨房、被装库、变配电室等。

(2)发生火灾时危害较大的部位包括住院部、门诊部、急诊部、手术部、贵重设备室、病案资料库等。

(3)对消防安全有重大影响的部位包括消防控制室、固定灭火系统的设备房、消防水泵房、发电机房等。

3. 高层建筑消防安全重点部位

高层建筑消防安全重点部位包括高层民用建筑内的锅炉房、变配电室、空调机房、自备发电机房、储油间、消防水泵房、消防水箱间、防排烟风机房等。

4. 大型商业综合体消防安全重点部位

大型商业综合体消防安全重点部位包括餐饮场所、儿童活动场所、电影院、宾馆、仓储场所、展厅、汽车库、配电室、锅炉房、柴油发电机房、制冷机房、空调机房、油浸变压器室、燃油/气锅炉房、柴油发电机房。

5. 普通高等学校和成人高等学校消防安全重点部位

(1)学生宿舍、食堂(餐厅)、教学楼、校医院、体育场(馆)、会堂(会议中心)、超市(市场)、宾馆(招待所)、托儿所、幼儿园及其他文体活动、公共娱乐等人员密集场所。

(2)学校网络、广播电台、电视台等传媒部门和驻校内邮政、通信、金融等单位。

(3)车库、油库、加油站等部位。

(4)图书馆、展览馆、档案馆、博物馆、文物古建筑。

(5)供水、供电、供气、供热等系统。

(6)易燃易爆等危险化学物品的生产、充装、储存、供应、使用部门。

(7)实验室、计算机房、电化教学中心和承担国家重点科研项目或配备有先进精密仪器设备的部位,监控中心、消防控制中心。

(8)学校保密要害部门。

(9)高层建筑及地下室、半地下室。

(10)建设工程的施工现场及有人员居住的临时性建筑。

二、消防安全重点部位管理措施

(1)各单位应根据消防安全重点部位使用性质,制定相关管理规定、操作规程和事故应急处置操作程序,并在醒目位置设置标识牌。

(2)重点部位应设置与其他房间区分的识别类标识和"消防安全重点部位"警示类标识,标明防火责任人。

(3)根据实际需要配备相应的灭火器材、装备和个人防护器材。

(4)每日进行防火巡查,每月定期开展防火检查。

三、大型商业综合体内餐饮场所的管理要求

(1)餐饮场所宜集中布置在同一楼层或同一楼层的集中区域。

(2)餐饮场所严禁使用液化石油气及甲、乙类液体燃料。

(3)餐饮场所使用天然气作燃料时,应当采用管道供气。设置在地下且建筑面积大于150平方米或座位数大于75座的餐饮场所不得使用燃气。

(4)不得在餐饮场所的用餐区域使用明火加工食品,开放式食品加工区应当采用电加热设施。

(5)厨房区域应当靠外墙布置,并应采用耐火极限不低于2小时的隔墙,与其他部位分隔。

(6)厨房内应当设置可燃气体探测报警装置,排油烟罩及烹饪部位应当设置能够联动切断燃气输送管道的自动灭火装置,并能够将报警信号反馈至消防控制室。

(7)炉灶、烟道等设施与可燃物之间应当采取隔热或散热等防火措施。

(8)厨房燃气用具的安装使用及其管路敷设、维护保养和检测应当符合消防技术标准及管理规定;厨房的油烟管道应当至少每季度清洗一次。

(9)餐饮场所营业结束时,应当关闭燃气设备的供气阀门。

四、大型商业综合体内其他重点部位的管理要求

(1)儿童活动场所,包括儿童培训机构和设有儿童活动功能的餐饮场所,不应设置在地下、半地下建筑内或建筑的四层及四层以上楼层。

(2)电影院在电影放映前,应当播放消防宣传片,告知观众防火注意事项、火灾逃生知识和路线。

（3）宾馆的客房内应当配备应急手电筒、防烟面具等逃生器材及使用说明，客房内应当设置醒目、耐久的"请勿卧床吸烟"提示牌，客房内的窗帘和地毯应当采用阻燃制品。

（4）仓储场所不得采用金属夹芯板搭建，内部不得设置员工宿舍，物品入库前应当有专人负责检查，核对物品种类和性质，物品应分类分垛储存，并符合现行行业标准《仓储场所消防安全管理通则》（XF 1131—2014）对顶距、灯距、墙距、柱距和堆距的要求。

（5）展厅内布展时用于搭建和装修展台的材料均应采用不燃和难燃材料，确需使用的少量可燃材料，应当进行阻燃处理。

（6）不得擅自改变汽车库的使用性质和增加停车数，汽车坡道上不得停车，汽车出入口设置的电动起降杆应当具有断电自动开启功能。电动汽车充电桩的设置应当符合《电动汽车分散充电设施工程技术标准》（GB/T 51313—2018）的相关规定。

（7）配电室内建筑消防设施设备的配电柜、配电箱应当有区别于其他配电装置的明显标识，配电室工作人员应当能正确区分消防配电线路和其他民用配电线路，确保火灾情况下消防配电线路正常供电。

（8）锅炉房、柴油发电机房、制冷机房、空调机房、油浸变压器室的防火分隔不得被破坏，其内部设置的防爆型灯具、火灾报警装置、事故排风机、通风系统、自动灭火系统等应当保持完好有效。

（9）燃油锅炉房、柴油发电机房内设置的储油间总储存量不应大于1立方米；燃气锅炉房应当设置可燃气体探测报警装置，并能够联动控制锅炉房燃烧器上的燃气速断阀、供气管道的紧急切断阀和通风换气装置。

（10）柴油发电机房内的柴油发电机应当定期维护保养，每月至少启动试验一次，确保应急情况下正常使用。

第四节 消防监督检查要点

一、合法性检查

（1）检查单位土建工程和室内装修工程等相关的《建设工程消防设计审核意见书》《建设工程消防验收意见书》《公众聚集场所投入使用、营业前消防安全检查合格证》。

(2)记录审核、验收、消防安全检查信息。没有合法手续的,依法责令整改(属于法律规定之前建造或投用的,注明建造或投用时间,可不发法律文书)。

二、外部检查

外部检查主要检查消防车道、防火间距、登高车操作场地,人员密集场所外窗是否设置影响人员逃生和火灾扑救的障碍物;室外消火栓设置,水泵接合器应设置永久性标志名牌。

三、场所内部检查

(一)消防控制室

(1)检查消防控制室门牌是否明显,疏散门是否直通室外或安全出口,开向建筑内的门是否采用乙级防火门并保持完好有效。
(2)检查值班员持证上岗情况。
(3)检查是否有设备检查记录和每日值班记录,确保记录完整准确。
(4)检查外线电话及应急照明配备情况。
(5)检查事故广播设备安装及使用情况。
(6)检查是否有火灾报警编码图(表)及应急电话号码表。
(7)检查值班员掌握《消防控制室管理及应急程序》和操作消防控制设备的情况。
(8)检查消防控制设备是否处于正常运行状态。
(9)检查消防控制设备主用、备用电源能否正常切换。
(10)检查报警系统隔离情况;了解系统故障情况、联动控制形式和远程启动情况。
(11)检查是否有相应管理制度和软件资料。
(12)检查消防控制室保存的资料是否齐全完整。相关资料应包括以下方面:①建(构)筑物竣工后的总平面布局图、建筑消防设施平面布置图、建筑消防设施系统图及安全出口布置图、重点部位位置图等;②消防安全管理规章制度、应急灭火预案、应急疏散预案等;③消防安全组织结构图,包括消防安全责任人、管理人及专职、义务消防人员等内容;④员工消防安全培训记录、应急灭火和应急疏散预案的演练记录;⑤值班情况、消防安全检查情况及巡查情况的记录;⑥消防设施一览表,包括消防设施的类型、数量、状态等内容;⑦消防系统控制逻辑关系说明、设备使用说明书、系统操作规程、系统和设备维护保养制度等;⑧设备运行状况、接报警记录、火灾处理情况、设备检修检测报告等。

(二)水泵房

(1)检查消火栓泵和喷淋泵进、出水管阀门以及自动喷水灭火系统、消火栓系统管道上的阀门是否保持常开(是否明确标识)。

(2)检查配电柜上的控制开关是否标示消火栓泵、喷淋泵、稳压(增压)泵,是否在自动(接通)位置;通知消防控制室分别启动上述系统,检查运行情况。

(3)将配电柜上的控制开关拨到手动位置,检查员分别手动启动,检查运行情况。

(4)检查湿式报警阀前后压力表压力情况。压力一般相等。

(5)打开湿式报警阀放水试验开关并放水,检查水力警铃是否启动,是否起泵,消防控制室有无信号反馈。

(6)检查消防水池、气压水罐等消防储水设施的水量是否达到规定的水位。

(7)检查泵房内部环境(如排水是否到位,是否堆放杂物等)和应急照明。

(三)楼层

(1)安全疏散系统检查。
(2)火灾自动报警系统检查。
(3)室内消火栓检查。
(4)自动喷水灭火系统检查。
(5)灭火器检查。
(6)防火分隔检查。
(7)防烟排烟系统检查。
(8)室内装修检查。①检查疏散指示标志及应急照明灯的数量和位置。②检查疏散指示标志指示方向有无错误和能否保持视觉连续性(应可看到2个以上标志)。

(9)检查产品是否为合格产品。①检查应急照明灯主用、备用电源切换功能是否正常。②检查火灾应急广播能否正常播放(控制室播放)。

(10)防火门闭门器检查、关闭顺序检查。①检查安全出口、疏散通道、楼梯间是否畅通,有无锁闭或妨碍安全疏散的行为。②检查门的开启方向,常闭常开门状态(或电磁门使用状态和使用提示)。

(11)楼层火灾自动报警系统检查。①检查故障报警功能。摘掉一个探测器,控制设备应能正确显示故障报警信号。②检查火灾探测器报警功能。任选一个探测器进行吹烟或加温,控制设备应能正确显示火灾报警信号。③检查火警优先功能。摘掉一个探测器,同时向另一探测器吹烟,控制设备应能优先显示火灾报警信号。④检查手动报警功能,测试一个手动报警按钮。⑤检查是否存在应设未设报警探测器。⑥检查火灾自动报警系统报警后单位的处置情况。检查值班员或专(兼)职消防员是否携带手提式灭火器到现场确认,并及时向消防控制室报告。检查值班员或专(兼)职消防员是否能正确组织实施火灾扑救和人员疏散。检查微型消防站的建设情况及训练情况。

(12)室内消火栓系统检查。①检查消火栓有无被圈占、遮挡,消火栓箱门有无明显标识,是否开启灵活,门是否能打开120度。②检查室内消火栓箱内的水枪、水带等配件是否齐全,水带与接口绑扎是否牢固。③检查系统功能。利用消火栓测压接头测量静水压力,也可直接出水检查。一般建议上楼顶放水测试水压,查看压力表。

(13)自动喷水灭火系统检查。①检查是否存在应设而未设喷淋的现象。②检查喷淋头的选型是否正确,安装高度是否符合规定。根据《自动喷水灭火系统设计规范》(GB 50084—2017)第7.1.6条:除吊顶型洒水喷头和吊顶下设置的洒水喷头外,直立型、下垂型标准覆盖面积洒水喷头和扩大覆盖面积洒水喷头溅水盘与顶板的距离应为75～150毫米。

(14)检查末端试水压力表压力。①末端试水处一般为该楼层喷淋系统最不利点处,要求工作压力(动压)不小于0.05兆帕。②末端放水,检查喷淋泵是否启动,控制设备能否正确显示水流报警信号。

(15)灭火器检查。①检查灭火器配置类型是否正确(凡有固体可燃物的场所均应配置能扑灭A类火灾的灭火器,常见为ABC干粉灭火器、清水灭火器和泡沫灭火器)。②检查储压式灭火器压力是否符合要求(压力表指针应在绿区)。③检查灭火器数量(可按50平方米1具概算),一个配置点不少于2具,不多于5具。④检查灭火器是否设置在明显和便于取用的地点。⑤检查灭火器定期维护检查情况,看是否应维护或更换。根据《建筑灭火器配置验收及检查规范》(GB 50444—2008),各类常用灭火器维修期限如下:a. 水基型灭火器,出厂满3年,首次维修后每满1年;b. 干粉灭火器和二氧化碳灭火器,出厂满5年,首次维修后每满2年。各类常用灭火器报废年限:水基型灭火器6年;干粉灭火器10年;二氧化碳灭火器12年。

(16)检查防火分隔墙是否封堵严密(竖向、水平)。

(17)检查防火卷帘下方有无障碍物。自动或手动启动防火卷帘,卷帘应能下落至地面,反馈信号正确。

(18)检查火灾探测器报警功能。当消防报警主机处于自动状态时,卷帘两侧报警器报警后,卷帘自动下降。

(19)检查管道井、电缆井,以及管道、电缆穿越楼板和墙体处的孔洞是否封堵密实。

(20)检查是否按规定安装防火门,防火门有无损坏,闭门器是否完好。

(21)检查厨房、配电室等火灾危险性较大的部位是否与周围其他场所采取严格的防火分隔。厨房用电,而非液化石油气、天然气等明火的,可以不分隔。

(22)检查加压送风系统。通过消防控制室启动加压送风机,相关送风口应开启,送风正常,反馈信号正确(送风口低位)。

(23)检查排烟系统。通过消防控制室启动排烟系统,相关排烟口应开启,排烟风机启动,排风正常,反馈信号正确(排烟口高位)。

(24)检查高层建筑登高面是否满足要求。①场地要求:不能小于15米×8米,且长边与建筑长边方向一致,可借用消防车道的宽度;地面平坦,并经过硬化,具备承重能力。②不应设置妨碍登高消防车作业的树木、路灯、架空管线等。③检查消防车道是否畅通(消防车道宽度不小于4米)。④检查防火间距是否被占用。

(25)检查室外消火栓标识是否明显,是否被埋压、圈占、遮挡,是否有专用开启工具,阀门开启是否灵活、方便,出水是否正常。

(26)检查水泵接合器(图6-8)是否被埋压、圈占、遮挡,是否标明喷淋和消火栓(图6-9)供水类型及供水范围。

图6-8 水泵接合器

图6-9 消火栓

(27)其他各项检查。检查内容包括:消防安全组织机构和管理制度;灭火和应急疏散预案及定期演练记录;防火检查、巡查记录;员工消防知识及技能掌握情况;火灾危险部位管理措施;单位"四个能力"建设开展情况。

第五节 城市(农村)火灾的处置

一、灭火的基本原理与方法

为防止火势失去控制,继续扩大燃烧而造成灾害,需要采取以下方法将火扑灭,这些方法的根本原理是破坏燃烧条件。

(一)冷却灭火

可燃物一旦达到着火点,即会燃烧或持续燃烧。将可燃固体的温度冷却到燃点以下,或将可燃液体的温度冷却到闪点以下,燃烧反应就可能会中止。用水扑灭一般固体物质引起的火灾,主要是通过冷却作用来实现的(图 6-10)。水具有较大的比热容和很高的汽化热,冷却性能很好。在用水灭火的过程中,水大量地吸收热量,使燃烧物的温度迅速降低,使火焰熄灭,火势得到控制,继而火灾终止。水喷雾灭火系统的水雾,其水滴直径细小,比表面积大,和空气接触范围大,极易吸收热气流的热量,也能很快地降低温度,效果更为明显。

(二)隔离灭火

在燃烧三要素中,可燃物是燃烧的主要因素。将可燃物与氧气、火焰隔离,可以中止燃烧,扑灭火灾。如自动喷水泡沫联用系统在喷水的同时,喷出泡沫,泡沫覆盖于燃烧液体或固体的表面,在发挥冷却作用的同时,将可燃物与空气隔开,从而可以灭火。再如,发生可燃液体或可燃气体火灾时,迅速关闭输送可燃液体或可燃气体的管道的阀门,切断流向着火区的可燃液体或可燃气体的输送,同时打开可燃液体或可燃气体通向安全区域的阀门,使已经燃烧或即将燃烧或受到火势威胁的容器中的可燃液体、可燃气体转移,可以达到灭火的目的(图 6-11)。

(三)窒息灭火

可燃物的燃烧是氧化作用,需要在最低氧浓度以上才能进行,低于最低氧浓度,燃烧不能进行,火灾即被扑灭。一般情况下,当氧浓度低于15%时,可燃物不能维持燃烧。在着火场所内,可以通过灌注不燃气体,如二氧化碳、氮气、水蒸气等,来降

图 6-10 冷却灭火

图 6-11 隔离灭火

低空间的氧浓度,从而达到窒息灭火的目的。此外,水喷雾灭火系统工作时,喷出的水滴吸收热气流热量而转化成水蒸气,当空气中水蒸气浓度达到35%时,燃烧即停止,这也是窒息灭火的应用(图6-12)。

(四)化学抑制灭火

由于有焰燃烧是通过链式反应进行的,如果能有效地抑制自由基的产生或降低火焰中的自由基浓度,即可使燃烧中止。化学抑制灭火的灭火剂常见的有干粉和七氟丙烷。采用化学抑制法灭火,灭火速度快,使用得当可有效地扑灭初期火灾,减少人员伤亡和财产损失(图6-13)。但抑制法灭火仅对有焰燃烧火灾效果好,对深位火灾,由于渗透性较差,灭火效果不理想。在条件许可的情况下,将化学抑制灭火剂与水、泡沫等灭火剂联用,会取得明显效果。

图 6-12 窒息灭火

图 6-13 化学抑制灭火

二、灭火处置流程

(一)灭火原则

在灭火战斗中,要按照"先控制、后消灭""集中兵力、准确迅速""攻防并举、固移结合"的作战原则,果断灵活地运用堵截、突破、夹攻、合击、分割、围歼、封堵等战术措施,有序展开行动。

(二)火灾侦察

消防救援队伍到达火场后,应立即组织火情侦察,并将侦察工作贯穿于火灾扑救的全过程。在通常情况下,火情侦察可采取外部观察、内部侦察、询问知情人、仪器探测和利用着火单位的监控系统等方法进行。火情侦察应主要查明下列情况:①有无人员受到火势威胁,人员数量、所在位置的危险程度和救援途径、措施;②燃烧的物质、范围和火势蔓延方向;③着火对象的结构特点、外部环境以及毗连状况;④有无爆炸、毒害、腐蚀、遇湿燃烧、放射等危险物品;⑤有无带电设备,是否需要切断电源;⑥有无需要保护的重点部位、重要物资及其受到火势威胁的情况;⑦着火单位内部的消防设施种类及其运行情况。

(三)战斗展开

战斗展开要果断迅速,根据情况可分为以下3个阶段:①准备展开——从外部看不到火焰和烟雾,指挥员在组织火情侦察的同时,命令参战人员做好战斗展开的准备;②预先展开——从外部已经看到火焰和烟雾,指挥员在组织火情侦察的同时,命令参战人员铺设水带干线,设置分水器,做好供水、进攻准备;③全面展开——基本掌握火场的情况后,指挥员应当果断确定作战意图,命令参战人员立即实施火灾扑救。

(四)力量部署

在火灾扑救过程中,应将灭火力量主要部署在以下5个方面:①人员受到火势威胁的场所;②可能引起爆炸、毒害的部位;③重要物资受到火势威胁的地方;④火势蔓延猛烈,可能造成重大损失的方向;⑤可能引起建(构)筑物倒塌或者变形的地方。

(五)灭火措施

当火场有人员受到火势威胁时,应当在第一时间抢救人员,并采取相应的灭火措施。抢救人员的基本要求:①充分利用着火对象的安全疏散通道、安全出口、疏散楼梯、消防电梯、外墙门窗、阳台、避难层(间)等和举高消防车、消防梯,以及其他一切可以利用的救生装备进行施救;②稳定被困人员的情绪,防止因人员拥挤而挤伤、踩伤或者跳楼；③对燃烧区和充烟区，尤其是着火层的上部充烟区，要仔细搜索并做好标记；④在充烟或有毒区域发现被困人员时，应迅速开启门窗，实施自然排烟，并对被救者采取防护措施；⑤对受伤的人员应当采取果断的措施抢救，对遇难人员也应当积极抢救、保护。

（六）物质疏散

在火灾扑救过程中，应当积极疏散和保护物资，努力减少损失。疏散和保护物资的基本要求：①当易燃易爆物品或者贵重仪器设备、档案资料及珍贵文物等受到火势威胁时，应当及时疏散；妨碍灭火、救人行动的物资也应当予以疏散；②对难以疏散的物资，应当采取冷却或者使用不燃、难燃材料遮盖等措施加以保护；③疏散物资应当在指挥员的统一指挥和着火单位负责人、工程技术人员的配合下，根据轻重缓急，有组织地进行；④从火场抢救出来的物资应当指定放置地点，指派专人看护，严格检查，防止夹带火种引起燃烧，并及时清点和移交。

（七）实施破拆

根据灭火需要，应当合理实施破拆，防止因盲目破拆而造成不必要的损失。破拆的基本要求：①为查明火源和燃烧的范围，以及抢救人员和疏散物资需要开辟通道时，可对建（构）筑物、生产设施等进行局部破拆；②当火势难以控制时，可在火势蔓延的主要方向及两侧拆除可燃物，开辟隔离带，阻断火势蔓延；③当发生火灾的建（构）筑物或者局部出现倒塌的危险，直接威胁人身安全、妨碍灭火战斗行动时，可进行破拆；④破拆排烟时，应当选择不会引起火势扩大的部位进行破拆；⑤在破拆建（构）筑物时，应当防止误拆承重构件而造成建筑物倒塌；破拆时应当注意保护管道，防止因管道损坏造成易燃可燃液体、气体及毒害物质泄漏或者影响通信、供电。

（八）排烟措施

根据灭火需要，应当正确采取排烟措施，防止火势扩大和烟气对人员构成威胁。排烟的基本要求：①排烟前，应当查明火势蔓延的方向、烟雾扩散的范围，在烟雾通过的部位设置防御力量；②应当尽量利用着火对象内部的防烟、排烟系统进行防烟、排烟；③利用建（构）筑物的排烟窗、外墙门窗、阳台进行自然排烟时，应当注意风向，并尽量开启着火层上部楼层的门窗；④利用破拆、喷雾水流、移动排烟设备等方法进行人工排烟。

(九)火场供水

为火场供水时,应当正确使用水源,确保重点,兼顾一般,力争快速不间断。供水的基本要求:①就近占据水源,集中主要的供水力量保证火场主攻方向的灭火用水;②在使用消火栓进行供水时,应当根据给水管网的形状、直径和压力确定消火栓的使用数量,当火场供水的压力不足时,应当通知供水部门增大水压;③根据消防车泵的技术性能和水源与火场的距离,合理选择直接供水、接力供水或者运水供水的方式,并尽量使用大口径水带铺设供水干线;④应当充分利用天然水源和蓄水池、水井等水源设施;⑤应当尽量使用着火单位固定消防给水系统供水。

(十)灭火用水

在火灾扑救过程中,应当科学合理用水,尽量减少水渍损失和水体污染。灭火用水的基本要求:①根据灭火进程和扑救的需要,正确选用水枪(炮)的种类、数量和射流,尽量接近火点射水;②在有珍贵文物、贵重仪器设备、图书、档案资料等场所发生火灾时,严禁盲目射水;③不宜用水扑救的物质发生火灾,必须正确选用灭火剂,严禁射水;④对因灭火用水过多可能造成建筑物、堆垛倒塌、船体倾覆和水渍等危害的,应当及时进行防排水作业,或者采取其他补救措施;⑤对可能造成水体污染的灾害现场要控制用水量,注意现场污水排放处理,减少和避免水体污染。

(十一)火场照明

在夜间或者能见度低的情况下扑救火灾时,应当采取照明措施。应视火场情况划定警戒区域,设置警戒标志和岗哨,禁止无关人员、车辆进入警戒区域。在火灾扑救过程中,指挥员必须注重参战人员的安全,严防参战人员伤亡。安全防护的基本要求:①进入火场的人员必须佩戴安全防护装具,并经安全员检查、登记;②进入火场后应当合理选择进攻阵地,严格执行操作规程;③在可能发生爆炸、倒塌、毒害物质泄漏和原油火灾沸溢、喷溅,以及浓烟、缺氧等危险情况下进行火灾扑救时,应尽量减少现场作业人员,严禁擅自行动;④在需要采取关阀断料、开阀导流、降温降压、火炬放空、紧急停车等工艺措施时,应当掩护着火单位工程技术人员实施,严禁盲目行动;⑤对火场内带电的线路和设备,应当采取切断电源或者预防触电的措施;⑥当火场出现爆炸、倒塌等险情征兆,威胁参战人员生命安全时,应当采取紧急避险措施。

(十二)战斗结束

救援工作结束后,应当进行以下工作:①全面、细致地检查、检测火场,彻底消灭余火,防止复燃复爆,同时责成着火单位或者相关单位的人员监护火场,必要时留下灭火力量进行监护;②撤离火场时,应当清点人数,整理装备,办理移交手续;③归队后,迅速补充油料、器材和灭火剂,调整执勤力量,恢复战备状态,并报告通信指挥中心。

三、典型火灾处置方法

为进一步规范消防救援队伍应急响应程序,提升灭火救援打赢能力,确保"大事不出、小事也不出",现就风险较高的以下5类典型火灾事故提出参考性应急响应处置流程方法。

(一)居民楼(民房)火灾

1. 风险分析

此类火灾比较常见。尤其是进入冬季后天气转冷,用火、用电、用气增加,火灾发生可能性较大,老旧小区和城中村、连片彩钢房更应特别关注。

2. 处置程序

(1)赶赴现场途中同报警人联系,随时掌握现场火势发展变化情况,并预先进行作战任务分工。

(2)若有人员被困,必须以设法营救被困者为第一要务,要不惜一切代价,用尽一切手段,争分夺秒抢救被困者,同时注意安抚被困者情绪。

(3)内攻人员要以快出水为原则,选择合理的进攻路线,实行精确打击,控制火势发展。

(4)指定专人负责火场供水,可通过连接市政消火栓、利用天然水源、拉运供水等方式,确保供水不间断。

(5)扑灭明火后,要认真开展火场清理,防止死灰复燃和有被困者遗漏。

3. 注意事项

(1)快速出动,控制行车速度,人员系好安全带,不超速行驶,不闯红灯。

(2)人员严格按规定着装,内攻人员必须佩戴空气呼吸器、阻燃头套。

(3)严禁在火场情况不明时盲目选择窗户作为进攻通道。

(4)指挥员原则上不具体操作,要坚守指挥位置,灵活调整战术。

(5)安全员认真履职,密切关注火场态势,确保安全。

(二)高层建筑(人员密集场所)火灾

1. 风险分析

国庆等节假日期间,人们的娱乐活动有所增加,人员大量集中,高层建筑尤其是商场、电影院、歌舞娱乐场所一旦发生火灾,后果不堪设想,必须提高警惕(图6-14)。

2. 处置程序

(1)主战中队指挥员途中向本中队和增援中队通报掌握的情况,部署车辆停靠位置和初步作战分工,提示安全注意事项。

图6-14　高层建筑(人员密集场所)火灾

(图片来源:百度图片)

(2)到场后立即通过询问知情人、消防控制室侦察、组织侦察小组深入内部侦察等方式,确认起火范围和受烟火威胁区域,搞清人员被困位置和数量。

(3)采取应急广播疏散、内部员工指引等方式迅速疏散有行动能力的被困人员;组织若干精干救人小组,采取拉梯救助、登高车救助、内部搜索等方式积极营救其他被困人员。

(4)按照"先控制、后消灭"的原则,选择合理的进攻通道和路线,交替掩护进攻。

(5)采取下风向自然排烟、机械排烟、排烟车(机)排烟等多种方式排烟散热,为内攻创造良好条件。

(6)合理利用建筑固定消防设施,优先运用消防电梯运送人员器材。

(7)选择着火楼层下一层或下两层作为进攻起点层,运用"内攻近战、上下合计、内外结合、逐层消灭"的战术措施,积极控制火势,消灭火灾。

(8)指定专人负责火场供水,可通过连接市政消火栓、利用天然水源、拉运供水等方式,确保供水不间断。

(9)明火扑灭后,要认真开展火场清理,防止死灰复燃和有被困者遗漏。

3. 注意事项

(1)查看建筑内电源、燃气是否切断,问清有无易燃易爆物品。

(2)人员严格做好个人防护,现场设置安全员,在着火楼层下两层设置器材放置和气瓶更换区。

(3)不得从着火楼层上部向下开始进攻,不得从窗口进入内攻;不得乘坐消防电梯直接到达着火层或穿越着火层。

(4)在实施内攻的同时,外部举高车不得向人员内攻的区域射水。

(5)参战车辆较多时,要设置车辆集结区。增援车辆到场后,首先到集结区报到,领受任务。

(6)对无人员被困、燃烧时间较长的火灾现场,要组织专家对建筑结构进行评估,防止建筑坍塌造成消防指战员伤亡。

(三)大跨度厂房(仓库)火灾

1. 风险分析

近年来,全国多地发生厂房(仓库)火灾(图6-15),甘肃省此类场所不少,有些耐火等级很低,火灾发生可能性大,扑救难度大。

2. 处置程序

(1)主战中队指挥员途中向本中队和增援中队通报掌握的情况,部署车辆停靠位置和初步作战分工,提示安全注意事项。

图6-15 大跨度厂房(仓库)火灾

(图片来源:百度图片)

(2)到场后立即开展火情侦查,重点查明着火建筑结构、耐火等级、生产性质、储存物品的种类、数量、理化性质、燃烧时间、有无人员被困等情况。

(3)调阅厂房平面图,掌握内部结构、防火分区、堆垛码放等情况。

(4)第一时间启动防火卷帘,阻止火势蔓延。

(5)有人员被困时,遵循"先近后远、先易后难、先集中后分散"原则,重点搜索建筑内部的洗手间、房间、夹层等部位。

(6)合理运用"内攻近战、内外结合、攻防并举、堵截火势"的战术措施,有效控制和消灭火势;不具备内攻条件时,应采取外围灭火和内部移动水炮灭火。

(7)采取多种方式排烟散热,指定专人负责火场供水,确保供水不间断。

3. 注意事项

(1)查看建筑内电源、燃气是否切断,问清有无易燃易爆物品。

(2)人员严格做好个人防护,现场设置安全员,明确紧急撤离信号,燃烧时间超过30分钟后谨慎采取内攻战术。

(3)内攻人员编组行动,携带导向绳、照明和通信装备,沿救生照明线、绳索、水带、墙体行进,做到同进同出,不得单独行动。

(4)对钢结构实施冷却时,冷却要均匀,尽量使用开花和喷雾水,避免直流水高压冲击。

(5)统筹做好灭火剂、器材装备、油料伙食、医疗救护等保障任务。

(6)如遇危险化学品仓库火灾,不能盲目出水灭火,应查明燃烧物的理化性质,选择正确的灭火药剂。

(四)石油化工装置(储罐)火灾

1. 风险分析

甘肃是石油化工大省,兰州石化公司、庆阳石化公司、玉门石化公司等石油化工企业曾发生着火爆炸事故(图6-16),火灾风险大,一旦着火,将产生巨大的社会影响,且石油化工装置火灾处置专业性强,必须高度重视。

图6-16 2010年兰州石化公司爆炸事故现场

2. 处置程序

（1）途中利用电脑、手机查询灭火救援辅助决策系统、着火企业熟悉记录、灭火救援预案等资料，了解装置的工艺流程、燃烧物质的物理化学性质、周边消防水源、内部消防设施等情况。

（2）到达现场后，利用询问知情人、外部观察、仪器检测等手段掌握现场情况。

（3）成立火场指挥部，确定总指挥、前方指挥、后方指挥和保障指挥，第一时间联系单位技术人员，了解前期采取的处置措施，及时调阅厂区相关图纸资料，在充分研判灾情的基础上合理进行战斗部署。

（4）石油化工装置发生火灾，应及时采取系统紧急放空、装置紧急停车、关阀断料、蒸汽吹扫、惰性气体保护、火炬放空、输转倒流等工艺处置措施，并开启固定消防系统控制险情。

（5）当灭火力量、灭火剂保障未到位，灭火时机不成熟时，不能盲目灭火，要加大冷却保护，防止爆炸发生。

（6）石油化工装置火灾应按照"先外围、后中心，先地面、后立体"的顺序，首先扑灭外围火点和地面流淌火，然后扑救装置火灾。

（7）储罐火灾必须搞清罐体类型，针对固定顶、内浮顶、外浮顶、球罐等不同罐型，灵活采取不同灭火战术。

（8）尽可能使用自摆炮或无线遥控炮实施远距离冷却灭火，减少一线作战人员。

（9）长时间作战或在夜间、炎热、寒冷条件下作战，要及时组织人员轮换，做好战勤保障工作。

3. 注意事项

（1）先期到场车辆不能贸然进入事故区域，必须充分了解现场情况后才能进入。

（2）所有参战人员应严格做好个人防护，一线作战人员必须按等级防护。

（3）在分布式控制系统（distributed control system，DCS）控制室和前沿阵地的不同位置设置安全员，明确紧急撤离信号、撤离路线和集结点。

（4）处置过程中要使用沙土、水泥等对排污暗渠、地下管井等隐蔽空间的开口进行封堵，防止可燃气体和易燃液体流入，发生爆炸燃烧和二次污染。

（5）灭火过程中，应确保泡沫的比例、种类、倍数一致，防止互相抵消，影响灭火效果。

(五)危险化学品运输事故

1. 风险分析

甘肃地形东西狭长,长达1659千米。全省共有危险化学品生产经营企业3520家,每天有8500辆各类危险化学品运输车辆过境,危险化学品运输事故风险居高不下、不容小觑(图6-17)。

图6-17 危险化学品运输事故现场

(图片来源:百度图片)

2. 处置程序

(1)途中查询危险化学品事故处置辅助决策系统,了解掌握事故危险化学品的物理化学性质、防护要求、应急处置原则等。

(2)根据危险化学品特性,合理划定现场警戒范围,疏散无关人员,禁绝一切火源。

(3)派出侦检小组,按最高等级防护,进入事故区域了解掌握情况,核实危险化学品种类。

(4)如有人员被困,第一时间积极营救被困人员,营救过程中必须加强保护,防止产生火花。

(5)根据现场情况,在充分听取专家意见的基础上,合理采取堵漏、扶正、放空、倒罐、中和、控制燃烧等战术措施。

(6)对泄漏液体采取围堰等方式封堵,防止形成大面积污染和爆炸性混合气体产生。

3. 注意事项

(1)有些罐车标识名称与实际装载危险化学品不一致,必须搞清楚危险化学品的具体种类后方可采取行动。

(2)车辆停靠在上风向,设置重危区、轻危区和安全区,严格控制人员进入。

(3)由掌握一定危险化学品知识和事故处置经验的指挥员担任安全员,全程提高警惕,防止意外发生。

(4)根据危险化学品主要危险特性加强个人防护,防止造成指战员伤亡。

(5)处置完毕后,及时对一线作战人员进行洗消。

第六节 城市(农村)火灾典型案例分析

甘肃省临夏回族自治州临夏县"5·17"较大火灾事故

2020年5月17日凌晨2时53分许,甘肃省临夏回族自治州临夏县土桥镇南街一民房发生火灾事故,造成4人死亡,过火面积约为53平方米,直接财产损失达92 304.6元。

(一)起火原因

一层的爱车部落装饰店西南侧铅酸蓄电池接线柱和铁质衣架、车牌架、摩托车龙头把等金属物品搭接形成电流回路,局部产生高温,引燃棉质油掸子、汽车坐垫等可燃物,以致蔓延成灾。

(二)事故原因

1. 消防安全主体责任不落实

(1)经营场所违规住人。起火场所为商铺,属经营性场所,商户改变二层使用性质用于生活居住,将经营、仓储、生活、住宿功能混合设置,违反了公共行业标准《住宿与生产储存经营合用场所消防安全技术要求》(GA 703—2007)的有关规定,存在消防安全隐患。

(2)未按规定采取有效的防火分隔。起火场所一楼两个商铺之间采用木质货架分隔,未按《住宿与生产储存经营合用场所消防安全技术要求》采取有效的防火分隔和技术防范措施,一、二层上下贯通,造成火灾迅速蔓延扩大。

(3)起火建筑室内物品管理混乱。起火点处铅酸蓄电池接线柱长期裸露,未采取任何防护措施。起火场所一层为汽车装饰店和快递收发点,内部存放大量汽车坐垫、表板蜡、泡沫清洗剂、柏油、制冷剂、车载音响等汽车装修装饰品和300余件纸质包装快递件等易燃可燃物,火灾荷载大,物品燃烧热值高。

2. 初期火灾未得到有效控制

(1)消防安全自救意识淡薄。起火时间为凌晨2时53分许,起火场所内部居住人员已经进入睡眠状态,室内人员缺乏消防自救逃生常识。加之起火商铺卷帘门锁闭,二楼一个窗口被防盗栅栏封堵,逃生困难,短时间内吸入大量有毒有害气体,造成吸入性窒息死亡,这是造成人员伤亡的主要原因。

(2)乡镇消防救援力量薄弱。临夏县土桥镇无专职灭火力量和义务消防队,距离起火建筑最近的临夏支队南龙消防站10.2千米,且路途坡陡弯急,发生火灾后消防救援力量难以第一时间快速到场处置。

3. 属地政府及相关部门监管责任不落实

相关部门未按照《甘肃省消防安全责任制实施办法》落实消防工作职责,未督促指导基层落实消防安全网格化工作职责,对长期存在的火灾隐患未进行督促整改,也未向上级汇报,辖区消防安全隐患长期存在,对该起事故的发生负有管理责任。

主要参考文献

高建峰,2006.工程水文与水资源评价管理[M].北京:北京大学出版社.

韩荣青,李维京,艾婉秀,等,2010.中国北方初霜冻日期变化及其对农业的影响[J].地理学报,65(5):525-532.

王礼先,1991.水土保持工程学[M].北京:中国林业出版社.

王运辉,1999.防汛抢险技术[M].武汉:武汉水利电力大学出版社.

杨卫忠,2009.新中国防汛抗旱组织队伍建设[J].中国防汛抗旱,19(A1):6-10.

赵绍华,等,2003.防洪抢险技术[M].北京:中央广播电视大学出版社.

后 记

本书由兰州资源环境职业技术大学牵头，甘肃省应急管理厅参与编写。高磊策划、审读全书，何海犟、本建林、卓玛草、包春娟、冯丹、张正华、刘淳、李亚亚、刘超超、马博、何汉衡、刘兴荣、马正耀、李刚强、杨磊、栾玉旺参与了编写和修改工作。韩正明对全书进行统稿。卫传登、李高平、郭学峰、郭德元对本书提出了修改意见。在本书编写过程中，甘肃省应急管理厅教育训练处、防汛抗旱处、风险监测和综合减灾处、火灾防治管理处会同兰州资源环境职业技术大学相关处室做了大量组织协调工作，中国地质大学出版社给予了大力支持。在此，谨向所有给予本书帮助和支持的单位和同志表示衷心感谢。

由于时间仓促，书中难免存在疏漏和不妥之处，敬请读者批评指正！

甘肃省应急管理培训教材编审委员会
2023 年 12 月